地热能技术标准体系研究与应用

赵丰年　编著

中国石化出版社

内 容 提 要

本书从地热能产业形势、存在的问题和需求出发，分析并介绍了地热能技术标准体系，本书主要叙述了标准概念、标准编制方法、地热能技术标准体系，并详述了中石化新星绿源公司雄县人才家园地热供暖项目、黄河三角洲农业高新区南郊花园地热供暖项目、西藏当雄县羊易地热发电项目 3 个地热能开发利用标准化示范应用案例和 19 项能源行业地热能技术标准。

本书可供地热能研究人员和生产技术人员参考和阅读。

图书在版编目(CIP)数据

地热能技术标准体系研究与应用 / 赵丰年编著.
— 北京 : 中国石化出版社, 2021. 1
ISBN 978-7-5114-6073-8

Ⅰ. ①地… Ⅱ. ①赵… Ⅲ. ①地热能-技术标准
Ⅳ. ①TK52-65

中国版本图书馆 CIP 数据核字(2021)第 000779 号

中国石化出版社出版发行
地址:北京市东城区安定门外大街 58 号
邮编:100011 电话:(010)57512500
发行部电话:(010)57512575
http://www.sinopec-press.com
E-mail:press@sinopec.com
北京富泰印刷有限责任公司印刷
全国各地新华书店经销
*
880×1230 毫米 16 开本 28.25 印张 844 千字
2021 年 1 月第 1 版 2021 年 1 月第 1 次印刷
定价:150.00 元

目　录

第一部分　地热能技术标准体系 ……………………………………………… (1)

1　我国地热能产业发展面临的形势和问题 ……………………………………… (1)

2　标准及标准化概念 ……………………………………………………………… (2)

3　编写标准的方法和规则 ………………………………………………………… (7)

4　地热能技术标准体系 …………………………………………………………… (13)

5　能源行业地热能专业标准化技术委员 ………………………………………… (23)

第二部分　地热能标准化示范应用案例 ……………………………………… (27)

1　中石化新星绿源公司雄县人才家园地热供暖项目 …………………………… (27)

2　黄河三角洲农业高新区南郊花园地热供暖项目 ……………………………… (48)

3　西藏当雄县羊易地热发电项目 ………………………………………………… (77)

第三部分　地热能技术标准 …………………………………………………… (89)

1　NB/T 10097—2018 地热能术语 ………………………………………………… (90)

2　NB/T 10098—2018 地热能直接利用项目可行性研究报告编制要求 ………… (111)

3　NB/T 10099—2018 地热回灌技术要求 ………………………………………… (143)

4　NB/T 10263—2019 地热储层评价方法 ………………………………………… (151)

5　NB/T 10264—2019 地热地球物理勘查技术规范 ……………………………… (165)

6　NB/T 10265—2019 浅层地热能开发工程勘查评价规范 ……………………… (183)

7　NB/T 10266—2019 地热井钻井工程设计规范 ………………………………… (197)

8　NB/T 10267—2019 地热井钻井地质设计规范 ………………………………… (227)

9　NB/T 10268—2019 地热井录井技术规范 ……………………………………… (242)

10　NB/T 10269—2019 地热测井技术规范 ……………………………………… (262)

11　NB/T 10270—2019 地热发电机组性能验收试验规程 ……………………… (281)

12　NB/T 10271—2019 地热发电系统热性能计算导则 ………………………… (309)

13 NB/T 10272—2019 地热井口装置技术要求……………………………………………………（322）
14 NB/T 10273—2019 地热供热站设计规范……………………………………………………（337）
15 NB/T 10274—2019 浅层地热能开发地质环境影响监测评价规范…………………………（368）
16 NB/T 10275—2019 油田采出水余热利用工程技术规范……………………………………（383）
17 NB/T 10276—2019 浅层地热能地下换热工程验收规范……………………………………（398）
18 NB/T 10277—2019 浅层地热能钻探工程技术规范…………………………………………（411）
19 NB/T 10278—2019 浅层地热能监测系统技术规范…………………………………………（426）

第一部分　地热能技术标准体系

1　我国地热能产业发展面临的形势和问题

地热能是赋存于地球内部岩土体、流体和岩浆体中，能够为人类开发和利用的热能。实现科学开发的地热能是一种绿色低碳的可再生能源，又因其具有储存量大、分布广、稳定可靠等特点，也是一种市场潜力巨大、发展前景广阔的清洁能源。

我国地热资源丰富，据国土资源部中国地质调查局2015年调查评价结果，全国336个地级以上城市浅层地热能年可开采资源量折合7亿t标准煤；全国水热型地热资源量折合1.25万亿t标准煤，年可开采资源量折合19亿t标准煤；埋深在3000~10000m的干热岩资源量折合856万亿t标准煤。

加快开发利用地热能不仅对调整能源结构、节能减排、改善环境具有重要意义，而且对培育新兴产业、促进新型城镇化建设、改善人民生活水平均具有显著的拉动效应，是促进生态文明建设的重要举措。在“十三五”时期，随着现代化建设和人民生活水平的提高，以及南方供暖需求的增长，集中供暖将会有很大的增长空间，新增地热能供暖（制冷）面积11亿m^2，其中：新增浅层地热能供暖（制冷）面积7亿m^2；新增水热型地热供暖面积4亿m^2。地热发电技术力求有所突破。到2020年地热能供暖（制冷）面积累计达到16亿m^2。2020年地热能年利用量折合7000万t标准煤，地热能供暖年利用量折合4000万t标准煤。京津冀地区地热能年利用量折合达到约2000万t标准煤。国家组织开展干热岩开发试验工作，建设干热岩示范项目。通过示范项目的建设，突破干热岩资源潜力评价与钻探靶区优选、干热岩开发钻井工程关键技术以及干热岩储层高效取热等关键技术，突破干热岩开发与利用的技术瓶颈。

初步估算，“十三五”期间，浅层地热能供暖（制冷）可拉动投资约1400亿元，水热型地热能供暖可拉动投资约800亿元，地热发电可拉动投资约400亿元，合计约为2600亿元。此外，地热能开发利用还可带动地热资源勘查与评价、钻井、热泵等一系列关键技术和设备制造产业的发展。地热资源具有开发利用不排放污染物和温室气体的优点，可显著减少化石燃料消耗和化石燃料开采过程中的生态破坏，对自然生态环境具有重要意义。

同时我们也要清醒地看到目前地热能发展仍存在诸多制约，主要包括资源勘查程度低、管理体制不完善、缺乏统一的技术规范和标准等方面。在地热开发过程中，存在破坏性开采和环境污染的现象，严重影响了地热能的可持续发展。为了实现地热能行业的科学开发和利用有必要对地热资源勘查和评价、地热开发和钻井、地热能直接利用、地热发电和资源保护等技术标准进行研究，建立完善的地热能技术标准体系，发挥标准的规范和引领作用，保证地热能行业的高质量可持续发展。

2　标准及标准化概念

2.1　标准

标准是指为了在一定的范围内获得最佳秩序，经协商一致制定并由公认机构批准，共同使用和重复使用的一种规范性文件［引自 GB/T 20000.1—2002，定义 2.3.2］。标准宜以科学、技术和经验的综合成果为基础，以促进最佳的共同效益为目的。这个定义同时也是国际标准化组织（ISO）和国际电工委员会（IEC）对于标准的定义。标准具有以下几个特殊属性：

第一，标准必须具备“共同使用和重复使用”的特点。“共同使用”和“重复使用”两个条件必须同时具备，也就是说，只有大家共同使用并且要多次重复使用，标准这种文件才有存在的必要。第二，制定标准的目的是获得最佳秩序，以便促进共同的效益。这种最佳秩序的获得是有一定范围的。“一定范围”是指适用的人群和相应的事物。所谓“适用的人群”可以是全球范围的、某个区域的、某个国家的、某个地方的、某个行业的、某个集团的等等，具体适用的人群取决于协商一致的范围。所谓“相应的事物”是指条款涉及的内容，可以是有形的、无形的、硬件、软件，例如有关安全的、环保的、能耗的、产品的、方法的等等。第三，制定标准的原则是协商一致。“协商一致”是指普遍同意，即对于实质性问题，有关重要方面没有坚持反对意见，并且按照程序对有关各方的观点均进行了研究，且对所有争议进行了协调。“协商一致”并不意味着没有异议，一旦需要表决，协商一致是有具体指标的，通常以四分之三或三分之二（根据发布机构制定的规则）同意为“协商一致”通过的指标。第四，制定标准需要有一定的规范化程序，并且最终要由公认机构批准发布。这里的公认机构一般指标准机构。标准机构是在国家、区域或国际的层面上承认的，以制定、通过或批准、公开发布标准为主要职能的标准化机构。第五，标准产生的基础是科学、技术和经验的综合成果。标准这一规范性文件是一种技术类文件，它具有科技含量，是在充分考虑最新技术水平后制定的；标准又是对人类实践经验的科学归纳、整理并规范化的结果。由于在标准制定中需要广泛征求意见，必须经过协商一致的过程，因而保证了制定的标准能够广泛吸收各方面的意见和建议，使得科学、技术和实践经验能够在有机结合后纳入标准。

综上所述，具备共同使用和重复使用特点，其目的是为了在一定范围内获得最佳秩序，经过协商一致制定，并经过规范化的程序，由公认的标准机构批准的技术类的规范性文件，被称为“标准”。

在国际上，标准通常是自愿性的，它由标准机构（非权力机构）发布，由生产、使用等方面自愿采用。《中华人民共和国标准化法》第二条规定：标准包括国家标准、行业标准、地方标准和团体标准、企业标准。国家标准分为强制性标准、推荐性标准。行业标准、地方标准是推荐性标准。强制性标准必须执行，国家鼓励采用推荐性标准。

2.2　标准化

标准化是指为了在一定范围内获得最佳秩序，对现实问题或潜在问题制定共同使用和重复使用的条款的活动［引自 GB/T 20000.1—2002，定义 2.1.1］。

从上述定义中可以看出：标准化是一项活动，这种活动的结果是制定条款，制定条款的目的是在一定范围内获得最佳秩序，所制定的条款的特点是共同使用和重复使用，针对的对象是现实问题或潜在问题。再结合标准的定义可以得出：多项条款的组合构成了规范性文件，如果这些规范性文件符合了相应的程序，经过了公认机构的批准，就成为标准或特定的文件（例如国家标准化指导性技术文件）。所以，标准是标准化活动的主要成果之一。

“标准化”活动是人类社会中每天都在进行的诸多活动中的一种，它涉及上述文件（主要是标准）的编写过程、征求意见过程、审查发布过程和使用过程等。标准化活动的主要作用是：为了预期目的改进产品、过程或服务的适用性，防止贸易壁垒并促进技术合作。

2.3 标准的分类

标准的种类繁多，根据不同的目的或原则可以划分出不同的类别。

2.3.1 按照适用范围划分

依据制定标准的参与者所涉及的范围，也就是标准的适用范围，可将标准分为：国际标准、国家标准、行业标准、地方标准、团体标准、企业标准等。

（1）国际标准

国际标准是指国际标准化组织（ISO）、国际电工委员会（IEC）和国际电信联盟（ITU）以及ISO确认并公布的其他国际组织制定的标准［引自GB/T 20000.2—2009，定义3.1］。ISO确认并公布的其他国际组织主要包括：国际计量局（BIPM）、国际原子能机构（IAEA）、国际海事组织（IMO）、联合国教科文组织（UNESCO）、世界卫生组织（WHO）等49个国际标准化机构。

ISO、IEC、ITU三大国际标准组织以制定国际标准为主要职能，国际标准中的大部分都是由这三大组织发布的；ISO公布的其他国际标准化机构虽不以制定标准为主要职能，但都发布类似于标准的规范性文件。我们所说的“国际标准”包括了这些机构发布的标准或规范性文件。国际标准发布后在世界范围内适用，作为世界各国进行贸易和技术交流的基本准则和统一要求。在国际标准的应用实践中，人们对于“国际标准”有着不同的理解。在一些专业领域中，某些知名、权威机构发布的标准在世界范围具有广泛的影响，它们不仅代表着该领域的先进技术，左右着国际市场的技术格局，而且已经被众多国家和产业界广泛应用，我们称这些标准为“事实上的国际标准”。发布这些标准的机构有历史悠久、技术权威性高的某些国家的专业协会，例如美国材料与试验协会（ASTM）、美国机械工程师协会（ASME）、德国工程师协会（VDI）；有由掌握某类技术及专利并主导国际市场的大企业组成的联盟，例如5G联盟；有掌握独特专有技术并在全球市场具有垄断地位的大公司，例如微软公司。这些机构制定标准的运作模式与传统的国际标准化机构有所区别，在协商一致过程及技术方案选择结果上并不意味着全球接受，有些可能还会成为贸易争端的焦点。

（2）国家标准

国家标准是指由国家标准机构通过并公开发布的标准［引自GB/T 20000.1—2002，定义2.3.2.1.3］。

对我国而言，国家标准是指由国务院标准化行政主管部门组织制定，并对全国国民经济和技术发展有重大意义，需要在全国范围内统一的标准。

国家标准由全国专业标准化技术委员会负责起草、审查，并由国务院标准化行政主管部门统一审批、编号和发布。国家标准按照实施力度的约束性分为强制性标准和推荐性标准。为了保障国家安全，保护人民生命和健康，保障动植物的生命和健康，保护环境，防止欺诈行为，满足国家公共管理的需求，需要在全国范围内统一技术要求而制定的标准为强制性标准；其余为推荐性标准。

（3）行业标准

行业标准是指在国家的某个行业通过并公开发布的标准。对我国而言，行业标准是对没有国家标准而又需要在全国某个行业范围内统一的技术要求所制定的标准，行业标准的发布部门须由国务院标准化行政主管部门审查确定。凡批准可以发布行业标准的行业，由国务院标准化行政主管部门公布行业标准代号、行业标准的归口部门及其所管理的行业标准范围。

行业标准由行业标准归口部门审批，编号和发布，行业标准发布后，行业标准归口部门应将已发布的行业标准送国务院标准化行政主管部门备案。

（4）地方标准

地方标准是指在国家的某个地区通过并公开发布的标准［引自 GB/T 20000.1—2002，定义 2.3.2.1.4］。对我国而言，地方标准是针对没有国家标准和行业标准，而又需要在省、自治区、直辖市范围内统一的技术要求所制定的标准。地方标准由省、自治区、直辖市标准化行政主管部门统一编制计划、组织制定、审批、编号和发布。地方标准发布后，省、自治区、直辖市标准化行政主管部门应分别向国务院标准化行政主管部门和有关行政主管部门备案。

（5）团体标准

团体标准是由团体按照团体确立的标准制定程序自主制定发布，由社会自愿采用的标准。在标准制定主体上，鼓励具备相应能力的学会、协会、商会、联合会等社会组织和产业技术联盟协调相关市场主体共同制定满足市场和创新需要的标准，供市场自愿选用，增加标准的有效供给。在标准管理上，对团体标准不设行政许可，由社会组织和产业技术联盟自主制定发布，通过市场竞争优胜劣汰。国务院标准化行政主管部门会同国务院有关部门制定团体标准发展指导意见和标准化良好行为规范，对团体标准进行必要的规范、引导和监督。在工作推进上，选择市场化程度高、技术创新活跃、产品类标准较多的领域，先行开展团体标准试点工作。支持专利融入团体标准，推动技术进步。

（6）企业标准

企业标准是针对企业范围内需要协调、统一的技术要求、管理要求和工作要求所制定的标准。企业标准是企业组织生产、经营活动的依据。企业标准虽然只在某企业适用，但在地域上可能会影响多个国家。

企业标准由企业制定，由企业法人代表或法人代表授权的主管领导批准、发布，由企业法人代表授权的部门统一管理。企业标准大多是不公开的。然而，作为组织生产和第一方合格评定依据的企业产品标准发布后，企业应将企业标准报当地标准化行政主管部门和有关行政主管部门备案。

企业标准是规范企业内部生产经营活动的各种要求的规范性文件。企业标准中大部分是“过程”标准，主要是对各类人员，例如开发设计人员、工艺技术人员、测试检验人员、销售供应人员、经营管理人员等如何开展工作作出规定；企业标准中少部分是“结果”标准，主要是针对“物”，例如采购的原材料、半成品、最终产品等的技术要求作出规定。

2.3.2 按照标准涉及的对象类型划分

标准涉及的对象类型不同，反映到标准的文本上体现为其技术内容及表现形式的不同。从不同的角度可以对标准化对象进行不同的区分。ISO、IEC 将标准化对象概括为产品、过程或服务，据此可以把标准分为产品标准、过程标准和服务标准三大类。WTO 关心的是贸易和交流，它将贸易分为货物贸易和服务贸易，实际上是把 ISO、IEC 所指的产品、过程或服务中的产品和服务两项合并为一项，与过程（交流）对应。根据 WTO 的原则，可以更简单地把标准分为过程标准和结果标准两大类。

在实际使用中，为了使用方便，有时还需要比较详细的分类。按照标准涉及的对象经常使用的分类结果有：术语标准、符号标准、试验标准、产品标准、过程标准、服务标准、接口标准等等。

（1）术语标准

术语标准是指与术语有关的标准，通常带有定义，有时还附有注、图、示例等［引自 GB/T 20000.1—2002，定义 2.5.2］。术语标准是按照专业范围划分的，包含了某领域内某个专业的许多术语。术语标准的主要技术要素为术语条目，通常由条目编号、术语和定义几部分内容组成。包含术语和相应定义的术语标准，其名称为×××词汇，如果仅有术语没有定义，则名称为×××术语集。

（2）符号标准

符号标准是指与符号有关的标准。符号是表达一定事物或概念，具有简化特征的视觉形象［引自 GB/T 15565.1—2008，定义 2.3］。常分为文字符号和图形符号。文字符号又可分为字母符号、数字符号、汉字符号或它们组合而成的符号；图形符号又可分为产品技术文件用、设备用、标志用图形符号。

（3）试验标准

试验标准是指与试验方法有关的标准，有时附有与测试有关的其他条款，例如抽样、统计方法的应用、试验步骤［引自 GB/T 20000.1—2002，定义 2.5.3］。试验标准是规定试验过程的标准，是典型的过程标准。试验标准规定了标准化的试验方法。在规定结果的产品标准中，所要求的结果需要通过试验来检验。一般来讲，每项要求都应有其对应的试验方法。因此试验标准的数量较多，是被其他标准引用频率较高的标准。

（4）产品标准

产品标准是指规定产品应满足的要求以确保其适用性的标准［引自 GB/T 20000.1—2002，定义 2.5.4］。按照 ISO 对标准化对象的划分，产品标准是相对于过程标准和服务标准而言的一大类标准，与产品有关的标准都可以划入这一类别。产品标准可分为不同类别的标准，例如尺寸类标准、材料类标准等的主要内容是规定产品应该满足的要求，主要包括适用性的要求。这些要求通常用性能特性表示。此外，为了验证是否满足各项要求，还需要有针对每项要求的试验方法，通过试验方法的测试，才能得到用于比较的数据，来判断各项要求是否满足。另外，产品标准还可以根据需要规定其他方面的内容，例如术语、包装和标签等，有时还可包括工艺要求。在产品标准中不应写入属于合同要求的内容。

（5）过程标准

过程标准是指规定过程应满足的要求以确保其适用性的标准［引自 GB/T 20000.1—2002，定义 2.5.5］。按照 ISO 对标准化对象的划分，过程标准是相对于产品标准和服务标准而言的一大类标准，与过程有关的标准都可以划入这一类别。过程标准主要是写如何做的标准。人类的活动中大多经历的是过程，因而标准化活动中制定的标准大部分也是过程标准。

（6）服务标准

服务标准是指规定服务应满足的要求以确保其适用性的标准［引自 GB/T 20000.1—2002，定义 2.5.6］。按照 ISO 对标准化对象的划分，服务标准是相对于产品标准和过程标准而言的一大类标准，与服务有关的标准都可以划入这一类别。从上述定义中可看出，将产品标准定义中的“产品”换成了“服务”，就成为服务标准的定义。

服务标准与产品标准有许多共同之处，服务标准的主要内容是规定服务应该满足的要求，目的是要保证服务这一产品的适用性。

（7）接口标准

接口标准是指规定产品或系统在其互连部位与兼容性有关的要求的标准［引自 GB/T 20000.1—2002，定义 2.5.7］。从上述定义可看出，接口标准针对的是一个产品与其他产品连接使用时，其相互连接的界面的标准化问题。通过接口标准的规定，保证产品或系统与其他产品或系统连接后的兼容性。这类标准经常涉及几何外形的尺寸要求。例如，鞋子的号型标准就是尺寸匹配的标准，它规定了不同号型鞋子的尺寸，是为了使鞋与人脚相互配合。在多数情况下，产品只是几何外形的尺寸适合，而性能不匹配是不能使用的。因此接口标准往往涉及两个方面的要求，即尺寸匹配要求和性能匹配要求。

2.3.3　按照标准的要求程度划分

按照标准中技术内容的要求程度进行划分，可以将标准分为规范、规程和指南。这三类标准中技术内容的要求程度逐渐降低，标准中所使用的条款及表现形式也有差别，编写要求也会不同。

（1）规范

规范是指规定产品、过程或服务需要满足的要求的文件［引自 GB/T 1.1—2009，定义 3.1］。从上述定义可以看出，几乎所有的标准化对象都可以成为“规范”的对象，无论是产品、过程还是服务，或者是其他更加具体的标准化对象。这类文件的内容有一个共同的特点，即它规定的是各类标准化对象需要满足的要求。在适宜的情况下，规范最好指明可以判定其要求是否得到满足的程序，也就是说规范中应该有由要求型条款组成的“要求”一章，其中所提出的要求，一旦声明符合标准是需要严格判定的。因此，规范中需要同时指出判定符合要求的程序。

（2）规程

规程是指为设备、构件或产品的设计、制造、安装、维护或使用而推荐惯例或程序的文件［引自 GB/T 20000.1—2002，定义 2.3.5］。从上述定义可以看出，规程所针对的标准化对象是设备、构件或产品。规程与规范的区别是多方面的：规程的标准化对象较规范来说更加具体；规程的内容是“推荐”惯例或程序，规范是“规定”技术要求；规程中的惯例或程序推荐的是“过程”，而规范规定的是“结果”；规程中大部分条款是由推荐型条款组成，规范必定有由要求型条款组成的“要求”。因此，从内容和力度上来看，“规程”和“规范”之间都存在着明显的差异。

（3）指南

指南是指给出某主题的一般性、原则性，方向性的信息，指导或建议的文件［引自 GB/T 1.1—2009，定义 3.3］。从定义可以看出，指南的标准化对象较广泛，但具体到每一个特定的指南，其标准化对象则集中到某一主题的特定方面，这些特定方面是有共性的，即一般性、原则性或方向性的内容。

指南的具体内容限定在信息、指导或建议等方面，而不会涉及要求或程序。可见，“指南”的内容与“规范”和“规程”有着本质的区别。

3 编写标准的方法和规则

3.1 标准化对象的确定

确定标准化对象是在具体编写标准之前要完成的工作之一。标准化对象决定了标准的名称、范围以及标准技术要素的选择。一旦标准化对象确定下来，标准的名称（标准名称的主体要素即是标准所涉及的对象）就可基本确定，标准的范围的主要框架也随之确定。当然，在标准的编写过程中，标准的名称将会随着标准内容的进一步明确而调整得更加准确，标准的范围也将随着标准内容的完成而得到补充完善。另外，标准化对象也是决定标准技术要素选择的因素之一。

在具体确定标准化对象之前，首先要明确什么是标准化对象，并且要了解标准化对象与标准的发布机构、立法对象以及标准的公开程度之间的关系。

标准化对象是指需要标准化的主题［引自 GB/T 20000.1—2002，定义 2.1.2］。从这一定义中可以看出除了把术语“标准化对象”中的“对象”改为定义中的“主题”外，定义比术语只多了两个字“需要”。也就是说，在众多的“主题”中，只有“需要”标准化的，才能成为标准化对象。可见“需要”是标准化对象定义中的核心。然而，定义中没有指明“需要”的主体，没有指明是“谁”需要。根据市场经济的规律，贸易的双方都需要使用标准。因此，标准用户的需要就成为“需要”的一部分。然而，标准是由公认的标准机构发布的，如果标准机构认为没有必要，标准就不会被发布。显然，标准发布机构的需要就成为“需要”的另一部分。所以，“需要标准化的主题”中“需要”的主体，应该包括反映客观需要的主体——用户和市场，以及反映主观需要的主体——标准发布机构。客观需要是一个“主题”之所以能成为标准化对象的基础。如果没有用户和市场对标准化对象的客观需要，即使标准机构主观上认为有需要，标准发布后也会出现无人使用的现象。出现这种现象的原因，是由于这些标准只是满足了标准发布机构主观上的需要。

反之，如果客观上有需要，而标准机构主观上还没有认识到这种需要，这种用户或市场的需要仅仅是单方面的需要。由于标准机构认为没有相应的需要，则这一“需要标准化的主题”就不能被标准机构立项、组织制定，标准也就无从发布，其结果是没有标准可供使用。

因此，只有用户和市场的客观需要充分反映给标准机构，并被标准机构认可，成为其主观需要，“需要标准化的主题”才有可能成为标准化对象，标准机构才会组织制定标准、发布标准，贸易双方才会有标准使用，也只有标准机构确立的标准能够满足客观需要，标准才会被使用。总之，只有客观需要和主观需要有机地结合，标准才能得以发布，而发布的标准才能被用户和市场使用。

3.2 确定标准化对象考虑的内容

标准化对象的确定是标准制定工作的第一项任务。只有确立了标准化对象，才能谈得上编制标准。另外，标准技术内容的确定一方面取决于编制标准的目的，另一重要方面取决于标准所针对的对象，标准化对象不同，标准的内容也会不同。确定标准化对象时，需要从以下四方面的内容进行考虑。

3.2.1 分析需求

前文已经谈到标准化对象是需要标准化的主题，“需要”是确定标准化对象的关键所在。如何衡量哪些对象需要标准化是一个十分重要的问题。只有建立对需求迫切性的评估程序，使需求分析做得充分到位，才能使标准准确及时地反映市场需求，使发布的标准具有较高的利用率。

3.2.2 考察是否具备标准的特点

从标准的定义可知，标准需要具备“共同使用"和“重复使用”两个特点，所以应考察所确立的标准化对象是否同时具备了这两个特点。只具备“共同使用”，但不具备“重复使用”的文件（例如仅适用于一次性大型活动的文件），不适宜作为标准发布。

3.2.3 了解本领域的技术发展状况

应随时掌握本领域的技术发展动向，尤其是新技术、新工艺、新发明，为确定标准化对象做好充分的技术储备。

3.2.4 考虑与有关文件的协调

要考虑到新项目与现行有关标准、法规或其他文件的关系，并评估它们涉及的特性和水平，判断是否需要在技术上进行协调。在此基础上决定是否开展新的标准项目。如果现有标准能够满足需要就不必开展新的标准制定项目，如果只需在现有标准的基础上进行修改，则只应开展标准修订工作，而不必制定新的标准。

3.3 研制标准的步骤

（1）明确标准化对象

自主研制标准一般是在标准化对象已经确定的背景下开始的，也就是说标准的名称已经初步确定。在具体编制之前，首先要讨论并进一步明确标准化对象的边界。其次，要确定标准所针对的使用对象：是第一方，第二方还是第三方；是制造者、经销商、使用者，还是安装人员、维修人员；是立法机构、认证机构还是监管机构中的一个或几个适用对象。

上述所有事项都应该事先论证、研究、确定，使标准编写组的每一个成员都清楚将要编写的标准是一个什么样的标准。在编写过程中应经常检查修正，不应脱离预定的目标、想到什么就写什么，也不要认为大家都同意的内容就可以写进标准草案，要辨别一下是否属于预定的内容。

（2）确定标准的规范性技术要素

在明确了标准化对象后，需要进一步讨论并确定制定标准的目的。根据标准所规范的标准化对象、标准所针对的使用对象，以及制定标准的目的，确定所要制定的标准的类型是属于规范、规程还是指南。标准的类型不同，其技术内容会不同，标准中使用的条款类型以及标准章条的设置也会不同。在此基础上，标准中最核心的规范性技术要素也会随之确定。

（3）编写标准

标准的规范性技术要素确定后，就可以着手具体编写标准了。

首先应从标准的核心内容——规范性技术要素开始编写。在编写规范性技术要素的过程中，如果根据需要准备设置附录（规范性附录或资料性附录），则进行附录的编写。

上述内容编写完毕之后，就可以编写标准的规范性一般要素，该项内容应根据已经完成的内容加工而成。例如，规范性技术要素中规范性引用了其他文件，这时需要编写“规范性引用文件”，将标准中规范性引用的文件以清单形式列出。将规范性技术要素的标题集中在一起，就可以归纳出标准“范围”的主要内容。

规范性要素编写完毕，需要编写资料性要素。根据需要可以编写引言，然后编写必备要素前言。如果需要，则进一步编写参考资料、索引和目次。最后，则需要编写必备要素封面。

这里阐述的标准要素的编写顺序十分重要，标准要素的编写顺序不同于标准中要素的前后编排顺序。编写标准时，规范性技术要素的编写在前，其他要素在后，这是因为后面编写的内容往往需要用到前面已经编写的内容，也就是其他要素的编写需要使用规范性技术要素中的内容。各要素具体如何编写详见 GB/T 1.1—2020。

3.4 编写标准的基本规则

确定了标准化对象，选择了编写标准的方法后，就要开始着手编写标准了。具体编写标准需要掌握许多知识。首先，在起草标准之前要清楚地认识到制定标准所需要遵循的基本原则。只有这样才能使制定出的标准真正起到应有的作用。

3.4.1 目标及要求

制定标准最直接的目标就是编制出明确且无歧义的条款，并且通过这些条款的使用，促进贸易和交流。为了达到这个目标，编制出的标准应符合下述要求。

（1）内容完整

这里的内容完整是指在“范围”所规定的界限内标准的内容按照需要力求完整，也就是说完整是有界限的。标准的范围划清了标准所适用的界限，在这个界限内，应将所需要的内容在一项标准内规定完整。不应只规定一部分内容，而另一部分需要的内容却没有规定，或将它们规定在其他的标准中。这种做法破坏了标准的完整性，不利于标准的实施。假如标准使用者按照标准的范围所划定的界限去查找和使用标准，但由于标准内容不完整而不能完全满足使用者的需要，这无疑是标准制定工作的失误。此外，这项要求还有另一层含义，即“按照需要”也就是说需要什么，规定什么；需要多少，规定多少。并不是越多越好，将不需要的内容加以规定，同样也是错误的。

（2）表述清楚和准确

标准的条文应用词准确、条理清楚、逻辑严谨。清楚通常指标准文本的表述要有很强的逻辑性，用词禁忌模棱两可，防止不同的人从不同的角度对标准内容产生不同的理解。标准文本的表述仅仅做到清楚还只是第一步，作为一项标准其中的任何要求都应十分准确，要给相应的验证提供可依据的准则。

（3）充分考虑最新技术水平

在制定标准时，所规定的各项内容都应在充分考虑技术发展的最新水平之后确定。这里强调的是对最新技术水平要“充分考虑”，并不是要求标准中所规定的各种指标或要求都是最新的、最高的。但是所规定的内容应是在对最新技术发展水平进行充分考查、研究之后确定的。

（4）为未来技术发展提供框架

起草标准时，不但要考虑当今的“最新技术水平”，还要为未来的技术发展提供框架和发展余地。因为，即使目前标准中的内容是考虑最新技术水平的结果，但是经过一段时间，有时是相对较短的时间，某些技术（例如信息技术）就有可能落后。这时，如果要符合标准，就得搁置新技术，采用落后技术，这种现象的发生，实际上就是标准中的规定阻碍了技术的发展。所以，起草标准的条款时，要避免发生这种情况。在标准中从性能特性角度提出要求，并且尽量不包括生产工艺的要求，是避免阻碍技术发展的方法之一。

（5）能被未参加标准编制的专业人员所理解

这里包含两层意思。首先，标准中的条款是给有关专业人员使用的，因此标准中的内容要使相应的专业人员能够理解，但并不要求所有人都能理解。其次，要使未参加标准编制的专业人员能够很好地理解标准中规定的条款。这是因为，对于未参加标准编制的人员来说，虽然他们是相关领域的专业人员，但如果标准的内容表述得不十分清楚，他们也未必能够很容易地理解，有时甚至还可能造成误解。

参与标准编制的人员，对标准草案反复进行过多次讨论，非常熟悉标准中所规定的技术内容。这种情况下，容易忽视标准中具体条文的措辞是否表述得十分清楚。往往标准起草者认为表述得很清楚的内容，未参加标准讨论的人员有可能不能够准确地理解其内容。为了使标准使用者易于理解标准的内容，在满足对标准技术内容的完整和准确表达的前提下，标准的语言和表达形式应尽可能简单、明了、易懂，还应注意避免使用口语化的措辞。起草标准时，时刻注意满足统一性的要求，也能够避免误解和歧义。

3.4.2 统一性

统一性是对标准编写及表达方式的最基本的要求。统一性强调的是内部的统一，这里的“内部”有三个层次：第一，一项单独出版的标准或部分的内部；第二，一项分成多个部分的标准的内部；第三，一系列相关标准构成的标准体系的内部。无论是上述三个层次中的哪一层次，统一的内容都包括三个方面，即标准的结构、文体和术语。三个层次上三个方面的统一将保证标准能够被使用者无歧义地理解。

（1）结构的统一

标准的结构即是标准中的章、条、段、表、图和附录的排列顺序。标准结构的统一适用于上述三个层次中的第二、三个层次。在起草分成多个部分的标准中的各个部分或系列标准中的各项标准时，应做到：

1）各个标准或部分之间的结构应尽可能相同。

2）各个标准或部分中相同或相似内容的章、条编号应尽可能相同。

（2）文体的统一

文体的统一适用于上述全部三个层次。在每个部分、每项标准或系列标准内，类似的条款应由类似的措辞来表达，相同的条款应由相同的措辞来表达。

（3）术语的统一

与文体的统一一样，术语的统一也适用于上述全部三个层次。在每个部分、每项标准或系列标准内，对于同一个概念应使用同一个术语。对于已定义的概念应避免使用同义词。每个选用的术语应尽可能只有唯一的含义。另外，对于某些相关标准，虽然不是系列标准，也应考虑术语的统一问题。

上述要求对保证标准的理解将起到积极的作用，“结构、文体和术语”的统一将避免由于同样内容不同表述而使标准使用者产生的疑惑。另外，从标准文本自动处理的角度考虑，统一性也将使文本的计算机处理，甚至计算机辅助翻译更加方便和准确。

3.4.3 协调性

统一性强调的是一项标准或部分的内部或一系列标准的内部，而协调性是针对标准之间的，它的目的是“为了达到所有标准的整体协调”。这里，我们是将标准系统作为一个“整体”来看，如果从企业的角度，那么所有的企业标准应是协调的；如果从行业的角度，那么所有的行业标准应是协调的；推而广之从国家的角度，那么所有的国家标准应是协调的。标准是成体系的技术文件，各有关标准之间存在着广泛的内在联系。标准之间只有相互协调、相辅相成，才能充分发挥标准系统的功能，获得良好的系统效应。

为了达到标准系统整体协调的目的，在制定标准时应注意和已经发布的标准进行协调。这种协调包括以下三个层面。

（1）普遍协调

普遍协调是任何标准都需要进行的协调。也就是说，每项标准都应遵循现有基础通用标准的有关条款，尤其涉及下列有关内容时，需要与相应的现行标准相协调：

——标准化原理和方法；

——术语的原则和方法；

——量、单位及其符号；

——符号、代号和缩略语；

——参考文献的标引；

——技术制图和简图；

——技术文件编制；

——图形符号。

（2）特殊协调

特殊协调是针对特定领域的标准需要进行的协调。除了上述协调的内容外，在某些技术领域，标准的编写还应遵守涉及下列内容的现行标准的有关条款：

——极限、配合和表面特征；

——尺寸公差和测量的不确定度；

——优先数；

——统计方法；

——环境条件和有关试验；

——安全；

——电磁兼容；

——符合性和质量。

（3）本领域协调

制定标准时，除了与上述标准协调外，还要注重与同一领域的标准进行协调，尤其要考虑本领域的基础标准的情况，注意采用已经发布的标准中作出的规定。

3.4.4 适用性

适用性指所制定的标准便于使用的特性。这里强调两个方面：第一，标准中的内容应便于直接使用；第二，标准中的内容应易于被其他标准或文件引用。

（1）便于直接使用

任何标准只有最终被使用才能发挥其作用。在制定标准时就应考虑到标准中的条款是否适合直接使用。为此标准中的每个条款都应是可操作的。

另外，标准中某些要素的设置也是出于适用性的考虑，如“规范性引用文件”的设置，极大地方便了标准的使用者。

如果标准中的某些内容拟用于认证，则应将它们编为单独的章、条，或编为标准的单独部分。这样将有利于标准的使用。

（2）便于引用

标准的内容不但要便于实施，还要考虑到易于被其他标准、法律、法规或规章等引用。GB/T 1.1—2020 规定的标准编写规则中的许多条款实际上都是为了便于被引用而制定的。

3.4.5 一致性

一致性指起草的标准应以对应的国际文件（如有）为基础并尽可能与国际文件保持一致。

（1）保持与国际文件一致

起草标准时，如有对应的国际文件，首先应考虑以这些国际文件为基础制定我国标准，在这一前提下，还应尽可能保持与国际文件的一致性。

（2）明确一致性程度

如果所依据的国际文件为 ISO 或 IEC 标准，则应按照 GB/T 20000.2 的规定，确定与相应国际文件的一致性程度，即等同、修改或非等效。这类标准的起草除应符合 GB/T 1.1—2020 的规定外，还应符合 GB/T 20000.2—2009 的规定。

3.4.6 规范性

规范性指起草标准时要遵守与标准制定有关的基础标准以及相关法律、法规。实现规范性要做到以下三个方面。

（1）预先设计

在起草标准之前，应首先按照 GB/T 1.1 有关标准结构的规定，确定标准的预计结构和内在关系，尤其应考虑内容和层次的划分，以便对相应的内容进行统一的安排。如果标准分为多个部分，则应预先确定各个部分的名称。

（2）遵守制定程序和编写规则

为了保证一项标准或一系列标准的及时发布，起草工作的所有阶段均应遵守 GB/T 1.1 规定的编写规则以及 GB/T 1.2 规定的标准制定程序。根据所编写标准的具体情况还应遵守 GB/T 20000、GB/T 20001 和 GB/T 20002 相应部分的规定。

起草标准时，还需要遵守与标准制定有关的法律、法规及规章，例如：国家标准管理办法、行业标准管理办法、地方标准管理办法、企业标准化管理办法等。

（3）特定标准的制定须符合相应基础标准的规定

在起草特定类别的标准时，除了遵守 GB/T 1 以外，还应遵守指导编写相应类别标准的基础标准。例如，术语（词汇、术语集）标准、符号（图形符号、标志）标准、方法（化学分析方法）标准。产品标准、管理体系标准的技术内容确定、起草、编写规则或指导原则应分别遵守 GB/T 20001.1、GB/T 20001.2、GB/T 20001.4、GB/T 20001.5 和 GB/T 20000.7 的规定。

4　地热能技术标准体系

4.1　研究内容

通过对地热能产业技术的分析，提出地热能技术的标准需求，设计覆盖地热能全产业链的技术标准体系，并按照急用先行的原则制定部分重点地热能技术标准。

（1）开展国内外地热技术及标准化现状、趋势调研

1）国外：重点调研国际标准化组织以及美国、德国、冰岛等国家的标准。

2）国内：重点调研国家、行业标准和相关企业标准化现状。

（2）地热资源勘探开发特征与油气资源勘探开发特征的差异对比分析

重点分析地热资源勘探开发在资源勘查与评价、地球物理技术、井筒工程与钻井等方面与油气资源在上述方面工作的异同，为建立地热标准化体系提供科学依据。

（3）现有标准的适用性分析及地热标准需求分析

在总结和研究地热勘探开发和利用技术现状、技术应用效果的同时，分析现有标准的适用性，并对地热标准进行需求分析。

（4）建立地热标准体系与制定标准

在上述需求分析和差异对比的基础上，对现有标准进行适应性分析，对适用的标准直接采用，纳入“地热标准体系”，建立覆盖地热能产业全过程的标准体系：包括地热资源勘查与评价、地热井筒工程与钻井、地热发电、地热供暖、地热防腐除垢和地热回灌等。根据急用先行的原则制定部分重点专业标准。

（5）提出地热标准制修订规划

在建立地热标准体系的基础上，根据地热产业发展进程和生产经营管理的需要，借鉴国际先进标准化模式，对地热标准体系进行研究，通过研究和整合多方面、多层次的地热工程经验，制定地热标准制定规划，按规划逐步制定并完善地热标准。明确地热项目在立项、审批、设计、建设、验收、运

行的全流程中标准制定的重点方向和目标，提出标准制修订规划和分年度计划。

4.2 技术路线

在地热资源国内外勘查开发现状、技术发展趋势及标准现状、趋势调研分析的基础上，对地热资源勘查开发利用现状、技术发展情况及标准化需求进行分析；并在现有规范和国家标准的基础上，构建完善的地热能技术标准体系；分“直接采用”和“标准制定”两种方式分别对重点标准的适用性、必要性和可行性进行论证，明确地热资源标准制定的重点方向和地热能开发利用技术和管理标准方面目前的缺口和需求，并对所需要制定的标准进行规划研究（见图1-1）。

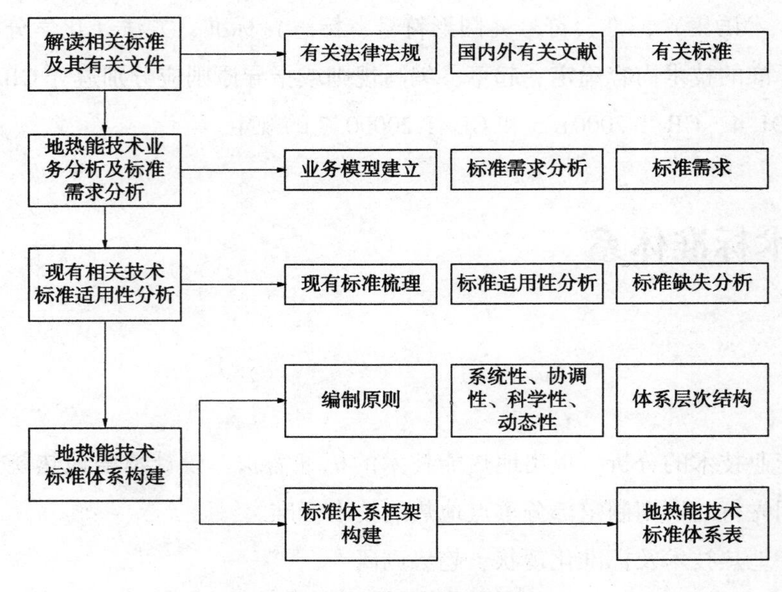

图1-1 技术路线图

4.3 地热能开发利用业务分析

国家标准《地热资源地质勘查规范》（GB/T 11615—2010）中，将地热资源定义为能够经济地被人类所利用的地球内部的地热能、地热流体及其有用组分。目前可利用的地热资源主要是天然出露的温泉、通过热泵技术开采利用的浅层地热能、通过人工钻井直接开采利用的地热流体以及干热岩体中的地热资源。参考国内外相关研究成果及相关行业对资源的定义，地热资源的现代含义应该包括三部分：①地热开采过程中产出的地热流体，包括天然蒸汽、热水及由人工引入地热储的冷流体经加热后所产出的热流体；②地热流体中赋存的热能；③地热流体中经济价值较高的矿物质。目前进行的地热资源调查和评价，主要评估“地热能”，同时兼顾“流体”，基本未考虑伴生矿产资源。

（1）地热勘查的目的是确定地热异常区，寻找赋存温度达到用途的热流体或热储。地热资源勘查的任务：①查明热储层的岩性、空间分布、孔隙性、渗透性及其与常温含水岩层的水力联系；②查明储盖层的岩性、厚度变化、区域地热增温率和地温场的平面分布特征；③查明地热流体的温度、状态、物理性质及化学组分及利用的可行性评价；④查明地热流体动力场特征、补径排条件；⑤在查明地热地质背景前提下，确定地热田的形成条件和地热资源可开发利用的区域及合理开发利用深度；⑥估算地热资源量或储量，提出地热资源可持续开发利用的建议。为了尽可能地降低勘探风险，地热勘探工作应遵循由表及里，由简单到复杂，由调查、分析、地球物理勘探到钻探的程序，工作内容和投入的工作量应根据勘查阶段、类型和工作区地热地质复杂程度等因素综合考虑确定。应选择经济有效的勘探方法、手段和合理的施工方案，达到相应工作阶段要求。

（2）对水热型地热来说，国外以深大断裂、断裂破碎带为主要研究对象，技术以电磁勘探，尤其以大地电磁（MT）为主，其次是可控震源、锤击震源的地震勘探进行精细断裂带成像。还应用了重、磁勘探、激发极化法、高密度电法、自然电位法等。国内以断层、断裂破碎带为主要检测对象，技术以可控源音频大地电磁（CSAMT）为主，其次采用了大地电磁、高频电磁、激发极化法、高密度电法、自然电位法、高精度重力测量和地面磁测、遥感地质解译、放射性勘探；少量试验了 2D 反射地震。干热岩地热国外勘探环节以天然地震与 MT、重力资料的联合反演成像检测热源区为主，开发上采用了微地震、井地电法监测裂缝发育、延伸与流体的扩散。微地震发展了 FWI 矩张量和震源定位反演技术。国内干热岩勘探检索到青海共和—贵德盆地、福建漳州和西藏措美干热岩钻探实例。

（3）美国、日本、新西兰是世界上地热井筒工程与钻井技术应用较多、技术先进的国家，也是拥有地热井钻机制造商和承包商最多的国家。美国的地热资源勘探主要由石油公司负责，采用石油钻井技术施工地热井。美国近几年在地热井筒工程与钻井技术方面，开发了系列仪器、设备和技术：包括泥浆循环漏失诊治技术、硬地层破岩钻头、高温测量、数据无线遥测、小口径钻井技术，地热钻井研究等。地热井筒工程与钻井具有以下几个技术特点：①同地区同构造同层段，井口水温、出水量差异很大，需研究钻井地质特征；②水量、水温、井口压力或静水位衰减快，需要解决回灌井的回灌层位选择，回灌井井身结构设计等问题；③地热井开发过程中，出液量极大，同时携砂量惊人，沉砂严重，需要定期地进行捞砂作业。需要对出砂机理进行准确的分析，采用有效的防砂工艺和工具；④地热水井口汽化影响钻井作业、产能测试、设备安装和调试，有可能形成井喷危险。需要研究井筒流体温度、状态和控制技术，地面的冷却循环设备，以及简易的井控设备。

（4）地热和火力发电的原理一样，但地热发电不像火力发电需要备有庞大的锅炉，也不需要消耗燃料，运行管理简单，设备的年利用率高。根据热力学原理，可知地热资源的温度越高，发电的效率也越高，经济性越好。因此，地热资源本身决定了地热发电的现状，美国、冰岛、意大利、日本、新西兰等国地热资源较好，适合地热发电；我国地热资源虽然分布较广，但除西藏外，大多属于中、低温地热田。中低温地热发电站热效率较低、经济性差、竞争力不强，因此大部分中低温地热电站已经停运。地热发电技术难题是低成本的解决地热水腐蚀结垢、降低地热电站初投资成本和地热电站商业化运行的问题。所以，如何提高发电效率、降低地热电站的成本是地热发电所需解决的主要问题。

（5）地热水的高矿化度导致供热管网腐蚀和堵塞，因此目前大部分地热供暖系统为间接供暖系统。供热管网与热源分离，地热资源成为众多热源的一种，地热供暖站成为地热供暖中关键的环节，保证热源（地热井）和供热管网之间的平衡，因此地热供暖站的质量决定了整个地热系统的质量。供暖站中因地热水自身原因，地热水与供热管网水的热交换需要具有耐腐蚀和容易除垢的特性，因此板式换热器成为地热供暖站中主要的热交换设备；为应对极端天气，须配置相应的调峰装置，调峰装置除应对极端天气外，针对地热供暖高成本、低效益的特点，应注意调峰设备自身的经济性。

（6）地热能源开发过程中腐蚀和结垢问题作为关键技术问题严重制约着地热能的高效开发和经济利用。地热系统普遍存在腐蚀问题，只是程度不同。地热流体的腐蚀主要是电化学腐蚀，其腐蚀性成分主要有氯离子、溶解氧、硫酸根离子、氢离子、硫化氢、二氧化碳、氨、总固形物等，其中以氯离子的腐蚀性为最强，是引起碳钢、不锈钢及其他合金的孔蚀和缝隙腐蚀的重要条件。地热利用系统防腐蚀工程的目标是提高工程的可靠性和经济效益。首先技术可靠是十分必要的，经济合理也至关重要。地热防腐工程的设计还应根据当地的具体条件和可能获得的原材料进行设计。一些关键性的防腐技术，应得到有关部门专家的鉴定认可。不同地热流程和运行制度所引起的腐蚀问题会有很大差异。各地的水质不同，即使同一地区，由于取水层的不同，水质的腐蚀性也会有很大差别。因此，必须结合工艺流程和运行制度研究分析腐蚀介质，提出腐蚀的形式和规律，方可有效地进行防腐工程设计。地热水结垢有多种形式，一般高温地热田常见的是硅垢和钙垢，但是国内大量存在的中低温地热田，最普遍存在的结垢是碳酸钙垢的沉积。目前常用的防垢除垢有化学法、增压法、磁法防垢、涂层法防垢、载体法除垢、高频电子除垢、静电除垢等七种方法。

（7）对地热回灌技术来说，国内外在裂隙灰岩地区进行回灌比较成功，但对于孔隙性热储回灌存在较大难度，是世界性难题。世界各国已经对地热回灌技术进行了不同程度的研究，主要研究精力多局限于一对一式的“对井”回灌，从目前世界各国对于在砂岩热储层中回灌运行的效果来看，总体回灌情况仍然不够理想。针对地热田进行的整体考虑，而专门进行的“群井”采灌系统所进行的研究，即对回灌井群与生产井群之间的相互影响及相互关系的研究，在世界范围内进行文献检索，发现均鲜有涉及和报道。对于我国来说，孔隙型砂岩热储在我国分布广泛，也是地热开发的主战场，但因回灌技术是世界技术难题，是一项多学科交叉的系统工程，群井采灌条件下的回灌研究工作显得更为艰难。因此，需要建立一套涵盖回灌层位精确识别与选取、地层堵塞原因分析与解决办法、回灌井、成井及完井改进工艺研究在内的技术及装备支撑体系，以提高地热回灌的效率、减少地热尾水的直接排放，保证砂岩地区地热开发的良性循环及可持续发展，是今后的发展方向。

根据上述分析，采用因果图进行分解，制定出地热能技术业务模型（见图1-2），根据业务模型展开地热能业务分析。

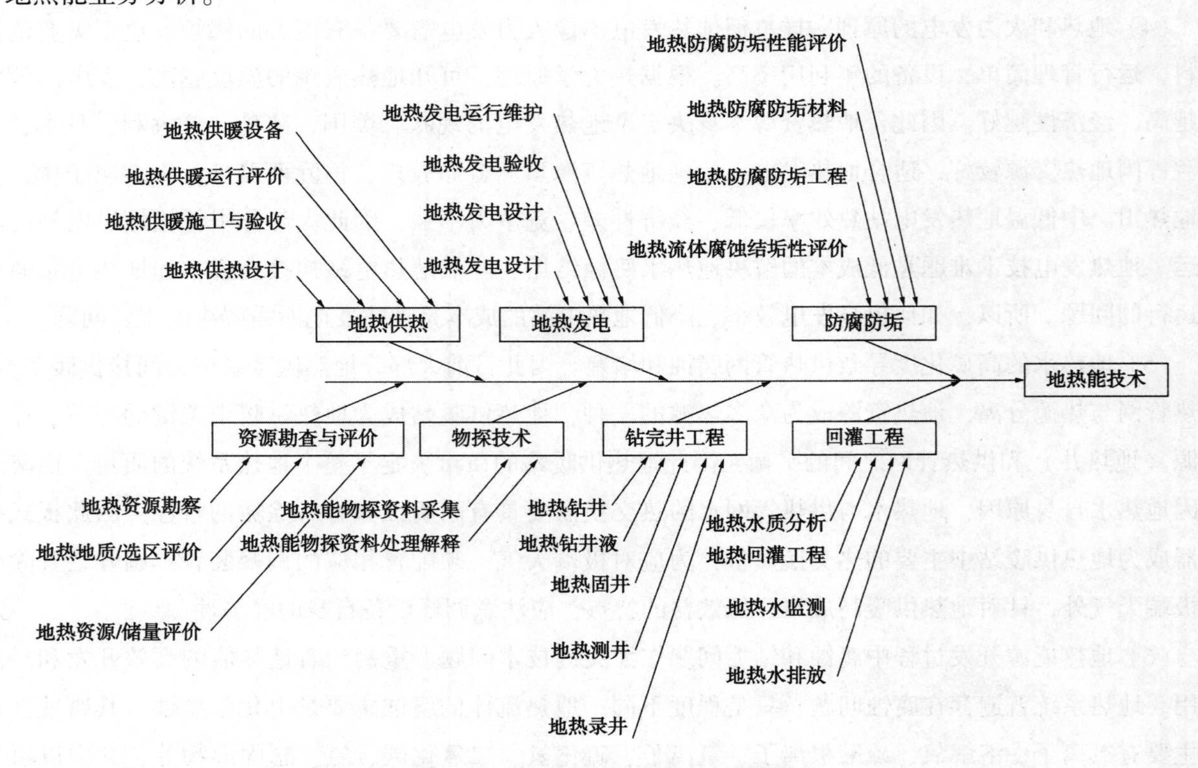

图1-2　地热能技术业务模型图

4.4 取得的主要创新成果

（1）研究制定了世界上第一个地热能标准体系，该体系涵盖了地热资源的勘查与评价、钻完井工程、地热供暖与发电、防腐防垢和地热资源保护等专业，制定了19项行业标准，在地热能产业中得到应用。

（2）研究制定了国家能源局第一版能源行业地热能专业标准体系，在此基础上申请成立了能源行业地热能专业标准化技术委员会，编号为NEA/TC29；并以地热能标委会为平台，整合地热能行业的力量和技术，推动地热能标准的制定和实施，发挥了标准的规范和引领作用。第一版能源行业地热能专业标准体系已经由国家能源局发布在全国得到了全面的推广，为行业的快速可持续发展提供了标准保证。《地热能术语》《地热能开发利用项目可行性研究报告编制要求》和《地热回灌工程技术规范》已由国家能源局发布实施，引起行业的广泛关注和重视，解决了地热能行业关键的基础和门槛标准问题。

（3）建成了地热能标委会数据中心和标委会网站。通过梳理能源行业地热能专业标准化技术委员会工作业务，对使用地热能标准化数据中心的人员进行角色分类，形成完备的业务需求分析报告。在此报告基础上，建成了地热能标准数据中心，实现对标准文本、标准化政策、标准宣贯等信息的有效更新和以门户网站形式将数据库对地热能标委会成员及社会企业个人分权限开放，为标委会委员和专家提供了一个协同工作的平台，为地热能行业提供了完善的标准化信息查询和服务平台。

4.5 能源行业地热能专业标准体系

中国石化集团新星石油有限责任公司牵头制定了国家能源行业地热能专业标准体系，并向国家能源局申报成立了能源行业地热能专业标准化技术委员会，2016年11月18日国家能源局发文《国家能源局关于成立能源行业地热能专业标准化技术委员会的批复》（国能科技〔2016〕681号），同时发布了第一版国家能源行业地热能专业标准体系表（见表1-1）。

表1-1 能源行业地热能专业标准体系表

总序号	分序号	标准名称	标准代号或编号	宜定级别
基础通用				
1	1	地热能术语	NB/T 10097—2018	
2	2	地热能开发利用项目可行性研究技术规范	NB/T 10098—2018	
地热资源勘查与评价				
3	1	地热资源地质勘查规范	GB/T 11615—2010	
4	2	浅层地热能勘查评价规范	DZ/T 0225—2009	
5	3	区域地热地质调查规范		NB/T
6	4	地热田地热地质勘查规范		NB/T
7	5	单井地热资源评价规范		NB/T
8	6	地热储层评价方法	NB/T 10263—2019	
9	7	地热地球化学调查规范		NB/T

表 1-1（续）

总序号	分序号	标准名称	标准代号或编号	宜定级别
10	8	地热地球物理勘查规范	NB/T 10264—2019	
11	9	地热资源储量分级评价方法		NB/T
12	10	地热地质编图规范		NB/T
13	11	浅层地热能开发工程勘察规范	NB/T 10265—2019	
14	12	干热岩资源区域调查评价规范		NB/T
		地热钻完井工程		
15	1	地热井井身结构设计方法		NB/T
16	2	地热井钻前准备技术规范		NB/T
17	3	钻头使用基本规则和磨损评定方法	SY/T 5415—2012	
18	4	岩石可钻性测定及分级方法	SY/T 5426—2016	
19	5	地热钻探技术规程	DZ/T 0260—2014	
20	6	地热井钻井地质设计规范	NB/T 10267—2019	
21	7	地热井钻井工程设计规范	NB/T 10266—2019	
22	8	钻井液材料规范	GB/T 5005—2010	
23	9	钻井液试验用土	SY/T 5490—2016	
24	10	钻井液用滤纸	SY/T 5677—1993	
25	11	钻井液参数测试仪器技术条件	SY/T 5377—2013	
26	12	地热钻井液技术规范		NB/T
27	13	地热储层用钻井液环保性评价规程		NB/T
28	14	地热固井技术规范		NB/T
29	15	油井水泥（附 2017 年第 1 号修改单）	GB 10238—2015	
30	16	油井水泥试验方法	GB 19139—2012	
31	17	石油天然气工业 固井用水泥和材料 第 5 部分：常压下油井水泥配方的收缩与膨胀率的测定		GB/T
32	18	油井水泥石性能试验方法	SY/T 6466—2016	
33	19	固井作业规程 第 1 部分：常规固井	SY/T 5374. 1—2016	
34	20	固井设计规范	SY/T 5480—2016	
35	21	下套管作业规程	SY/T 5412—2016	
36	22	套管柱试压规范	SY/T 5467—2007	
37	23	固井质量评价方法	SY/T 6592—2016	
38	24	固井水泥胶结测井资料处理及解释规范	SY/T 6641—2017	
39	25	储层参数的测井计算方法	SY/T 5940—2010	
40	26	测井原始资料质量要求	SY/T 5132—2012	
41	27	测井电缆穿心打捞操作规范	SY/T 5361—2014	
42	28	地热录井技术规范	NB/T 10268—2019	

表 1-1（续）

总序号	分序号	标准名称	标准代号或编号	宜定级别
43	29	地热测井技术规范	NB/T 10269—2019	
44	30	地热完井技术规范		NB/T
45	31	地热井井控技术规范		NB/T
46	32	地热压裂技术规范		NB/T
47	33	地热井验收规范		NB/T
48	34	录井分析样品现场采样规范	SY/T 6294—2008	
49	35	浅层地热能钻探工程技术规范	NB/T 10277—2019	
50	36	浅层地热能地下换热工程验收规范	NB/T 10276—2019	
地热发电				
51	1	地热电站岩土工程勘察规范	GB 50478—2008	
52	2	地热电站设计规范	GB 50791—2013	
53	3	地热电站接入电力系统技术规定	GB/T 19962—2016	
54	4	地热发电用汽轮机规范	GB/T 28812—2012	
55	5	地热发电机组术语		NB/T
56	6	地热发电机组参数系列		NB/T
57	7	地热发电机组性能验收试验规程	NB/T 10270—2019	
58	8	地热电站建设施工技术规范		NB/T
59	9	电力建设施工技术规范 第 1 部分：土建结构工程	DL 5190. 1—2012	
60	10	电力建设施工技术规范 第 3 部分：汽轮发电机组	DL 5190. 3—2012	
61	11	电力建设施工技术规范 第 4 部分：热工仪表及控制装置	DL 5190. 4—2012	
62	12	电力建设施工技术规范 第 5 部分：管道及系统	DL 5190. 5—2012	
63	13	电力建设施工技术规范 第 8 部分：加工配置	DL 5190. 8—2012	
64	14	电力建设施工技术规范 第 9 部分：水工结构工程	DL 5190. 9—2012	
65	15	螺杆膨胀机（组）性能验收试验规程	GB/T30555—2014	
66	16	电力建设施工质量验收及评价规程 第 1 部分：土建工程	DL/T 5210. 1—2012	
67	17	电力建设施工质量验收及评价规程 第 3 部分：汽轮发电机组	DL/T 5210. 3—2009	
68	18	电力建设施工质量验收及评价规程 第 7 部分：焊接	DL/T 5210. 7—2010	
69	19	电力建设施工质量验收及评价规程 第 8 部分：加工配置	DL/T 5210. 8—2009	
70	20	地热发电系统热性能计算导则	NB/T 10271—2019	
71	21	地热蒸汽发电系统技术规范		NB/T
72	22	地热双工质发电系统技术规范		NB/T

表 1-1（续）

总序号	分序号	标准名称	标准代号或编号	宜定级别
73	23	地热全流发电系统技术规范		NB/T
74	24	地热发电运行维护技术规范		NB/T
75	25	撬装式地热发电站技术规范		NB/T
地热供暖与制冷				
76	1	工业建筑供暖通风与空气调节设计规范	GB 50019—2015	
77	2	泵站设计规范	GB 50265—2010	
78	3	城镇供热管网设计规范	CJJ 34—2010	
79	4	建筑给水排水及采暖工程施工质量验收规范	GB 50242—2002	
80	5	通风及空调工程施工质量验收规范	GB 50243—2016	
81	6	风机、压缩机、泵安装工程施工及验收规范	GB 50275—2010	
82	7	地源热泵系统工程技术规范（2009 年版）（附条文说明）	GB 50366—2005	
83	8	硬泡聚氨酯保温防水工程技术规范	GB 50404—2007	
84	9	城镇供热管网工程施工及验收规范（附条文说明）	CJJ 28—2014	
85	10	城镇地热供热工程技术规程	CJJ 138—2010	
86	11	城镇直埋供热管道工程技术规程	CJJ/T 81—1998	
87	12	地源热泵系统用聚乙烯管材及管件	CJ/T 317—2009	
88	13	地源热泵系统地埋管换热器施工技术规程	CECS 344—2013	
89	14	设备及管道绝热效果的测试与评价	GB/T 8174—2008	
90	15	地热井口装置技术要求	NB/T 10272—2019	
91	16	热交换器技术规程	GB 151—2014	
92	17	城镇供热用换热机组	GB/T 28185—2011	
93	18	地热管网设计规范		NB/T
94	19	地热水水处理技术规范		NB/T
95	20	工业设备及管道防腐蚀工程施工规范	GB 50726—2011	
96	21	埋地钢质管道防腐保温层技术标准	GB/T 50538—2010	
97	22	钛及钛合金表面除鳞和清洁方法	GB/T 23602—2009	
98	23	钢质储罐液体涂料内防腐层技术标准	SY/T 0319—2012	
99	24	管道无溶剂聚氨酯涂料内外防腐层技术规范	SY/T 4106—2016	
100	25	非金属管道设计、施工及验收规范 第 3 部分：塑料合金防腐蚀复合管	SY/T 6769. 3—2010	
101	26	地热换热器技术规范		NB/T
102	27	地热供热站设计规范	NB/T 10273—2019	
103	28	塑料合金防腐蚀复合管	HG/T 4087—2009	
104	29	高氯化聚乙烯防腐涂料	HG/T 4338—2012	

表 1-1（续）

总序号	分序号	标准名称	标准代号或编号	宜定级别
105	30	水垢去除剂	QB/T 4531—2013	
106	31	工业设备化学清洗中除垢率和洗净率测试方法	GB/T 25148—2010	
107	32	钢制管道及储罐腐蚀评价标准 埋地钢质管道外腐蚀直接评价	SY/T 0087. 1—2006	
108	33	钢质管道及储罐腐蚀评价标准 埋地钢质管道内腐蚀直接评价	SY/T 0087. 2—2012	
109	34	钢质管道及储罐腐蚀评价标准 钢质储罐腐蚀直接评价	SY/T 0087. 3—2010	
110	35	地热能源站运行与维护规范		NB/T
111	36	地热热泵技术规范		NB/T
112	37	地热电磁防垢器技术规范		NB/T
113	38	地热防垢除垢技术规范		NB/T
114	39	地热能源站智能化技术规范		NB/T
115	40	地热管网施工验收规范		NB/T
116	41	地热能源站系统施工验收规范		NB/T
117	42	浅层地热能监测系统技术规范	NB/T 10278—2019	
采出水综合利用及资源保护				
118	1	地下水质检验方法	DZ/T 0064—1993	
119	2	水质采样技术规程（附条文说明）	SL 187—1996	
120	3	地热开采方案编制规范		NB/T
121	4	地热资源动态监测规程		NB/T
122	5	地热样品的采集、保存、检测规范		NB/T
123	6	地热回灌工程技术规范	NB/T 10099—2018	
124	7	地下水动态监测规程	DZ/T 0133—1994	
125	8	浅层地热能开发地质环境影响监测评价规范	NB/T 10274—2019	
126	9	油田采出水余热利用工程技术规范	NB/T 10275—2019	

国家能源行业地热能专业标准体系共纳入标准 126 项，其中基础通用 2 项、地热资源勘查与评价 12 项、钻完井工程 36 项、地热发电 25 项、地热供暖与制冷 42 项、采出水综合利用及资源保护 9 项。

标准体系表中现有相关标准 74 项，包括地热资源勘查与评价 2 项、钻完井工程 25 项、地热发电 15 项、地热供暖与制冷 29 项、采出水综合利用及资源保护 3 项；这些标准中包括 24 项国家标准、石油行业标准 26 项、地矿行业标准 4 项、电力行业标准 10 项、建设行业标准 6 项、化工行业标准 2 项、轻工行业标准 1 项、水力行业标准 1 项。

根据目前行业发展需要急需制定的能源行业标准 53 项，其中基础通用专业 2 项、地热资源勘查与评价 10 项、钻完井工程 12 项、地热发电 10 项、地热供暖与制冷 13 项、采出水综合利用及资源保护 6 项。

4.6 国家地热能行业标准制定

截至2019年，国家能源局发文批准了《地热能术语》等51项标准立项；地热能标委会组织相关单位开展研究与制定工作，计划2020年底完成。其中2018年4月已经由标委会秘书处组织中国石化集团新星石油有限责任公司、中国科学院、天津地热勘察设计院、胜利森诺工程有限公司等单位共同完成了第一批《地热能术语》《地热能开发利用项目可行性研究报告编制要求》和《地热回灌工程技术规范》等3项标准的制定和审查工作。到目前已经完成19项行业标准的制定，国家能源局已经正式发文发布实施。

4.7 国家能源行业地热能专业标准数据中心建设

2017年，在中国石油化工集团公司科技部的支持下，中国石化集团新星石油有限责任公司承担立项建设了国家能源行业地热能专业标准数据中心，并建立了地热能标委会网站，网址为www.gestd.com。该数据中心包括标准数据、专家数据库、项目数据库等信息，通过网站标委会委员、标准化项目人员可以协同工作，为标委会提供了一个完善的工作平台。行业用户可以查询标准信息，查看行业标准、工作动态、行业动态和专家观点等内容，为地热能行业提供了一个权威的行业标准信息发布平台。数据中心功能框架见图1-3。

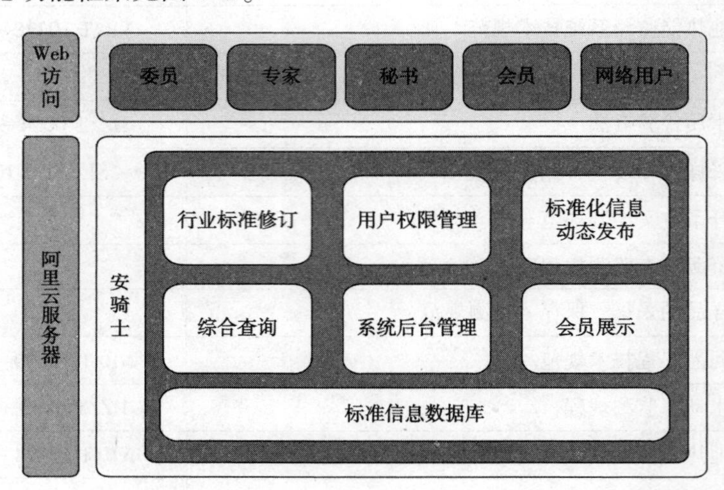

图1-3 国家能源行业地热能专业标准数据中心功能框架

数据中心功能如下：

（1）标准信息数据库是标准数据中心的核心与主体，其在基础层面，根据地热标准化信息的特点，定义不同数据的参数指标、不同功能模块的物理模型架构、功能模块及数据间的接口设置及逻辑关系。

（2）交互管理界面以同时满足数据库管理员后台维护，及数据库用户，包括地热能标委会委员、企事业单位等使用数据库为目标。包括管理终端交互界面及门户性网站两个部分。

（3）行业标准制修订系统参照行业标准制修订流程要求，对标准征集、标准立项申请、标准立项论证、标准申报、标准制修订、标准审查等过程进行信息化处理与连接，实现能源行业地热能专业相关标准制修订工作的网上管理、审查及其他信息交流。

（4）标准化信息动态管理系统对相关标准文本、标准化文件、标准相关政策及要闻、标委会工作等内容进行动态发布。

（5）用户分级权限与管理系统通过对数据库管理员、标委会秘书处人员、标委会委员、相关专家、标委会会员单位等对象的分类、分级设置权限，达成其在数据中心运行过程中参与不同管理工作的目的。

（6）综合查询系统针对国家、行业地热相关标准文本、标准化信息、相关政策法规等，依使用人员权限，支持标准号或关键字的精确查询，同时支持对上述数据库数据的综合模糊查询。地热能标委会网站见图 1-4。

图 1-4　国家能源行业地热能标委会网站

5　能源行业地热能专业标准化技术委员

能源行业地热能专业标准化技术委员会是由国家能源局批准组建并主管的专业标准化技术机构（国能科技〔2016〕317 号），编号为 NEA/TC29。其职能是负责能源行业地热能专业标准的归口管理，开展地热资源勘查与评价、地热钻完井工程、地热供暖与制冷、地热发电和采出水综合利用与资源保护等领域标准化工作，并研究建立地热能标准化体系。秘书处由中国石化集团新星石油有限责任公司承担。能源行业地热能专业标准化技术员委员会章程如下：

第一章　总则

第一条　为了规范能源行业地热能专业标准化技术委员会的工作，根据《中华人民共和国标准化法》《能源领域行业标准化管理办法（试行）》《能源领域行业标准化技术委员会管理实施细则（试行）》和《能源领域行业标准制定管理实施细则（试行）》的有关规定，制定本章程。

第二条　能源行业地热能专业标准化技术委员会（以下简称“地热能标委会”）是由国家能源局

批准成立的标准化技术工作组织，负责开展能源行业地热能专业标准制修订工作，研究构建能源行业地热能专业标准体系；开展能源行业地热能专业标准化宣贯工作，推动能源行业地热能专业标准的实施；参与相关领域的国际标准制修订活动等工作。

第三条　地热能标委会的行政主管部门为国家能源局，行业标准化管理机构为中国石油化工集团公司，秘书处承担单位为中国石化集团新星石油有限责任公司，标委会英文全称为 Geothermal Energy Industry Standardization Technical Committee。

第二章　工作任务

第四条　遵循国家有关方针政策，结合地热能行业国内外的技术发展要求，研究提出地热能专业标准化工作的方针、政策和技术措施的建议，并负责组织实施。

第五条　按照国家关于标准制定、修订的原则，以及采用国际标准和国外先进标准的方针，根据国内专业标准化工作的需要，负责组织制定地热能专业国家标准、行业标准规划，编制年度地热能专业国家标准和行业标准制修订项目计划（草案），并上报行业标准化主管部门。

第六条　根据标准化主管部门批准的标准制修订计划，负责组织本专业国家标准和行业标准制定、修订和审查工作。根据需要，组织制定并发布本专业的标准案例等参考性技术文件。

第七条　负责组织本专业国家标准、行业标准和指导性技术文件的宣贯、培训和解释工作；组织收集和分析国际标准或国外先进标准的发展动态，开展标准化研究，翻译国际标准和国外先进标准；开展标准化信息、咨询等技术服务。

第八条　负责对本专业已颁布的国家标准、行业标准和指导性技术文件的实施情况进行跟踪、调查和分析，向主管部门提出书面报告；对优秀标准化成果项目提出奖励建议。

第九条　在完成上述任务前提下，可面向社会开展本专业标准化工作，并提供技术服务。

第十条　积极参与国际标准化活动，开展标准化研究及学术交流。

第十一条　承担主管部门委托或交办的与本专业标准化工作有关的其他工作。

第三章　组织机构

第十二条　地热能标委会由国内地热能有关企业、高校、科研单位及政府部门的技术主管领导、标准化管理人员、技术专家等人员组成。

第十三条　地热能标委会设主任委员 1 人、副主任委员 4 人、委员若干人。秘书处设秘书长 1 人、副秘书长若干人、首席专家 1 人。每届委员会委员任期五年，可连聘连任。首届地热能标委会的主任委员、副主任委员、委员由国家能源局审批；委员调整或委员会换届由行业标准化管理机构批复、颁发委员证书，并报国家能源局备案。

第十四条　委员由具有高级以上技术职称的在职人员担任。委员的管理按《能源领域行业标准化技术委员会管理实施细则（试行）》执行。

第十五条　委员在地热能标委会内享有表决权，有权对地热能标委会的工作提出建议和批评，并有权获得地热能标委会的有关标准资料、文件及信息。

第十六条　对不履行职责，或工作变动等原因，不适宜继续担任委员者，由地热能标委会提出调整或解聘的建议，报行业标准化管理机构批准。

第十七条　根据工作需要，地热能标委会接受会员单位。地热行业的相关企业、高校和科研单位可申请以会员单位加入地热能标委会，会员单位具有缴纳会费的义务，会员单位可提出标准需求建议、承担标准制修订任务、带头推广和实施行业标准。

第十八条　地热能标委会秘书处承担单位应安排足够人员承担秘书处工作，并提供必要的工作条件，秘书处的工作应纳入承担单位的工作计划。

第十九条　地热能标委会根据专业需要下设若干专家组，专家组成员来自地热能行业专家，参与标准的立项、制定、审查和培训等工作。

第二十条　地热能标委会可根据工作需要组建标准化专项工作组，任务完成后，工作组自行撤销。

第四章　工作程序

第二十一条　地热能标委会按照《能源领域行业标准化管理办法（试行）》和《能源领域行业标准制定管理实施细则（试行）》，在标准的立项、起草、审查、报批、复审等环节承担相应工作。对外发布或报送材料需由秘书长或秘书长指定的副秘书长核稿，由主任委员或主任委员指定的副主任委员签发。

第二十二条　地热能标委会负责受理相关机构、组织、单位或个人提出的制定国家标准、行业标准立项申请，经初审报送行业标准化管理机构审核后报国家能源局。地热能标委会根据国家能源局下达的行业标准和国家标准化管理委员会下达的国家标准制修订项目计划，组织开展标准制修订工作。地热能标委会每年一月向行业标准化管理机构上报上年度计划执行情况。

第二十三条　地热能标委会根据实际情况，负责组织科研、生产、用户等方面人员成立工作组，开展标准的起草工作。标准起草完成形成征求意见稿后，秘书处负责组织标准第一起草单位将标准征求意见稿发送至标委会全体委员、行业相关单位及业内专家广泛征求意见，标准第一起草单位经对征求意见稿的反馈意见进行汇总处理后，填写《国家标准征求意见汇总处理表》或《行业标准征求意见汇总处理表》，并形成标准送审稿。

第二十四条　地热能标委会采取会议审查或函审方式，对标准送审稿进行审查表决，全体委员的四分之三以上同意方为通过。会议审查时未出席会议，也未说明意见者，以及函审时未按规定时间投票者，按弃权计票。

第二十五条　地热能标委会秘书处负责审核标准第一起草单位上报的国家标准、行业标准报批稿及有关材料，并报送国家标准化管理委员会或国家能源局批准发布。

第二十六条　地热能标委会负责本专业批准发布的国家标准、行业标准的宣贯、培训和解释工作。

第二十七条　地热能标委会根据科学技术发展和经济建设的需要定期组织对归口管理的国家标准、行业标准的复审，标准复审周期一般不超过五年。复审结果分别报国家标准化管理委员会和国家能源局。

第五章　工作制度

第二十八条　地热能标委会遵循协商一致的工作原则。

第二十九条　地热能标委会实行年会制度，总结上年度工作，讨论和安排下年度工作计划，审查经费使用情况和下年度经费预算等。年会的到会委员不得少于委员总数的三分之二；讨论的事宜需要表决时，须经到会委员的四分之三以上同意，方为有效。

地热能标委会年会每年定期召开，可由地热能标委会的委员所在单位或会员单位承办。

地热能标委会应每年向国家能源局、行业标准化管理机构提交书面工作报告。

第三十条　根据工作需要，可召开主任委员办公会议，讨论地热能标委会工作的重要事宜。主任委员办公会由主任委员或其委托的副主任委员召集，副主任委员出席，秘书长、副秘书长列席，必要时可扩大列席人员范围。

第三十一条　地热能标委会秘书处实行秘书长办公会议制度，研究和协调地热能标委会有关日常工作，研究制定秘书处重点工作等事宜。地热能标委会秘书处工作细则另行制定。

第三十二条　建立地热能标委会秘书处联席会议制度。落实地热能标委会年会的决议，指导和协调标准化专项工作组工作。

第六章　工作经费

第三十三条　工作经费来源

（一）行业主管部门和行业标准化管理机构提供的管理经费；

（二）秘书处承担单位提供的工作经费；

（三）地热能标委会会员单位缴纳的会员会费；

（四）企业和单位对地热能标委会工作的资助；

（五）开展标准化咨询服务的收入。

第三十四条　工作经费支出

（一）标准的编制和审查；

（二）标准化技术研究；

（三）召开会议及秘书处开展日常工作；

（四）参与国际标准化活动；

（五）与职责相关的其他工作；

（六）标准制修订经费由标准起草单位承担。

第三十五条　经费的财务管理

地热能标委会经费由秘书处挂靠单位的财务部门独立建账，专款专用，严格执行财务制度。经费的预、决算由秘书处提交年会审查批准，秘书处执行。地热能标委会经费使用参照《公益性行业科研专项经费管理试行办法》（财教〔2006〕219号）执行，经费列支的审批手续按秘书处工作细则执行。秘书处应在年会上报告经费收支情况，并向经费划拨单位提交书面报告。

第七章　附则

第三十六条　本章程由地热能标委会秘书处负责解释。

第二部分　地热能标准化示范应用案例

1　中石化新星绿源公司雄县人才家园地热供暖项目

1.1　项目概况

人才家园地热供暖项目，位于河北省雄安新区雄县鑫城小区。该项目承担雄县鑫城小区的冬季供暖。该项目于2013年10月建成，采暖末端为地板辐射，采暖系统分高中低（东、西）4区，此外还有1个单独的内区采暖系统。

地热站位于人才家园物业办地下一层，规划供热面50万m^2，设计实施8眼地热井，目前已建成32.03万m^2，在用基础热源为5口地热井，其中3口地热开采井（包装城2、4、6井），水量100～120m^3/h，水温67℃，配置2口地热回灌井（包装城3、5井）（见图2-1）。根据用户二级管网温度或分区压力需求，共设计5套换热循环系统。

图2-1　雄县人才家园地热供暖项目地热站

项目从2013年的11月15日开始至2019年的3月15日止，共计运行6个供暖季，二级网侧供水温度45℃，平均回水温度37℃，热管网所涵盖热用户平均室温20℃，实现了全部原水同层回灌。

该项目被能源行业标准化地热能专业标准化技术委员会评为2018年度地热能开发利用标准化示范项目。

1.2　地质条件与热储特征

1.2.1　地热地质条件

1.2.1.1　构造位置

人才家园站所用地热井所处大地构造位置为中朝准地台（Ⅰ级）华北盆地（Ⅱ级）内冀中凹陷（Ⅲ级）的北部牛驼镇凸起（Ⅳ级）的南部。区域内的新生界随凸起和凹陷的分布呈披盖式沉积，第四系松散层和上第三系砂岩、砾岩和泥岩近乎水平，下伏地层为蓟县雾迷山组，其北临廊坊固安凹陷，西临容城凸起，东南为霸县凹陷，南侧和西南分别为饶阳凹陷和高阳低凸起（见图 2-2）。

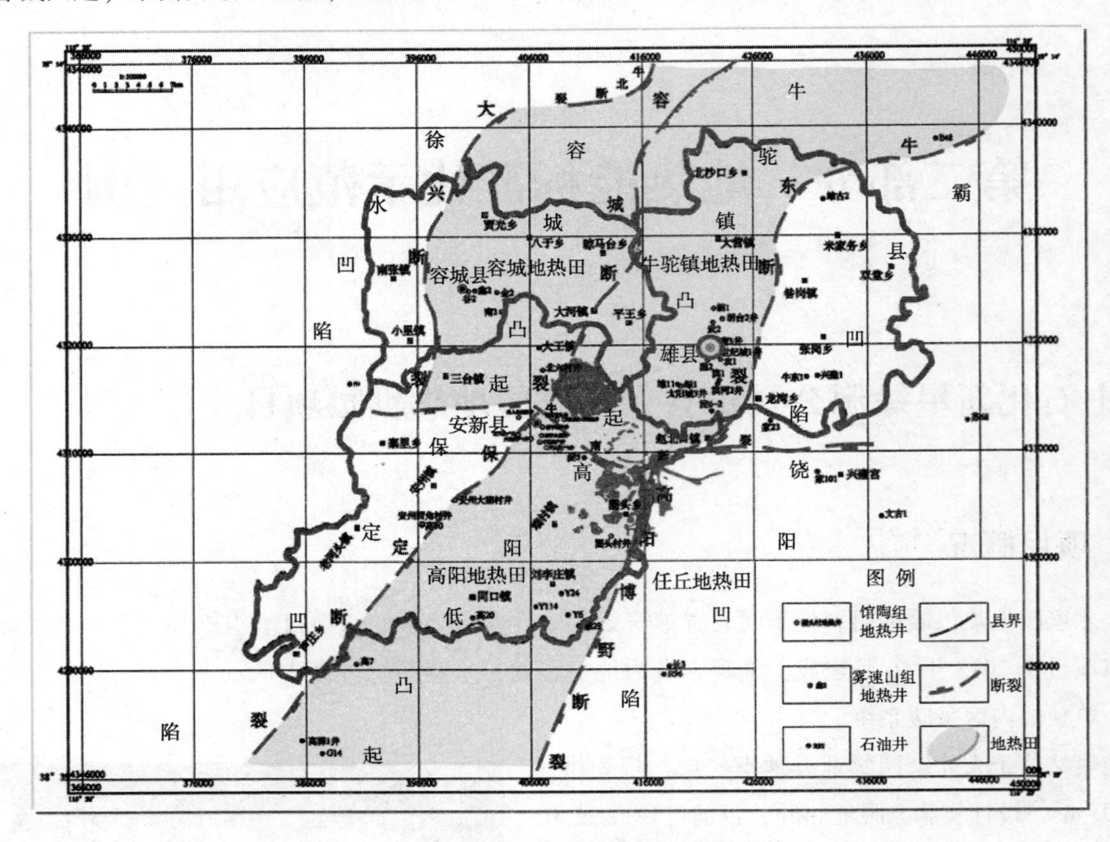

图 2-2 雄县大地构造位置图

1.2.1.2 地层

通过实钻及地球物理测井资料，结合区域及邻井资料对比分析，本区自上而下钻遇了新生界第四系平原组（Qp）、新近系明化镇组（Nm）、蓟县系雾迷山组（Jxw）等。

各层特征分述如下：

（1）第四系平原组（Qp）

底界埋深约 400m，厚 400m，顶部为三层棕黄色粉砂岩，泥质胶结，下部岩性以棕黄色、灰色泥岩、细砂岩互层为主，含少量中砂，次棱角状~次圆状，分选中等，泥质胶结。

（2）新近系明化镇组（Nm）

底界埋深 1000~2000m 不等，地层厚度约 600~1400m 不等，区内分布普遍，岩性主要以棕红色、棕黄色、灰色泥岩与棕黄色、灰色细砂岩互层为主，细砂岩成分以石英为主，长石次之，含少量中砂，次棱角状~次圆状，分选中等，泥质胶结、疏松。泥岩质不纯，含砂质、软、易水化造浆。局部夹棕红色、棕黄色、灰色砂质泥岩，砂质分布较均匀，较硬，易水化造浆。与下伏地层不整合接触。

（3）蓟县系雾迷山组（Jxw）（未穿）

底界埋深约 2000~3000m，总厚度约 1000m，岩性以灰白色、灰色白云岩为主，夹灰褐色泥质白云岩，顶部为杂色细砾岩。细砾岩成分为紫红色泥岩、灰白色风化物、灰色石英砾石，砾径最大 3mm，一般 1~2mm，次棱角状~次圆状，呈椭球体，泥质胶结、疏松，多见于风化壳位置。白云岩成分为白云石，隐晶结构，致密。

1.2.1.3 构造特征

牛驼镇凸起整体呈现北东向的背斜构造，对雄县范围具有重要影响的断裂构造主要为 NE 向，其次为 EW 向、NNE 向、NW 向三组，主要包括牛东断裂、大兴断裂、容城断裂和牛南断裂等。形成于燕山运动晚期，在喜马拉雅运动早期活动加剧，是长期活动性断裂，根据区域地质资料，认为 NE 向断裂由压性转变为张性。其他断裂一般规模较小，对第三系的沉积不起控制作用。在牛东断裂和大兴断裂之间，即牛驼镇凸起范围为前新生界的单斜构造，地层倾向 NW（见图 2-3）。

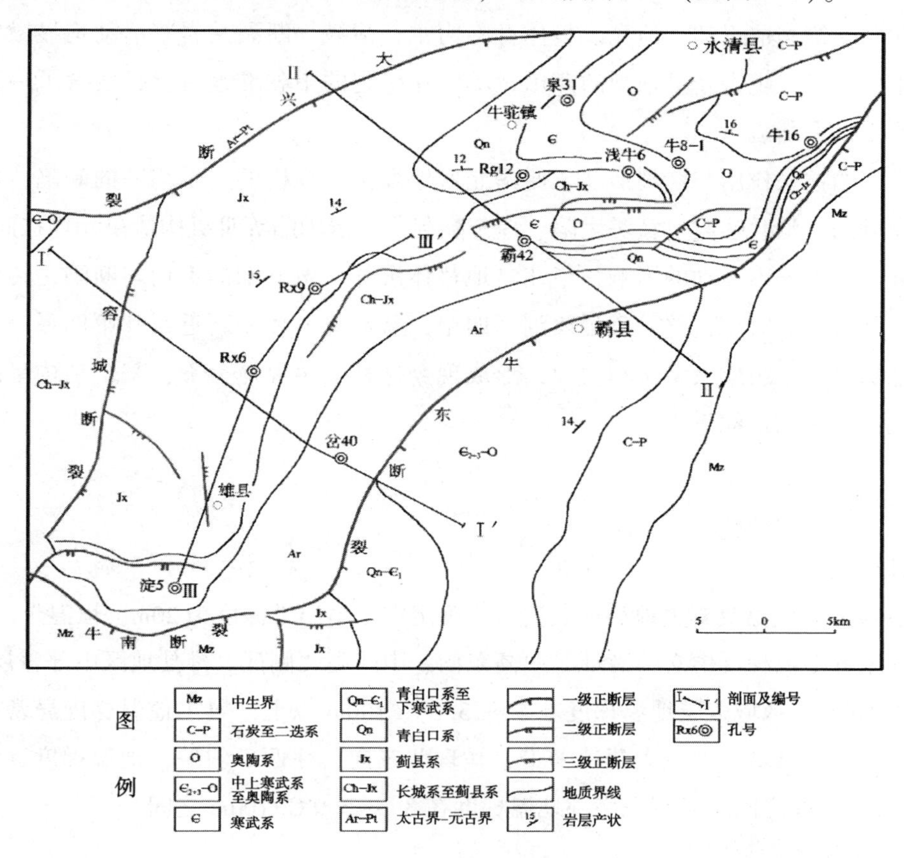

图 2-3　雄县基岩地质图

（1）牛东断裂

牛东断裂位于雄县县城以东 4km 左右，从崔村—孤庄头村以东—小芦昝—仁义庄一线通过，是隐伏于第四系之下，控制牛驼镇凸起和霸县凹陷的断裂，总体走向 NE，倾向 SE，倾角 40°左右，垂直断距 7000m，水平断距 1000m 左右。断裂长度约 60km，在 NE 方向延伸至霸县范围以东，南端和牛南断裂相接。断裂的上盘古近系和新近系沉积齐全，最厚可达 10000m 以上。下盘只有新近系明化镇组，缺失馆陶组和古近系。该断裂在渐新世早期活动加剧，是深度达到了结晶基底的深大断裂。

（2）牛南断裂

牛南断裂位于雄县和安新县交界处，为区域性的徐水断裂的东段，是控制牛驼镇凸起西南边界的正断裂。断裂走向近 EW，倾向 S，倾角 45°左右，垂直断距 1200~3200m，是一条达到结晶基底的深大断裂。

（3）大兴断裂

大兴断裂位于雄县西北部，未通过雄县境内，是一条控制牛驼镇凸起和廊坊固安凹陷的断裂，走向 NE，倾向 SE，性质为正断层，垂直断距一般 200~1000m。

（4）容城断裂

容城断裂位于雄县西部，未通过雄县境内，是牛驼镇凸起和容城凸起的边界。该断裂长约30km，走向近NNE，倾向E，倾角45°左右，垂直断距500~3000m。上盘古近系和新近系厚度达2000~3000m，下盘新近系明化镇组直接覆盖于中上元古界之上，该断层是控制古近系和新近系发育的生长性断裂。

1.2.1.4 构造演化史

本区所属的中朝准地台，在中、上元古代至晚三叠纪的漫长地质历史时期内，先后经历了吕梁、加里东、海西和印支等构造运动，地壳以整体升降为主，褶皱、断裂及岩浆活动均显微弱。经过中生代侏罗纪至新生代早第三纪古新世强烈的燕山运动，在稳定的中朝准地台上，发育了一系列北东、北西西及东西向的张性大断裂。

早第三纪强烈的拉张作用与断裂活动，使华北盆地发生大规模的、不均一的断陷，形成一系列坳陷和隆起。冀中坳陷、沧县隆起、黄骅坳陷、埕宁隆起、临清坳陷等Ⅲ级构造单元均在此时形成。

晚第三纪开始，因喜山运动的影响，华北盆地整体沉降，由分割的不均匀断陷，转变为全区接近统一的以整体沉降为主的时期，并一直延续到第四纪，盆地普遍接受新近系和第四系沉积，不整合披覆在其前沉积地层之上，组成大型沉积盆地，形成现今这种新生界掩盖下，基岩结构呈凸凹相间配置的构造格局和地势平坦的地貌景观。

1.2.2 地热地质特征

1.2.2.1 地温场特征

根据本区多年平均地温及有关地热地质资料，确定本区恒温带深度为20m，恒温带温度为14.5℃。

雄县区域新生界地温梯度值总体特征是西高东低、中间高两侧低。雄县地区中部盖层地温梯度高，局部达到5.0℃/100m，区域盖层地温梯度基本在3.0℃/100m以上，属于地温梯度异常区。地温梯度高值区主要集中在雄县县城以西—大营镇一带，呈现北东向，往西部斜坡，地温梯度逐渐降低，基本上在3.75~5.0℃/100m之间，县城东南部地温梯度在3.5~5.0℃/100m之间。

1.2.2.2 影响地温场的主要因素

地温场的平面分布与基岩埋深、岩浆活动、地质构造和水文地质条件等因素有关，一般沿断裂构造和基岩凸起区地温梯度值较高，凹陷区地温梯度值较低。地温场的垂向分布与地层岩性、盖层发育情况密切相关，宏观上，结构松散的新生界地层的地温梯度高于结构致密的基岩地层。本区主要热储层为蓟县系雾迷山组，地温场的影响主要为岩性和盖层两个方面。

（1）岩性

当岩性均一时，地温随着深度的增加而升高，地温梯度大致不变。地温梯度的变化由岩性、岩石热导率的大小而定，基岩结构比较致密，热导率较大，因而地温梯度值较小，相反松散岩层，岩石热导率较小，其地温梯度值则较大。蓟县系雾迷山组（Jxw）为一套富镁的巨厚碳酸盐岩建造，以韵律性明显、富含燧石、叠层石和微古植物为其特征，底部以巨厚层燧石条带白云岩底面与下伏杨庄组呈整合接触，残余厚度1000m左右，岩性致密，热导率高，因此雾迷山组内部地温梯度较低。

（2）盖层

雄县人才家园站所处构造地层第四系、第三系地层厚度约950m，其不仅为一良好的隔水层，而且源自地下深处的热流途经该层段传导时，热流量明显降低，相对热储层而言是一套条件良好的隔热保温盖层。

1.2.2.3 热储层特征

根据雄县地热资料及目前该区已钻探探井揭示，蓟县系雾迷山组在雄县区域内均有分布。根据地热开发利用生产的实际需求，对雾迷山组储层从热储层顶面构造特征、储层厚度、储层沉积、储层岩性、储层物性、储层分布等几个方面进行整体评价。

（1）热储层顶面构造特征

雾迷山组热储层顶面构造埋深从 700~4000m 不等（见图 2-4、图 2-5），整体呈现出东高西低、南高北低的特点；其中东部地区以牛东断层为界，构造呈北北东向的长轴背斜构造，长宽比约为 3，西部地区以容城断层为界，整体呈现西北倾的单斜构造。牛驼镇凸起顶部的背斜构造，断层十分发育，主要以北西向和北东向次级断层为主，其中，北西向的断层主要分布在背斜构造南部区域，把南部分割成若干个北西向的断块；凸起带北部主要发育北东向的断层，中部主要为两组断层的结合部位，构造复杂。西部斜坡构造整体埋深较大，从 1500~4000m 不等，斜坡为东高西低、北西倾，最深 4000m，位于西北部地区，东部与背斜构造相接，斜剖带整体断层不发育。

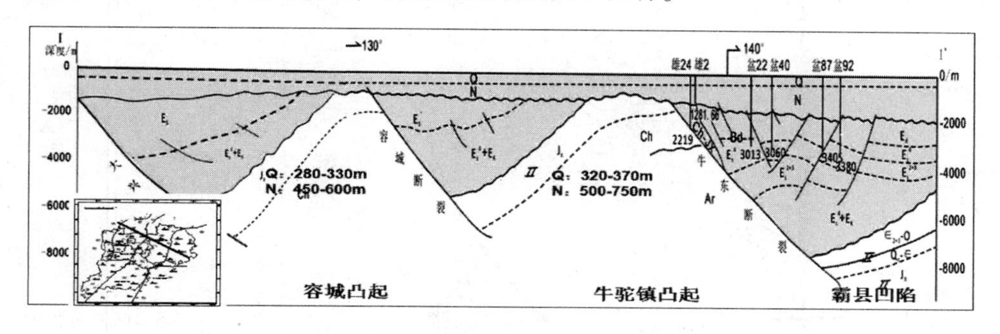

图 2-4 郭牛驼镇凸起地质剖面图

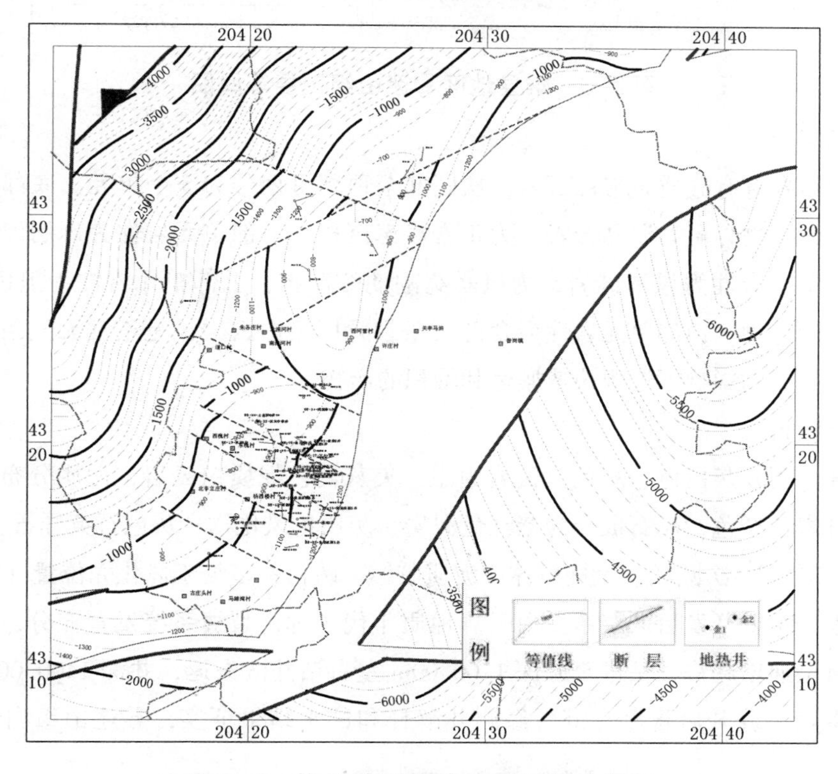

图 2-5 雄县地区雾迷山组顶面构造图

（2）储层厚度分布特征

蓟县系雾迷山组，经历蓟县、加里东、燕山、喜山等多期构造运动，其地层经历过多期隆升剥蚀作用，目前的地层厚度主要为剩余的残余厚度。从雄县地区的地层厚度等厚图看（见图2-6），残余厚度从800~1400m不等，中部厚、东西两侧薄。东部地区由于牛东断层的断失作用，近断层薄，往西逐渐增厚。西北部地区由于前古近纪时期处于隆起的高部位地区，造成现今残余厚度较小。中部地区保存较完整，残余厚度大，达1400m，往北厚度逐渐变薄。

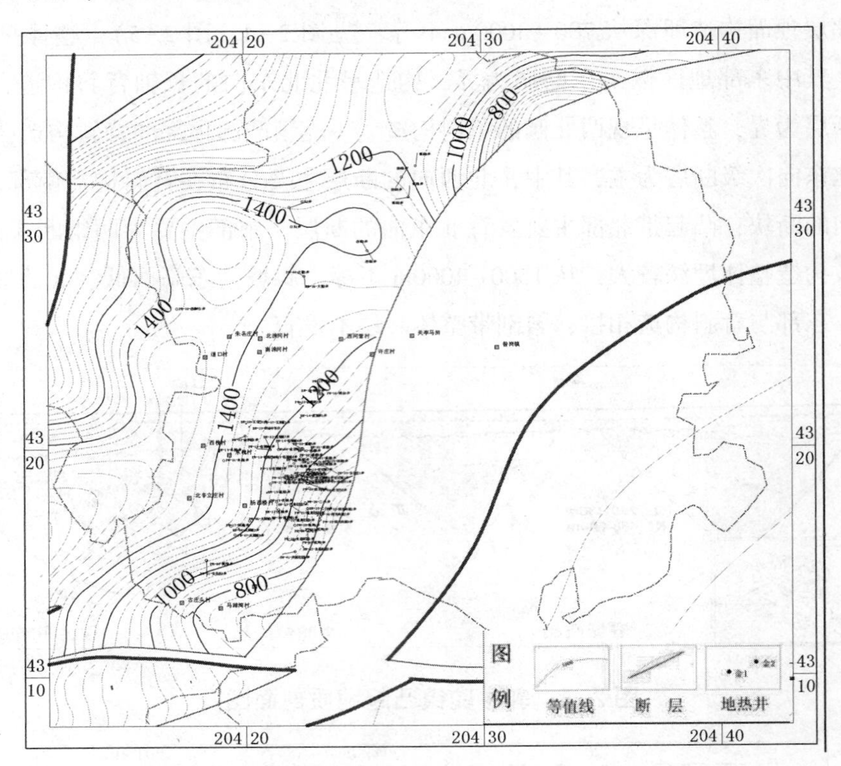

图2-6　雄县地区雾迷山组地层等厚图

（3）储层沉积特征

蓟县系雾迷山组发育有硅质条带白云岩，从底部至顶部可划分为5个单元。底部单元岩性为灰黑色泥质泥晶云岩和含生物碎屑的泥晶云岩，为正常浅海沉积；下部单元岩性为砾屑泥晶云岩，为风暴初期的产物；中部单元岩性为风暴硅岩，为风暴高潮期的产物；上部单元岩性为黑色残余颗粒云岩，为风暴刚刚平息后的产物；顶部单元岩性为含硅质条带叠层石白云岩，是正常天气条件下的产物，这些风暴硅岩是在风暴流的影响下近源快速搬运和堆积的产物。

（4）储层岩石学特征

雾迷山组岩性主要以灰白色、灰色白云岩为主，夹灰褐色泥质白云岩，泥质分布较均匀，顶部为杂色细砾岩。细砾岩：杂色，砾石成分为紫红色泥岩、灰白色风化物、灰色石英砾石，砾径最大3mm，一般1~2mm，次棱角状~次圆状，呈椭球体，泥质胶结、疏松；多见于风化壳位置（946~983m）。

雾迷山组是本区主要开发目的层系，白云岩地质年代久远，裂缝系统发育充分，三开钻进至该组后，钻井液漏失量呈递增趋势，钻进至井深1100.00m左右钻井液失返，井深1400.00m左右钻井液开始返出，证明了本段裂缝开启程度良好，经测井解释和试水结果证实，雾迷山组白云岩为优质地热储层。

（5）储层物性特征

据研究区已成井测井数据统计，孔隙度在5%左右，渗透率分布范围在0.5~11mD，平均为2.14mD；岩溶裂隙发育段约占地层厚度的27%，热储层渗透率、孔隙度及裂隙厚度占储层厚度见表2-1；整体来说，雾迷山组热储层的裂隙发育程度比较高，从测井解释的裂隙发育部位来说，主要集中在雾迷山组的顶部0~100m范围左右。

表2-1　热储层部分地热井物性表

编号	取水段地层	裂缝占比/%	泥质含量/%	孔隙度/%	渗透率/ $10^{-3}\mu m^2$	声波时差/（μs/m）
包装城4井	雾迷山组	21.37	3.24	3.4	0.56	180.44
阳光尚城2井	雾迷山组	14.13	3.37	5.17	1.42	192.22
世纪城1井	雾迷山组	32.87	5.56	4.72	1.95	182.53
温泉花园1井	雾迷山组	19.29	5.59	5.11	1.66	199.91
盛唐5井	雾迷山组	22.21	2.93	5.6	2.83	188.95
温招2井	雾迷山组	23.09	0.97	4.67	1.65	172.86
二小2井	雾迷山组	30.56	5.56	3.36	0.68	194.69
安各庄1井	雾迷山组	35.93	3.96	6.89	1.54	229.25
大营1井	雾迷山组	48.83	4.6	9.24	1.64	199.32
甄码2井	雾迷山组	24.6	5.85	7.42	9.02	179.72
王克桥1井	雾迷山组	22.07	5.18	3.52	0.67	182.93

（6）地热井生产能力

地热井生产能力见表2-2。

表2-2　地热井生产能力表

井名	井口坐标	井深/m	水温/℃	水量/（m^3/h）
包装城2井	N 39°0′20.00″ E 116°5′12.00″	1580	68	115
包装城3井	N 39°0′18.72″ E 116°5′32.89″	1068.93	72	120
包装城4井	N 39°0′31.60″ E 116°5′33.95″	1752	67	124
包装城5井	N 39°0′20.13″ E 116°5′22.05″	1810	65	113
包装城6井	N 39°0′31.35″ E 116°5′19.97″	1823	68	103

（7）水质特征

依据 GB/T 11615—2010《地热资源地质勘查规范》、GB 8537—2008《饮用天然矿泉水》等评价标准。

雄县蓟县系雾迷山组地热水化学类型以 Cl-Na 型为主，矿化度在 2952~3082mg/L 之间，总硬度在 217. 1~265. 6mg/L 之间，pH 值为 7. 2 左右，为轻腐蚀性、中等结垢的地热水（见表 2-3）；地热水中氟浓度达到医疗价值浓度；不能作为饮用天然矿泉水、生活饮用水，不能用于农田灌溉，不能直接作为渔业用水。

表 2-3　各地热井地下水化学特征统计表

井号	钠离子含量/（mg/L）	氯离子含量/（mg/L）	碳酸氢根离子含量/（mg/L）	pH 值	矿化度/（mg/L）	总硬度/（mg/L）	水型
包装城 2 井	890. 3	1173	684. 6	7. 63	2972	217. 1	$Cl \cdot HCO_3-Na$
包装城 4 井	971. 8	1114	696. 6	7. 18	3082	256. 6	Cl-Na
包装城 6 井	905. 8	1068	250	7. 18	2952	265. 6	Cl-Na
包装城 5 井	1193	1095	637. 6	7. 18	3082	253. 3	Cl-Na

1. 2. 3　回灌试验

2009 年 11 月 15 日~2010 年 3 月 18 日中石化绿源地热能开发有限公司在牛驼镇地热田区域进行了回灌实验，选择盛唐小区内的 0901 井为开采井，0902 井为回灌井，回灌实验开始阶段以较高的频率观测。开始时的观测时间间隔为：1，1，1，2，2，2，5，5，5，10，10，10，15，15，15，15，20，20，20，30，30，30，30，60min…。回灌试验稳定 24h 后，对回灌井、开采井和观测井的监测频率为 1 次/d，直至回灌实验结束。回灌试验以逐渐增加回灌量的方式进行，2009 年 11 月 15 日~2009 年 11 月 24 日，平均回灌量为 $84m^3/h$；2009 年 11 月 25 日~11 月 28 日，平均回灌量为 $96m^3/h$；2009 年 11 月 28 日~12 月 2 日，平均回灌量为 $105m^3/h$；2009 年 12 月 2 日~2010 年 1 月 10 日，平均回灌量为 $120m^3/h$；2010 年 1 月 10 日~2010 年 3 月 18 日，平均回灌量为 $155m^3/h$。

回灌试验结果表明回灌井的回灌能力很强，每小时回灌量可以达到 $150m^3$，而且不需要增加压力，重力回灌情况下回灌率为 100%。另外，在回灌过程中发现，回灌初期，开采井中的水位主要受开采量的影响。开采量增大，水位下降，开采量减小，水位升高。但是随着总回灌量的增加，开采量不变的情况下，开采井中的水位出现了小幅上升现象，判断是因为回灌使热储压力有了小幅的上升。

回灌试验中，回灌井与开采井中的地热水的温度保持在一个稳定的数值附近，说明两口井之间没有直接的热量交换，另外，通过对周围监测井的水位和水温监测结果表明，水位变化只受本井开采量的影响，不受其他井的影响，水温基本保持不变。并且，在示踪试验的过程中，在生产井中采集的 603 个水样中未检测到示踪剂，说明回到生产井中的示踪剂比例小于 1%，分析结果表明，回灌井与开采井之间不存在直接的连通，两口井之间存在压力的传导，但并未发现明显热能和物质交换。

人才家园站回灌井（包装城 3 井、包装城 5 井）距离盛唐回灌试验井距离 1500m 左右，且回灌层位均为蓟县系雾迷山组，储层的岩性、物性等参数相近，因此，盛唐小区内的回灌试验结果可以作为人才家园站的回灌试验的依据。截至 2019 年 3 月 15 日，人才家园站累计生产量 2783949m^3，累计回灌量 2782239m^3，回灌率为 100%。

1.3 回灌系统设计

1.3.1 回灌井设计

1.3.1.1 开发方案

通过前期的数值模拟、示踪剂试验，本区开发回灌井距 500m 能够满足地热开发需求。通过雄县地区 6 个采暖季的运行，地热井的水温不降、水量不降，从另一个侧面印证了 500m 间距的合理性。

（1）人才家园站依据规划面积共部署 8 口井，取水层位为蓟县系雾迷山组热储，依据实际建成面积利用其中 5 口井，分别为包装城 2 井、包装城 3 井、包装城 4 井、包装城 5 井、包装城 6 井，形成三采两灌的开发井网。其中包装城 2、4、6 井为生产井，泵室段下入潜水泵开采地热水，年开采量约$73\times10^4m^3$。

（2）负责鑫城小区 32.03 万 m^2的供暖需求。

（3）经利用后的尾水全部回灌。

1.3.1.2 地热井部署

在综合考虑供暖区域分布和平面布置的基础上，结合掌握的地质资料，采用三采两灌、同层回灌的设计思路（蓟县系雾迷山组热储层），共施工生产井 3 口，回灌井 2 口，保证抽水井与回灌井之间的间距在 500m 左右，成井工艺基本相同。

井位示意图如图 2-7 所示。

图 2-7 人才家园站井位分布图

1.3.1.3 钻井完井

（一）开采井

（1）包装城2井

一开井段，井径444.50mm，井深340m。随后下入$\phi339.7$mm表层套管，并用水泥浆封固，水泥返至地面。

二开井段，井径311.15mm，孔深854m。随后下入$\phi244.50$mm技术套管，与表层套管重叠30m，下入深度为854m。并用水泥浆封固，水泥返到重叠段之上20m。

三开井段，井径215.9mm，孔深1580m。下入$\phi177.78$mm筛管。

2011年1月18日进行抽水试验。

（2）包装城4井

一开井段，井径444.50mm，孔深373m。随后下入$\phi339.7$mm表层套管，并用水泥浆封固，水泥返至地面。

二开井段，井径311.15mm，孔深913m。随后下入$\phi244.50$mm技术套管，与表层套管重叠30m，下入深度为854m。并用水泥浆封固，水泥返到重叠段之上20m。

三开井段，井径215.9mm，孔深1752m。下入$\phi177.78$mm筛管。

2013年6月3日进行抽水试验。

（3）包装城6井

一开井段，井径444.50mm，井深351m。随后下入$\phi339.7$mm表层套管，并用水泥浆封固，水泥返至地面。

二开井段，井径311.15mm，井深991m。随后下入$\phi244.50$mm技术套管，与表层套管重叠30m，下入深度为991m。并用水泥浆封固，水泥返到重叠段之上20m。

三开井段，井径215.9mm，井深1823m。下入$\phi177.78$mm筛管。

2014年6月15日进行抽水试验。

（二）回灌井

（1）包装城3井

一开井段，井径444.50mm，井深303m。随后下入$\phi339.7$mm表层套管，并用水泥浆封固，水泥返至地面。

二开井段，井径311.15mm，井深956m。随后下入$\phi244.50$mm技术套管，与表层套管重叠30m，下入深度为955m。并用水泥浆封固，水泥返到重叠段之上20m。

三开井段，井径215.9mm，钻至井深994m，发生恶性漏失，钻井液只进不出。经多次堵漏未果，下入177.8mm套管封堵漏失地层。

四开井段，井径152.4mm，井深1068.93m。电测结果显示地层不破碎，所以裸眼完井。

2011年11月7日进行抽水试验。

（2）包装城5井

一开井段，井径444.50mm，井深354m。随后下入$\phi339.7$mm表层套管，并用水泥浆封固，水泥返至地面。

二开井段，井径311.15mm，井深903m。随后下入$\phi244.50$mm技术套管，与表层套管重叠30m，下入深度为903m。并用水泥浆封固，水泥返到重叠段之上20m。

三开井段，井径215.9mm，井深1810m。电测结果显示地层不破碎，所以裸眼完井。

2013年8月8日进行抽水试验。

1.3.1.4 测井录井

（一）测井

每口井完钻后进行测井工作，测井深度误差控制在5‰以内。

- 视电阻率与自然电位，比例尺1：500。
- 自然伽马、补偿声速、2.5m、0.4m电阻率，比例尺1：500。
- 工程测井：井径、井温、井斜与方位角。
- 声幅—变密度测表套和技套固井质量。

所有测井项目均从井口开始测量，提交1：200组合测井曲线和1：500标准测井曲线、测井综合解释表。

（二）录井

主要从岩屑录井、钻时录井和泥浆录井三个方面进行：

（1）每班做一次密度、黏度、失水分析，每班做一次实际迟到时间测量，每班测量一次泥浆温度，并做好记录。

（2）0~350m每10m捞取一包岩屑，洗净烘干，每包不少于500g，并做好岩屑描述。350m~二开结束，每5m捞取一包岩屑，洗净烘干，不少于500g，并做好岩屑描述。三开井段，钻井液不失返的情况下，每2m一包岩屑，洗净烘干，不少于500g，并做好岩屑描述。

（3）记录每米钻时。

1.3.1.5 井身结构

（一）3口开采井的井眼尺寸及套管尺寸

（1）地热井井径

一开：0~350m左右	ϕ444.5mm
二开：350~900m左右	ϕ311.1mm
三开：900m左右~井底	ϕ215.9mm

（2）套管直径

表套：ϕ339.7mm×9.65mm J55石油套管

技套：ϕ244.5mm×8.94mm J55石油套管

滤水管：ϕ177.8mm×9.19mm N80石油套管

（3）钻井工艺

1）一开钻进使用ϕ444.5mm钻头钻至350m左右，下表层套管并固井，封固浅部的黏土层和泥岩层。侯凝24h后安装防喷器，二开使用ϕ311mm钻头钻到蓟县系雾迷山组顶部，测井，然后下入ϕ244.5mm套管，固井。三开使用ϕ215.9mm钻头钻达设计井深，然后测井。根据测井成果确定完井管串。下入ϕ177.8mm滤水管。

每次钻进均应根据地层岩性而确定钻头的类型，底部钻具组合和钻进机械参数P（钻压）、N（转数）、Q（排量）以及泥浆性能数据。

2）固表层套管水泥浆返至地面，泵室管与技术套管采用悬挂器联结。

3）各规格套管必须使用石油钻井所用经液压检查的无缝钢管新管。固井应使用耐高温的专用水泥调好水泥浆密度，并达到设计的水泥上返高度。

4）在完钻后将钻孔冲洗干净，为综合测井做好准备，根据测井成果最终确定成井深度。在下完井管（套、筛管）后充分洗井，达到水清砂净，固体悬浮物不超过1/20000，必要时采用空压机洗井。

以上3口开采井均开发蓟县系雾迷山组地热水，都采用上述成井工艺，非生产层全井段固井，生产层下入滤水管管串的方式成井。

具体数据见表2-4、表2-5、表2-6。

表2-4　包装城2井

项目 类别	规格		长度/m
	外径/mm	壁厚/mm	
表层套管	339.7	9.65	340
技术套管	244.5	10.03	854
滤水管	177.8	9.19	1580
备注：取水段不固井。			

表2-5　包装城4井

项目 类别	规格		长度/m
	外径/mm	壁厚/mm	
表层套管	339.7	9.65	373
技术套管	244.5	10.03	913
滤水管	177.8	9.19	1752
备注：取水段不固井。			

表2-6　包装城6井

项目 类别	规格		长度/m
	外径/mm	壁厚/mm	
表层套管	339.7	9.65	300
技术套管	244.5	10.03	1000
滤水管	177.8	9.19	1800
备注：取水段不固井。			

（二）两口回灌井的井眼尺寸及套管尺寸

（1）地热井井径

一开：0~350m左右　　ϕ444.5mm

二开：350~900m左右　　ϕ311.1mm

三开：900m左右~井底　　ϕ215.9mm

（2）套管直径

表套：ϕ339.7mm×9.65mm J55 石油套管

技套：ϕ244.5mm×8.94mm J55 石油套管

（3）钻井工艺

1）一开钻进使用 ϕ444.5mm 钻头钻至 350m 左右，下表层套管并固井，封固浅部的黏土层和疏松的砂泥岩层。侯凝 24h 后安装防喷器，二开使用 ϕ311mm 钻头钻到蓟县系雾迷山组顶部，测井，然后下入 ϕ244.5mm 套管，固井。三开使用 ϕ215.9mm 钻头钻达设计井深，然后测井。测井成果显示地层不破碎，决定裸眼完井。每次钻进均应根据地层岩性而确定钻头的类型，底部钻具组合和钻进机械参数 P（钻压）、N（转数）、Q（排量）以及泥浆性能数据。

2）固表层套管水泥浆返至地面，泵室管与技术套管采用悬挂器联结。

3）各规格套管必须使用石油钻井所用经液压检查的无缝钢管新管。固井应使用耐高温的专用水泥调好水泥浆密度，并达到设计的水泥上返高度。

4）在完钻后将钻孔冲洗干净，为综合测井做好准备，根据测井成果最终确定成井深度。在下完井管（套、筛管）后充分洗井，达到水清砂净，固体悬浮物不超过 1/20000，必要时采用空压机洗井。

两口回灌井的回灌层位均为蓟县系雾迷山组，都采用上述成井工艺，非目的层全井段固井，回灌井段裸眼成井（见表 2-7、表 2-8）。

表 2-7　包装城 3 井

项目 \ 类别	规格		长度/m
	外径/mm	壁厚/mm	
表层套管	339.7	9.65	300
技术套管	244.5	8.94	955
滤水管	177.8	8.05	975
备注：152.4mm 钻头四开，裸眼完井。			1068.3

表 2-8　包装城 5 井

项目 \ 类别	规格		长度/m
	外径/mm	壁厚/mm	
表层套管	339.7	9.65	300
技术套管	244.5	10.03	1000
备注：裸眼完井。			1800

生产井井身结构如图 2-8、回灌井井身结构如图 2-9 所示。

1.3.1.6　抽水试验

抽水试验的目的在于查明热储层的渗透性能、富水性及热储温度，确定资源计算参数，为地热资源评价和开发提供依据，也是本井验收的主要依据。抽水试验采用潜水泵进行。其具体要求：

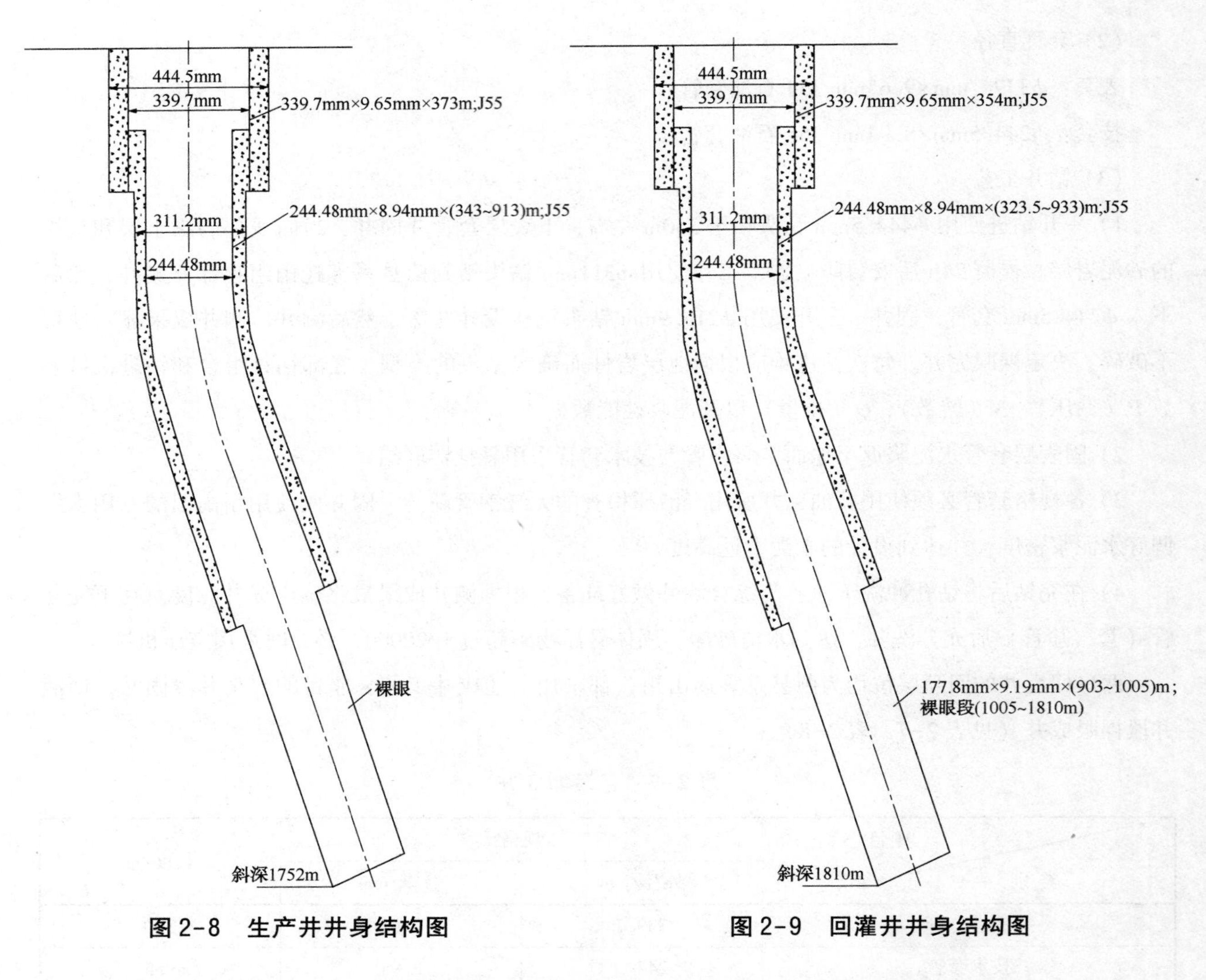

图 2-8　生产井井身结构图　　　**图 2-9　回灌井井身结构图**

（1）潜水泵下入深度不小于静水位下 50m，以保证有足够的水位降深来保证产水量。

（2）抽水试验开始前要准确测量静水位埋深及液面温度，成井后水头高出地表，则应自井口向上接管，以便准确测量原始水头高度。

（3）按稳定流规程进行，设计 3 次降深，最大降深值依据抽水设备能力确定，另外 2 次降深值宜为最大降深值的 2/3、1/3。

（4）3 次降深的稳定时间从大到小分别为 48h、24h、12h。在稳定延续时间内，涌水量和动水位在一定范围内波动，而且不得有持续上升或下降趋势。水位波动值不超过 20cm 或不超过平均水位降深值的 1%，涌水量波动值不超过平均涌水量的 3%。

（5）在抽水过程中必须严格测量动水位及水量变化情况，在每一个落程应控制水量的稳定，水位、水温、水量必须同时测量，水温读数应准确到 0.5℃。

（6）水位观测时间间距要求：在每落程开始时应 1，2，3，4，6，8，10，15，20，25，30，40，50，60min 进行动水位和出水量的观测记录，以后每隔 30min 观测一次，稳定后可 1h 观测一次，水位精确至厘米。

（7）恢复水位观测：在抽水停泵后立即进行，时间间距为：1，3，5，10，15，30，60min 各观测一次，以后每 1h 观测一次，至连续 4h 内水位变化不超过 2cm，或者与静止水位一致时停止。

（8）其他要求按稳定流抽水试验规程进行。

包装城 2 井：2011 年 1 月 20 日进行验收工作，水温 68℃，水量 115m³/h，动水位 94m，静水位埋深 82m，最大降深 12m。

包装城 3 井：2011 年 11 月 16 日进行验收工作，水温 72℃，水量 120m³/h。

包装城 4 井：2013 年 6 月 8 日进行验收工作，水温 67℃，水量 124m³/h，动水位 93. 8m，静水位埋深 83m，最大降深 10. 8m。

包装城 5 井：2013 年 8 月 19 日进行验收工作，水温 65℃，水量 113m³/h，动水位 83. 5m，静水位埋深 77. 5m，最大降深 6m。

包装城 6 井：2014 年 6 月 23 日进行验收工作，水温 68℃，水量 123m³/h，动水位 100m，静水位埋深 87. 8m，最大降深 12. 2m。

5 口井抽水试验参数对照表见表 2-9。

表 2-9　地热井抽水试验成果表

井号	水温/℃	水量/（m³/h）	动水位/m	静水位/m	降深/m
包装城 2 井	68. 0	115	-94	-82	12
包装城 3 井	72. 0	120	—	—	—
包装城 4 井	67	124	-93. 8	-83	10. 8
包装城 5 井	65	113	-83. 5	-77. 5	6
包装城 6 井	68	123	-100	-87. 8	12. 2

1. 3. 1. 7　水质分析

地热水矿化度含量为 3028mg/L，按矿化度分类属微咸水；总硬度为 265. 6mg/L，属微硬水；pH 值为 7. 18，属中性水。热水 Na 离子含量为 905. 8mg/L，氯离子含量为 1068mg/L，该水化学类型属 Cl-Na 型水。

1. 3. 2　回灌系统设计

1. 3. 2. 1　回灌方式选择

本次回灌方式上，主要依据地热水质及后期开发过程中的地层能量的保护及上部浅层水源的保护，采取地热尾水同层回灌方式，进行回灌。地热水经潜水泵抽取后，经过板式换热器换热后，采取除气、除砂等过滤手段，处理后的地热尾水通过回灌井进行同层回灌。这种方式，一是对地热资源保护、减少资源浪费以及减少环境热污染等方面均具有重要意义；二是地热尾水回灌可更好的补充地下水资源，平衡地层压力，有利于可持续开发利用，若同层回灌，则可保证进入地层后的地热水水质相同，可最大可能地避免结垢，有效的延长地热井的使用寿命和提高回灌率。

同层回灌地层对照图如图 2-10 所示。

1. 3. 2. 2　回灌系统工艺流程

回灌系统是由开采井、输水管线、循环换热系统、回灌井等几部分组成的。地热水从生产井抽取上来，经过除砂器进行出砂处理，再通过流量计、压力计和温度计等计量器，之后通过输水管进入循环供热系统。在这个系统中，地热水通过板换充分与供热系统水进行热交换，换热后的地热水经过输水管线、计量器，进入回灌井，回灌至热储层中（见图 2-11）。

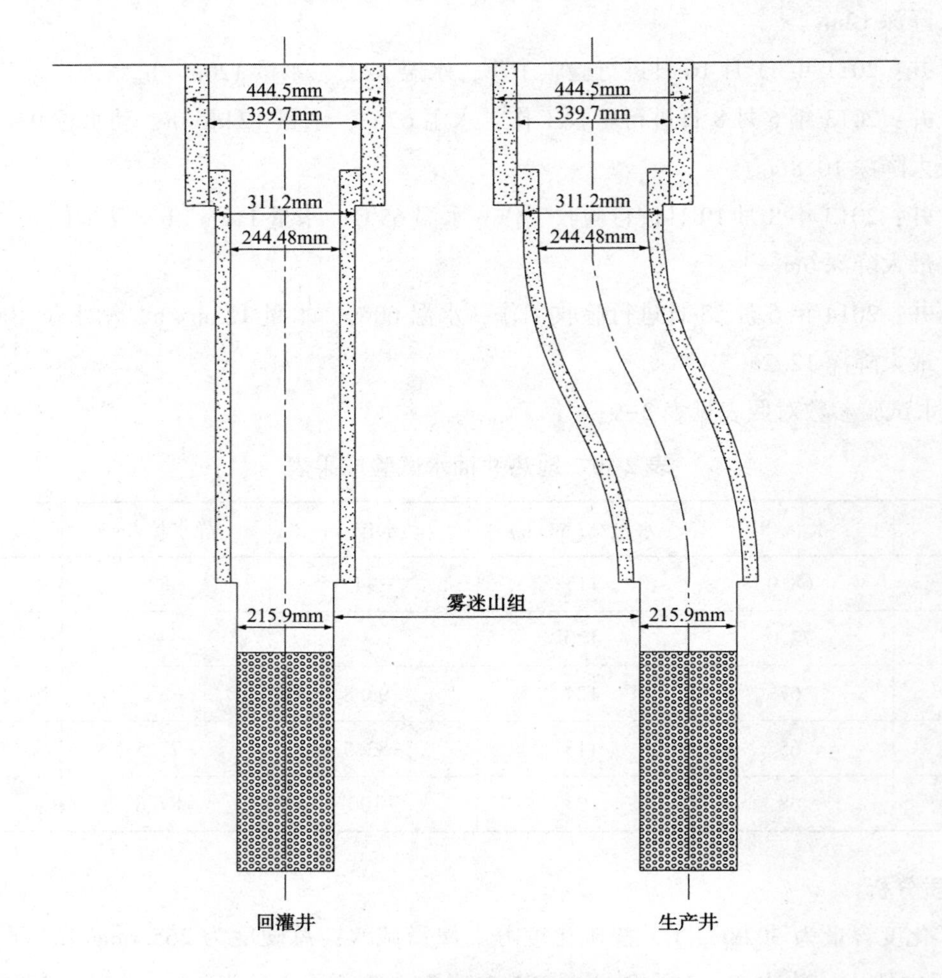

图 2-10 同层回灌示意图

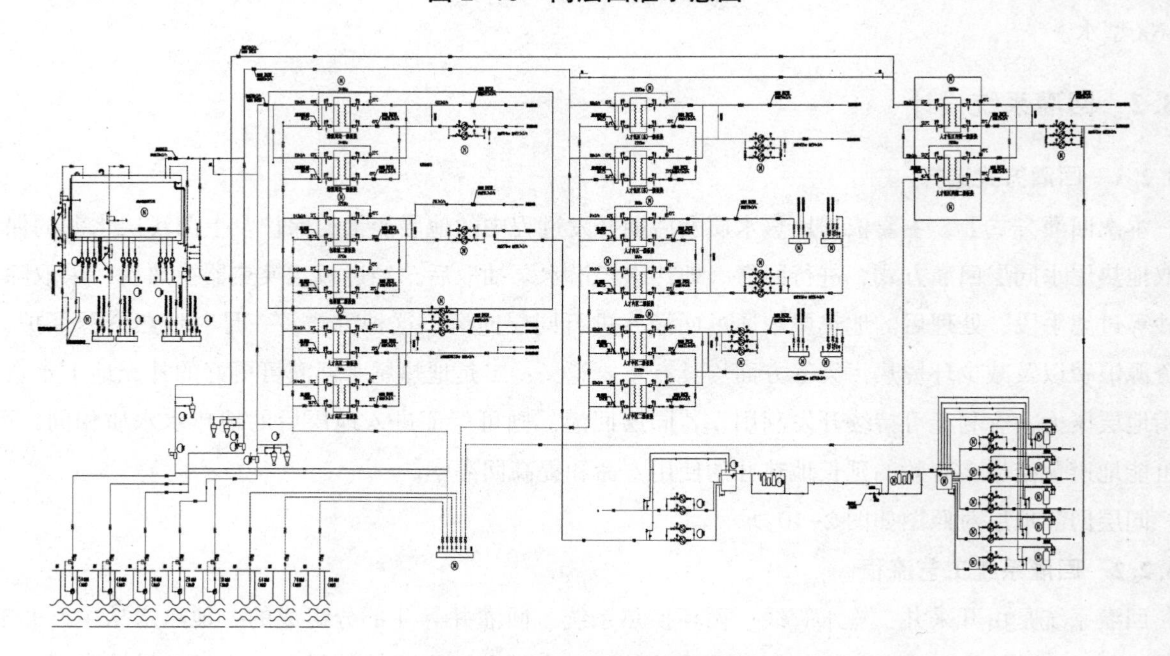

图 2-11 回灌系统流程图

1.4 地热站主要装置及设备

1.4.1 项目规模

该项目位于河北省雄安新区雄县。建筑用途为住宅楼和商业楼，规划总供暖面积 50 万 m^2，目前供暖面积 32.03 万 m^2，其中住宅楼 30.32 万 m^2，商业楼 1.71 万 m^2，建筑结构为框架结构，节能保温建筑。

1.4.2 系统流程

室内散热方式均为地板辐射采暖，采暖系统分高中低（东、西）4 区，此外还有 1 个单独的内区采暖系统，建设 1 座能源站，位于人才家园物业办地下 1 层。在用中深层地热井 5 口，其中热源为 3 口地热开采井，水量 100~120m^3/h，井口水温 67℃，并配置 2 口地热回灌井。

该项目为深层热水源间接利用工程，利用板式换热器将地热能转移到载热循环水中，供给热用户，确保冬季室内温度不低于 18℃，低温尾水经过粗效、高效过滤后注入回灌井。

项目根据小区热用户的分布特点或分区压力需求建设了 5 套换热循环系统，分别为人才家园高区、中区、低东区、低西区、内区换热循环系统及对应的补水系统。

1.4.3 换热站建设方案

人才家园回灌站建筑面积 748m^2，配有 1 间值班室，1 间配电室。供热站内设备包括板式换热器、末端循环水泵、热源加压泵、稳压补水器、软化水箱、高压气液分离器、水处理装置、系统过滤装置。站内设备：不等截面型钛板板式换热器（要求两侧流道的流速基本相等），各类循环水泵和加压泵均使用变频控制，使用装配式不锈钢软化水箱，过滤系统包括采用反冲式过滤器、旋流除砂器、配套控制柜、膨胀水箱等。

1.4.4 自控方案

项目自控制采用 PLC 控制柜，对系统一次侧、二次侧温度、流量、压力参数进行实时监测记录，循环泵频率根据用户二次侧压差及室外天气或人工手动调节满足系统运行压差确保远端用户有充足资用压头。补水泵启停根据系统回水压力自动启停满足补水要求。换热器一次侧温度联动一次侧旁通调节阀，确保各个换热器二次侧换热出水温度满足设定值且稳定。项目配置 2 口地热回灌井，热提取后的地热尾水实现同层回灌。

控制系统通过分析供回水温度变化与时间变化的趋势，来判断当前系统既有供热量能否满足采暖区域内用户对冬季采暖热负荷的最低需求，从而根据负荷的变化进行热泵机组的启停，最终实现供暖系统的自适应调节（见表 2-10）。

水泵转数可根据用户二次侧压差及室外天气或人工手动调节满足系统运行压差确保远端用户有充足资用压头。补水泵启停根据系统回水压力自动启停满足补水要求。如有需要还可以对循环管道上面设置的蝶阀进行控制，同水泵进行联动。换热器一次侧温度联动一次侧旁通调节阀，确保各个换热器二次侧换热出水温度满足设定值且稳定。

表 2-10　自控内容及控制方法设计表

监控内容	控制方法
负荷需求计算	根据供、回水温度和回水流量测量值，自动计算建筑采暖实际所需热负荷量
机组联锁控制	启动：板式换热器蝶阀开启，回灌加压泵变频调节，开内循环水泵。 停止：关内循环水泵，回灌加压泵变频调节，板式换热器蝶阀关闭
水泵保护控制	水泵启动后，水流开关检测水流状态，如故障则自动停机。水泵运行时如发生故障，备用泵自动投入运行。另外，如果水泵发生故障，软件界面将进行提示，对所有报警信息进行自动存档，同时历史数据可提供查询

自控系统现场传感器与控制柜的导线敷设应按照现场情况沿墙、顶棚暗敷或明敷，各控制柜应安装在远离蒸汽及水源的地方，传感器和执行器所需要的 24VAC/DC 控制柜系统所用模拟信号线选用 RVVP2，数字信号线选用 RVV2，地下室与屋顶厚壁焊接钢管，如果管内穿线长度超过 30m 时加装接线盒，使用金属软管连接传感器，如金属软管长度大于 2m，需先穿金属硬管再穿金属软管保护，所有弱电系统控制器、子站箱、弱电线槽等外壳保护接地按强电设计要求执行。

1.4.5　地热尾水处理方案

此项次目配置两口地热回灌井，热提取后的地热尾水实现同层回灌，保证抽水井与回灌井之间的间距在 500m 左右。

地热尾水回灌的原理是将低温地热尾水，通过水质处理技术和注水—洗井技术，在一定压力的作用下，使其重新注回热储层内，保持热储压力、充分利用能源和减少地热流体直接排放。该具体工艺流程地热井水经潜水泵提至地面，经过水气分离，分离出地热水中的水溶气后，进入机房换热系统，经过板式换热器换热后温度降低，后通过过滤系统，对水质进行过滤处理，最后经井口密封装置注入回灌井内，实现地热尾水的自然回灌。

地面系统采取的回灌措施包括：①加装井口密封装置，防止井口瞬时产生负压吸入空气，避免井管腐蚀和产生沉淀堵塞岩层通道，又可实现地热尾水回灌、洗井、回灌管线冲洗等多个功能；②设计水处理装置，使用过滤器及排气装置，滤除较大颗粒，有效避免回灌堵塞，减缓回灌量衰减速度，提高回灌率；③使用自动化检测设备，集成尾水温度、管线压力、瞬时流量、累计流量等多个数据自动记录并远传，精确掌握回灌数据；同时加装压力变送器等配件，避免因为管线压力的突变造成设备运行出现故障。

1.5　地热回灌运行、维护和管理

1.5.1　回灌前准备

正式回灌前首先应对系统进行初检，排出管线中往年残留水，对管路进行冲洗作业，保证停灌期间管道内铁锈及杂质被冲洗干净。进行回扬作业对回灌管路进行清洗，检查管路的密封性，确保各种设备、仪表、阀门能够正常使用。回灌前整个准备工作宜同采暖试水工作协同进行。管路冲洗结束回扬潜水泵下泵安装并完成检验后即可进行回扬。潜水泵电机启动频率不宜过高，且不可低于30Hz，以35Hz左右最佳。潜水泵运行后应注意观测出水量、水质和动水位情况。若动水位和出水量较正常，水质较清澈，调高电机频率，持续回扬，直至水清砂净，结束回扬作业。冲洗回扬结束后进行整个回灌系统的充水及试运行。

1.5.2 回灌系统运行

试运行正常后，回灌段即可准备随时投运，当回灌井口表压不大于0.0MPa时，地热尾水可自然回灌注入回灌井。自然回灌不能满足目标回灌量要求时，需开启回灌加压泵或提升回灌加压泵出口压力使回灌井口具有一定压力进行加压回灌。本项目的回灌基本上无压力，完全能够自然回灌。

回灌期间初效过滤器前后会逐渐形成压差，在同等回灌流量的前提下，反冲洗频率会逐渐增加。回灌期间如遇故障导致回灌量减少时，及时检查进站压力及排放阀开度，并与换热站联系，确保不影响正常供暖。

1.5.3 回灌后设备保养

回灌设备按照设备要求，正常进行保养。特别是回灌过滤装置，应及时进行设备维护及部件更换。检查电动调节阀能否灵活，并准确根据操作界面设置的进行尾水排放压力调节，确保排放量及回灌量之和接近生产段实际需求水量。禁止将未经初效过滤的地热水直接通入高效过滤器。

1.6 动态监测

1.6.1 总体要求

回灌阶段须对回灌井及生产井进行全面记录监测，监测内容包括：井口压力、动水位、回灌温度、瞬时回灌量、累计回灌量、过滤器前后压力、加压泵变频器频率、各设备能耗，潜水泵频率、动水位、井口温度、井口压力、瞬时开采量、累计开采量。

1.6.2 数据监测

人才家园站从2013年运行起，已实施动态监测（见图2-12），指导生产运行工作，从而实现地热田可持续发展。

截至2019年3月15日，人才家园站机房回灌量数据见表2-11。

表2-11 人才家园回灌数据表

序号	开始时间	结束时间	回灌总量/m^3	备注
人才家园站	2013.11.15	2019.3.15	2782239	

人才家园站从2013~2014年度采暖季运行起，已做到完全回灌，截至2019年3月15日累计回灌量为2782239m^3。其中，2015~2016年度采暖季日均开采、回灌量均为3682m^3/d，累计开采、回灌量均为379224m^3；2016~2017年度采暖季日均开采、回灌量均为4758m^3/d，累计开采、回灌量均为451980m^3；2017~2018年度采暖季日均开采、回灌量均为4753m^3/d，累计开采、回灌量均为570348m^3；

2017~2018

中石化绿源地热能开发有限公司2017~2018采暖季地热站运行日报表																				
记录时间：2018年3月(5日08:00~6日08:00)																				
区域	站名	供暖面积/万m³	一次侧							用户温度			运行参数						设备运行情况	日补水量/m³
			井别	井名	进水温度/℃	尾水温度/℃	压力/MPa	流量/(m³/h)	(液位/m)/(频率/Hz)	平均温度/℃	最低温度/℃	最高温度/℃	采暖供水温度/℃	采暖回水温度/℃	采暖供水压力/MPa	采暖回水压力/MPa	采暖供水流量/(m³/h)	采暖回水流量/(m³/h)		
	人才家园站	32.02	生产井	包装城2#生产井	68	34	0.15	99	135/48	20.00	18.00	22.00	高区41 低区40	高区34 低区33	高区0.9 低区0.45	高区0.8 低区0.3	高区285 低区228	高区285 低区228	正常	40.00
			生产井	包装城6#生产井	66	34	0.05	103	135.7/48											
			回灌井	包装城3#回灌井		34	0	202	89/48											

2018~2019

中石化绿源地热能开发有限公司2018~2019采暖季地热站运行日报表																						
记录时间：2019年3月(6日08:00~7日08:00)																						
区域	站名	供暖面积/万m³	一次侧								用户温度				运行参数						设备运行情况	日补水量/m³
			井别	井名	进水温度/℃	尾水温度/℃	压力/MPa	流量/(m³/h)	液位/m	频率/Hz	平均温度/℃	最低温度/℃	最高温度/℃	分系统	采暖供水温度/℃	采暖回水温度/℃	采暖供水压力/MPa	采暖回水压力/MPa	采暖供水流量/(m³/h)	采暖回水流量/(m³/h)		
	人才家园站	32.03	生产井	包装城2#生产井	65	38	0.15	100		45	20	18	23	高区	37	31	0.90	0.80	50	50	正常	32
			生产井	包装城6#生产井	67	37	0.12	110		45												
			生产井	包装城4#生产井	65	38	0.15	105		45												
			回灌井	包装城3#回灌井		37	0	315														
			回灌井	包装城5#回灌井										低区	38	31	0.45	0.30	279	279		

图2-12 检测记录表

2018~2019 年度采暖季日均开采、回灌量均为 $5852m^3/d$，累计开采、回灌量均为 $708060m^3$。截至 2019 年 3 月 15 日，该站已累计回灌 $2782239m^3$，瞬时流量为 $170 \sim 315m^3/h$，平均 $248.88m^3/h$，开采量随外界温度、入住率等因素变化，回灌量又与开采量变化趋势一致，说明人才家园站回灌效果较好，对地热井水位降深起到了积极作用。

2015~2019 年度各井取水量与回灌量对比图如图 2-13 所示。

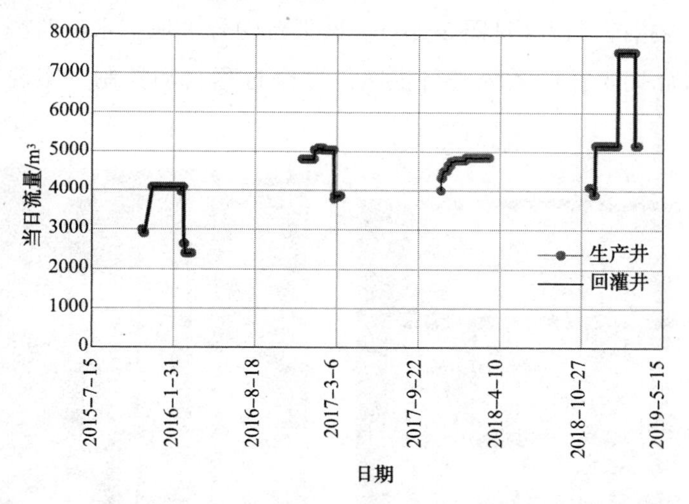

图 2-13　2015~2019 年度人才家园生产井、回灌井流量对比图

近两个运行年度各井取水量与回灌量对比图如图 2-14 和图 2-15 所示。

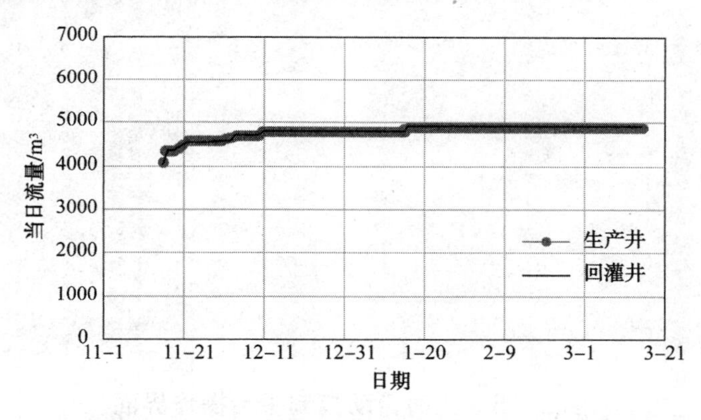

图 2-14　2017~2018 年度人才家园生产井、回灌井流量对比图

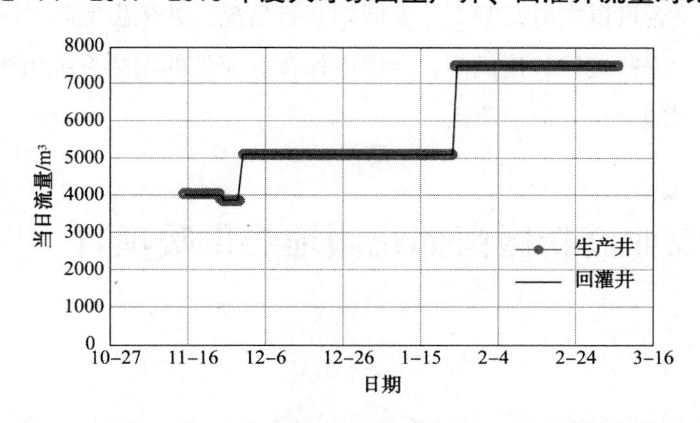

图 2-15　2018~2019 年度人才家园生产井、回灌井流量对比图

通过对人才家园站两个供暖季运行记录对比发现，开采井流量与回灌井流量走势相同，由于某些

客观因素，流量均有同等幅度的增加，表明回灌量随开采量的变化而变化，已实现地热尾水 100% 回灌。

1.6.3 动态监测管理

动态监测管理上，自主研发建设的“中石化三维地热资源开发调控指挥系统”，是国内第一套拥有自主知识产权地热调控指挥平台（见图 2-16）。该平台融合了地下水位监测、地热水资源调度、室内温度监测等功能，结合气候补偿系统进行供暖工艺全过程自动控制，实现了地热供暖的“智能”运行。

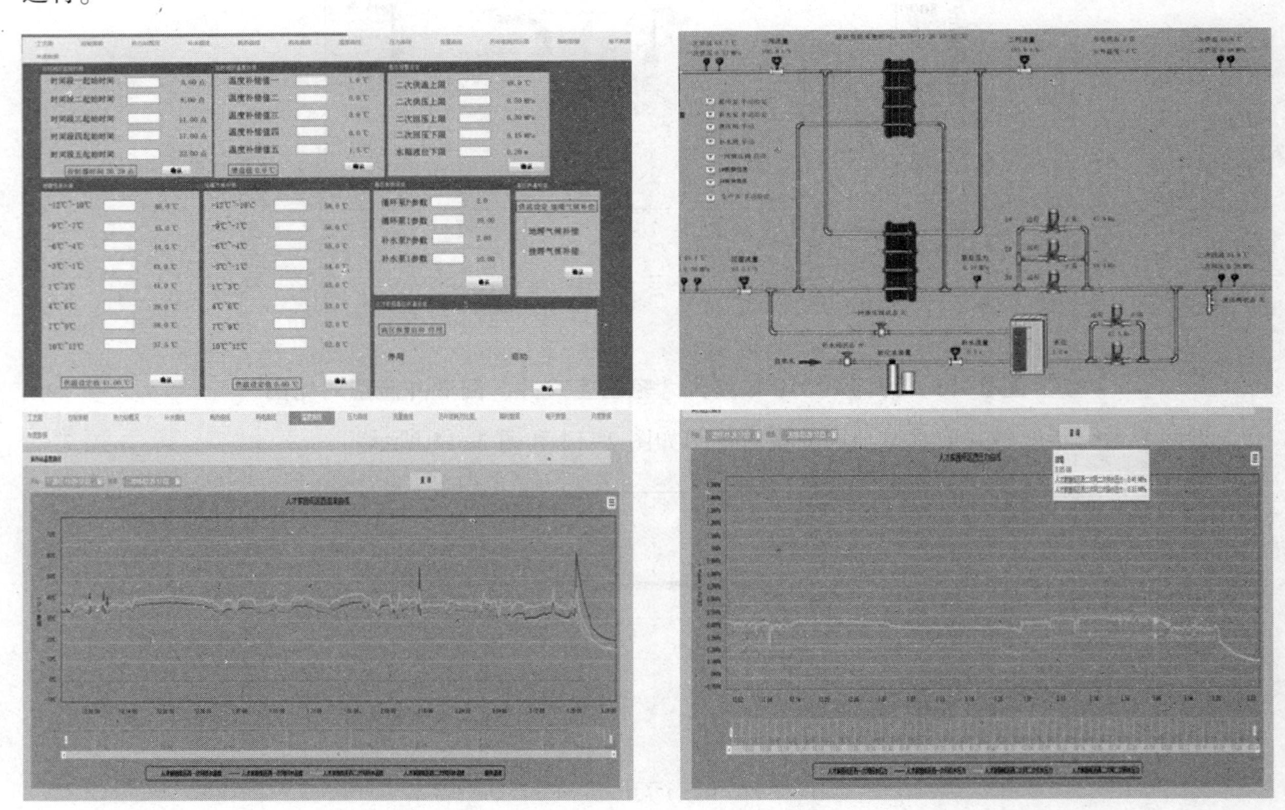

图 2-16 实时自动控制平台操作界面

供热系统自动控制平台可以实时监测人才家园站运行情况，并依据实际情况采用不同的控制策略。也可以根据室外气候变化进行气候补偿调节；数据库保存有完整的供热系统历史数据，便于进行能耗、热耗、水耗等多类型数据的对比分监控覆盖。

2 黄河三角洲农业高新区南郊花园地热供暖项目

2.1 项目概况

该项目位于东营市境内，武家大沟以南，青垦路以东，新海路以西。建筑用途为住宅楼，建筑结构为框架结构，节能保温建筑。室内散热方式均为地板辐射采暖，建设 3 座能源站，深层地热井 8 口，回灌采用一抽一回。能源站（见图2-17）首先利用板式换热器换出部分热量，然后再利用高温热泵机组进一步提取地热尾水中的热量，加热室内循环热水45/38℃提供到用户，确保冬季室内温度不低于18℃，低温尾水经过粗效、精效过滤后注入回灌井。

图2-17　农高区南郊花园地热站

项目建筑面积：规划总供暖面积448100m²，其中一号机房承担规划A区建筑供暖需求，一期126800m²，二期3800m²，合计130600m²。二号机房承担规划B、D区建筑供暖需求，一期138100m²，二期88300m²，合计226400m²。三号机房承担规划C区建筑供暖需求，一期65000m²，二期26100m²，合计91100m²。

该项目被能源行业标准化地热能专业标准化技术委员会评为2018年度地热能开发利用标准化示范项目。

2.2　地热地质概况

2.2.1　区域地质条件

2.2.1.1　地层

通过实钻及地球物理测井资料，结合区域及邻井资料对比分析，本区自上而下钻遇了新生界第四系平原组（Qp），新近系明化镇组（Nm）、馆陶组（Ng）；古近系东营组（Ed），沙河街组一段（Es1）、二段（Es2）、三段（Es3）（未穿）。

各层特征分述如下：

（1）第四系平原组（Qp）

底界埋深约300m，厚300m，上部为浅棕黄、浅绿、灰色砂质黏土、黏土夹黏土质粉砂岩，下部为浅黄、浅灰绿色粉砂质黏土或浅灰绿色黏土质粉砂。砂层向下逐渐增多，与下伏地层整合接触。

（2）新近系明化镇组（Nm）

底界埋深989m，地层厚度约690m，分为明化镇组上段、明化镇组下段。自上而下砂岩逐渐增多。区内分布较普遍，岩性以土黄、棕黄色泥岩、砂质泥岩和灰白色、浅灰色砂岩为主，局部夹灰绿色泥岩及钙质团块。垂向上上粗下细，呈反旋回沉积特征。与下伏馆陶组呈整合或假整合接触。

（3）新近系馆陶组（Ng）

底界埋深约1300m，总厚度约316m，自本组开始，自然电位曲线呈高幅形态，出现大段箱型、钟形等曲线特征。分为上下两段：

馆上段厚150m，为紫红色、灰绿色泥岩与粉砂岩互层，下部砂岩较发育。

馆下段厚160m，岩性为灰色、灰白色块状砾岩、含砾砂岩、砂岩，底部为含石英、黑色燧石的砾状砂岩、砂砾岩，夹灰绿色紫红色泥岩。与下伏地层整合接触。

（4）古近系东营组（Ed）

底界埋深1500~1700m，厚200~360m，垂向上上粗下细，三分性明显。

东一段，为湖盆演化末期沉积，其顶部遭不同程度剥蚀。岩性为灰绿色及紫色泥岩夹浅灰色砂岩。

东二段，本段岩性以灰绿色及深灰色泥岩、砂质泥岩、砂岩为主。下部夹白色砂岩、含砾砂岩；上部为灰绿色粉细砂岩夹棕红色、灰绿色泥岩、砂质泥岩。

东三段，本段以砂岩与泥岩不等厚互层为特征，岩性较粗。中下部为浅灰色砂岩、含砾砂岩夹灰绿色砂质泥岩及褐灰色泥岩，上部为绿色、少量紫红色泥岩夹细砂岩。

农高区南郊花园附近东营组地层展布具有南浅北深的特点，东营组地层顶界深度 1250~1380m。地层厚度较大，为 230~380m。东营组地层自东南向西北部厚度逐渐变大，东营组地层厚度自西向东先由薄变厚，然后由厚变薄，呈现中间厚、两边薄的特点，地层厚度在 3 号井处厚度比较大，地层厚度可达 360m（见图 2-18）。

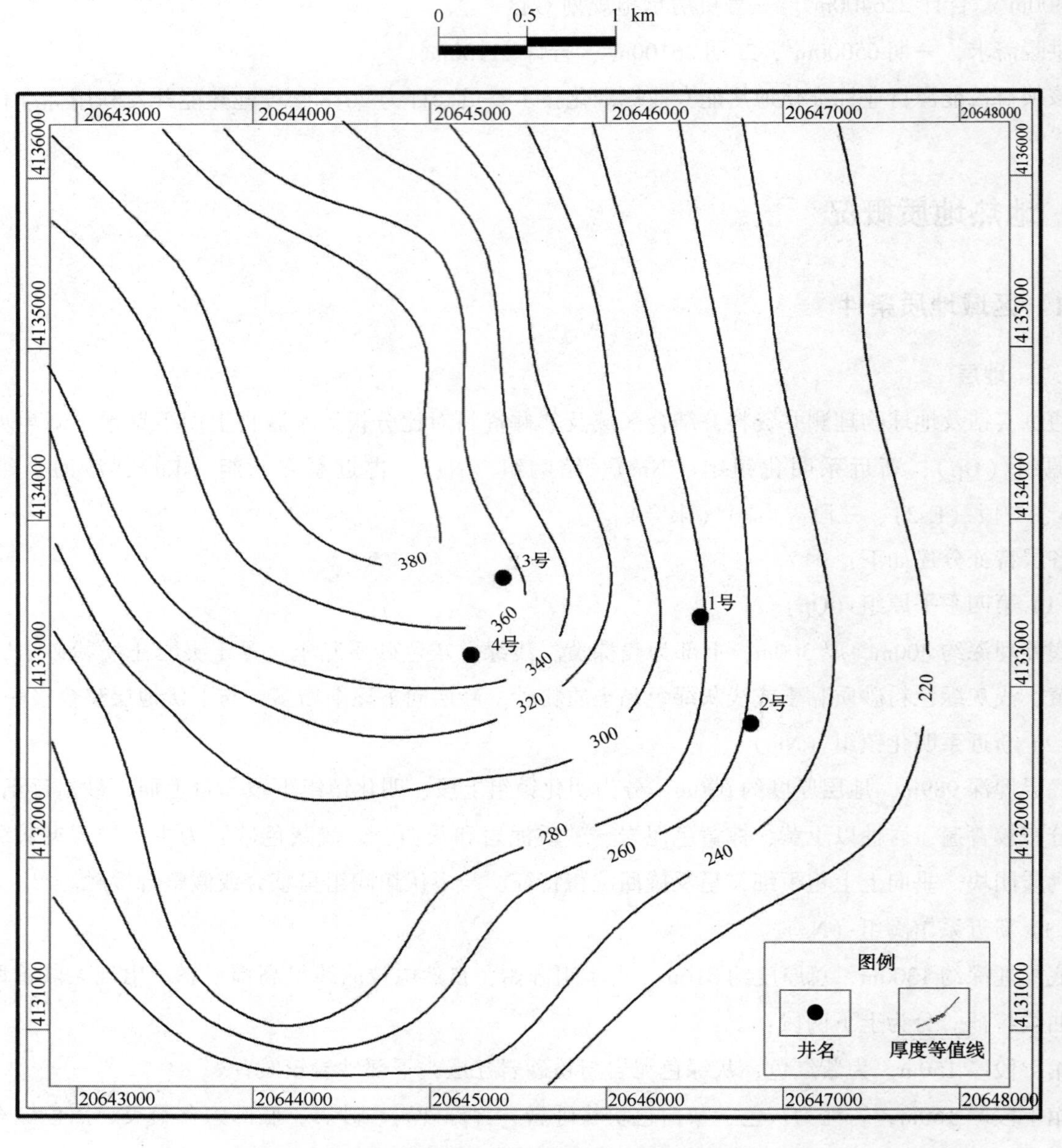

图 2-18　农高区南郊花园东营组地层厚度等值线图

分层依据：本段岩性以砂岩为主夹泥岩，电性上，自然电位曲线呈明显负异常，2.5m 底部梯度视电阻率曲线呈低阻。

（5）古近系沙河街组一段（Es1）

底界埋深1890m，厚220m，沙一段为湖相沉积，主要为大段暗色泥岩夹生物灰岩。岩性表现为灰色、灰绿色、灰褐色泥岩夹钙质泥岩、粉细砂岩。

（6）古近系沙河街组二段（Es2）

沙河街组二段地层为河流相、三角洲前缘沉积，多为棕红色砂岩、灰白色砂砾岩和泥岩互层。

分层依据：本段岩性为砂岩与泥岩互层，电性上，自然电位曲线呈明显“指状”负异常，2.5m底部梯度视电阻率曲线呈低阻。

农高区南郊花园附近沙二段地层分布具有南浅北深的特点，地层埋藏深度为1600~1900m。地层厚度较小，一般为130~200m。沙二段地层围绕3号井具有中间厚四周薄的特点，地层在3号井附近出现厚度中心，地层厚度达200m（见图2-19）。

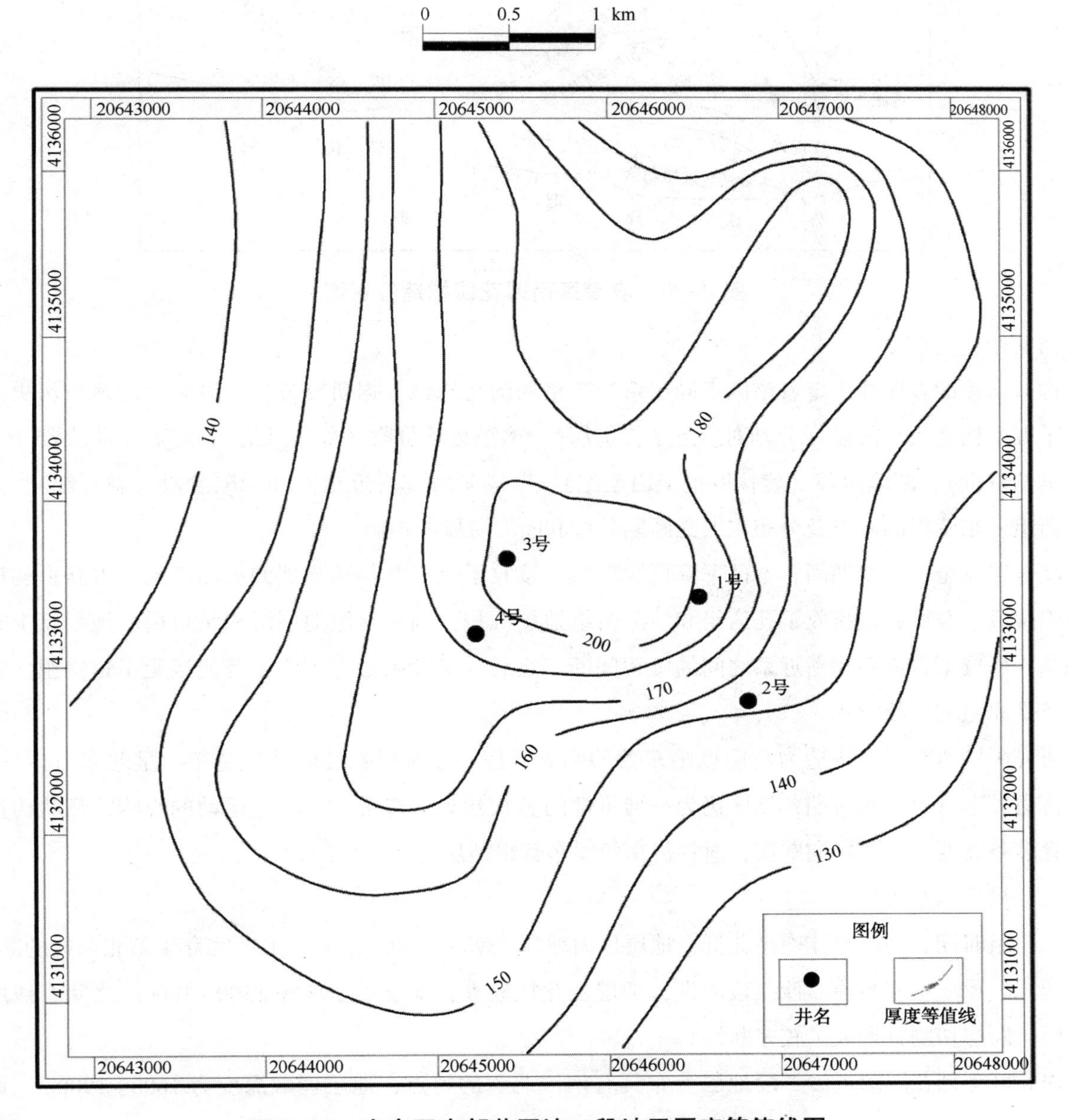

图2-19　农高区南郊花园沙二段地层厚度等值线图

2.2.1.2 构造

东营农高区南郊花园（农业高新技术产业开发区生态科技城）构造位置位于济阳坳陷东营凹陷陈官庄—王家岗断裂阶状构造带丁家屋子断裂带北部断鼻构造高部位。据前期探井揭示，该区有利热储为东营组和沙二段碎屑岩热储（见图2-20）。

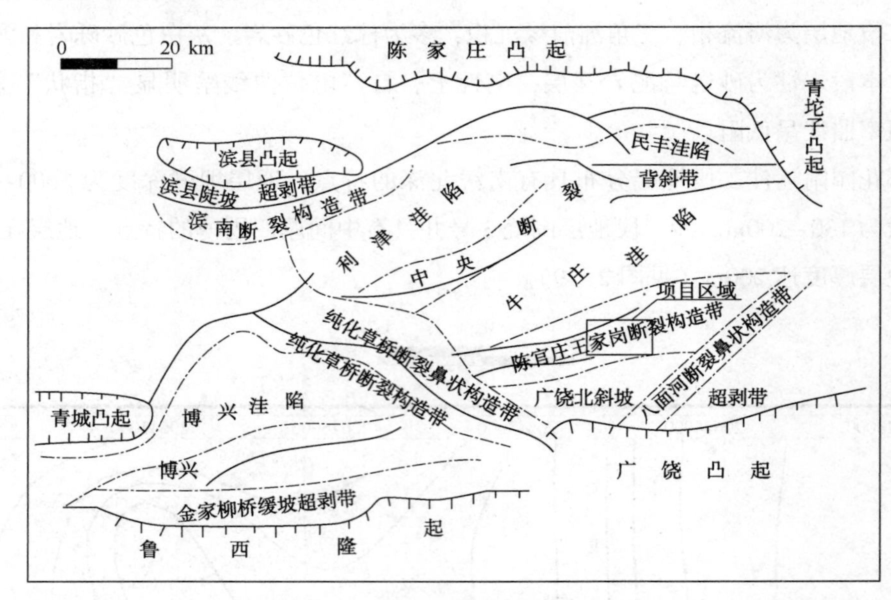

图2-20 农高区南郊花园构造位置图

（1）构造发育史

构造运动的多期性决定着该区不同层系构造格局的特殊性。据研究分析，胜利油区地质历史上曾经历了五个构造运动阶段（分别对应五个构造层）；褶皱运动阶段（前震旦纪）、震荡运动阶段（古生代至早侏罗世）、断陷阶段（晚侏罗世至白垩纪）、断坳阶段（古近纪）和坳陷阶段（新近纪）。其中沙河街组、东营组的发育及分布主要受断陷阶段和断坳阶段的控制。

晚侏罗世至白垩纪期间，本区下降形成湖盆，接收了沉积并伴随强烈的火山活动。古新世初期进入坳陷阶段，至始新世接收了孔店组和沙河街组地层沉积，到东营组地层沉积结束后，地层又上升遭受剥蚀，形成了古近系和新近系之间的沉积间断，之后，又开始稳定下降，普遍接受了馆陶组、明化镇组及平原组的广泛沉积。

研究工区所在区域构造为济阳坳陷东营凹陷陈官庄—王家岗断裂阶状构造带，呈北东方向展布。沙河街组、东营组沉积时期，该区仍为一继承性的鼻状断裂构造带，受构造运动的影响，鼻状构造带上发育多条北西向和北东向断层，对沙河街组、东营组地层进行了切割。

（2）局部构造特征

东营组时期，地层整体南高北低，地层顶面埋深1290~1350m之间，工区发育4条北东向的断层，切割地层，形成一些断块。沙二段时期，地层变化比较大，地层顶面埋深1500~1900m之间。地层北一些顺向断层切割，形成了较多断块。

农高区南郊花园附近沙二段地层分布具有南浅北深的特点，地层埋藏深度为1600~1900m。地层厚度较小，一般为130~200m。沙二段地层围绕3号井具有中间厚四周薄的特点，地层在3号井附近出现厚度中心，地层厚度达200m（见图2-19）

2.2.2 地热田地质条件

2.2.2.1 地温场特征

该区属中低温地热田，该地热田范围广大，在垂向上将新近系馆陶组、古近系东营组、沙河街组视为独立的，上下均为隔水层、水平方向上无限延伸的储热层（组），呈多层状；热储盖层分别为其上覆地层。

东营组、沙二段热储层的盖层为各段上覆的大厚度泥岩层。热源主要为地球内部的传导热流；地热水的补给源为大气降水在周边形成的地表径流的一部分，通过孔隙或断裂构造向深部地层渗透，成为深部含水层的补给源。

本井区块地温梯度的计算：依据本区探井资料的实测数据推算，东营地区常温带深度为17m，常温带温度为14.7℃。

依据地温梯度计算公式：

$$\Delta t=\frac{T-T_0}{d-h}$$

式中 T——热储温度，按井口温度计算；

T_0——常温带温度，14.7℃；

d——热储目的层平均深度，m；

h——常温带深度，17m；

得出计算结果，$\Delta t=3.30$℃/100m。

本区为东营凹陷南部断阶带，位于陈官庄—王家岗断裂带上，与东营凹陷地热资源评价资料的地热梯度值吻合。

据此计算，农高区南郊花园东营组底界温度最高可达66℃，沙二段底界温度最高可达76℃。

2.2.2.2 影响地温场的主要因素

地温场的平面分布与基岩埋深、岩浆活动、地质构造和水文地质条件等因素有关，一般沿断裂构造和基岩凸起区地温梯度值较高，凹陷区地温梯度值较低。地温场的垂向分布与地层岩性、盖层发育情况密切相关，宏观上，结构松散的新生界地层的地温梯度高于结构致密的基岩地层；局部分析，砂砾岩层的地温梯度小于泥岩地层。本区主要热储层为东营组和沙二段，地温场的影响主要为岩性和盖层两个方面。

（1）岩性

当岩性均一时，地温随着深度的增加而升高，地温梯度大致不变。地温梯度的变化由岩性、岩石热导率的大小而定，基岩结构比较致密，热导率较大，因而地温梯度值较小，相反松散岩层，岩石热导率较小，其地温梯度值则较大。本区沙二段热储较东营组致密，其地温梯度略大一些。

（2）盖层

盖层起着隔热保温的作用，盖层的特征（导热性、厚度）关系到来自地下深部的热能能否得以保存。传导型地热田，在盖层厚度适当的范围内，盖层越薄，新生界地温梯度越大。

农高区南郊花园附近东营组、沙二段地层岩性变化较小，地层上部的盖层均较为发育且比较稳定，地温场变化很小。

2.2.3 热储层特征

根据东营农高区南郊花园（农业高新技术产业开发区生态科技城）地热资料及目前该区已钻探探井揭示，本区有利热储层主要有东营组和沙二段。根据地热开发利用生产的实际需求，本次对东营组、沙二段两套储层从储层沉积、储层岩性、储层物性、储层分布等几个方面进行整体评价。

2.2.3.1 储层沉积特征

东营组沉积时期，盆地由沉降逐渐转为抬升，水体在轻微扩张后迅速收缩，发育了丰富的沉积体系类型：辫状河三角洲沉积体系、河流沉积体系、扇三角洲沉积体系、近岸水下扇沉积体系、浊流沉积体系和湖泊相沉积体系等。农高区东三段为辫状河三角洲相，东二段、东一段为河流相。

沙二段时期属于浅断陷湖盆水体变化频繁，沉积体系变化快，储层类型多样、岩性组合复杂，农高区沙二段主要为浅断型浅水三角洲相。

2.2.3.2 储层岩石学特征

（1）东营组

储集层岩性主要为含砾砂岩、粉砂岩，岩石胶结疏松~松散，综合评价为好储集层。

含砾砂岩：灰白色，砂、砾成分以石英为主，长石次之，砾径最大2mm，一般1.5mm，次棱角状，砂以细砂为主，少量粗砂和粉砂，次棱角状，泥质胶结，岩石胶结疏松~松散。

粉砂岩：浅灰色，泥质胶结，疏松。

东营组储层储集空间主要为粒间孔，储层物性较好，储层孔隙度为25%~35%，渗透率400~1000mD，综合评价为优质储集层（见图2-21）。

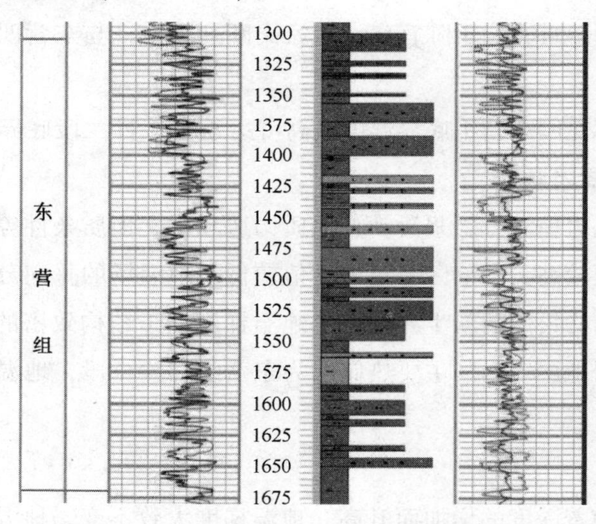

图2-21 农高区X3井东营组岩屑录井图

（2）沙二段

储集层岩性主要为含砾砂岩、粉细砂岩、粉砂岩、灰质粉砂岩和泥质粉砂岩，岩石胶结松散，较致密。

含砾砂岩：灰白色，砂、砾成分以石英为主，长石次之，砾径最大2mm，一般1~1.5mm，次棱角状，砾石呈椭球体，砂以细砂为主，少量粗砂和粉砂，次棱角状，泥质胶结，较松散。

粉砂岩：浅灰色、灰绿色，泥质胶结，疏松。

沙二段储层测井孔隙度为20%~30%，渗透率180~600mD，综合评价为较好储集层（见图2-22、图2-23）。

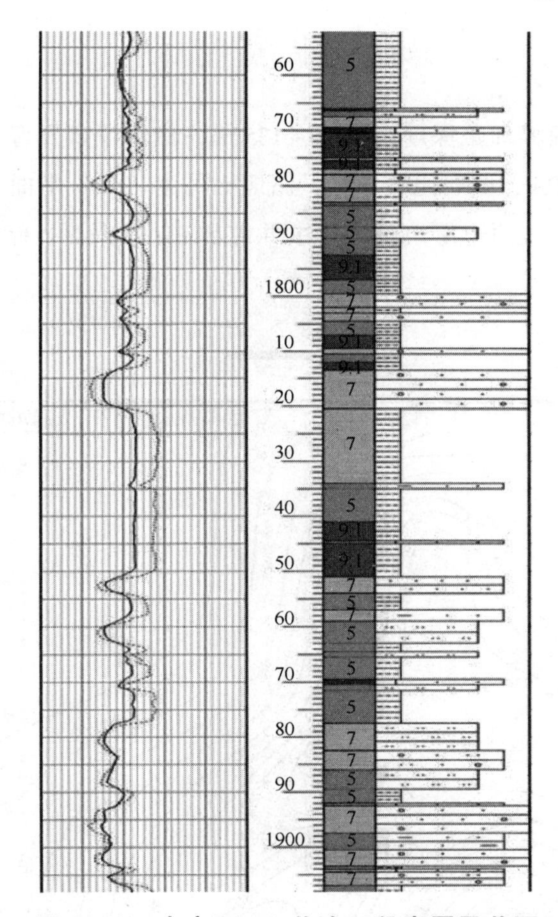

图 2-22　农高区 X2 井沙二段岩屑录井图

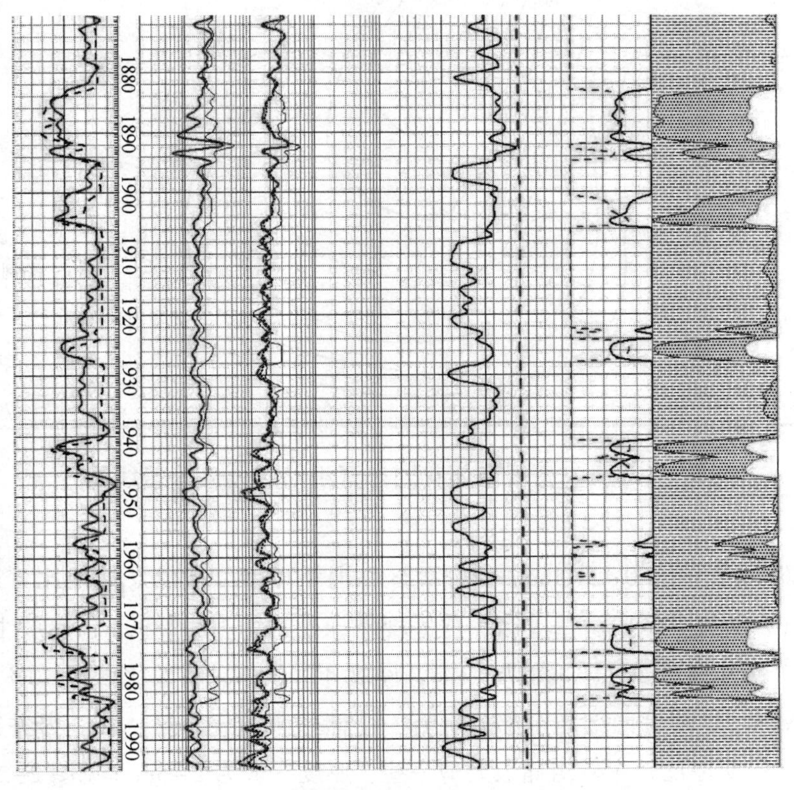

图 2-23　农高区 X3 井沙二段测井图

2.2.3.3 储层分布特征

（1）东营组

研究工区内东营组储层顶界埋藏深度为1290～1350m，储层主要发育在东营组的中、下部。探井钻遇东营组储层厚度150～220m，储层比较发育，储地比可达70%。平面上，储层整体呈北西向条带状展布，储层沿北西向中间厚、两边薄，在3号井西北方向储层最厚。储集层单层厚度最大13.50m，一般为3.5～8m（见图2-24）。

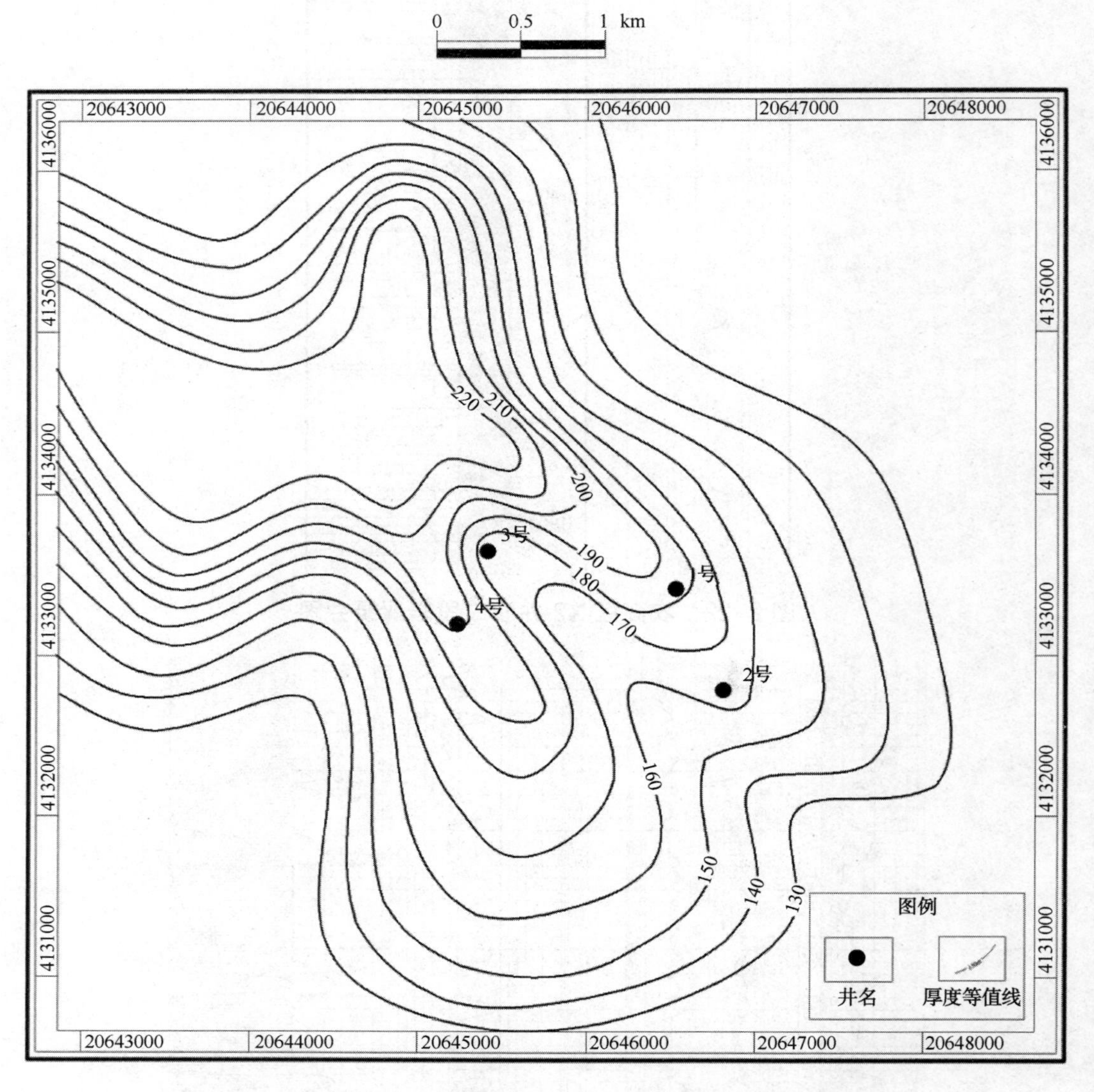

图2-24　农高区南郊花园东营组储层厚度等值线图

（2）沙二段

沙二段储层埋藏深度为1500～2100m。研究工区钻遇钻遇沙二段储层储地比可达40%，储集层单层厚度一般为2～3m，研究工区内沙二段储层顶界埋藏深度为1610～1890m，储层主要在沙二段的上、中、下部均有分布。探井钻遇沙二段的储层较薄，厚度40～90m，储地比可达50%。平面上，储层整体呈两个集中区域展布，3号井西部和东部分别有一个储层集中发育区，在3号井区储层最厚，储层厚度为90m。储集层单层厚度较东营组储层要薄一些，厚度一般为2～5m（见图2-25）。

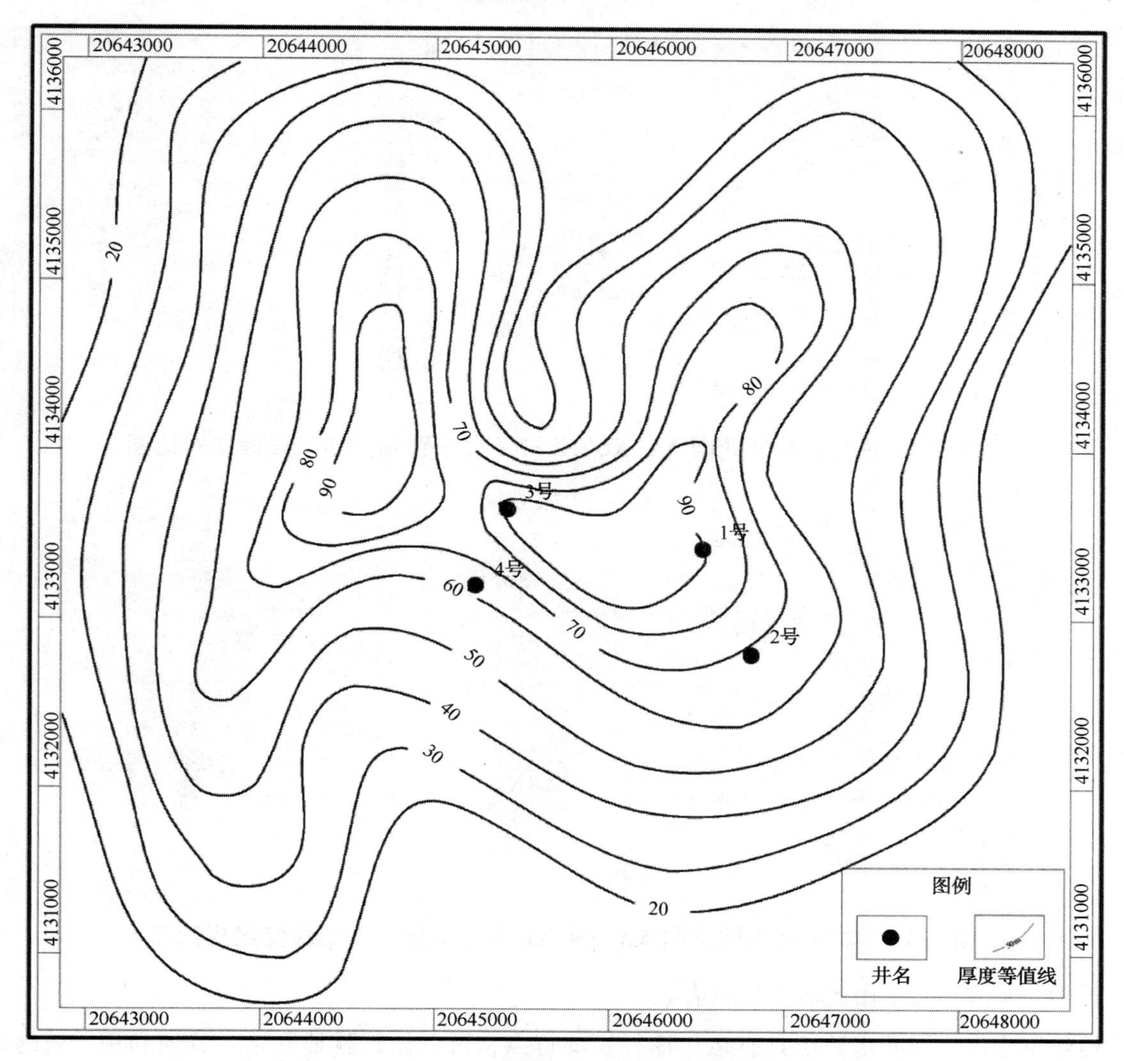

图 2-25　农高区南郊花园沙二段储层厚度等值线图

农高区南郊花园工区内，热储层主要为东营组和沙二段。东营组热储层为三角洲相砂体，沙二段热储层为浅水三角洲相砂体。整体看，东营组热储层较发育，厚度较大，物性较好，埋藏深度较浅。沙二段储层厚度较小，物性较好，埋藏深度大。东营组和沙二段均为可开发利用的热储层系（见图 2-26、图 2-27）。

2.2.4　回灌条件

地热回灌是否可行是有条件要求的，根据以往地热回灌经验表明：较适宜的回灌水源、较大的储水空间、较好的渗透循环条件及较大的压力差是确保地热储回灌成功的先决条件。

（1）地热回灌的水源条件

地热回灌水源包括地表水、浅层地下水、中深层地下水和地热尾水四种。但是根据以往地质资料：工作区内地表水和浅层地下水局部已被污染，中深层地下水又位于山东省地面沉降防治规划禁采区内，回灌的水流必须是地热尾水，而地热尾水与热储层内地下热水同源，化学性质相同，而且不含地表生

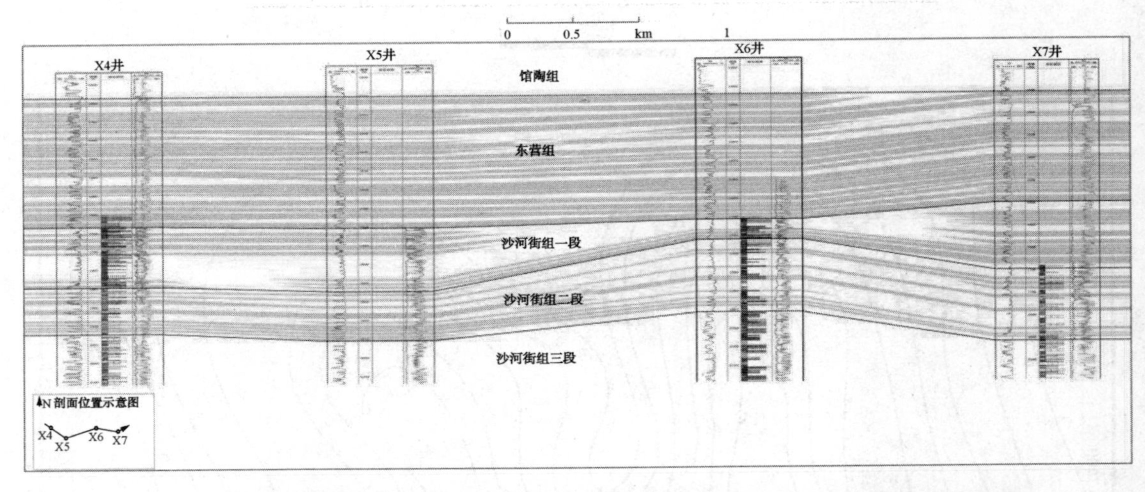

图 2-26　农高区南郊花园 X4-X5-X6-X7 井东营组、沙二段储层对比图

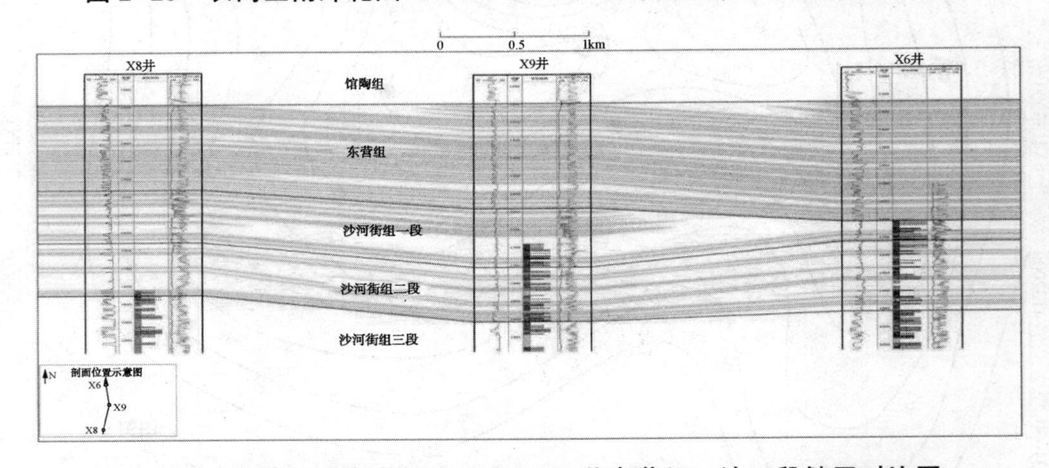

图 2-27　农高区南郊花园 X8-X9-X6 井东营组、沙二段储层对比图

物及悬浮物，不容易发生由此而引起的堵塞。

用地热尾水作为回灌水源还具有运送途径短的特点，可以做到就地开采、就地利用、就地回灌，不但能有效地缓解热储压力的下降，而且能降低开发利用成本。

（2）地热回灌的储水空间条件

本区古近纪东营组及沙二段热储层的厚度大于 200m，砂岩百分比较大，为 30%以上，砂岩厚度大于 80m，地热储水空间较大。该含水层岩性以细砂岩、粉砂岩和含砾砂岩为主，水位埋深大，孔隙度达 25%~30%，热水储存条件较好。

（3）地热储渗透条件

根据区内已有的井流试验结果，区内热储的渗透系数为 0.16~1.1m/d，弹性释水系数为 3.31×10^{-4}~3.97×10^{-4}，导水系数为 30~40m/d。另外根据区域地热地质资料，东营组及沙河街组热储地层分布连续，分布面较广，有利于地热回灌。

（4）地热回灌技术条件

海利丰从 2011 年开始，一直致力于砂岩热储回灌试验的探索、研究和实践。2013 年初，在油田一居民小区按照“一采一灌”的布井原则，对尾水进行回灌试验，开采井水温 68℃，水量每小时 $70m^3$，回灌不到一周回灌量减至约每小时 $5m^3$，最后洗井多次仍收效甚微。2014 年，在海洋采油厂按照“一采两灌”的布井原则，钻探地热井3口，开采井温度89.5℃，水量每小时90m³，经过一个月的回灌试验，在加压0.7MPa的情况下，2口井总回灌量每小时约80m³，经过一个供暖季的运行回灌量每小时保持在70~80m³。

2015~2017年，公司与多家单位深度合作，经过反复论证和模拟试验，在东营地区砂岩回灌技术上取得重大进展，自2017年下半年开始，在国家第二个农业高新技术产业示范区——黄河三角洲农业高新技术产业示范区南郊花园，以及农业大棚孵化园两个区域，进行回灌井钻探工作。在南郊花园，供暖制冷面积33万m²，已有地热抽水井4口；在农业大棚孵化园，供暖制冷面积9.6万m²，已有地热抽水井4口。两个项目均按照“一采一灌”的设计原则，根据模拟试验结果，以开采井水温不发生变化为限制条件，在原有8口地热抽水井的基础上，再增加8口地热回灌井。

2.2.5 已有地热井运营情况

原有开采井水温水量等数据见表2-12。

表2-12 已有地热井数据表

编号	井深/m	水量/（m³/h）	温度/℃	动水位/m	取水层位	备注
农高热1井	2200	69	75	-79.4	沙河街组	
农高热2井	1800	73	60	-58.5	东营组	
农高热3井	2200	84	75	-114	沙河街组	
农高热4井	1800	75	61	-81.3	东营组	

2.3 开发方案和地热井

包括但不限于资源开发方案、地热井部署、钻井完井、测井录井、井身结构、抽水试验、水质分析等方面的详细描述和数据记录。

2.3.1 资源开发方案

① 南郊花园共有地热井4口，编号分别为农高热1井、农高热2井、农高热3井、农高热4井，4口井下入潜水泵抽水地下热水，年开采量按16×10⁴m³/a井进行。

② 负责南郊花园A、B、C、D 4个区的居民楼和社区医院、商铺、幼儿园、物业中心等公建的供暖。

③ 经利用后的尾水全部回灌。

2.3.2 地热井部署

在综合考虑供暖区域分布和平面布置的基础上，结合掌握的地质资料，采用一抽一回、同层回灌的设计思路，共施工取水井和回灌井各4口，保证抽水井与回灌井之间的间距在300m左右，成井工艺基本相同。部署的原则是：①回灌井距离采水井相对较近；②热储层连通砂体厚度较大；③在井位选择上避开附近的断层；④回灌井与采水井位于同一断块内；⑤综合考虑回灌对热储层温度和压力的影响。

一号机房配有农高热 3 井，负责 A 区的供暖；二号机房配有农高热 1 井及热 2 井，负责 B、D 两区的供暖；三号机房配有农高热 4 井，负责 C 区的供暖。

井位示意图如图 2-28 所示。

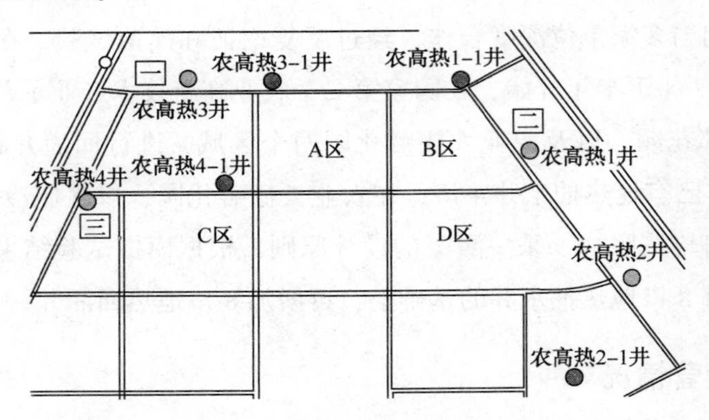

图 2-28　农高区南郊花园井位示意图

4 对井同层回灌地层对照图如图 2-29~图 2-32 所示。

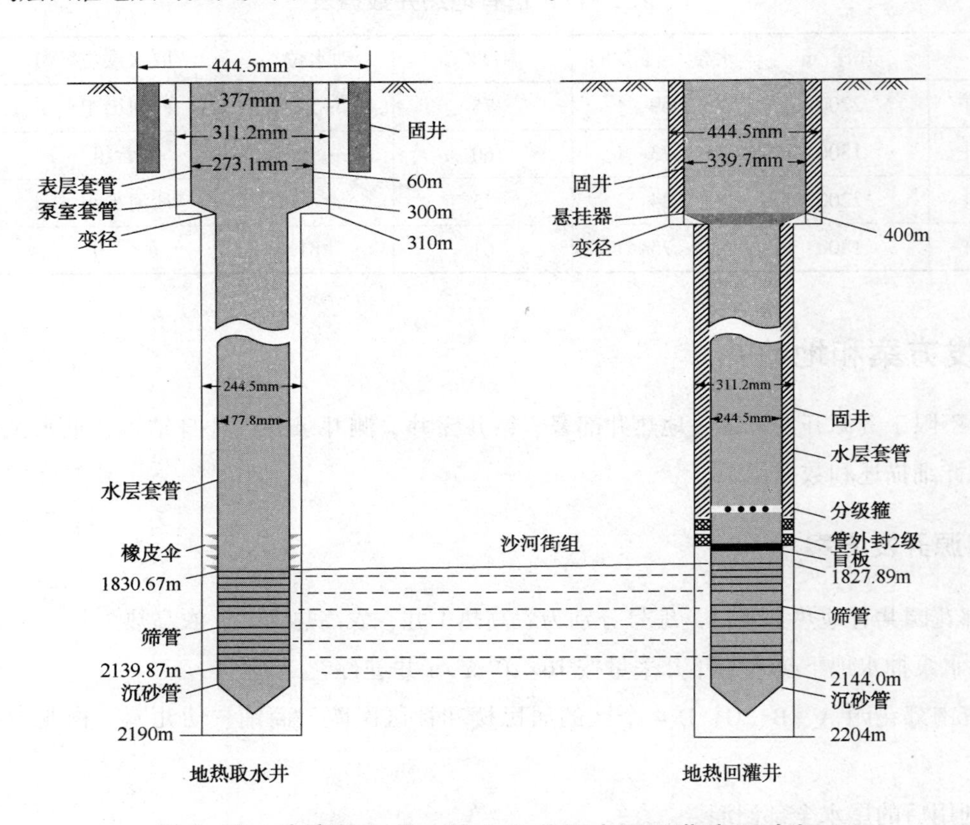

图 2-29　农高热 1 井、热 1-1 井取水及回灌地层对比

2.3.3　钻井完井

（一）开采井

（1）农高热 1 井

① 首次开钻钻凿表层孔，孔径 444.50m，孔深 80m，于 2014 年 3 月 27 日当日完成，由于用清水开钻，曾出现井塌现象，后用水泥固住，重新开钻。随后下入表层衬管，并用水泥浆封固。

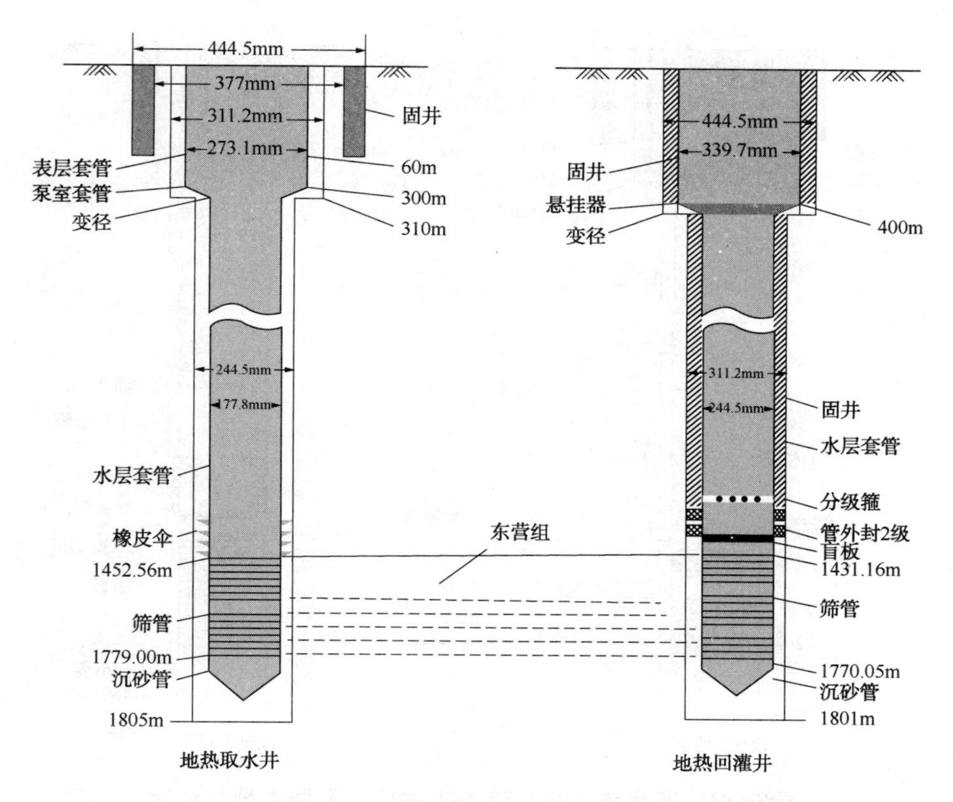

图 2-30　农高热 2 井、热 2-1 井取水及回灌地层对比

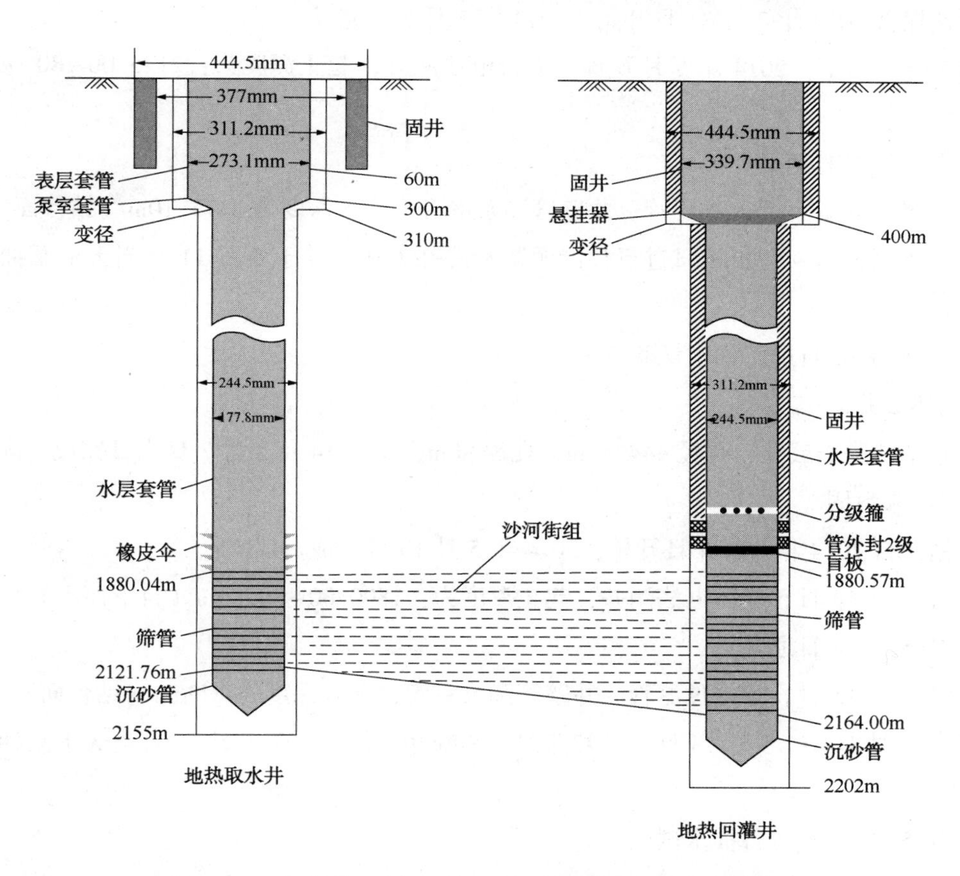

图 2-31　农高热 3 井、热 3-1 井取水及回灌地层对比

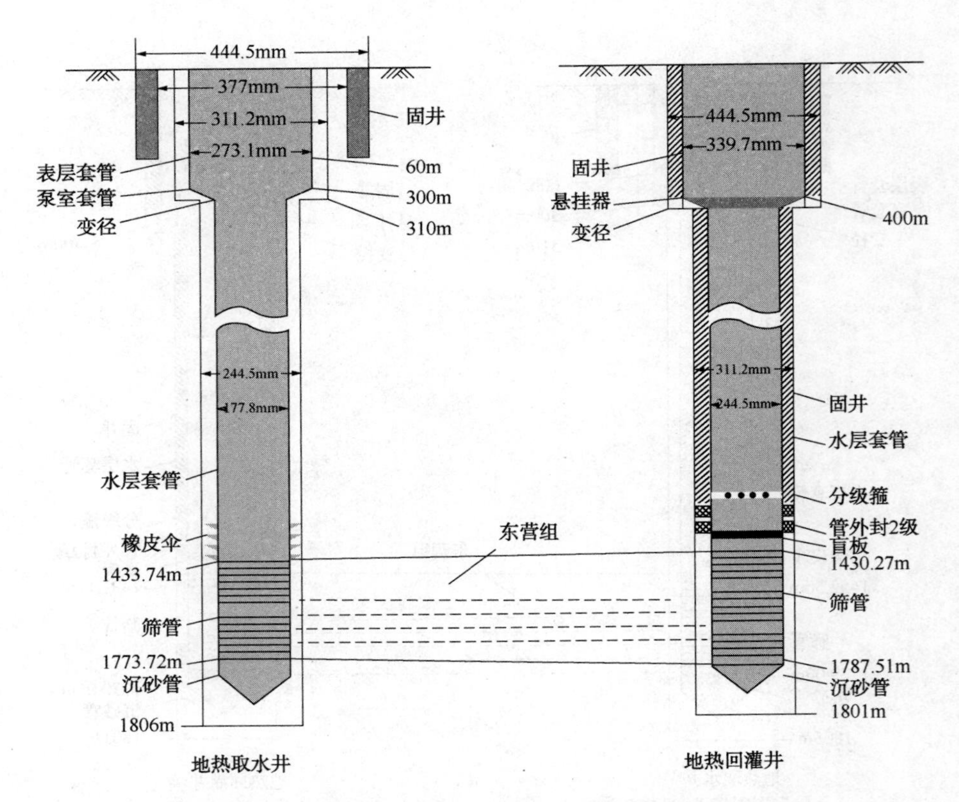

图 2-32 农高热 4 井、热 4-1 井取水及回灌地层对比

② 二开钻探自 2014 年 3 月 31 日开始，2014 年 5 月 5 日完成。

③ 2014 年 5 月 5 日~2014 年 5 月 6 日，进行电法测井，起止深度为：2175.00~80.00m（自下而上）。

④ 2014 年 5 月 7 日通井。

⑤ 2014 年 5 月 8 日，下入过滤管、井壁管和泵室管，下入深度为 2175.10m（钻台面）。

⑥ 2014 年 5 月 9 日~5 月 11 日进行替清泥浆和洗井工作，并于 5 月 11 日当天下泵抽水，水量较小，重新洗井。

⑦ 2014 年 5 月 12 日进行抽水试验。

（2）农高热 2 井

① 首次开钻钻凿表层孔，孔径 444.50m，孔深 80m，于 2014 年 5 月 3 日当日完成，随后下入表层衬管，并用水泥浆封固。

② 二开钻探自 2014 年 5 月 4 日开始，2014 年 5 月 13 日完成。

③ 2014 年 5 月 13 日，进行电法测井，起止深度为：1800.00~80.00m（自下而上）。

④ 2014 年 5 月 14 日通井。

⑤ 2014 年 5 月 15 日，下入过滤管、井壁管和泵室管，下入深度为 1796m（钻台面）。

⑥ 2014 年 5 月 16 日~5 月 18 日进行替清泥浆和洗井工作，并于 5 月 19 日当天下泵抽水，水量较小，重新洗井。

⑦ 2014 年 5 月 20 日进行抽水试验。

（3）农高热 3 井

① 首次开钻钻凿表层孔，孔径 444.50m，孔深 80m，于 2014 年 5 月 28 日当日完成，由于用清水

开钻，曾出现井塌现象，后用水泥固住，重新开钻。随后下入表层衬管，并用水泥浆封固。

② 二开钻探自 2014 年 5 月 31 日开始，2014 年 6 月 12 日完成。

③ 2014 年 6 月 12 日~2014 年 6 月 13 日，进行电法测井，起止深度为：2155.00~80.00m（自下而上）。

④ 2014 年 6 月 14 日通井。

⑤ 2014 年 6 月 14 日~6 月 15 日，下入过滤管、井壁管和泵室管，下入深度为 2145.14m（钻台面）。

⑥ 2014 年 6 月 15 日~6 月 16 日进行替清泥浆和洗井工作，并于 10 月 16 日当天下泵抽水，水量较小，重新洗井。

⑦ 2014 年 6 月 17 日进行抽水试验（三次降深）。

（4）农高热 4 井

① 首次开钻钻凿表层孔，孔径 444.50m，孔深 80m，于 2014 年 5 月 13 日当日完成，随后下入表层衬管，并用水泥浆封固。

② 二开钻探自 2014 年 5 月 15 日开始，2014 年 5 月 20 日完成。

③ 2014 年 5 月 20 日，进行电法测井，起止深度为：1800.00~80.00m（自下而上）。

④ 2014 年 5 月 21 日通井。

⑤ 2014 年 5 月 22 日，下入过滤管、井壁管和泵室管，下入深度为 1796m（钻台面）。

⑥ 2014 年 5 月 23 日~5 月 24 日进行替清泥浆和洗井工作，并于 5 月 19 日当天下泵抽水，水量较小，重新洗井。

⑦ 2014 年 5 月 25 日进行抽水试验。

（二）回灌井

（1）农高热 1-1 井

① 2017 年 11 月 13 日一开，采用 ϕ445mm 三牙轮钻头钻至井深 400m 起钻，下入 339.7mm×9.65mm 石油套管，然后进行了固井工作，固井采用油井水泥，水泥浆平均密度为 1.86，水泥浆返高至地面。

2017 年 11 月 17 日二开，采用 ϕ311.2mm 三牙轮钻头钻进，钻至井深 2204m 完钻。下入技术套筛管。

② 完井下 ϕ244.5mm 套筛管串时，套管串中夹带分级箍、盲板、管外封隔器，套管串下入完成后，将筛管段以上全部固井，水泥返高返至 370m，ϕ339.7 套管与 ϕ244.5 套管采用悬挂器连接。

③ 2017 年 12 月 12 日，进行电法测井，起止深度为：2190.00~80.00m（自下而上）。

④ 2017 年 12 月 13 日通井。

⑤ 2017 年 12 月 14 日，下入过滤管、井壁管和泵室管，下入深度为 2200.06m（钻台面）。

⑥ 2017 年 12 月 14 日进行替清泥浆和洗井工作。

⑦ 2017 年 12 月 15 日进行抽水试验。

（2）农高热 2-1 井

① 一开采用 ϕ445mm 三牙轮钻头钻至井深 400m 起钻，下入 339.7mm×9.65mm 石油套管，然后进行了固井工作，固井采用油井水泥，水泥浆平均密度为 1.86，水泥浆返高至地面。

二开采用 ϕ311.2mm 三牙轮钻头钻进，钻至井深 1801m 完钻。下入技术套筛管。

② 完井下 ϕ244.5mm 套筛管串时，套管串中夹带分级箍、盲板、管外封隔器，套管串下入完成后，将筛管段以上全部固井，水泥返高返至 370m，ϕ339.7 套管与 ϕ244.5 套管采用悬挂器连接。

③ 2018 年 1 月 29 日，进行电法测井，起止深度为：1800.00~80.00m（自下而上）。

④ 2018 年 1 月 30 日通井。

⑤ 2018 年 1 月 31 日，下入过滤管、井壁管和泵室管，下入深度为 1799.45m（钻台面）。

⑥ 2018 年 2 月 1 日进行替清泥浆和洗井工作。

⑦ 2018 年 2 月 2 日进行抽水试验。

（3）农高热 3-1 井

① 一开采用 ϕ445mm 三牙轮钻头钻至井深 400m 起钻，下入 339.7mm×9.65mm 石油套管，然后进行了固井工作，固井采用油井水泥，水泥浆平均密度为 1.86，水泥浆返高至地面。

二开采用 ϕ311.2mm 三牙轮钻头钻进，钻至井深 2202m 完钻。下入技术套筛管。

② 完井下 ϕ244.5mm 套筛管串时，套管串中夹带分级箍、盲板、管外封隔器，套管串下入完成后，将筛管段以上全部固井，水泥返高返至 370m，ϕ339.7 套管与 ϕ244.5 套管采用悬挂器连接。

③ 2017 年 12 月 17 日，进行电法测井，起止深度为：2200.00~80.00m（自下而上）。

④ 2017 年 12 月 18 日通井。

⑤ 2017 年 12 月 18 日，下入过滤管、井壁管和泵室管，下入深度为 2197.65m（钻台面）。

⑥ 2017 年 12 月 18 日进行替清泥浆和洗井工作。

⑦ 2017 年 12 月 19 日进行抽水试验。

（4）农高热 4-1 井

① 一开采用 ϕ445mm 三牙轮钻头钻至井深 400m 起钻，下入 339.7mm×9.65mm 石油套管，然后进行了固井工作，固井采用油井水泥，水泥浆平均密度为 1.86，水泥浆返高至地面。

二开采用 ϕ311.2mm 三牙轮钻头钻进，钻至井深 1801m 完钻。下入技术套筛管。

② 完井下 ϕ244.5mm 套筛管串时，套管串中夹带分级箍、盲板、管外封隔器，套管串下入完成后，将筛管段以上全部固井，水泥返高返至 370m，ϕ339.7 套管与 ϕ244.5 套管采用悬挂器连接。

③ 2017 年 12 月 31 日，进行电法测井，起止深度为：1800.00~80.00m（自下而上）。

④ 2018 年 1 月 1 日通井。

⑤ 2018 年 1 月 2 日，下入过滤管、井壁管和泵室管，下入深度为 1798.76m（钻台面）。

⑥ 2018 年 1 月 3 日进行替清泥浆和洗井工作。

⑦ 2018 年 1 月 4 日进行抽水试验。

2.3.4 测井录井

（一）测井

每口井完钻后进行测井工作，测井深度误差控制在 5‰以内。

- 视电阻率与自然电位，比例尺 1：500。
- 自然伽马、补偿声速、双感应与八侧向 0.4m 电阻，比例尺 1：500。

● 井温测量：比例尺 1∶500。

● 工程测井：井斜与方位角，井斜小于 2°。

自然伽马、补偿声速、双感应与八侧向四项从 800m 开始测量，其他从井口开始。提交热储层及盖层岩性、厚度、孔隙度、渗透率、井温资料。

（二）录井

主要从钻时录井和泥浆录井两个方面进行：

（1）每班做一次密度、黏度、失水分析；做好井漏和水浸记录，在 800m 后每班做一次实际迟到时间测量，并做好记录。

（2）自开钻至 800m，每班应对漏失、泥浆温度进行记录一次；1000m 以下，每 4h 对泥浆温度记录一次。

2.3.5 井身结构

（一）4 口开采井的钻孔及套管结构

（1）地热井井径

一开：0~60m　　　　ϕ445mm

二开：60~310m　　　ϕ311mm

三开：310m~终孔　　ϕ244.5mm

（2）套管直径

1）表套 0~60m　　　ϕ377mm×6mm 螺纹钢管

2）泵室 0~300m　　　ϕ273.1mm×8.89mm 石油套管

3）成井套管 300m~终孔，ϕ177.8mm×8.05mm 石油套管

（二）开采井的钻井工艺

（1）第一次钻进选择在该深度的泥岩层，下表层套管并固井。安装防喷装置后，第二次钻进用 ϕ311mm 钻头钻达到变径深度后换钻头（ϕ244.5mm），继续钻进达到设计井深进行测井。据测井成果确定成井深度。每次钻进均应根据不同的地层岩性而确定钻头的类型，钻具配合和钻进机械参数 P（钻压）、N（转数）、Q（泵量）以及泥浆性能数据。

（2）固表层套管水泥浆返至地面，泵室管与成井套管采用铸造大小头联结。

（3）各规格套管必须使用石油钻井所用经液压检查的无缝钢管新管。固井应使用耐高温的专用水泥调好水泥浆密度，并达到设计的水泥上返高度。

（4）在完钻后将钻孔冲洗干净，为综合测井做好准备，根据测井成果最终确定成井深度。在下完井管（套、筛管）后充分洗井，洗净达到水清砂净为止，必要时采用高压压风机洗井。

（5）止水：开采井采用胶皮伞对井管外壁进行封闭止水，间距 50cm 一组，共 4 组。在上部 1000m 左右加一胶皮伞，防止上部冷水掺和，使水温降低。在滤水管中部加 1 组胶皮伞，起扶正滤水管的作用。

以上 4 口开采井分层取水，但都采用上述成井工艺，未进行全井段固井，主要采用自然坍塌的方式成井。

具体数据见表 2-13~表 2-16。

表 2-13　农高热 1 井数据

项目 类别		规格		长度/m
		外径/mm	壁厚/mm	
表层衬管		377.00	6.00	80
泵室管		273.05	8.89	299.60
变径管		273.05×8.89	177.8×8.05	0.2
井壁管		177.8	8.05	1672.23
滤水管	穿孔中心管	177.8	8.05	192.61
	不锈钢绕丝网套	192.00	—	
备注：变径管位置：298.32~298.52m。				

表 2-14　农高热 2 井数据

项目 类别		规格		长度/m
		外径/mm	壁厚/mm	
表层衬管		377.00	6.00	80
泵室管		273.05	8.89	301.79
变径管		273.05×8.89	177.8×8.05	0.2
井壁管		177.8	8.05	1310.33
滤水管	穿孔中心管	177.8	8.05	183.97
	不锈钢绕丝网套	192.00	—	
备注：变径管位置：301.79~301.97m。				

表 2-15　农高热 3 井

项目 类别		规格		长度/m
		外径/mm	壁厚/mm	
表层衬管		377.00	6.00	80
泵室管		273.05	8.89	300.59
变径管		273.05×8.89	177.8×8.05	0.2
井壁管		177.8	8.05	1690.56
滤水管	穿孔中心管	177.8	8.05	151.85
	不锈钢绕丝网套	192.00	—	
备注：变径管位置：300.59~300.79m。				

表 2-16　农高热 4 井

项目 类别		规格		长度/m
		外径/mm	壁厚/mm	
表层衬管		377.00	6.00	80
泵室管		273.05	8.89	299.92

表 2-16（续）

类别＼项目		规格 外径/mm	壁厚/mm	长度/m
变径管		273.05×8.89	177.8×8.05	0.25
井壁管		177.8	8.05	1320.4
滤水管	穿孔中心管	177.8	8.05	174.19
	不锈钢绕丝网套	192.00	—	
备注：变径管位置：299.92~300.17m。				

（三）4 口回灌井的钻孔及套管结构

（1）地热井井径

一开：0~400m　　　　　ϕ445mm

二开：400m~终孔　　　ϕ311mm

（2）套管直径

（1）表层套管 0~400m　ϕ339.7mm×9.65mm 石油钢管

（2）技术套管 400~终孔　ϕ244.5mm×8.94mm 石油套管

（四）回灌井的钻井工艺

（1）第一次钻进选择在该深度的泥岩层，下技术套管。安装防喷装置后，第二次钻进用 ϕ311mm 钻头钻到设计井深进行测井。据测井成果确定成井深度。每次钻进均应根据不同的地层岩性而确定钻头的类型，钻具配合和钻进机械参数 P（钻压）、N（转数）、Q（泵量）以及泥浆性能数据。

（2）泵室套管全井段固井，水泥返高返至地面，泵室管与成井套管采用悬挂器联结。

（3）各规格套管必须使用石油钻井所用经液压检查的无缝钢管新管。固井应使用耐高温的专用水泥调好水泥浆密度，并达到设计的水泥上返高度。

（4）在完钻后将钻孔冲洗干净，为综合测井做好准备，根据测井成果最终确定成井深度。在下完井管（套、筛管）后充分洗井，洗净达到水清砂净为止，必要时采用高压压风机洗井。

（5）止水：采用管外封+分级箍+盲板的形式对筛管以上全井段固井，水泥返高返至 370m，避免上部地层坍塌对回灌量造成影响。

具体数据见表 2-17~表 2-20。

表 2-17　农高热 1-1 井

类别＼项目		规格 外径/mm	壁厚/mm	长度/m
表层套管		339.70	9.65	379.84
技术套管		244.50	8.94	895.10
水层套管		244.50	8.94	653.09
滤水管	穿孔中心管	244.50	8.94	215.97
	不锈钢绕丝网套	260.00	—	
备注				

表 2-18　农高热 2-1 井

类别 \ 项目		规格 外径/mm	规格 壁厚/mm	长度/m
表层套管		339.70	9.65	399.84
技术套管		244.50	8.94	639.1
水层套管		244.50	8.94	615.21
滤水管	穿孔中心管	244.50	8.94	179.54
	不锈钢绕丝网套	260.00	—	
备注				

表 2-19　农高热 3-1 井

类别 \ 项目		规格 外径/mm	规格 壁厚/mm	长度/m
表层套管		339.70	9.65	370.15
技术套管		244.50	8.94	905.99
水层套管		244.50	8.94	750.15
滤水管	穿孔中心管	244.50	8.94	170.86
	不锈钢绕丝网套	260.00	—	
备注				

表 2-20　农高热 4-1 井

类别 \ 项目		规格 外径/mm	规格 壁厚/mm	长度/m
表层套管		339.70	9.65	399.89
技术套管		244.50	8.94	619.10
水层套管		244.50	8.94	627.48
滤水管	穿孔中心管	244.50	8.94	180.52
	不锈钢绕丝网套	260.00	—	
备注				

地热开采井井身结构如图 2-33 所示，地热回灌井井身结构如图 2-34 所示。

2.3.6　抽水试验

洗井用高压压风机洗井（25MPa 大型高压压风机风管混合器下深不小于 1200m）。若采用潜水泵洗井时，先将钻杆下入井底，用泥浆泵送清水进行换浆，把井内冲洗干净后，下入潜水泵。潜水泵下入 100~120m，进行反复洗井，至水清砂净。然后进行抽水试验工作。

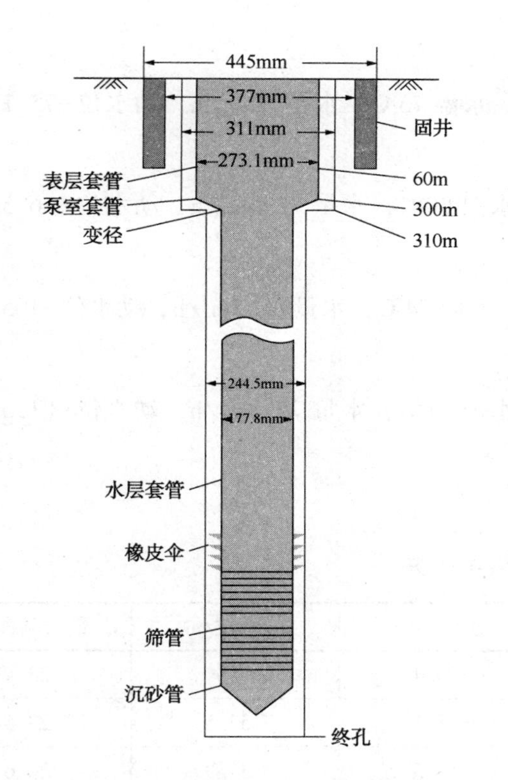

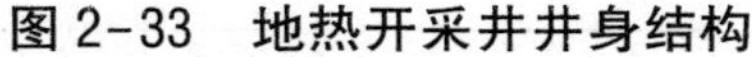

图 2-33　地热开采井井身结构

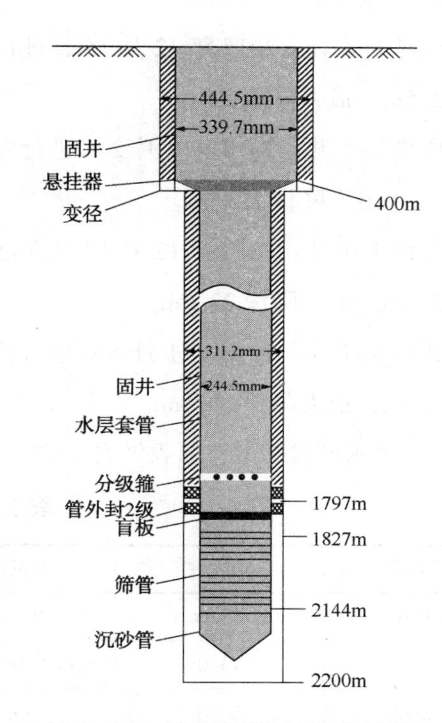

图 2-34　地热回灌井井身结构

抽水试验的目的在于查明热储层的渗透性能、富水性及热储温度，确定资源计算参数，为地热资源评价和开发提供依据，也是本井验收的主要依据。抽水试验采用潜水泵进行。其具体要求：

（1）按稳定流规程进行，设计 3 个降深，最大降深值按抽水设备能力确定，小降深值宜为最大降深值的 1/2 左右。其中有一次降深接近 20m。

（2）井流试验 3 次降深的稳定时间从大到小分别为 24h、16h 及 8h。在稳定延续时间内，涌水量和动水位与时间关系曲线在一定范围内波动，而且不得有持续上升或下降趋势。

（3）若自流时，进行放水试验，实测水头与自流量。

（4）对抽水水位及流量的观测和第一次水位恢复时的水位观测间隔按非稳定流要求进行，增加对其的观测密度。

（5）水温、气温同步观测，每隔 2h 一次，读数应准确到 0. 5℃，观测时间应与水位观测相对应。

（6）恢复水位的观测，在大降深抽水停泵后立即进行，观测时间间隔按非稳定流抽水试验前期观测间隔。

（7）其他要求按稳定流抽水试验规程进行。

农高热 1 井：2014 年 5 月 12 日进行验收工作，水温 75℃，水量 69. 286m^3/h，动水位-79. 4m，静水位-56m，最大降深 23. 4m。

农高热 2 井：2014 年 5 月 17 日进行验收工作，水温 60℃，水量 73. 2m^3/h，动水位-58. 5m，静水位-37. 9m，最大降深 20. 6m。

农高热 3 井：2014 年 6 月 21 日进行验收工作，水温 75℃，水量 84. 6m^3/h，动水位-114m，静水位-88. 7m，最大降深 25. 3m。

农高热 4 井：2014 年 5 月 26 日进行验收工作，水温 61℃，水量 75. 1m^3/h，动水位-63. 2m，静水位-42.0m，最大降深21.2m。

农高热1-1井：2017年12月15日进行验收工作，水温73℃，水量70m³/h，动水位-75.1m，静水位-52.5m，最大降深22.6m。

农高热2-1井：2018年2月2日进行验收工作，水温60℃，水量71.6m³/h，动水位-76.5m，静水位-54m，最大降深22.5m。

农高热3-1井：2017年12月19日进行验收工作，水温74℃，水量81.5m³/h，动水位-105m，静水位-82.5m，最大降深22.5m。

农高热4-1井：2018年1月4日进行验收工作，水温61℃，水量75.3m³/h，动水位-81.3m，静水位-61.2m，最大降深20.1m。

8口井抽水试验参数对照表见表2-21。

表2-21　农高热4-1井

井号项目	水温/℃	水量/m³	动水位/m	静水位/m	最大降深/m
热1井	75.0	69.3	-79.4	-56	23.4
热1-1井	73.0	70.0	-75.1	-52.5	22.6
热2井	60.0	73.2	-58.5	-37.9	20.6
热2-1井	60.0	71.6	-76.5	-54	22.5
热3井	75.0	84.6	-114	-88.7	25.3
热3-1井	74.0	81.5	-105	-82.5	22.5
热4井	61	75.1	-63.2	-42.0	21.2
热4-1井	61	75.3	-81.3	-61.2	20.1

2.4　地面工程

包括用热对象简介、系统流程、供热站建设方案、主要设备型号参数、自控方案、地热尾水处理方案。

2.4.1　热对象简介

该项目位于东营市境内，武家大沟以南，青垦路以东，新海路以西。建筑用途为住宅楼，建筑结构为框架结构，节能保温建筑。室内散热方式均为地板辐射采暖，建设三座能源站，深层地热井8口，回灌采用一抽一回。能源站首先利用板式换热器换出部分热量，然后再利用高温热泵机组进一步提取地热尾水中的热量，加热室内循环热水45/38℃提供到用户，确保冬季室内温度不低于18℃，低温尾水经过粗效、精效过滤后注入回灌井。

项目建筑面积：规划总供暖面积448100m²，其中一号机房承担规划A区建筑供暖需求，一期126800m²，二期3800m²，合计130600m²。二号机房承担规划B、D区建筑供暖需求，一期138100m²，二期88300m²，合计226400m²。三号机房承担规划C区建筑供暖需求，一期65000m²，二期26100m²，合计91100m²。

2.4.2 系统流程

该项目为深水源梯级利用工程，热源系统由地热深水井和热泵机组构成。采用深井地热水能量梯级利用的方式，再通过换热为小区用户冬季供暖提供45/38℃循环热水。具体为一级换热是将40~75℃深井地热水，通过板式换热器把经软化处理的末端循环水提热至45℃热水为小区直接供暖；二级换热是将一级换热后的20~40℃深井地热水，通过板式换热器再次提热为热泵机组提供热源，热泵机组将经软化处理的末端循环水提热至45℃热水为小区供暖。低温尾水经过粗效、精效过滤后加压注入回灌井完成回灌。在负荷使用较大的时段，热泵机组根据负荷变化投入运行，且对系统回水温度灵活调节。确保深井尾水排放温度达标（不超过30℃），最大限度地节省运行费用、并减少深井水开采量和对电网的冲击。

2.4.3 供热站建设方案

该项目规划建设共计3个供热机房。

（1）一号机房为A区供暖：机房建筑长35.85m、宽12.2m，建筑内设有1间值班室，4间配电室。机房内设备包括热泵机组、一级板式换热器、二级板式换热器、潜水泵、末端循环水泵、内循环水泵、热源加压泵、空调稳压补水器、软化水箱、高压气液分离器、水处理装置、系统过滤装置。设计地热井1口开采井，1口回灌井。

机房内设备如下：

热泵机组：采用1台高效率的双螺杆式机组。

一级板式换热器：2台，一用一备，不等截面型钛板板式换热器，要求两侧流道的流速基本相等。

二级板式换热器：1台，不等截面型钛板板式换热器，要求两侧流道的流速基本相等。

潜水泵：1台，采用变频控制。

末端循环水泵：3台，2台运行，两用一备，变频控制。

内循环水泵：2台，一用一备。

热源加压泵：1台。

回灌一级加压泵：2台，一用一备，变频控制。

回灌二级加压泵：2台，一用一备，变频控制。

高压气液分离器：1台。

软化水箱：1个，装配式不锈钢。

系统过滤：采用反冲式过滤器1台、旋流除砂器1台，全自动过滤机1套（配套控制柜、空调机、储气罐）。

（2）二号机房为B、D区供暖：机房建筑长39.25m、宽12.25m，建筑内设有1间值班室，4间配电室。机房内设备包括热泵机组、一级板式换热器、二级板式换热器、潜水泵、末端循环水泵、内循环水泵、热源加压泵、空调稳压补水器、软化水箱、高压气液分离器、水处理装置、系统过滤装置。设计地热井2口开采井，2口回灌井。

机房内设备如下：

一级板式换热器：4台，两用两备，不等截面型钛板板式换热器，要求两侧流道的流速基本相等。

潜水泵：2 台，采用变频控制。

末端循环水泵：3 台，2 台运行，两用一备，变频控制。

热源加压泵：2 台。

回灌一级加压泵：3 台，两用一备，变频控制。

回灌二级加压泵：3 台，两用一备，变频控制。

高压气液分离器：2 台。

软化水箱：1 个，装配式不锈钢。

系统过滤：采用反冲式过滤器 1 台、旋流除砂器 2 台，全自动过滤机 1 套（配套控制柜、空调机、储气罐），粗效过滤器 1 套，精密过滤器 1 套。

（3）三号机房为 C 区供暖：机房建筑长 38.2m、宽 12.2m，建筑内设有 1 间值班室，2 间配电室，1 间卫生间。其中卫生间并配套工具室和管理用房。机房内设备包括热泵机组、一级板式换热器、二级板式换热器、潜水泵、末端循环水泵、内循环水泵、热源加压泵、空调稳压补水器、软化水箱、高压气液分离器、水处理装置、系统过滤装置。设计地热井 1 口开采井，1 口回灌井。

机房内设备如下：

一级板式换热器：2 台，一用一备，不等截面型钛板板式换热器，要求两侧流道的流速基本相等。

潜水泵：1 台，采用变频控制。

末端循环水泵：2 台，1 台运行，一用一备，变频控制。

热源加压泵：1 台。

回灌一级加压泵：2 台，一用一备，变频控制。

回灌二级加压泵：2 台，一用一备，变频控制。

高压气液分离器：1 台。

软化水箱：1 个，装配式不锈钢。

系统过滤：采用反冲式过滤器 1 台、旋流除砂器 1 台，全自动过滤机 1 套（配套控制柜、空调机、储气罐）。

2.4.4 自控方案

该项目根据预先的规划设计，按负荷大小变化自动控制的原则，控制热泵机组及内循环水泵的启停、一级和二级换热器之间阀门的启闭，以及对回灌加压泵供电频率的调节。如果有需要，还可以对循环管道上面设置的蝶阀进行控制，同水泵进行联动。控制系统监测热泵机组集水器和分水器的出水和回水温度。控制系统通过分析供回水温度变化与时间变化的趋势，来判断当前系统既有供热量能否满足采暖区域内用户对冬季采暖热负荷的最低需求，从而根据负荷的变化进行热泵机组的启停，最终实现供暖系统的自适应调节（见表 2-22）。

地源热泵空调自控系统控制柜与现场传感器的导线敷设应按照现场情况沿墙、顶棚暗敷或明敷，各控制柜应安装在远离蒸汽及水源的地方，传感器和执行器所需要的 24VAC/DC 控制柜系统所用模拟信号线选用 RVVP2 * 1.0，数字信号线选用 RVV2 * 1.0，地下室与屋顶厚壁焊接钢管，如果管内穿线长度超过 30m 时加装接线盒，使用金属软管连接传感器，如金属软管长度大于 2m，需先穿金属硬管再穿金属软管保护。

表 2-22 自控方案

监控内容	控制方法
负荷需求计算	根据供、回水温度和回水流量测量值，自动计算建筑采暖实际所需热负荷量
机组启停控制	根据建筑所需热负荷自动调整热泵机组运行台数，以达到节能目的。在供回水总管或者集水器、分水器上设置浸没式液体温度传感器，在回水总管上面设置液体流量计。 根据 $Q=C\times M\times(T_1-T_2)$ T_1 为回水总管温度，T_2 为供水总管温度，M 为回水管总管流量。 根据以上公式计算出实际的需热量，将计算结果与系统设计冬季采暖热负荷相比较。当热机房负荷超过该区机房一级可提供热量时，则热泵机组运行
机组联锁控制	启动：一、二级板式换热器联通干管蝶阀开启，热泵机组蝶阀开启，二级板式换热器蝶阀开启，回灌一、二级加压泵变频调节，开内循环水泵，开热泵机组。 停止：停热泵机组，关内循环水泵，回灌一、二级加压泵变频调节，二级板式换热器蝶阀关闭，热泵机组蝶阀关闭，一、二级板式换热器联通干管蝶阀关闭
水泵保护控制	水泵启动后，水流开关检测水流状态，如故障则自动停机。水泵运行时如发生故障，备用泵自动投入运行。另外，如果水泵发生故障，软件界面将进行提示，对所有报警信息进行自动存档，同时历史数据可提供查询
机组定时启停控制	根据事先排定的冬季采暖时间表，定时启停机房设备。自动统计机房内各水泵的累计工作时间，提示定时维修，开列保养及维修报告
机组运行状态	监测系统内各机组的工作状态，自动显示，定时将数据联网上传至有关部门，且故障时自动报警

系统接地与建筑综合接地装置相连，接地电阻不大于1Ω。按《建筑电气安装工程图集》《智能建筑弱电工程设计施工图集》及设备说明书的有关规定进行施工，所有弱电系统控制器、子站箱、弱电线槽等外壳保护接地按强电设计要求执行。

2.4.5 地热尾水处理方案

采用一抽一回、同层回灌的设计思路，保证抽水井与回灌井之间的间距在300m左右，共打回灌井4口。地热井设计原则：①距离采水井相对较近；②热储层连通砂体厚度较大；③避开附近的断层；④与采水井位于同一断块内；⑤综合考虑回灌对热储层温度和压力的影响。

地热尾水回灌的原理是对经过利用（降低了温度）的地热流体，通过对井循环开采技术、水质处理技术和注水—洗井技术，在一定压差的作用下，使其重新注回热储层内，保持热储压力、充分利用能源和减少地热流体直接排放。

工艺流程首先是地热井水经潜水泵提至地面，经过高压水气分离器，分离出地热水中的水溶气后，进入机房换热系统，经过板式换热器换热后温度降低，后通过过滤系统，对水质进行过滤处理，最后经井口密封装置注入回灌井内，实现地热尾水的自然回灌。

对新增加的4口回灌井，我们根据模拟回灌技术资料，首先进行了以下五个方面的严密论证。一是对孔隙型回灌井进行井位、井温、水质等状况调查。二是热储层特征分析，平面上利用项目区域内油井和地热井数据，对热储层的分布范围、沉积厚度进行分析，结合沉积环境特征和项目区域主要断裂构造的位置，标定合适的回灌井位置。三是以开采井的水量、水温不发生变化为限制条件，模拟不同采灌井距、采灌井比例、同层回灌、异层回灌的动态数据。四是应用地球物理测试手段和测井方法，对热储层物理参数测试分析，根据测试结果选取回灌层段，保证回灌井施工合理科学。五是对地热水水质全面分析，对其腐蚀性和结垢性、悬浮物颗粒物等进行评价，对多种地热水进行配伍试验，根据评价及试验结果，制定有效的地热回灌措施，避免盲目回灌。

在周密论证的基础上，我们采取了以下回灌措施：一是创新成井工艺。结合常用的小井眼自然坍塌成井、全井段水泥固井成井、大井眼投砾石成井、热储层裸眼成井等四种成井工艺的优点，根据不同的地质条件和模拟试验相关结果，重新设计 4 口地热回灌井的井身结构。二是加装井口密封装置，目的既是防止井口瞬时产生负压吸入空气，避免井管腐蚀和产生沉淀堵塞岩层通道，又可实现地热尾水回灌、洗井、回灌管线冲洗等多个功能。三是精心设计过滤系统。我们联合研发了过滤效果可靠的 ZL 系列过滤机，过滤精度高达 0.1μm，可以有效避免回灌中的气体堵塞，减缓回灌量衰减速度，提高回灌率。四是使用自动化检测设备，集成尾水温度、管线压力、瞬时流量、累计流量等多个数据自动记录并远传，精确掌握回灌数据；同时加装压力变送器等配件，避免因为管线压力的突变造成设备运行出现故障。

2.5 应用效果

包括但不限于供暖质量、回灌效果等开发利用效果。

2.5.1 供暖质量

农高区南郊花园地热井供暖项目一号站从 2014 年的 11 月 15 日开始至 2019 年的 2 月 17 日止，共计运行五个供暖季，二级网侧最低供水温度 42℃，最高供水温度 46℃，最低回水温度 36℃，最高回水温度 40℃，平均供水温度 44℃，平均回水温度 38℃，热管网所涵盖热用户家中平均室温 21.5℃。

二号站（东机房）从 2014 年的 11 月 15 日开始至 2019 年的 2 月 17 日止，共计运行五个供暖季，二级网最低供水温度 41℃，最高供水温度 47℃，最低回水温度 35℃，最高回水温度 41℃，二级网平均供水温度 44℃，平均回水温度 38℃，热管网所涵盖热用户家中平均室温 21℃。

三号站（南机房）从 2014 年的 11 月 15 日开始至 2019 年的 2 月 17 日止，共计运行五个供暖季，二级网侧最低供水温度 44℃，最高供水温度 48℃，最低回水温度 40℃，最高回水温度 44℃，二级网平均供水温度 46℃，平均回水温度 42℃，热管网所涵盖热用户家中平均室温 22.5℃

综上所述，农高区南郊花园运行状况良好，各项参数符合供暖运行要求。根据山东省集中供热管理条例：供暖期内，在用户房屋正常保温条件达标的情况下，室内温度应保证在 18℃+2℃，南郊花园 3 个供热站均满足供热条例要求，所以农高区南郊花园供热站供暖质量良好。

2.5.2 回灌效果

截至 2019 年 2 月 17 日，南郊花园 3 个机房回灌量数据见表 2-23。

表 2-23　南郊花园回灌数据

序号	开始时间	结束时间	回灌总量/m^3
东机房	2018. 1. 5	2019. 2. 17	320746
南机房	2018. 1. 11	2019. 2. 17	253869
北机房	2018. 1. 8	2019. 2. 17	266390

以农高区南郊花园采水井 1 井与回灌 1-1 井为例，两井成井深度都为 2200m，1 井筛管位置在 1830~2139m，1-1 井筛管位置为 1827~2144m，取水层位都为东营组和沙河街组一段，水化学类型同为 Cl-Na. Ca 型。在开采总量基本相同的情况下，1 井 2015 年采暖季结束水位降深约为 13m，2016 年采暖季结束后水位降深约为 18m，自 2018 年 1 月 5 日开始回灌，截至 3 月 15 日累计回灌量为 102504m^3，平均回灌量 70. 02m^3/h，瞬时流量为 55m^3/h（外界温度高，水量小），管线温度 44. 2℃，管线压力为 0MPa，水位降深约为 3m，说明 1-1 井回灌有效遏制了 1 井水位降深的速度，起到了良好的回灌效果。

2. 5. 3　流量对比

两个运行年度各井取水量与回灌量对比图如图 2-35~图 2-40 所示。

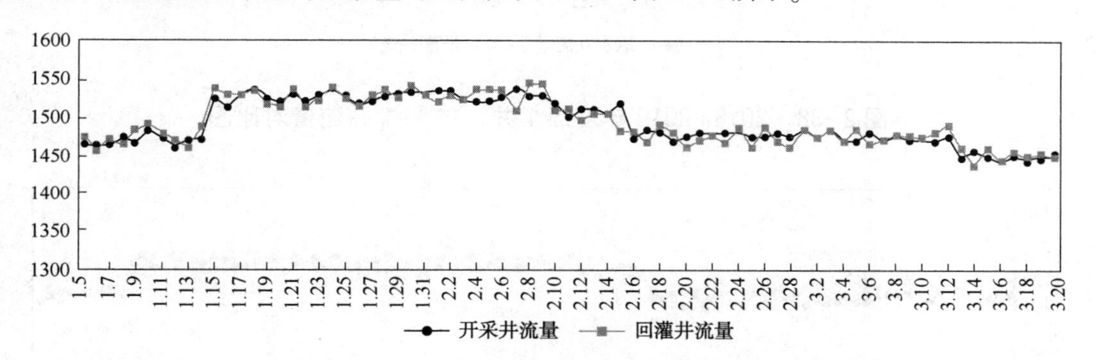

图 2-35　2017~2018 年度热 1 井、热 1-1 井流量对比图

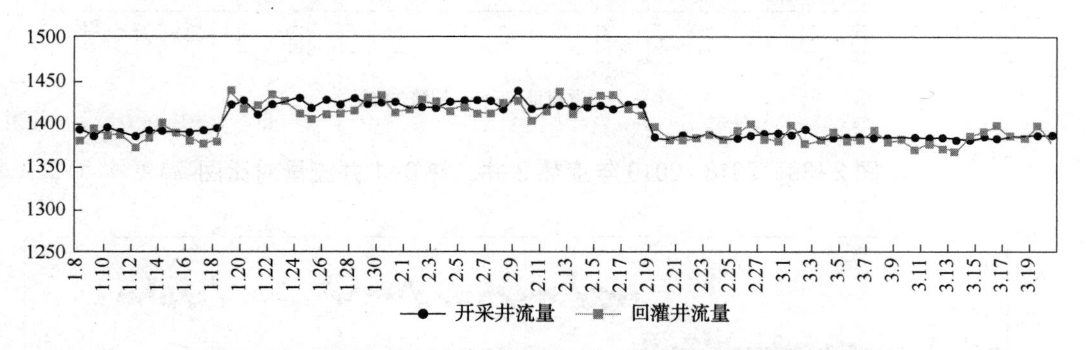

图 2-36　2017~2018 年度热 3 井、热 3-1 井流量对比图

通过对 2 个供暖季 3 个机房运行记录表的数据整理，开采井流量与回灌量对比折线图如上图所示，通过对比图可以看出，开采井流量与回灌井流量走势基本相同，气温较高时，均为低值，气温较低时，流量均有同等幅度的增加，表明回灌量随开采量的变化而变化。流量数据的差值（同日取水量与回灌量差值绝对值）历史最高为 30m^3/d，合 1. 25m^3/h，差值波动范围集中在 2~18m^3/d，折合至每小时的差值可以忽略不计，综合考虑系统内部消耗、仪表显示误差等不可抗因素，可以认为，已经实现了地热尾水的 100%回灌。

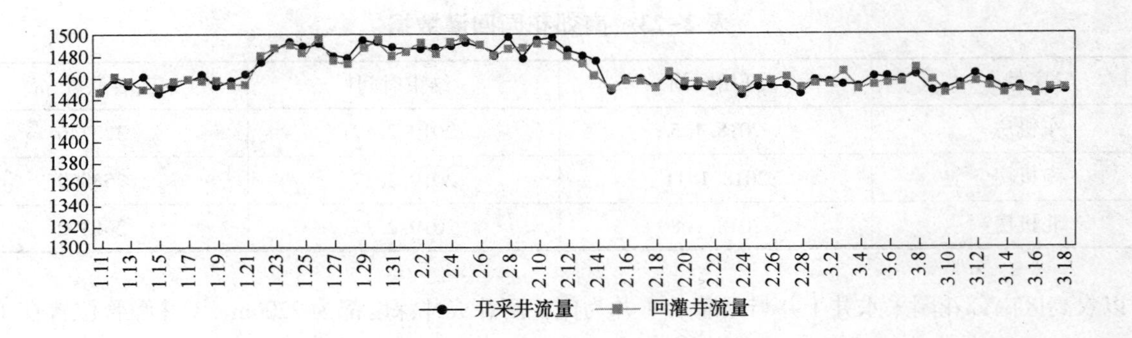

图 2-37　2017~2018 年度热 4 井、热 4-1 井流量对比图

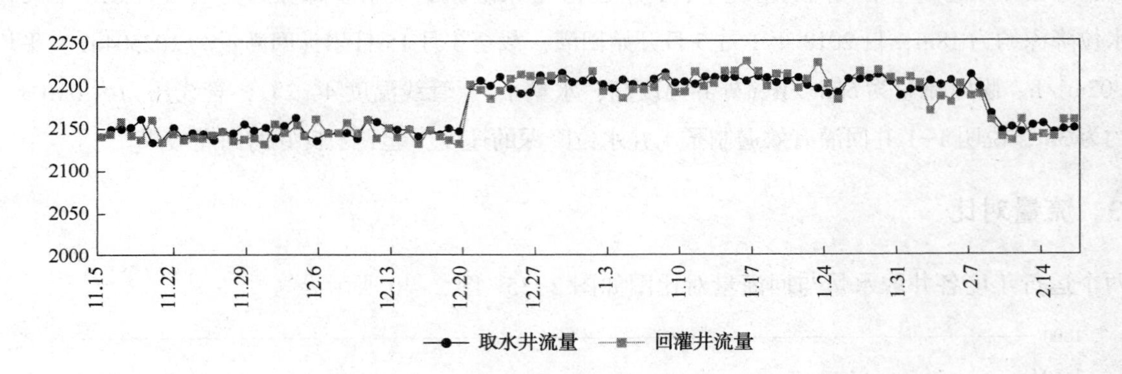

图 2-38　2018~2019 年度热 1 井、热 1-1 井流量对比图

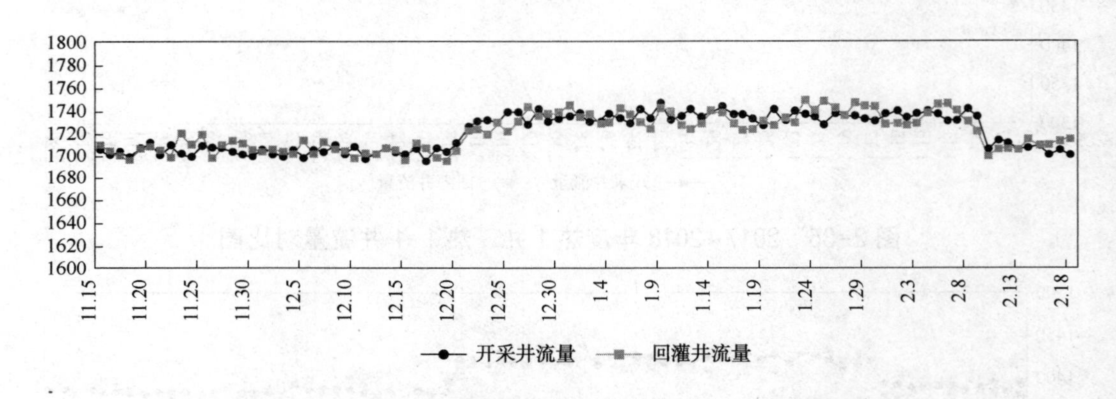

图 2-39　2018~2019 年度热 3 井、热 3-1 井流量对比图

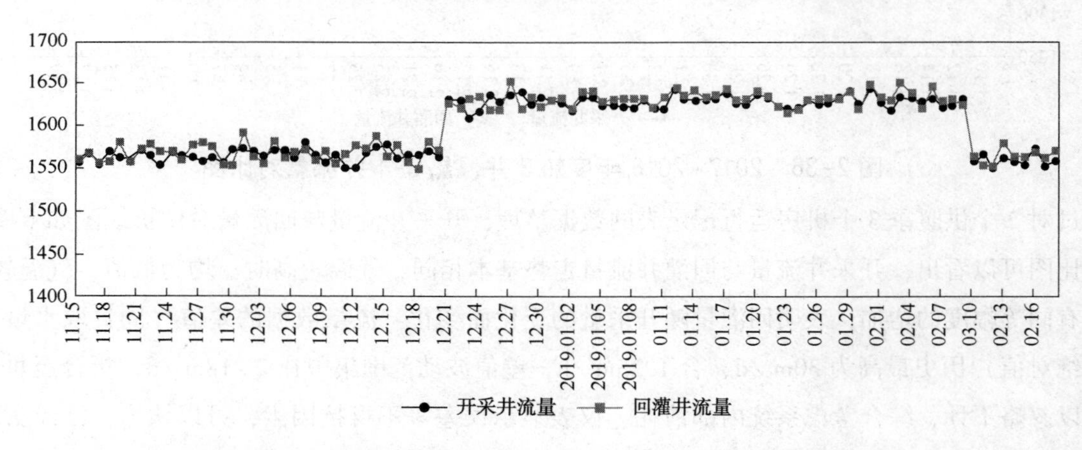

图 2-40　2018~2019 年度热 4 井、热 4-1 井流量对比图

通过此次试验，海利丰公司获得了一系列经验。一是根据不同水质、水量设计合理的地面回灌配套工艺可以有效提高地热井回灌效果；二是合理的回灌运行操作规程可以保证回灌的可持续性，实际运行过程中应严格执行，确保地热回灌的可灌性和连续性；三是根据不同的地质参数设计合理的采灌井距，实现对井循环开采回灌，注水—洗井交替进行，是实现自然回灌的重要手段；四是应对回灌流体进入储层后发生的水岩作用和与储层流体的物化作用等方面进行监测，对回灌产生的地质环境影响（热储温度场、压力场和化学场）进行深入分析研究。五是回灌系统运行费用较低，具有广阔的开发利用前景。

3　西藏当雄县羊易地热发电项目

3.1　项目概况

西藏自治区面积 122 万 km^2，平均海拔在 4000m 以上，有着独特的自然生态和地理环境，素有“世界屋脊”和“地球第三极”之称。西藏羊易地热发电项目位于西藏自治区拉萨市当雄县格达乡南部的羊易村。项目规划建设 2 套 16MW 地热发电机组，分期建设，一期已建成 1 套 16MW 地热发电机组（见图 2-41）。羊易地热田经全国矿产储量委员会批准可作为电厂建设规划容量依据的可开采汽、水总量为 1379t/h，总装机容量为 30MW。

该项目被能源行业标准化地热能专业标准化技术委员会评为 2019 年度地热能开发利用标准化示范项目。

图 2-41　羊易地热发电机组

3.2　地热地质构造和热储特征

3.2.1　区域地质条件

作为“世界屋脊”主体的西藏高原，是地球上形成时代最晚、面积最大的高原。在漫长的地质历史中，这一地区发生过多次大规模的构造运动，特别是中生代以来，更有着沧海桑田的变化。

在第三纪及其以前，西藏高原最引人注目的构造格局是一系列以压性为主的东西向构造带，其最大主压应力方向为近南北向，最大引张方向近东西向。第四纪开始，应力场的特征基本不变，而高原的地壳发展却进入了一个崭新的阶段。随着西藏高原的大幅度急剧抬升，形成了一系列近南北方向分布的张性、张扭性和扭性为主的活动构造带。

当雄—羊八井—多庆错活动构造带就是其中最典型的一条活动构造带。主要表现为一系列呈“串珠”状展布的新生代断陷盆地，南、北两段的走向近南北，中段呈北东向（见图2-42）。盆地中分布有许多强烈的水热活动显示区，由北到南主要有罗马、脱玛、谷露、董翁、当雄、曲才、拉多岗、羊八井、嘎日桥、吉达果、羊易、续迈等，因而该活动构造带也是一个总体近南北方向延伸的地热异常地带。南段的羊八井—羊易断陷盆地即是其中一个最重要的热水活动区，羊易地热田发育在该盆地南端的一个子盆地—羊易盆地中。

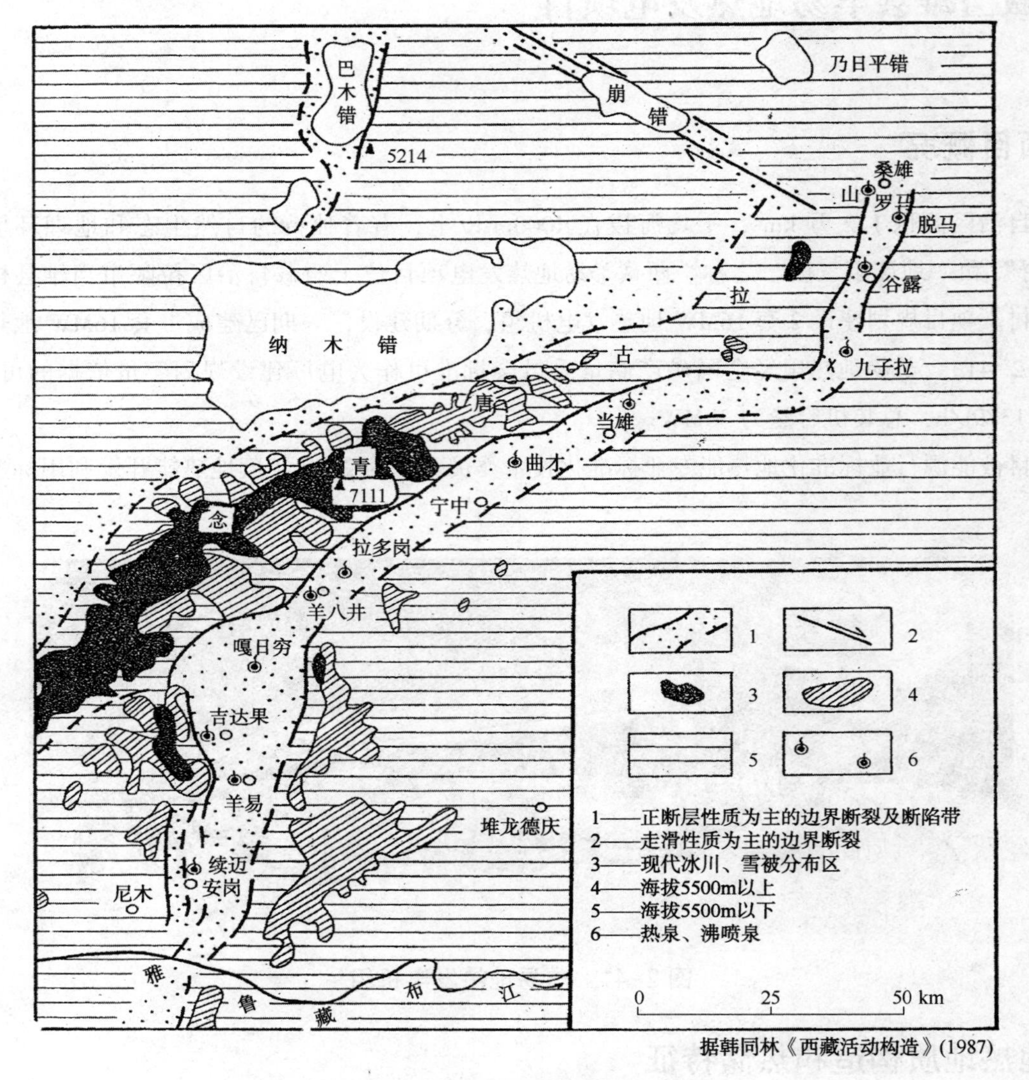

据韩同林《西藏活动构造》(1987)

图2-42 区域构造示意图

这一地热异常带的发展、演化过程大致如下：

第三纪早期，这一地区的地层和构造发育情况较为复杂，南、北各有不同的隆起和沉积历史，到早始新世末期，则全部进入隆升阶段。中新世后再次发生构造变动，断裂活动明显。第四纪以来，则转为整体抬升背景下的差异升降运动。此期运动造就了西藏高原现代地貌景观。更新世时期，由于南、北向构造应力的强烈挤压，西藏高原开始大幅度隆升，在隆升过程中，该活动构造带的边界断裂形成。

中更新世时期，随着高原隆升的幅度和速度的加大和加快，构造分异作用日益加剧。边界断裂强烈活动，活动构造带中的隆起带不带抬升，断陷带大幅度沉降，堆积了巨厚的松散沉积物，从而形成了多个南北向或北东向展布的断陷盆地。全新世以来，随着南北向压力的再次加强，构造活动更加突出，导致了沿边界断裂带的地震活动频繁发生。与此同时，地热活动在构造带中亦十分活跃，尤其是在几组不同方向断裂的交切部位，地热活动更为强烈。

在这一过程中，特别是第三纪后期，该活动构造带上，曾发生过多期岩浆的入侵和喷发。

区域内主要出露中、新生代地层。中生界仅发育白垩系，新生界由四系组成且分布广泛。

中生界区内分布广泛。

第三系主要分布于吉达果盆地东部及羊易地区：

（1）始—渐新统错翁果组（$E_{2-3}c$）

由灰紫色、灰白色、浅黄色等杂色火山岩及火山碎屑岩组成。主要岩石为英安岩、安山凝灰质砂砾岩、安山角砾岩等度厚度大于800m。岩石同位素年龄45.1~28.2Ma。

（2）中新统恰改拉组（N_2q）

分布于羊易以西，构成地垒构造，为一套火山喷出岩，主要为英安岩，安山岩和粗面岩、晶屑凝灰岩、火山角砾岩（集块岩）等。厚度521.50m，岩石同位素年龄21.4~11Ma。

（3）上更新统夏息果组（N_2x）

零星分布于夏息果，雪古曲沟口以北。

下部为灰白、浅紫灰色砾岩，中厚层状。砾石成分为粗安岩，凝灰岩，花岗岩、花岗斑岩及硅质岩等。分选及磨圆均较好，胶结松散，为河、湖相沉积。具高岭土化。

上部为灰、灰绿、深灰色泥页岩及砂质、灰质泥页岩，薄层一页片状。湖相沉积，含鱼骨化石碎屑和炭化植物碎片。

区内第四系较发育，主要分布于盆地内侧及山前盆地，早期以湖相黏土，冰迹、冰水堆积为主，晚期以洪积、冲积和沼泽堆积为主：

（1）下更新统特穷曲下组（Qt）

出露于吉达果东特穷曲、特古曲及羊易以西地带。

下部为灰、灰白色、浅黄色黏土（岩）夹铁质粉砂岩条带，含未炭化的植物碎屑，上部为黄、黄褐色松散砂砾层、砾质砂层，厚度361.47m。

（2）中更新统特穷曲上组（Q_2f）

主要分布于怕扎错以北。

由冰水砂砾、含砾砂、砂、亚砂土及球碛砾石、卵石、泥砾等组成。泥层、砂层一般呈透镜状。厚度257~50m。

（3）上更新统硫磺沟组（Q_3）

主要分布于盆地两侧山前地带。

为一套灰、灰黄色冰碛泥砾，砾石、卵石、漂砾及冰水相沉积的松散堆积物—砾石成分以花岗岩为主，次为安山岩，厚度126.32m。

（4）全新统（Q_4）

分布于现代河床、盆地中。

主要为冲积、冲洪积、沼泽及泉华堆积的砂砾石、亚砂土、亚黏土等，局部地夹泥炭层。恰拉改曲亚黏土层中含孢粉，以草本植物为主。地层厚度小于 50m。

羊易地垒区块位于当雄—羊八井—多庆错活动构造带中段羊八井—羊易断陷盆地中的次一级地垒构造。区内构造以断裂为主，褶皱次之。

唐山北缘断裂在本区的延伸部分与雪古曲—冲崩断裂构成了羊易、吉达果断陷盆地的东西边界断裂。它们控制着断陷盆地的形成和发展，并控制着水热活动的分布和规模：

（1）褶皱构造

秧惹果背斜：由始—渐新统的凝灰质砂砾岩、安山质砂砾岩和砂岩组成。轴部为安山岩，轴向为 115°～120°。南翼产状为 155°∠54°，北翼产状 20°∠62°两翼基本对称。

（2）断裂构造及断裂活动

1）唐山北缘断裂

构成羊易、吉达果断陷盆地的东部边界，为一倾向西的正断层。在区内见有发育完整的断层三角面及相应的地貌景观。

2）雪古曲—冲崩断裂

北起雪古曲沟口，经特努曲、山爷岭、冲崩，向南延伸到尼木，长达六十余公里，为一走向南北，倾向 80°左右，倾角一般为 50°的正断层。断裂带宽约 60m。沿断裂带发育有断层三角面，可见角岩化和平直擦痕。

在吉达果西打尔子山麓，沿断裂带上分布有热泉、温泉、泉华及热水沼泽等地热显示，面积约 0.15km^2。

该断裂的继承性活动非常明显。在吉达果地热显示区，断裂西盘花岗岩上的泉华胶结砂砾岩，已高出现代泉华 30m 左右。

3）羊易西近南北向断裂和北东向、北西向断裂组

这几组断裂是在边界断裂控制下产生的次级断裂，构成了羊易地垒构造。主要发育在中新世地层中，均为正断层，属张性断裂。断层产状不一，但倾角均较陡，一般在 60°以上。其中南北向断裂的形成时代早于北东、北西向断裂。

其活动具有继承性和新生性。它控制着羊易地热田的形成和发展，水热活动分布于改断裂系统中。特别是在北东向断裂与南北向断裂交汇处，水热显示尤为强烈。显示类型有沸泉（沸喷泉）、热泉、冒汽地面、冒汽孔、泉华、水热蚀变等。有一半以上的泉点水温超过当地沸点（86℃）。钻孔揭露的地下热水温度可达 207.16℃。水化学类型以 HCO_3-Na 型为主。

本区晚近地质时期，构造活动极为强烈。水热活动在空间上的展布规律及演化进程均与构造活动息息相关。水热活动的强度随着构造活动的变化而变化。新构造是水热活动的必要条件。无论是对岩浆熔融体的向上侵位、喷出，还是对水热流体的对流循环，都起着通道的功能，水热活动既是新构造强烈活动的产物，也是新构造活动的一种重要表现。

同时，在本区的第四纪沉积物中，存在着 4 个不整合面。在新百万短暂的地质历史进程中，发育如此多的不整合面，充分说明本区在第四纪以来的抬升过程中，地壳运动（新构造运动）仍十分强烈，同时也说明新构造运动具有多期性和阶段性。如罗朗曲两侧河流阶地、卜杰母曲沟口泉华中的张裂缝、泉华抬升后形成的陡坎、瀑布、恰拉改曲崖壁上垂直裂缝中的古泉华等，都说明羊易热田在挽

近时期仍处于持续差异升降过程中。

3.2.2 羊易地热田地质条件

（1）地温场特征

羊易地热田所在的羊易盆地大致北起恰拉改曲与罗朗曲交汇处以北（火山岩地垒北端），南到纳木错分水岭，东西以第四系地层与基岩分界线为界，为一受南北向断裂控制的断陷盆地。盆地地表主要为第四系沉积，在其中西部有火山岩出露。羊易地热田即位于中部火山岩地垒北段。

根据热田样品中各点的 SiO_2 数据，应用 SiO_2 温标公式进行计算，结果见表 2-24。应当注意的是，蒸汽损失公式是在标准大气压下得出的，在此高海拔地区据之算得的温度要稍微偏高一些。

表 2-24　SiO_2 温标计算结果

采样地点	SiO_2		加权平均值	采样地点	SiO_2		加权平均值
	公式 a	公式 b			公式 a	公式 b	
Q6	170.52	160.42	165.47	ZK204	183.12	170.72	176.92
Q8	166.67	157.25	163.53	ZK301	210.01	192.4	201.21
Q5	179.27	167.58	173.43	ZK203	205.49		205.49
Q4	208.59	191.26	194.73	CHK4	170.66		170.66
Q7	194.95		194.94	ZK206	181.14	169.11	177.13
ZK101	163.72		163.72	Q502	159.77		159.77
ZK302	168.26		168.26	Q572	125.1		125.1
ZK401	177.36	166.03	171.7	ZK207	189.99	176.3	183.15
ZK200	208.59	191.26	199..93	ZK208	221.79		221.79
ZK501	208.59	191.26	202.81	ZK402	150.76		150.76

（2）影响地温场的主要因素

地温场的平面分布与基岩埋深、岩浆活动、地质构造和水文地质条件等因素有关，一般沿断裂构造和基岩凸起区地温梯度值较高，凹陷区地温梯度值较低。地温场的垂向分布与地层岩性、盖层发育情况密切相关，宏观上，结构松散的新生界地层的地温梯度高于结构致密的基岩地层；局部分析，砂砾岩层的地温梯度小于岩浆岩地层。羊易地热田属于构造裂隙储热，盖层由蚀变强烈的火山熔岩组成；热储层为喜山期花岗岩，热源可能为深部的岩浆熔融体。

1）岩性

当岩性均一时，地温随着深度的增加而升高，地温梯度大致不变。地温梯度的变化由岩性、岩石热导率的大小而定，基岩结构比较致密，热导率较大，因而地温梯度值较小，相反松散岩层，岩石热导率较小，其地温梯度值则较大。本区喜山期花岗岩热储较第四系沙砾层致密，其地温梯度略大一些。

2）盖层

盖层起着隔热保温的作用，盖层的特征（导热性、厚度）关系到来自地下深部的热能能否得以保存。传导型地热田，在盖层厚度适当的范围内，盖层越薄，新生界地温梯度越大。

羊易地热田改成为花岗岩顶部蚀变强烈的火山熔岩，其强烈的蚀变而导致的结构和构造上的变化，起到了非常好的保温隔热这作用。

3.2.3 热储层特征

（1）储层岩石学特征

羊易热田共有两类岩浆岩：一类是喜山早期酸性侵入岩，另一类是喜山晚期中性喷出岩。其中喜山早期酸性侵入岩是羊易热田的热储层。

喜山早期酸性侵入岩主要为花岗斑岩和斑状花岗岩，局部地段还见有黑云母二长花岗岩（ZK207、ZK301孔）、二云母二长花岗岩、角闪黑云石英二长岩、微晶闪长岩（ZK503孔）及伟晶花岗岩（ZK501孔）等。

1）斑状花岗岩（γ_6^1）

呈岩株或岩基状产出，其上被中新统火山岩或上新统和下更新统碎屑岩不整合覆盖。埋深东部断陷带499.5~686.5m；西部隆起带50~377.5m，且由北向南有倾伏之势。同位素年龄58.5~67.7Ma。揭露厚度最大653.5m（ZK600孔）。

岩性为浅灰红、灰绿、灰白色，由钾长石、斜长石、石英、黑云母等组成，含少量角闪石及榍石、锆石、磷灰石、磁铁矿等副矿物，似斑状结构。钾长石斑晶常包含斜长石、石英、榍石、磷灰石等，粒径0.5~2cm，基质中长石粒径2~4mm。石英呈不规则状分布于长石间。

岩石构造破碎强烈，常呈角砾状、碎裂状和碎斑状。钾长石斑晶裂纹中含钠长石及方解石条纹和石英细脉，局部有重结晶现象和硅化。还见有数毫米至数厘米的微型破碎带，蚀变程度不一。

2）花岗斑岩（$\gamma_{\pi 6}^1$）

呈岩盘穿插或覆盖于上述斑状花岗岩上部，其上被中新统火山岩或下更新统碎屑岩不整合覆盖。同位素年龄45.05~56.2Ma。揭露厚度最大599m（ZK350孔）。

岩性为浅红、浅灰绿、灰白色，斑状结构。斑晶为钾长石、斜长石、石英、翼云母，粒径0.1~2cm。斜氏石具聚片双晶，常包含并熔蚀石英或细粒长石，有的呈似变斑品。基质成分与斑晶一致，并具有增粗现象，含锆石、磷灰石、磁铁矿等副矿物，粒径0.05~0.15mm。长石颗粒稍大于石英颗粒。局部含析离体和火山岩捕虏体。

岩石具聚斑构造，由斜长石或钾长石结聚形成；还见有蠕英结构。反映了重熔、重结晶和交代现象。

岩石构造破碎强烈，常呈角砾状、碎裂状和碎斑状。斑晶裂纹旋育、破碎、弯曲、变形、错位，并有糜棱化和重结晶现象。蚀变程度不一。

（2）储层分布特征

地热田内发育多条近南北向及近东西向断裂，这些断裂在热田内深部形成网格状的构造破碎带，对热田内赋存地下热水提供极为有利的条件，由于断裂构造的运动，在深部断裂一定范围内形成破碎带，热流体储存在破碎带形成的孔隙或裂隙中，构成本区热储层。近南北向断裂在热田内深部造成的构造破碎带几乎相互沟通，再加上近东西向的浅部断裂及深部断裂，使得深部侵入岩体进一步加剧破碎程度，形成了近似于层状的长条状热储层。

羊易热田位于当雄—羊八井—多庆错活动构造带中段中新世火山岩地垒之轴部，略呈椭圆形，沿南北方向展布，属构造裂隙型热储。盖层由蚀变强烈的火山掩岩组成；热储为喜山期花岗岩；热源可能是深部的岩浆熔融体。

热水是含 Cl 的 HCO_3-Na 型水。热水补给来源以大气降水为主，补给高程在 5528m 以下。钻孔和热泉水中氚的含量一般在 4Tu 以下，说明在 1954 年以前热水即储留于地下了，很少受浅层冷水混入。热水动态稳定，补给来源较远，运移时间较长。

3.3 开发方案和地热井

3.3.1 资源开发方案

《羊易地热田勘察报告》（1990 年），经全国矿产储量委员会批准的、可作为电厂建设可行性研究及设计依据的近期可开采汽、水量为 1.65×10^4t/d，即 687.5t/h。可作为电厂建设规划容量的依据的可开采汽、水总量为 3.31×10^4t/d，即 1379t/h。热田已有的 4 口地热勘探井内温度范围约 172~207℃，井口温度范围约 127~171℃，汽水流量范围 73~243t/h。羊易地热田资源前景具有 30MW 电站的条件，热田的远期开发远景有待进一步验证。

2017 年开始建设羊易一期 16MW 双工质循环系统（ORC）。结合现有的地质工作，对前期的开发利用方案进行重新评价，决定将 ZK203、ZK208 作为羊易一期生产井，ZK403 作为羊易一期回灌井。2018 年 10 月完成电厂施工，开始机组调试。电厂于 2019 年 2 月底达到稳定运行，实现满负荷并网发电及地热流体全回灌。羊易热电站一期以 110kV 一级电压接入系统，向南出 1 回 110kV 线路接入已建成的佳木 110kV 变电站，线路长度约 65km。

3.3.2 地热井部署

在 2016 年，选用奥马特双工质循环系统（ORC）后，对地热田已有的 35 口钻井进行了修井，测井，群喷/示踪实验，补充了物探工作，对羊易热田建立地质模型和热储模型。根据项目需求，选择 200 线上 ZK203 和 ZK208 作为生产井；400 线上 ZK403 作为回灌井。

（一）生产井

（1）ZK203

1）施工时间 1987 年 9 月 20 日~1987 年 11 月 20 日，完钻井深 386.00m。

2）套管直径

① 表层套管 0~32.00m　ϕ340mm

② 技术套管 32.00~271.80m　ϕ244.5mm

③ 裸眼完井

（2）ZK208

1）施工时间 1989 年 10 月 10 日~1989 年 11 月 14 日，完钻井深 312.87m。

2）套管直径

① 技术套管 0~226.25m　ϕ244.5mm

② 裸眼完井

（二）回灌井

（1）ZK403

1）施工时间 1990 年 7 月 5 日~1990 年 9 月 14 日，完钻井深 789.35m。

2）套管直径

① 技术套管 0~197.36m　ϕ244.5mm

② 裸眼完井

3.4　地面工程

3.4.1　系统流程

羊易一期工程装机 16MW，配置 ORMAT 公司 1 套有机工质（异戊烷 C_5H_{12}）OEC 组块化地热发电系统，系统流程图如图 2-43 所示。

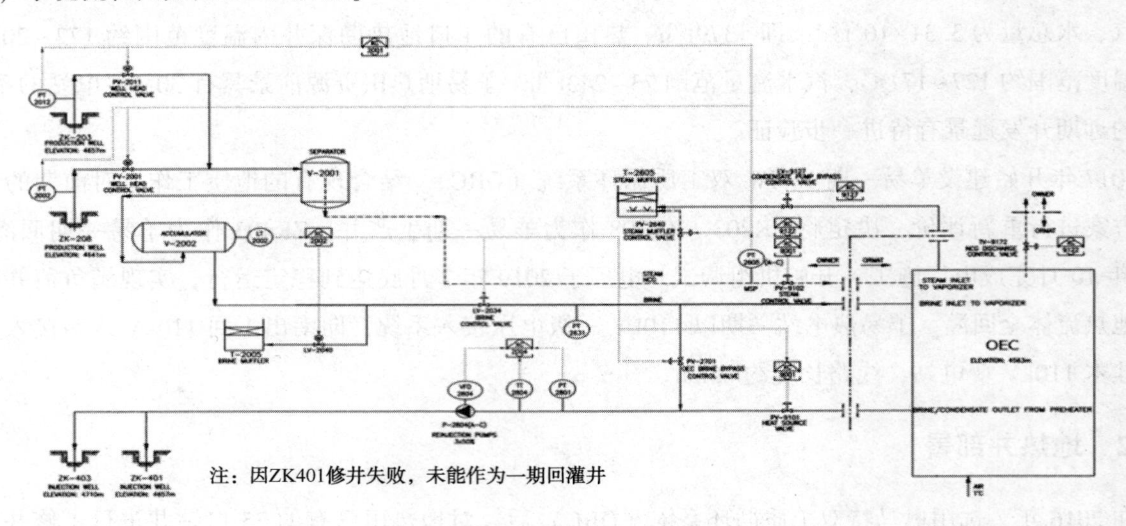

图 2-43　系统流程图

3.4.2　主要热力系统

（1）地热流体输送系统

为防止汽水两相流对管道的冲刷腐蚀，地热井喷出的汽水混合物经过除沙装置过滤杂质后进入汽水分离器，分离出的蒸汽和地热水分别通过单独的管线输送至厂区。

（2）有机工质加热系统

地热水进入预热器，将液态异戊烷加热至临近饱和温度，地热蒸汽进入蒸发器，将临近饱和温度的液态异戊烷加热至饱和蒸气状态。地热蒸汽在加热异戊烷后，不凝结部分气体排空，凝结部分的水与地热水汇合进入预热器，换热后的地热水全部回灌。

（3）有机工质发电系统

经过预热器、蒸发器加热的异戊烷饱和蒸气进入透平机做功，从透平机排出的异戊烷气体进入复热器与冷凝的液态异戊烷换热降温，并进入空冷式凝汽器凝结冷却，通过工质循环泵，再次将异戊烷依次输入复热器—预热器—蒸发器进行加热，完成闭式循环。

（4）润滑油及密封油系统

润滑油系统用于冷却和润滑发电机与透平机的轴承等易发热、易磨损件，密封油系统用于冷却和润滑透平机双密封面，防止介质外泄。

（5）压缩空气系统

为厂内气动阀门、油系统空气泵以及其他气动执行机构提供气源。

3.4.3 主要辅机

（1）预热器

本系统共设置2台管壳式预热器，每台预热器的换热功率约为28000kW，冷侧为低温液态异戊烷，热侧为地热水。

（2）蒸发器

本系统共设置2台管壳式蒸发器，每台蒸发器的换热功率约为25000kW，冷侧为临近饱和的液态异戊烷，热侧为地热蒸汽。

（3）复热器

本系统共设置2台管壳式复热器，每台复热器的换热功率约为5500kW，冷侧为低温液态异戊烷，热侧为高温气态异戊烷。

（4）工质循环泵

本系统共设置4台工质循环泵（每台透平机对应两台工质循环泵），4台泵总出力832t/h，介质为低温液态异戊烷。

（5）空冷凝汽器

本系统共设置1套空冷式凝汽器，其风机组全压0.1MPa，电机功率约为1005kW。空冷凝汽器风机组用于将做完功的气态异戊烷定压凝结为液态。

（6）油系统装置

本系统设置有1套润滑油和密封油装置，包括润滑油箱、密封油箱、电动油泵、备用气动油泵、油加热器等，为透平机和发电机提供冷却、润滑和密封用油。

3.4.4 主厂房布置

本期工程OEC组块化地热发电系统采用全露天户外布置。装置总长度约165m，宽度约50m，高度约12.25m。装置区设有检修道路，检修采用汽车吊。

3.4.5 有机工质的补充

ORMAT公司的OEC组块化地热发电系统，采用异戊烷作为朗肯循环的有机工质。异戊烷（C_5H_{12}，化学品俗名：2-甲基丁烷，CAS号78-78-4）为第3.1类易燃液体，熔点-159.4℃，沸点27.8℃，相对密度（水=1）为0.62，相对蒸气密度（空气=1）为2.48，自燃温度395℃，爆炸下限（*V/V*）为1.1%，爆炸上限（*V/V*）为8.7%，毒性级别5级。

异戊烷应储存于阴凉、通风仓间内，远离火种、热源，防止阳光直射，仓温不宜超过30℃。应与氧化剂分开存放。储存间内的照明、通风等设施应采用防爆型，开关设在仓外。配备相应品种和数量的消防器材。罐储时要有防火防爆技术措施。禁止使用易产生火花的机械设备和工具。灌装时应注意流速（不超过3m/s），且有接地装置，防止静电积聚。搬运时要轻装轻卸，防止包装及容器损坏异戊烷运输可采用钢质气瓶，小开口钢桶，安瓿瓶外普通木箱，螺纹口玻璃瓶、铁盖压口玻璃瓶、塑料瓶或金属桶（罐）外普通木箱等。运输时运输车辆应配备相应品种和数量的消防器材及泄漏应急处理设备。夏季最好早晚运输。运输时所用的槽（罐）车应有接地链，槽内可设孔隔板以减少震荡产生静电。严禁与氧化剂等混装混运。运输途中应防暴晒、雨淋，防高温。中途停留时应远离火种、热源、高温区。装运该物品的车辆排气管必须配备阻火装置，禁止使用易产生火花的机械设备和工具装卸。公路运输时要按规定路线行驶，勿在居民区和人口稠密区停留。铁路运输时要禁止溜放。严禁用木船、水泥船散装运输。

本工程电站安装完成后，ORMAT 公司负责向系统设备内一次性充装异戊烷（约 130t）。OEC 系统内部设备及管道具有高度密封性，运行期间异戊烷的泄漏量极少，根据 ORMAT 公司的经验，每年仅需要补充 3%~5%。异戊烷是一种常规的化学品，国内生产、销售的厂商较多，业主已与成都宏锦化工有限公司签订了异戊烷的供应协议。该公司具有危险化学品经营许可证，每月的异戊烷销售量达到近 500t。该公司承诺根据业主需要保证异戊烷的供给（按照每年 10t 考虑），负责将异戊烷从工厂运输到电厂现场并卸车，保证整个过程的安全。

3.4.6 自控方案

本工程采用地热田、OEC 组块化地热发电系统、厂用电源、辅助车间集中控制方式。本期工程单独设一个集中控制室，是地热田生产井、有机工质 OEC 组块化地热发电系统及辅助车间的控制和管理的中心。

本工程采用一套以色列 ORMAT 技术公司提供的 1×16MW 有机工质 OEC 组块化地热发电系统，系统包由 ORMAT 成套设计及供货。随该系统包配供有就地集装箱式电气和控制室，该控制室内有 PLC 控制柜。配套提供一台汉化操作界面的主机操作员站（PLC+上位机控制方式）。该操作员站与辅助系统操作员站均布置在电站集中控制室。同时该系统带有气体检测系统、火灾报警等系统。

OEC 系统包外的热力系统、地热田生产井、仪用空压机房、生活消防泵房、废水回灌泵房以及生活污水处理站等辅助车间纳入辅助计算机监视和控制系统进行监控。

本工程设置一套地热田生产井和辅助车间公用的辅助计算机监视和控制系统，除 OEC 组块化地热发电系统外，其余地热田生产井、厂用电源和辅助车间的监控等均在该计算机系统中通过本系统的上位机操作员实现。本工程不设置盘上常规仪表和报警窗。

3.5 地热回灌设计

地热回灌是否可行是有条件要求的，根据以往地热回灌经验表明：较适宜的回灌水源、较大的储水空间、较好的渗透循环条件及较大的压力差是确保地热储回灌成功的先决条件。

（1）地热回灌的水源条件

羊易热田属构造控制的裂隙型高温地热田。地下热水的储集、径流和排泄条件严格受构造影响。南北向大断裂为区内的主要断裂。北东和近东西向的断裂（卜杰母断裂、囊曾断裂和恰拉改断裂）横切热田中部，切穿了南北向断裂，从而构成菱块状断裂网络。赋存在其中的热水亦因之而形成网脉状地下径流系统。热田钻孔群孔放喷测试结果表明，本区地下热水基本上是呈南北向带状分布的。从本区的地层岩石结构和井下岩石水热蚀变情况来看，在火山岩与侵入岩的构造破碎带及两种岩石的接触面上，水热蚀变强烈，岩石相对较为松散，为热水的运移和储集提供了有利条件，从而形成相对富水的部位。由于受到断裂构造相互穿切的影响，易于形成集中排泄区。地下热水以热泉、冒汽等方式出露于地表形成地面水热形迹，其中以恰拉改曲的水热显示最为强烈。

（2）地热回灌的储水空间条件

羊易地热田位于当雄—羊八井—多庆错活动构造带中段羊八井—羊易断陷盆地中的次一级地垒构造——羊易地垒区。区内构造以断裂为主，褶皱次之。

唐山北缘断裂在本区的延伸部分与雪古曲—冲崩断裂构成了羊易、吉达果断陷盆地的东西边界断裂。它们控制着断陷盆地的形成和发展，并控制着水热活动的分布和规模。

受多期构造的叠加影响控制吗，羊易地热田形成了菱格状的构造网格，这为地热水的回灌提供了极好的空间通道（见图 2-44）。

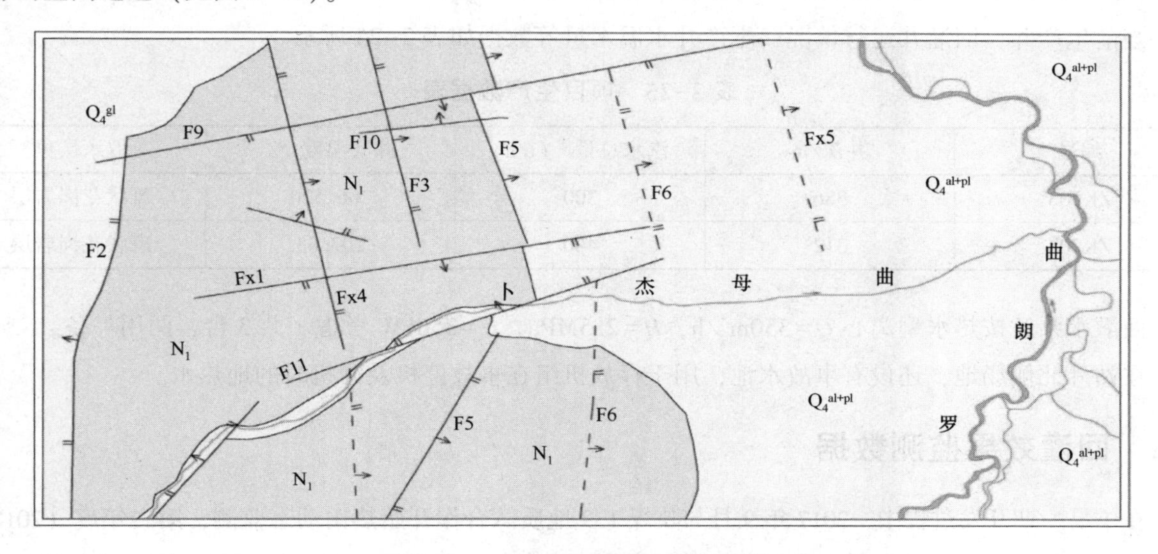

图 2-44　羊易地热田地质构造图

（3）地热回灌技术条件

本地热田在 20 世纪 80 年代末期由西藏地热地质大队共施工钻孔 32 口，在 2011 年电厂开发以来，新开钻井 3 口，总计 35 口井。通过一系列地质工作，包括钻井、物化探等工作，基本查明羊易地热田是一个中高温地热田，其基本情况可以概括为：

1）工区内在深度 9km 处具有半熔融或熔融状态岩浆热源体，深部具有因近南北向及近东西向构造造成的长条状构造破碎带热储层，顶部具有保温性能良好第三系火山喷出岩保温盖层，同时又有多条贯通深部热源的深大导热断裂存在。具备了热源、深部储层、盖层及导热通道四个地热地质条件，开采深部高温地热资源可行。

2）基本查明了羊易地热田构造展布特征：地质构造较为复杂，分布了多条近南北向、近东西向、北西向断裂，其中近南北向断裂为主断裂，控制了地热田的东西边界。

3）羊易地热田地温场分布主要受构造控制。高温区西侧以 Fx4 断裂为界，东侧受 F5 断裂控制，北侧边界为 F7 断裂，南侧边缘为 F11 断裂。中温区东西侧各受 F6 及 F2 断裂控制。

4）2015 年杭州锦江集团接手羊易热田之后，在国内外专家的建议指导下，进一步开展了重力、大地电磁、磁法等物探工作，并对热田的主力生产和回灌井进行了修井。在此基础上开展了群井生产回灌实验、示踪剂加注和监测实验、井下超声波井筒成像等工作。

5）在上述热储资源工作获得的数据基础上，确定了 ZK203、ZK208 为羊易一期 16MW 生产井，

ZK403 为羊易一期 16MW 回灌井，探明了 ZK203 可开采汽水总量约 300t/h，ZK208 可开采汽水总量约 400t/h。通过对 ZK403 井的回灌实验，预测其回灌能力在 6bar 井口压力条件下，可以达到 800t/h。

6）通过示踪实验，确立了回灌井 ZK403 与生产井 ZK203、ZK208 之间的水力联系。

本工程地热资源采用“综合利用、梯级利用”原则开展地热资源利用，产生的地热尾水将利用建设的地热水回灌系统进行全部回灌。本工程将在地热田边缘建设回灌井，正常情况下地热尾水将全部回灌，地热水回灌量约 770t/h。

结合现有的地质工作，对前期的开发利用方案进行重新评价，决定将 ZK203、ZK208 作为羊易一期生产井，ZK403 作为羊易一期回灌井。2018 年 10 月完成电厂施工，开始机组调试。电厂于 2019 年 2 月底达到稳定运行，实现满负荷并网发电，及地热流体全回灌。

当前生产井、回灌井运行情况，生产井水温水量等数据如表 2-25 所示。

表 2-25　项目生产数据表

编号	井深/m	汽水总量/（t/h）	井底温度/℃	取水层位
ZK203	386	300	206.526	斑状花岗岩层
ZK208	312	400	207.63	斑状花岗岩层

回灌水泵暂按热水型离心 $Q=350m^3/h$，$H=2.5MPa$，$N=350kW$ 考虑。共 3 台，两用一备。

在站外北侧场地，还设有事故水池，用于存放机组在事故停机及开机时的地热水。

3.6　回灌效果监测数据

在羊易一期开发过程中，2017 年 9 月与陕煤 139 地质队合作开始热田动态监测，第二年度（2018 年 10 月~2019 年 9 月）即将结束。公司在羊易电站运行过程中，将持续对羊易热田进行动态监测工作。

羊易一期 16MW 项目运行至今，达到了 18MW 负荷稳定运行，实现了各种负荷工况下的全回灌。2018~2019 年度生产井取水量与回灌井回灌量对比图如图 2-45 所示。通过对比图可以看出，开采井流量与回灌井流量走势基本相同，差值是由于流量计量系统的误差及生产过程中排放了少量的不凝气体造成，目前羊易电站已经实现了全部地热尾水的同层回灌。

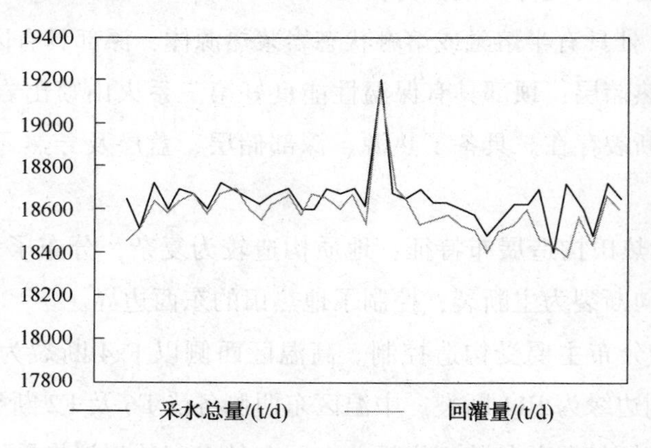

图 2-45　2018~2019 年度 ZK203、ZK208 采水总量及 ZK403 回灌流量对比图

第三部分　地热能技术标准

1　NB/T 10097—2018 地热能术语

2　NB/T 10098—2018 地热能直接利用项目可行性研究报告编制要求

3　NB/T 10099—2018 地热回灌技术要求

4　NB/T 10263—2019 地热储层评价方法

5　NB/T 10264—2019 地热地球物理勘查技术规范

6　NB/T 10265—2019 浅层地热能开发工程勘查评价规范

7　NB/T 10266—2019 地热井钻井工程设计规范

8　NB/T 10267—2019 地热井钻井地质设计规范

9　NB/T 10268—2019 地热井录井技术规范

10　NB/T 10269—2019 地热测井技术规范

11　NB/T 10270—2019 地热发电机组性能验收试验规程

12　NB/T 10271—2019 地热发电系统热性能计算导则

13　NB/T 10272—2019 地热井口装置技术要求

14　NB/T 10273—2019 地热供热站设计规范

15　NB/T 10274—2019 浅层地热能开发地质环境影响监测评价规范

16　NB/T 10275—2019 油田采出水余热利用工程技术规范

17　NB/T 10276—2019 浅层地热能地下换热工程验收规范

18　NB/T 10277—2019 浅层地热能钻探工程技术规范

19　NB/T 10278—2019 浅层地热能监测系统技术规范

ICS 01.040.27
F 10

NB

中华人民共和国能源行业标准

NB/T 10097—2018

地热能术语

Terminology of geothermal energy

2018-10-29 发布　　　　2019-03-01 实施

国家能源局　发布

目　次

前言……………………………………………………………………………………………92
1　范围…………………………………………………………………………………………93
2　术语和定义…………………………………………………………………………………93
参考文献………………………………………………………………………………………103
索引……………………………………………………………………………………………104

前　　言

本标准按照GB/T 1.1—2009《标准化工作导则　第1部分：标准的结构和编写》给出的规定起草。

本标准由能源行业地热能专业标准化技术委员会提出并归口。

本标准起草单位：中国石化集团新星石油有限责任公司、中国科学院地质与地球物理研究所、中国地质科学院水文地质环境地质研究所、中国科学院广州能源研究所、中国电建集团西北勘测设计研究院有限公司。

本标准主要起草人：庞忠和、李义曼、赵丰年、王贵玲、金文倩、国殿斌、马伟斌、张鹏、马春红、向烨、刘慧盈、杨卫、刘平、骆超。

本标准于2018年首次发布。

地热能术语

1 范围

本标准规定了地热能相关的术语。

本标准适用于地热能有关标准的制定，技术文件的编制，专业手册、教材和书刊等的编写和翻译。

2 术语和定义

2.1 地热能及主要类型

2.1.1

地热能 geothermal energy

赋存于地球内部岩土体、流体和岩浆体中，能够为人类开发和利用的热能。

2.1.2

地热资源 geothermal resources

地热能、地热流体及其有用组分。

2.1.3

水热型地热资源 hydrothermal resources

赋存于天然地下水及其蒸汽中的地热资源。

2.1.4

干热岩 hot dry rock

不含或仅含少量流体，温度高于180℃，其热能在当前技术经济条件下可以利用的岩体。

2.1.5

岩热型地热资源 petrothermal resources

赋存于固体岩石中的地热资源。

2.1.6

浅层地热能 shallow geothermal energy

从地表至地下200m深度范围内，储存于水体、土体、岩石中的温度低于25℃，采用热泵技术可提取用于建筑物供热或制冷等的地热能。

2.2 地热现象

2.2.1

地表热显示 surface manifestation

地热活动在地表的显示，如温泉、沸泉、间歇泉、喷气孔、冒汽地面、水热爆炸、泉华、硫华、盐华和水热蚀变等。

2.2.2

温泉 hot spring

地下热水的天然露头。理论上把水温高于当地年平均气温的泉水称为温泉，实践上把水温高于25℃的泉水称为温泉。

2.2.3

沸泉　boiling spring

泉口水温达到或超过当地沸点的泉。

2.2.4

间歇泉　geyser

间歇性喷射热水和地热蒸汽的温泉。

2.2.5

喷气孔　fumarole

排出地热蒸汽的天然孔洞。

2.2.6

冒汽地面　steaming ground

地热蒸汽在接近地表时以蒸汽和微小液滴形式从松散沉积物的孔隙中逸出地面的区域。

2.2.7

泉华　sinter

地热流体在温泉口及地面流动过程中因矿物过饱和而结晶沉淀出的化学沉积物。

2.2.8

硫华　sulphur

地热蒸汽中的硫化氢在大气中被氧化后析出的淡黄色自然硫。

2.2.9

盐华　salt

地热蒸汽中硫化氢与岩石发生化学反应的产物，或者地热蒸汽随风运移并在土壤表层发生化学反应的产物。

2.2.10

水热爆炸　hydrothermal explosion

饱和状态或过热状态的地热水，因压力骤然下降产生突发性气化（或沸腾），体积急剧膨胀并突破上覆松散地层出露地表的地热现象。

2.2.11

水热蚀变　hydrothermal alteration

高温地热区内围岩与地热流体发生化学反应产生新物质组分的过程。

2.3　地热地质要素

2.3.1

大地热流　heat flow

也称大地热流密度、热流，指单位面积、单位时间内由地球内部垂向传输至地表，而后散发到大气中去的热量，单位是mW/m²。其所描述的是稳态热传导所传输的热量。在一维稳态条件下，热流在数值上等于岩石热导率和垂向地温梯度的乘积。

2.3.2

地温梯度　geothermal gradient

地温随深度变化的速率。单位为℃/100m或℃/km。

2.3.3

岩石热导率　**thermal conductivity of rock**

岩石导热能力的量度，即在热传导方向上单位长度温度降低1℃时，在单位时间内通过单位面积的热量，一般用符号λ或K表示，单位为W/(m·K)。岩石热导率主要取决于岩石的矿物组成和结构特点、孔隙度、孔隙充填物及含水量、温度和压力等因素。

2.3.4

岩石圈热结构　**thermal structure of the lithosphere**

一个地区地壳、地幔两部分热流的配分比例及其组构关系。壳幔热流的配分影响到深部温度的分布、地壳及上地幔的活动性。

2.3.5

恒温带　**constant temperature zone**

也称常温带，是指地表下某一深度处温度基本保持恒定不变的那个带（或层），有日、月、季、年之分，通常所说的恒温带系指年恒温带。

2.3.6

地热异常　**geothermal anomaly**

大地热流值、地温或地温梯度高于区域平均值的地区。

2.3.7

热源　**heat source**

地热储的热能补给源。常见的热源有来自壳内放射性元素的衰变热、地球深部的传导热、来自深大断裂的对流热、来自幔源的岩浆热以及壳内的构造变形热等。

2.3.8

岩浆热　**magmatic heat**

来源于岩浆活动的热量，包括气体组分从岩浆囊逃逸时所携带的热量和岩浆囊通过围岩传递的热量。

2.3.9

构造变形热　**tectonic heat**

由构造变形所产生的热量，即地壳和岩石圈不同尺度、不同类型构造变形所产生的热量，包括断层摩擦热等。

2.3.10

热储　**reservoir**

埋藏于地下、具有有效孔隙和渗透性的地层、岩体，其中储存的地热流体可供开发利用。

2.3.11

层状热储　**layered reservoir**

有效孔隙和渗透性呈层状分布的热储。大型沉积盆地中的热水含水层属于此类热储。

2.3.12

带状热储　**belted reservoir**

有效孔隙和渗透性呈条带状分布的热储。导水断裂带控制的热水富水带属于此类热储。

2.3.13

岩溶热储　**karstic reservoir**

发育岩溶化的碳酸盐岩（石灰岩、白云岩、大理岩等）、硫酸盐岩（石膏、硬石膏、芒硝等）和卤化物岩（岩盐、钾盐、镁盐等）等构成的热储。

2.3.14

盖层　cap rock

覆盖在热储之上的弱透水和低热导率的岩层。盖层是相对于热储而言的。对于大型沉积盆地，通常将覆盖在结晶基底热储上的沉积地层统称为盖层，这个盖层中也可以有热储。

2.3.15

不凝结气体　non-condensable gas

也称非冷凝气体，指在地热流体降温过程中无法随着水蒸气凝结为液态的气体总称，主要组分有CO_2、H_2S、H_2、CH_4、N_2、He、Ar等，一般采用体积分数（%）表示其含量。

2.3.16

地热流体　geothermal fluid

包括地热水及其蒸汽，以及伴生的少量不凝结气体。

2.3.17

蒸汽比例　steam fraction

地热蒸汽占地热流体质量之比。

2.3.18

热储温度　reservoir temperature

已开采热储的实测温度或者地热系统深部代表性热储的预测温度，基于此温度可以划分地热系统类型和评价地热田的资源储量。

2.3.19

地热流体品质　geothermal fluid quality

地热流体的物理性质、化学成分、微生物指标及其能量品位。

2.3.20

地热流体焓值　enthalpy of geothermal fluid

单位质量地热流体所含的内能，受温度、压力和蒸汽比例的控制。通常用字母h表示，单位为kJ/kg。

2.3.21

沸腾作用　boiling

地热流体在热储层或者井筒中因压力发生变化导致其由单一的液相变成气液两相的过程。

2.3.22

全球地热带　global geothermal belts

地球尺度上的高温地热资源集中分布区，包括环太平洋地热带、地中海—喜马拉雅地热带、大西洋洋中脊地热带和红海—东非裂谷地热带。

2.3.23

地热系统　geothermal system

在热量和流体循环上相对独立的地质构造单元，其中的地热能聚集到可以利用的程度。它是开展地热资源成因研究的基本单元。

2.3.24

中低温传导型地热系统　low-medium temperature conductive geothermal system

热储温度低于150℃，热传递方式以传导为主的地热系统，常见于沉积盆地中。

2.3.25

中低温对流型地热系统　low-medium temperature convective geothermal system

热储温度低于150℃，热传递方式以对流为主的地热系统，常见于断裂系统中。

2.3.26

高温对流型地热系统　high-temperature convective geothermal system

热储温度高于150℃，热传递方式以对流为主的地热系统。

2.3.27

增强地热系统　enhanced geothermal system

也称工程地热系统，为利用工程技术手段开采干热岩地热能或强化开采低孔渗性热储地热能而建造的人工地热系统。

2.3.28

地热田　geothermal field

在目前技术经济条件下可以开采的深度内，具有开发利用价值的地热能及地热流体的地域。一般包括水源、热源、热储、通道和盖层等要素，具有有关联的热储结构，可用地质、物化探方法加以圈定。

2.4　地热资源勘探开发与资源评价

2.4.1

地热资源勘查　geothermal resources exploration

为查明某一地区的地热资源而进行的探测与评价工作的总称。根据勘查工作内容，可以分为地质、地球物理、地球化学等地面调查；钻井与试验、取样测试、动态监测等钻探勘查；资源量计算、热流体质量评价、环境评价等综合评价。根据勘查工作程度，可分为调查、预可行性勘查、可行性勘查等阶段。

2.4.2

地热资源地球物理勘查　geophysical exploration for geothermal resources

利用地球物理手段进行的地热勘查。技术手段包括：浅层测温、土壤热通量、电法、重力法、磁法、微动、地震、红外线摄影等。探测对象为一定深度范围内的地球物理场。地热资源地球物理勘查是圈定地热田范围、识别控热构造的主要手段，可为地热资源评价、地热井位选址提供重要依据。

2.4.3

地温测量　geo-temperature measurement

通过在钻井，坑道或海（深湖）底沉积物中进行温度直接测量，或者利用地球物理探测手段，如红外电磁波，以及地球化学方法，比如化学地温计，获得地下温度的方法。

2.4.4

地热井　geothermal well

为开采地热资源，按一定的施工方式在地层中钻成的孔眼及其配套设施。开采时，地下热水或地热蒸汽经由地热井到达地面。地热井可以分为勘探井、探采结合井、开采井、回灌井和监测井五类。

2.4.5

回灌井　reinjection well

用于将利用后的地热尾水回注至热储层的地热井。

2.4.6

地热测井　geothermal well logging

利用仪器设备对地热井进行地球物理参数测量的方法。参数有：自然电位、电导率、声波、温度、γ射线等。进而基于电化学、导电、声学和放射性等原理，分析岩性及其在钻孔中的空间分布，计算砂泥岩厚度比、孔隙度和渗透率，计算地温梯度，判断潜在热储层位等。

2.4.7

地热资源地球化学勘查　geochemical exploration for geothermal resources

利用地球化学手段进行的地热勘查。勘查的对象包括地表热显示区及周边的水样、气体样品、土壤样品。测试技术包括常量组分、微量元素、常量气体、稀有气体、稳定和放射性同位素等。地热资源地球化学勘查是估算深部热储温度、判断地热系统的热源、流体来源、认识地热成因和评价地热资源的有效方法。

2.4.8

地温计方法　geothermometry

基于地热流体化学组分和同位素组成，利用经验公式或热力学计算的方法，预测地热系统深部热储温度的方法。

2.4.9

阳离子地温计　cation geothermometers

基于地热水中阳离子比值与温度的关系预测热储温度的经验性方法，如Na-K温度计、Na-K-Mg温度计和K-Mg温度计等。

2.4.10

二氧化硅地温计　silica geothermometers

基于二氧化硅的浓度与温度之间的经验关系或二氧化硅溶解度实验数据拟合公式确定热储温度的方法，如石英温度计和玉髓温度计等。

2.4.11

同位素地温计　isotope geothermometers

基于某元素的一对单质/化合物之间同位素差异与温度的关系确定热储温度的方法，如氧同位素（$\delta^{18}O$）温度计。

2.4.12

矿物组合地温计　mineral assemblage geothermometers

基于地热流体化学组分的化学热力学模拟计算，通过绘制地热水中多种矿物的饱和指数随温度的变化曲线，得到多种矿物的平衡收敛点，所对应的温度即为热储温度。

2.4.13

地热储量　geothermal reserves

在当前技术经济可行的深度内，经过勘查工作，一定程度上查明储存于热储岩石和孔隙中地热流体和热量的资源总量。

2.4.14

地热资源评价　geothermal resources assessment

在综合分析地热资源勘查成果的基础上，运用合理的方法，如平面裂隙法、地表热通量法、岩浆热量均衡法、体积法、类比法和热储模拟法等，对已经验证的、探明的、控制的和推断的地热资源进行计算和评价。

2.4.15

可开采量　recoverable resources

在地热田勘查、开采和监测的基础上，考虑到可持续开发，经拟合计算允许每年合理开采的地热流体量和热量。

2.4.16

试井　well testing

地热井成井后的产量试验，需测定井产量、静压力、动压力、压力降、流体温度和流体品质等。

[GB/T 11615—2010，定义 3.17]

2.4.17

静压力　static pressure

地热井在非试井或非生产条件下的储层部位的井筒流体压力。

2.4.18

动压力 dynamic pressure

地热井在试井或生产条件下的储层部位的井筒流体压力。

2.4.19

压力降 pressure drop

地热井在试井条件下静压力与动压力之差，相当于抽水试验的降深。

[GB/T 11615—2010，定义 3.29]

2.4.20

产能试验 yield test

地热井完井后通过测试取得地热流体压力、产量、温度、采灌量比及热储层的渗透性等参数的试验，包括降压试验、放喷试验和回灌试验等。

2.4.21

示踪试验 tracer test

在回灌井中投放一定数量的示踪剂，在周围生产井中检测示踪剂的抵达时间和浓度变化情况，以探明回灌井和生产井之间的连通性、地热流体在储层孔隙裂隙中的运移特征而开展的试验。

2.4.22

地热回灌 reinjection

经过热能利用后的地热流体通过回灌井重新注回热储的过程。

2.4.23

动态监测 dynamic monitoring

地热资源在勘探、开采及停采阶段，连续记录水位、井口温度、井口压力、开采量、回灌量和蒸汽比例等，并定时分析地热流体化学组分和同位素值的过程。基于此来判断热储温度、压力、流体化学组分含量及资源量的动态变化，为地热资源的可持续利用与管理提供依据。

2.4.24

概念模型 conceptual model

对地热田包括补给水源、热储、盖层、热源、通道和热传递、流体运动等要素的几何及物理形态的简化描述，代表人们对一个地热系统的认识。

2.4.25

热储模型 reservoir model

在掌握热田机制和开采生产的全系列工程测试数据的基础上，建立的类比、统计、解析、数值法等模型，以拟合热储生产的历史和现状条件，预测一定时限内的变化趋势，为地热资源规划、利用、管理和保护等服务。

[GB/T 11615—2010，定义3.34]

2.4.26

热储工程 reservoir engineering

涉及热储性质的工程数据和为取得这些数据需进行的测试和研究，包括地热井井试、动态监测、热储模型和回灌等。

[GB/T 11615—2010，定义 3.32]

2.4.27

地热能优化开采 optimized production of geothermal energy

采用最优化的方法开采热储，在可持续且不会带来环境危害的基础上获得最大采热量。可优化的对象包括采灌井布局、井深、采灌流量、回灌温度以及回灌方式等。优化评价的方法包括统计学方法、数值模拟方法和经济学方法等。

2.4.28

压裂激发　fracturing stimulation

为使干热岩形成人造热储，对干热岩岩体所进行的高压水力压裂等各类激发措施。

2.4.29

人造热储阻抗　artificial reservoir flow impedance

干热岩人造热储产出每单位流量热流体所需要施加的压力，单位是MPa·s/L，是衡量增强地热系统人造热储成败的关键指标。

2.4.30

浅层地热容量　shallow geothermal capacity

在浅层岩土体、地下水和地表水中储存的单位温差所吸收或排出的热量，单位是 kJ/℃。

2.4.31

热均衡评价　thermal balance evaluation

对在一定时间内浅层岩土体、地下水和地表水中的热能补给量、热能排泄量和储存热量进行的均衡评价。

[DZ/T 0225—2009，定义 3.15]

2.4.32

岩土热响应试验　rock-soil thermal response test

利用测试仪器对项目所在场区的测试孔进行一定时间连续换热，获得岩土综合热物性参数及岩土初始平均温度的试验。

2.4.33

岩土综合热物性参数　parameters of the rock-soil thermal properties

在地埋管换热器深度范围内，不含回填材料的岩土的综合导热系数和比热容。

[GB 50366—2005，定义 2.0.26]

2.4.34

岩土初始平均温度　initial average temperature of the rock-soil

从自然地表下 10m～20m 至竖直地埋管换热器埋设深度范围内，岩土常年的平均温度。

[GB 50366—2005，定义 2.0.27]

2.4.35

浅层地热换热功率　heat exchanger power

从浅层岩土体、地下水和地表水中单位时间内通过热交换方式所获取的热量。

2.4.36

测试孔　vertical testing exchanger

按照测试要求和拟采用的成孔方案，将用于岩土热响应试验的竖直地埋管换热器。

[GB 50366—2005，定义 2.0.28]

2.5　地热资源利用

2.5.1

地热能直接利用　direct use of geothermal energy

通过地热流体的天然露头或者人工钻孔来获得其热量等，并直接用于生活生产，例如供暖、制冷、温室种植、养殖、温泉洗浴、融雪和工业干燥等。

2.5.2

地热供暖　geothermal space heating

以地热流体为热源，用直接或间接方式获取其热量用于房屋供暖的全过程。

2.5.3

温泉洗浴　SPA and bathing

利用含有一定矿物质成分且温度适宜的地热水进行洗浴。某些特殊矿物质有利于身体健康。

2.5.4

地热融雪　snow melting by geothermal energy

利用地热提供的热量融化地面上的降雪，以保证道路交通和户外活动的安全。

2.5.5

地热工业干燥　geothermal drying

利用地热提供的热量来烘干农产品、水产品和工业产品，如蔬菜脱水、制作鱼干、印染品烘干等。

2.5.6

地源热泵系统　ground-source heat pump system

以岩土体、地下水和地表水为低温热源，由水源热泵机组、浅层地热能换热系统、建筑物内系统组成的供暖制冷系统。根据地热能交换方式，可分为地埋管地源热泵系统、地下水地源热泵系统和地表水地源热泵系统。

[GB 50366—2005，定义 2.0.1]

2.5.7

地埋管换热器　ground heat exchanger

也称土壤热交换器，供传热介质与岩土体换热用的，由埋于地下的密闭循环管组构成的换热器。根据管路埋置方式，可分为水平地埋管换热器和竖直地埋管换热器。

[GB 50366—2005，定义 2.0.7]

2.5.8

地埋管换热系统　pipe heat exchanger system

也称土壤热交换系统，传热介质（通常为水或者是加入防冻剂的水）通过竖直或水平地埋管换热器与岩土体进行热交换的地热能交换系统。

[DZ 0225—2009，定义 3.7]

2.5.9

地下水换热系统　groundwater heat exchanger system

通过地下水进行热交换的地热能交换系统，分为直接地下水换热系统和间接地下水换热系统。

[GB 50366—2005，定义 2.0.10]

2.5.10

地热发电　geothermal power generation

利用地热流体所运载的热能转换为电能的发电方式。

2.5.11

双工质循环　binary cycle

地热流体和低沸点工作介质经热交换后，由后者产生的蒸汽进入膨胀机做功的循环。

2.5.12

有机朗肯循环　organic Rankin cycle

以低沸点有机物为工作介质的朗肯循环，主要由余热锅炉（或换热器）、膨胀机、冷凝器和工质泵四大部分组成。

2.5.13

卡琳娜循环　Karina cycle

一种利用氨水混合物作为工作介质的高效动力循环。

2.5.14

水气分离器　separator

将地热流体中的蒸汽和热水相分离的装置。

2.5.15

扩容器　flash tank

使热水经过减压扩容及汽水分离后产生湿蒸汽的装置。

[GB 50791—2013，定义 2.0.14]

2.5.16

地热腐蚀　geothermal corrosion

具有一定化学组分的地热流体在特定的温度、压力和流速条件下对井筒及地面设备产生损耗与破坏的过程，包括化学腐蚀和电化学腐蚀。

2.5.17

地热防腐　geothermal anti-corrosion

防止地热流体对设备腐蚀而采取的措施。

2.5.18

结垢　scaling

地热流体在井筒或地面管道运移过程中，因温度或压力降低导致部分矿物的溶解度达到过饱和状态而析出附着在井筒或管道内。常见碳酸盐、硫酸盐和二氧化硅结垢。

2.5.19

地热防垢　geothermal scale prevention

防止地热流体结垢而采取的措施。

2.5.20

地热除砂　geothermal sand removal

去除地热流体中固体颗粒的措施。

参 考 文 献

[1] GB 50296—2014　管井技术规范
[2] GB 50366—2005　地源热泵系统工程技术规范
[3] GB 50791—2013　地热电站设计规范
[4] GB/T 11615—2010　地热资源地质勘查规范
[5] CJJ 138—2010　城镇地热供热工程技术规程
[6] DZ/T 0225—2009　浅层地热能勘查评价规范
[7] DZ/T 0260—2014　地热钻探技术规程

索 引

汉语拼音索引

B

不凝结气体……2.3.15

C

测试孔……2.4.36
层状热储……2.3.11
产能试验……2.4.20

D

大地热流……2.3.1
带状热储……2.3.12
地表热显示……2.2.1
地埋管换热器……2.5.7
地埋管换热系统……2.5.8
地热测井……2.4.6
地热除砂……2.5.20
地热储量……2.4.13
地热地质要素……2.3
地热发电……2.5.10
地热防腐……2.5.17
地热防垢……2.5.19
地热腐蚀……2.5.16
地热工业干燥……2.5.5
地热供暖……2.5.2
地热回灌……2.4.22
地热井……2.4.4
地热流体……2.3.16
地热流体焓值……2.3.20
地热流体品质……2.3.19
地热能……2.1.1
地热能及主要类型……2.1
地热能优化开采……2.4.27
地热能直接利用……2.5.1
地热融雪……2.5.4
地热田……2.3.28
地热系统……2.3.23
地热现象……2.2

地热异常…………2.3.6
地热资源…………2.1.2
地热资源地球化学勘查…………2.4.7
地热资源地球物理勘查…………2.4.2
地热资源勘查…………2.4.1
地热资源勘探开发与资源评价…………2.4
地热资源利用…………2.5
地热资源评价…………2.4.14
地温测量…………2.4.3
地温计方法…………2.4.8
地温梯度…………2.3.2
地下水换热系统…………2.5.9
地源热泵系统…………2.5.6
动态监测…………2.4.23
动压力…………2.4.18

E

二氧化硅地温计…………2.4.10

F

沸泉…………2.2.3
沸腾作用…………2.3.21

G

盖层…………2.3.14
概念模型…………2.4.24
干热岩…………2.1.4
高温对流型地热系统…………2.3.26
构造变形热…………2.3.9

H

恒温带…………2.3.5
回灌井…………2.4.5

J

间歇泉…………2.2.4
结垢…………2.5.18
静压力…………2.4.17

K

卡琳娜循环…………2.5.13
可开采量…………2.4.15
矿物组合地温计…………2.4.12

扩容器……………………………………………………………………………………2.5.15

L

硫华……………………………………………………………………………………2.2.8

M

冒汽地面……………………………………………………………………………………2.2.6

P

喷气孔……………………………………………………………………………………2.2.5

Q

浅层地热换热功率……………………………………………………………………………………2.4.35
浅层地热能……………………………………………………………………………………2.1.6
浅层地热容量……………………………………………………………………………………2.4.30
全球地热带……………………………………………………………………………………2.3.22
泉华……………………………………………………………………………………2.2.7

R

热储……………………………………………………………………………………2.3.10
热储工程……………………………………………………………………………………2.4.26
热储模型……………………………………………………………………………………2.4.25
热储温度……………………………………………………………………………………2.3.18
热均衡评价……………………………………………………………………………………2.4.31
热源……………………………………………………………………………………2.3.7
人造热储阻抗……………………………………………………………………………………2.4.29

S

示踪试验……………………………………………………………………………………2.4.21
试井……………………………………………………………………………………2.4.16
双工质循环……………………………………………………………………………………2.5.11
水气分离器……………………………………………………………………………………2.5.14
水热爆炸……………………………………………………………………………………2.2.10
水热蚀变……………………………………………………………………………………2.2.11
水热型地热资源……………………………………………………………………………………2.1.3

T

同位素地温计……………………………………………………………………………………2.4.11

W

温泉……………………………………………………………………………………2.2.2
温泉洗浴……………………………………………………………………………………2.5.3

Y

压力降……………………………………………………………………………………2.4.19

压裂激发…… 2.4.28
岩浆热…… 2.3.8
岩热型地热资源…… 2.1.5
岩溶热储…… 2.3.13
岩石圈热结构…… 2.3.4
岩石热导率…… 2.3.3
岩土初始平均温度…… 2.4.34
岩土热响应试验…… 2.4.32
岩土综合热物性参数…… 2.4.33
盐华…… 2.2.9
阳离子地温计…… 2.4.9
有机朗肯循环…… 2.5.12

Z

增强地热系统…… 2.3.27
蒸汽比例…… 2.3.17
中低温传导型地热系统…… 2.3.24
中低温对流型地热系统…… 2.3.25

英文对应词索引

A

artificial reservoir flow impedance…… 2.4.29

B

belted reservoir…… 2.3.12
binary cycle…… 2.5.11
boiling spring…… 2.2.3
boiling…… 2.3.21

C

cap rock…… 2.3.14
cation geothermometers…… 2.4.9
conceptual model…… 2.4.24
constant temperature zone…… 2.3.5

D

direct use of geothermal energy…… 2.5.1
dynamic monitoring…… 2.4.23
dynamic pressure…… 2.4.18

E

enhanced geothermal system…… 2.3.27
enthalpy of geothermal fluid…… 2.3.20

F

flash tank······ 2.5.15
fracturing stimulation······ 2.4.28
fumarole······ 2.2.5

G

geochemical exploration for geothermal resources······ 2.4.7
geophysical exploration for geothermal resources······ 2.4.2
geo-temperature measurement······ 2.4.3
geothermal anomaly······ 2.3.6
geothermal anti-corrosion······ 2.5.17
geothermal corrosion······ 2.5.16
geothermal drying······ 2.5.5
geothermal energy······ 2.1.1
geothermal field······ 2.3.28
geothermal fluid quality······ 2.3.19
geothermal fluid······ 2.3.16
geothermal gradient······ 2.3.2
geothermal power generation······ 2.5.10
geothermal reserves······ 2.4.13
geothermal resources assessment······ 2.4.14
geothermal resources exploration······ 2.4.1
geothermal resources······ 2.1.2
geothermal sand removal······ 2.5.20
geothermal scale prevention······ 2.5.19
geothermal space heating······ 2.5.2
geothermal system······ 2.3.23
geothermal well logging······ 2.4.6
geothermal well······ 2.4.4
geothermometry······ 2.4.8
geyser······ 2.2.4
global geothermal belts······ 2.3.22
ground heat exchanger······ 2.5.7
ground-source heat pump system······ 2.5.6
groundwater heat exchanger system······ 2.5.9

H

heat exchanger power······ 2.4.35
heat flow······ 2.3.1
heat source······ 2.3.7
high-temperature convective geothermal system······ 2.3.26
hot dry rock······ 2.1.4

hot spring······2.2.2
hydrothermal alteration······2.2.11
hydrothermal explosion······2.2.10
hydrothermal resources······2.1.3

I

initial average temperature of the rock-soil······2.4.34
isotope geothermometers······2.4.11

K

Karina cycle······2.5.13
karstic reservoir······2.3.13

L

layered reservoir······2.3.11
low-medium temperature conductive geothermal system······2.3.24
low-medium temperature convective geothermal system······2.3.25

M

magmatic heat······2.3.8
mineral assemblage geothermometers······2.4.12

N

non-condensable gas······2.3.15

O

optimized production of geothermal energy······2.4.27
organic Rankin cycle······2.5.12

P

parameters of the rock-soil thermal properties······2.4.33
petrothermal resources······2.1.5
pipe heat exchanger system······2.5.8
pressure drop······2.4.19

R

recoverable resources······2.4.15
reinjection well······2.4.5
reinjection······2.4.22
reservoir engineering······2.4.26
reservoir model······2.4.25
reservoir temperature······2.3.18
reservoir······2.3.10
rock-soil thermal response test······2.4.32

S

salt ······ 2.2.9
scaling ······ 2.5.18
separator ······ 2.5.14
shallow geothermal capacity ······ 2.4.30
shallow geothermal energy ······ 2.1.6
silica geothermometers ······ 2.4.10
sinter ······ 2.2.7
snow melting by geothermal energy ······ 2.5.4
SPA and bathing ······ 2.5.3
static pressure ······ 2.4.17
steam fraction ······ 2.3.17
steaming ground ······ 2.2.6
sulphur ······ 2.2.8
surface manifestation ······ 2.2.1

T

tectonic heat ······ 2.3.9
thermal balance evaluation ······ 2.4.31
thermal conductivity of rock ······ 2.3.3
thermal structure of the lithosphere ······ 2.3.4
tracer test ······ 2.4.21

V

vertical testing exchanger ······ 2.4.36

W

well testing ······ 2.4.16

Y

yield test ······ 2.4.20

ICS 27.010
F 10

NB

中华人民共和国能源行业标准

NB/T 10098—2018

地热能直接利用项目可行性研究报告编制要求

The compilation requirements for feasibility study report of geothermal energy direct use project

2018-10-29 发布　　2019-03-01 实施

国家能源局　发布

目次

前言……113
1 范围……114
2 规范性引用文件……114
3 总则……114
4 总论……114
5 项目背景……117
6 项目建设的必要性分析……118
7 地热资源评价……118
8 建设方案……119
9 环境保护……125
10 节能……127
11 劳动安全和职业卫生……127
12 项目实施进度计划……129
13 劳动定员和人员培训……130
14 投资估算及资金筹措……131
15 财务评价……132
16 社会效益分析……133
17 风险分析……133
18 结论及建议……134
19 附表、附图及附件……134
附录 A（资料性附录） 附表……136
附录 B（资料性附录） 可行性研究报告编排格式要求……139
附录 C（资料性附录） 封面和扉页格式……141

前　言

本标准按照GB/T 1.1—2009《标准化工作导则　第1部分：标准的结构和编写》给出的规则起草。

由能源行业地热能专业标准化技术委员会提出并归口。

本标准主要起草单位：中国石化集团新星石油有限责任公司、胜利油田森诺胜利工程有限公司、北京市地热研究院。

本标准主要起草人：裴红、钱猛、赵丰年、黄嘉超、黄劲、陈文刚、张进平、姜传胜、张同秀、付林、张丽萍、王刚。

本标准于2018年首次发布。

地热能直接利用项目可行性研究报告编制要求

1　范围

本标准规定了地热能直接利用项目可行性研究报告的编制原则、内容和成果要求。

本标准主要适用于地热能直接利用中水热型地热能供热项目可行性研究报告的编制，其他类型地热能直接利用项目可参照执行。

2　规范性引用文件

下列标准对于本标准的应用是必不可少的。凡是注明实施日期的引用标准，仅所注明实施日期的版本适用于本标准。凡是不注明实施日期的引用标准，其最新版本（包括所有的修改单）适用于本标准。

GB/T 2589　综合能耗计算通则

GB/T 11615　地热资源地质勘查规范

GB 17167　用能单位能源计量器具配备和管理通则

3　总则

地热能直接利用项目可行性研究应论证项目建设的必要性和可行性，包括但不限于论证项目建设是否符合国家长远规划、地区和行业发展规划、产业政策和生产力布局的合理性，进行全面的市场调查和竞争力分析，通过技术经济分析确定项目方案；根据建设方案和国家法规、政策、标准和定额计算项目工程量；通过分类估算项目总投资、资金来源和筹措方案，对项目的经济效益和社会效益进行初步分析，为项目法人和管理部门决策、审批提供可靠的依据。

可行性研究报告应在前期勘察利用和调查基础上开展。

可行性研究报告应按照本标准第4章～19章的要求编制，将“总论”列为第1章，依次类推，宜按附录B和附录C的要求进行编排。

4　总论

4.1　项目概况

4.1.1　项目名称

工程项目的全称，应与项目建议书所列的名称一致。

4.1.2　项目建设单位

建设单位的基本情况。一般包括名称、性质、法人、股东构成、业务范围、资产规模和队伍规模等。改建、扩建和技术改造项目应说明现有生产装置、生产能力、销售等情况。

4.1.3　项目建设地点

说明项目的拟建地址，应具体到省、市、县。

4.1.4 项目建设目标与建设内容

描述项目建成后达到的产量、规模以及各项技术指标，如这些指标在有关合同协议中有约定的，应单独注明。

描述项目的主要建设内容，包括地热井、地热站、管网及因工程需要所发生的拆迁等主要工程量。

4.1.5 研究范围

指研究对象、工程项目的范围，列出整个项目的工程主项。

4.1.6 编制单位

编制单位的全称、简介。若有多个单位参与研究，则需注明总负责单位及合作单位的全称及各单位的研究范围，所有参与单位均应附编制单位的资质证书。

4.2 编制依据

应列出在可行性研究中作为依据的法规、文件、资料的名称、来源、发布日期等，主要包括：

a） 国家、行业、地区的政策、法律、法规；

b） 产业政策、行业发展规划、地区发展规划；

c） 可行性研究报告编制合同（或委托书）；

d） 根据项目需要进行调研和收集的基础资料；

e） 预可行性研究报告（或项目建议书）的审核文件。

4.3 遵循的标准及规范

列出项目应用的国家、行业、企业及地区的标准、规范和图集。

4.4 研究结论

简要描述研究结论，可从项目建设的必要性，地热资源评价结果，应用的技术方案、建设规模及主要工程量，投资及主要经济指标，社会效益等方面给出简要明确的结论性意见。附主要技术经济指标表，见表1。

表1 主要技术经济指标表

序号	项目名称	单位	指标	备注
一	供热规模			
		kW		
		kW		
		kW		
二	地热资源开采			
1	开采层位			
2	开采深度			
3	单井地热流体流量	m^3/h		
4	地热流体井口温度	℃		

表1（续）

序号	项目名称	单位	指标	备注
5	总资源量	GJ		
6	开采井数量	口		
7	回灌井数量	口		
三	总占地面积	m^2		
1	站房占地面积	m^2		
2	其他占地面积	m^2		
四	总建筑面积	m^2		
五	定员	人		
1	生产工人	人		
2	技术及管理人员	人		
六	主要能耗总量			
1	耗电量	$10^4kW·h$		
2	耗水量	10^4m^3		
七	工程项目总投资	万元		
1	建设投资	万元		
2	建设期利息	万元		
3	流动资金	万元		
八	年均销售收入	万元		
九	成本和费用			
1	年均总成本费用	万元		
2	年均经营成本	万元		
3	主要产品单位生产成本	元/××		
十	年均利润总额	万元		
十一	息税前利润（EBIT）	万元		
十二	息税折旧摊销前利润（EBITDA）	万元		
十三	年均销售税金及附加	万元		
十四	年均增值税	万元		
十五	财务分析盈利能力指标			
1	投资利润率	%		
2	资本金净利润率	%		

表 1（续）

序号	项目名称	单位	指标	备注
3	投资回收期			
3.1	所得税前	年		
3.2	所得税后	年		
4	经济增加值（EVA）			
5	项目财务内部收益率			
5.1	所得税前	%		
5.2	所得税后	%		
6	项目财务净现值（I_c=%）			
6.1	所得税前	万元		
6.2	所得税后	万元		
十六	清偿能力指标			
1	利息备付率	%		
2	偿债备付率	%		
3	借款偿还期（含建设期）	年		

5 项目背景

5.1 立项背景

简述项目前期主要内容，包括前期洽谈、合同谈判、项目建议书等内容和有关部门批复的要点及已取得的成果。

结合项目所在地区的地热资源情况、发展规划、需求分析等内容，分析项目现状市场，并对项目可持续性进行科学预判。扩建、改建工程项目应简述已有工程的概况。

5.2 基础条件

5.2.1 工程地质、水文地质及气象条件

工程地质主要指项目地点的地质构造、岩性、有无不良地质作用和地质灾害。

水文地质主要指地下水类型、赋存状态及补充排泄条件，主要含水层的分布、地下水流向、水位及其变化幅度等。

气象条件主要指项目所在地的温度、大气压力、湿度、风向、降雨、降雪等。

5.2.2 社会条件

说明项目所在行政区中的位置及该区的人文状况和社会经济简况。介绍当地的政策资源，包括各项与项目相关的优惠、鼓励、税收减免政策（或者不鼓励项目的政策），当地政府对项目建设的特殊要求等内容。

5.2.3 热用户基本情况

热用户的基本情况包括用户数量、用热形式、时间及其他。

5.2.4 配套条件

对项目建设及运营所需的配套资源以及项目所在地的配套程度进行分析，包括水、电、气、暖、交通、通信等资源。

5.3 同类项目分析

对当地同类项目进行分析，若当地无同类项目时，分析临近地区同类项目，包括建设地点、建成时间、地热资源、工艺技术、生产能力、运营情况，总结出可以借鉴的经验和需要改善的方面。

6 项目建设的必要性分析

6.1 市场分析

分析项目所在地对地热能利用所形成产品的接受程度和规模，以及项目对区域市场的意义和对建设单位生产经营的影响。

6.2 社会效益分析

从国家能源战略、可再生能源发展规划、环境保护等角度，分析论证地热能利用的必要性。

6.3 项目结构性意义

从项目所在地用能结构方面，论述项目建设的必要性。

7 地热资源评价

地热资源评价按照GB/T 11615编制，并依托项目区域已完成地热资源评价报告的结果，包含但不限于以下内容。

7.1 区域地质概况

简述项目所属区域的区域构造特征、二级构造带的分布特征及项目所处的构造位置，以及地层发育特征。

7.2 储层特征

对储层的构造特征、沉积类型、岩性类型、物性特征、分布特征，以及对储层的导热性、导水性进行描述。

7.3 地温场分布特征及地热类型

对热储层纵向、平面温度变化特征，以及热储等地热类型等进行描述。

7.4 地层压力特征

描述热储层的地层压力、压力梯度及压力系数，确定热储层的压力系统。

7.5 地热水流体性质

对热水的矿化度、水型、离子成分、硬度、pH 值、水性等进行描述，对地热水质量、腐蚀性和结垢性进行分析和评价。

7.6 地热资源量计算

确定热储层厚度、温度、有效空隙率、岩石密度、岩石和水的平均热容量、基准温度、压缩系数、回收率等参数，采用热储法，计算地热资源量和地热流体资源量。

7.7 地热资源可开采量

分别计算热储中的地热流体可开采量和可利用的热能量。

利用理论计算或目前地热井的井口出水测量资料，预测地热井井口出水温度和地热井的井口出水量。

7.8 回灌可行性分析

说明回灌目标层的基本情况，包含岩性特征、物性特征、透水性能，预测回灌压力、回灌比例。

7.9 地热资源评价结论

综合以上论述，对储层的特征、地热流体可开采量和可利用的热能量等进行总结归纳，说明地热资源是否满足需求。

8 建设方案

方案编制过程中应针对地热能供热项目的影响因素，提出并形成两个或两个以上建设方案，综合对比不同建设方案的技术优缺点、经济效益、社会效益等内容，提出最优的推荐方案。影响因素主要包括开采层系（单独开采某一热储层还是多个热储层混合开采）、开采强度（开采井数量、回灌温度）、地热井形式（直井还是定向井）、热泵形式（压缩式、吸收式）等。

8.1 研究范围

依据建设单位及有关协议要求，明确项目的研究范围。一般包括地热井、地热站、地热井至地热站之间的流体管网。

8.2 热需求分析

对于有准确热需求的项目，可直接作为项目的计算依据，并附相关的依据文件。其他可采用指标估算法，根据相关的标准和规范，确定热需求计算指标，计算项目热需求。

8.3 热源分析

依据地热资源评价结论，选定地热流体单井设计流量和温度，结合应用工艺，计算单井供热能力，与热需求分析结果进行热平衡分析，确定地热开采井数量，同时依据地热资源评价的回灌条件，以试验为主，科学开发、可持续利用为目的原则，确定地热回灌井数量。

8.4 地热井

8.4.1 已有地热井的情况

简述项目所属区域已有地热试采井情况，包括地层情况、井身结构、完钻井深、钻井周期、出水温度、出水量、地温场等内容。

8.4.2　钻井规模及布井方式

8.4.2.1　钻井规模

根据地热资源评价及开发方案设计、供热需求及单井供热量，预测开采井的规模，设计新钻井工作量、井型、总进尺和单井进尺，并进行回灌井的设计。

8.4.2.2　地热井选址及布井方式

依据地热项目开采井的井网部署，地理位置、地域特点选择地热井井场位置。制定布井方案，明确井台数量，不同井台新钻井的井号、井型和数量。

8.4.3　钻井工程

8.4.3.1　井身结构

依据项目所属区域的地层岩性、构造及地热储层性质，结合投资效益评价和完井工程要求，选用合理的井身结构。

8.4.3.2　钻井工程配套

依据新钻井井深及钻井安全需要，确定钻机型号；依据井身结构、地层压力和岩性特征，选择钻头型号、钻井液类型。

8.4.4　固井工艺

根据新钻井固井要求和地层特点，确定各开次固井工艺、水泥浆性能，确定水泥返高。

8.4.5　测录井要求

针对不同井段及目的层，制定初步测井、录井项目。

8.5　地热站

8.5.1　工程选址

8.5.1.1　站址选择原则

站址选择应符合所在地区的规划，有利于资源合理配置，有利于节约用地和少占耕地及减少拆迁量，有利于依托社会或依托现有设施（现有管网设施等），有利于建设和运行，有利于环境保护、可持续发展，有利于劳动安全及卫生、消防等，有利于节省投资、降低成本、增强产品竞争力、提高经济效益。应附站址区域位置图及选址意见书。

8.5.1.2　站址基础条件

站址基础条件，包括站址周边道路交通、供水管线、电源进线、雨污排管线、生活区等条件。

8.5.2　总平面布置

在选定站址范围内研究地热站、地热井、输送管网及其他的平面布置。

8.5.3　工艺流程

描述热力系统工艺流程，说明工艺技术路线及特点、设计参数、关键控制方案等内容，并绘制工艺流程图。

8.5.4 参数计算

根据供暖及区域要求，进行热力系统热平衡计算，确定主要技术参数结果。一般包括压力、温度、流量等参数。

8.5.5 主要设备选型

依据工艺流程及参数计算结果，结合设备选型要求，确定主要设备的规格、数量及技术参数。

8.5.6 输送管网

依据输送流体的物性和主要技术参数，选取管网材料及规格，确定管网敷设、补偿、防腐及保温方式等。

8.5.7 主要工程量

汇总工艺部分主要工程量，见表2。

表2 工艺部分主要工程量表

序号	名称、型号及参数	单位	数量	备注

8.6 配套工程

8.6.1 建筑结构

8.6.1.1 设计内容

说明本项目建筑结构部分设计的基本内容，包括站房、井房及室外及其他专业要求的建筑结构部分。

8.6.1.2 设计安全标准

确定工程地质概况、地下水位、冻土深度、工程等级、主要建（构）筑物级别、抗震设防标准等。

8.6.1.3 方案设计

站房、井房方案应简述建筑物的结构形式、设计使用年限、建筑做法、建筑材料、基础形式、地基处理形式等，其他有特殊要求的应予以说明。室外及其他建（构）筑物方案应说明构筑物的功能、使用条件、主要材料做法及相关的其他说明。汇总建（构）筑物主要工程量，见表3。

表3 建（构）筑物主要工程量表

序号	建（构）筑物名称	平面尺寸 m×m	建筑面积 m^2	建筑高度 m	层数	结构形式	基础形式	耐火等级	其他要求	备注

8.6.1.4 主要工程量

汇总建筑结构部分主要工程量，见表4。

表4 建筑结构部分主要工程量表

序号	名称、型号及参数	单位	数量	备注
1	站房			
2	井房			
3	室外及其他			

8.6.2 供配电

8.6.2.1 设计内容

说明本项目供配电设计的基本内容，包括高压部分、变压器部分及低压部分等。

8.6.2.2 供电系统现状

说明电源现状，包括电压等级、导线型号、线路负荷率等内容。

8.6.2.3 负荷等级及负荷计算

确定用电设备负荷等级，进行负荷计算，确定计算功率、补偿容量、视在功率等。附负荷计算表，见表5。

表5 负荷计算表

序号	设备名称	设备功率 kW/台	电压等级 V	数量 台	工况	需要 系数	功率 因数	计算 功率 kW	视在 功率 kVA	负荷 等级
小计										
合计（K_p= ，K_q= ）		P_{js}= kW，S_{js}= kVA								
补偿（cosϕ补偿到 ）		补偿 kvar，补偿后S_{js}= kVA								

8.6.2.4 方案设计

1）电源。根据负荷计算，结合供电系统现状，确定电源接入方案。

2）配电。根据负荷等级及负荷计算，合理选择变配电装置，结合用电设备设施布置，确定各设备单元配电引出方案，简述动力类设备的启动和控制方式选择，并对接自控通信部分需要接入采集的电气信号。

3）电缆敷设。简述高低压电缆的敷设方式。

4）照明。根据建构筑物功能和使用要求，依据照明设计规范，合理选择对应的照明标准，简述灯具选择和配线方案。

5）防雷防静电接地。简述防雷等级及措施，对要求防静电设备和管道采取的措施。

8.6.2.5 主要工程量

汇总供配电系统工程量，见表6。

表6 供配电部分主要工程量表

序号	名称、型号及参数	单位	数量	备注

8.6.3 自动控制和信息化工程

8.6.3.1 设计范围

说明工艺生产过程对自动化的要求，考虑项目的投资情况以及生产过程的要求等，确定拟建项目的自动化水平。

8.6.3.2 设计内容

根据工艺要求，详细列出检测和控制内容。主要检测内容包括但不限于：压力、温度、流量、液位等检测。

8.6.3.3 仪表选型

应说明仪表选型原则，按压力、温度、流量、液位、电动调节阀等列出选用仪表的种类，并说明对每类仪表的通用要求，如信号方式、防护等级、防腐防爆要求等。

8.6.3.4 控制系统

说明控制系统的设计原则、主要功能、供电方式及基本配置。

8.6.3.5 控制室的设置

根据生产装置、辅助生产设施的配置情况及控制系统的规模，说明控制室的位置选择、布置和面积等要求。

8.6.3.6 安全技术防范系统

说明控制系统的安全保障措施及各防护目标的区域及位置；安全技术防范系统的组成及选择；安全技术方案系统监控中心的设置。

8.6.3.7　火气系统

说明火气系统的选择、组成和自动报警联动方案，并给出火气系统探测器的布置。

8.6.3.8　通信系统

说明通信系统的组成及各部分（如通信方式、电话站）的主要功能。并对各系统进行方案设计。

8.6.3.9　信息网络系统

说明信息网络系统所支持的（办公、管理、生产过程自动控制、业务应用、信息服务等）应用系统及接口的确定；信息网络的组网方案；企业内部信息网络与外部网络的连接及安全措施。

8.6.3.10　主要工程量

汇总自动控制和信息化工程部分主要工程量，见表7。

表7　自动控制和信息化工程部分主要工程量表

序号	名称、型号及参数	单位	数量	备注

8.6.4　采暖通风

8.6.4.1　设计内容

明确需要采暖、通风的功能间，计算冷热负荷及通风量，并进行方案设计。

8.6.4.2　方案设计

选定各功能间的采暖、通风要求及设计参数，根据计算结果，选取合理的采暖、通风的实现方式。若地热流体中含有有毒有害、易燃易爆等危险气体，需根据有关劳动安全、职业卫生、环境保护等规范要求，制定通风方案。

8.6.4.3　主要工程量

汇总采暖通风部分主要工程量，见表8。

表8　暖通部分主要工程量表

序号	名称、型号及参数	单位	数量	备注

8.6.5 消防及给排水

8.6.5.1 设计内容

说明本项目给排水设计的基本内容，包括给水部分、排水部分及消防部分。

8.6.5.2 方案设计

给排水方案应说明站内生产和生活用水量、水压，水的来源及接管处的水压和管径，站内给水系统形式及给水设备情况，生产、生活的排水量及污水水质情况，站内排水系统的形式、排水出路及排水设施，站内雨水量及排除方式。

消防方案应说明站内的消防对象的耐火等级、建筑类别；设计室内消防用水量、室外消防用水量；市政管线供水量及水压情况；消防系统的形式；消防水池容积、消防泵的参数、灭火器的配置的情况。

8.6.5.3 主要工程量

汇总消防及给排水部分主要工程量，见表9。

表9 消防及给排水部分主要工程量表

序号	名称、型号及参数	单位	数量	备注

9 环境保护

9.1 执行的环境保护标准与规范

9.1.1 地热能项目执行的法律法规

1） 列出执行的环境保护法律法规；
2） 列出执行的其他法律法规（如循环经济、水土保持等）；
3） 列出执行的产业政策及污染防治技术政策。

9.1.2 地热能项目执行的标准规范

1） 列出项目所在区域执行的环境质量标准；
2） 列出执行的污染物排放标准；
3） 列出地热能项目执行的设计标准和规范。

9.1.3 合法合规分析

简要分析项目与涉及的法律法规、标准规范、设计标准、产业政策及污染防治技术政策等的符合性。

9.2 环境影响评价

说明目前项目环境影响评价工作的开展情况。

9.3 区域内环境现状

简要分析项目所在地大气、地表水、地下水、土壤、噪声环境质量现状及主要环境问题。并重点分析地热井项目区域周边地下水环境现状。

9.4 建设项目主要污染及防护措施

9.4.1 概述

根据建设项目的实际情况，简述其可能对当地环境造成的影响，对可选用的设备及施工方案从环保角度进行比选，分析设计方案中采取的污染控制措施，结合建设单位的环保理念，提出更为环保的建议。

9.4.2 建设项目污染源、污染物及防治措施

9.4.2.1 环境影响因素分析

按照废水、废气、固体废物、噪声等因素，分别分析说明地热井在建设期、运营期和废弃过程中的污染源、污染物排放情况。

9.4.2.2 污染防治措施

按照废水、废气、固体废物、噪声等因素，分别分析相应的污染防治措施、防治措施可行性及防治效果，比选出最优的污染物处理方案。

重点分析地热井项目施工中产生的钻井泥浆处理措施。

9.4.3 建设项目对生态环境的影响

9.4.3.1 对植被的影响

由项目建设期的施工方案，分析得出对项目周边植物的影响。

9.4.3.2 对土壤的影响

由项目建设期的施工方案，分析得出项目对周边土壤结构、土壤层次、土壤紧实度等因子的影响。

9.4.3.3 对地下水的影响

地热井项目运营期工艺流程中同层回灌、尾水处理等流程可能会对项目周边区域地下水有较大的影响，应结合施工方案简要分析运营期内项目对地下水环境的可能影响。

9.4.3.4 恢复生态环境措施

简述建设项目施工期内对项目区域生态环境的恢复措施。

9.5 环境管理和监督

根据相关法律、法规和有关部门对环境管理和监督的要求，提出项目建设期、运营期环境管理和监督方案，包括人员组织机构、设施、定员及环保管理要求等。

9.6 环境保护投资估算

估算建设项目的主要环境保护投资项目，列出各项环保措施、设施投资估算一览表，包括如环境影响评价、植被生态恢复、环保设施、污染物处理处置、环境监理、环保验收以及其他相关的环保投资，并说明环保投资占总投资的比例。

9.7 结论及建议

通过上述分析，从建设项目合法合规、污染防治措施可行性、生态影响恢复可行性等方面，给出项目环境可行性的结论。

10 节能

10.1 执行的标准与规范

列出地热能利用项目设计中，采用的节能方面国家、行业、地方或企业有关法律法规、标准和设计依据。

10.2 用能用水现状

项目改造前能源消耗和用水情况，包括燃料量、用电量、用水量等。

10.3 节能措施

描述项目建设及运营过程中的节能方案及措施，一般包括：热力、电气等专业的节能措施，以及给排水专业的节水节能措施。

10.4 综合能耗计算

按照GB/T 2589规定，计算项目综合能耗，见表10。

表10 项目综合能耗表

<table>
<tr><th>序号</th><th>耗能种类</th><th>单位</th><th>年耗量</th><th>折标系数</th><th>折标准煤（tce）</th><th>比例（%）</th></tr>
<tr><td></td><td></td><td></td><td></td><td></td><td></td><td></td></tr>
<tr><td></td><td></td><td></td><td></td><td></td><td></td><td></td></tr>
<tr><td></td><td></td><td></td><td></td><td></td><td></td><td></td></tr>
<tr><td>综合
能耗</td><td></td><td></td><td></td><td></td><td></td><td></td></tr>
<tr><td colspan="4">排放系数取值
tCO_2/t</td><td colspan="3"></td></tr>
<tr><td colspan="4">碳排放量=能耗总量×排放系数
t</td><td colspan="3"></td></tr>
</table>

10.5 预期效果分析

总结项目达到的效果。比如：替代的耗能种类、耗能量等。

11 劳动安全和职业卫生

11.1 劳动安全

11.1.1 执行的标准、规范及法律法规

列出地热能利用项目设计中，采用的劳动安全方面国家、行业、地方或企业有关法律法规、标准和设计依据。

11.1.2 劳动安全危害因素分析

分析在建设和运营过程中可能对劳动者身体健康和劳动安全造成危害的物品、部位、场所，估计危害的范围和程度。

11.1.2.1 有害物品的危害

分析建设和生产使用的带有危害性的产品、原料、燃料和材料等，包括爆炸类物品；易燃、易爆、有毒气体类；液体类；固体类；其他毒害品类；腐蚀品类；辐射物质类；氧化剂和过氧化物类等。

分析有毒有害物品的物理化学性质，引起火灾爆炸危险的条件，对人体健康的危害程度以及造成职业性疾病的可能性。

11.1.2.2 危险性作业的危害

分析高空、高温、高压作业；井下作业；辐射、振动、噪声等危险性作业场所，可能造成对人身的危害。

11.1.3 劳动安全危害管理措施

根据危害因素的分析，提出主要防范措施和应急措施，切实保障预防得当、处理及时、保障健康安全卫生。一般包括减少噪声源、配备安防工作服、改善操作条件等。

11.1.4 劳动安全监督及管理

设置必要的安全卫生管理、监督机构，配备专业人员，加强安全教育，协调和组织预防工作。

11.1.5 专用投资估算

列出安全劳动卫生系统及其设施、设备和用具的投资数值及其比例。

11.1.6 预期效果分析

预测建设项目在采取了各种防护措施的前提下，各作业岗位劳动安全危害程度和可能性，分析其在建设期和运营期是否满足劳动安全方面法律、法规、标准的要求。

11.2 职业卫生

11.2.1 执行的标准、规范及法律法规

列出地热能利用项目设计中，采用的职业卫生方面国家、行业、地方或企业有关法律法规、标准和设计依据。

11.2.2 职业危害因素分析及危害程度预测

分析说明地热能利用项目建设期或运营期可能产生的职业危害因素的种类、名称、存在形态、理化特性和毒理特征，分析其来源和产生方式。

分析接触职业危害因素的作业人员情况，包括接触人数、作业岗位、接触时间等。

根据职业危害因素对人体健康的影响及可能导致的职业病，分析其潜在危害性和发生职业病的危险程度。

11.2.3 主要防护措施

11.2.3.1 平面布置

功能分区和存在职业危害因素工作场所的布置应满足国家、行业、地方或企业有关标准和规范。

11.2.3.2 工艺设计

列出在工艺、技术、设备和材料选取方案规避职业危害的措施。

11.2.3.3 防护设施设计及其防控性能

列出项目建设期和运营期拟采取的防尘、防毒、防暑、防寒、降噪、减振、防非电离辐射与电离辐射等职业病防护设施。

11.2.3.4 应急救援设施

对项目建设期和运营期可能发生的急性职业危害事故进行分析，对建设项目应配备的事故通风装置、应急救援装置、急救用品、急救场所、撤离通道、报警装置等进行设计。

11.2.3.5 职业危害警示标识

对存在或者产生职业危害的工作场所、作业岗位、设备、设施设置警示图形、警示线、警示语句等警示标识和中文警示说明。

11.2.3.6 职业危害防治管理措施

包括建设单位拟设置或指定职业卫生管理机构或者组织、拟配备专职或兼职的职业卫生管理人员情况，及其他依法拟采取的职业病防治管理措施。

11.2.4 专用投资估算

结合建设单位现状，对职业危害治理增加的工程设施、应急救援用品、个体防护用品等，进行费用估算。

11.2.5 预期效果分析

预测建设项目在采取了各种防护措施的前提下，各作业岗位职业危害因素预期浓度（强度）范围和接触水平，分析其在建设期和运营期是否满足职业病防治方面法律、法规、标准的要求。

12 项目实施进度计划

12.1 项目组织与管理

根据项目的特点和主办单位的意见，提出项目组织管理实施方案。

改建、扩建和技术改造项目可在原建设单位内专门成立筹建小组，承担各项生产准备工作。

12.2 项目实施进度安排

项目建设工期确定后，根据工程实施各阶段工作量和所需时间，对工作内容作出安排，使各阶段工作相互衔接并编制项目实施进度（横道图），见表11。

表 11　项目实施计划进度表

工作内容	建设期（月）									
	1	2	3	4	5	6	7	8	9	…
1 可行性研究报告及审查										
2 设计及采购 2.1 基础工程设计（初步设计） 2.2 详细工程设计（施工图设计） 2.3 设备及关键材料采购										
3 施工建设										
4 单机、系统试车调试										
5 竣工验收及投产										

12.3　主要问题及建议

分析项目实施过程中可能影响计划实施进度的因素，提出建设性的防范措施和解决建议。

13　劳动定员和人员培训

13.1　劳动定员

为使企业具有较强的市场竞争力，在管理和生产人员设置方面力求精简、高效。

根据国家、部门、地方的劳动政策法规，结合项目具体情况，提出生产运转班制和人员配置计划，附岗位定员表，见表12。

表 12　岗位定员表

序　号	岗位名称	学历	人数	操作班制	合　计
1	管理人员				
2	技术人员				
3	生产工人				
4	其他人员				
	合计				

13.2　人员来源与培训

13.2.1　人员来源

根据国家、部门、地方的劳动政策法规，结合项目具体情况，说明工人、技术人员和管理人员的来源。

13.2.2　人员培训

对不同岗位做定性的描述，对岗位的技能要求要根据所采用的工艺技术进行描述，对不同岗位人员要进行岗前培训，提出培训计划。

改、扩建和技术改造项目，说明依托原有人员情况。

14 投资估算及资金筹措

14.1 编制依据和说明

1） 国家、行业以及项目所在地政府有关部门的相关政策与规定；
2） 价格和取费参考市政等有关资料信息；
3） 费用估算依据；
4） 其他有关依据和说明。

14.2 建设投资估算

地热能项目投资估算一般包括地面工程费用、其他费用、预备费及地热井投资。地面工程费用包括工艺部分、建筑结构部分、供配电部分、自控部分、通信部分、采暖通风部分、消防给排水部分等。汇总建设投资估算，见表13。

表13 建设投资估算汇总表

序号	费用名称	估算投资 万元
一	地面工程费用	
1	工艺部分	
2	建筑结构部分	
3	供配电部分	
二	其他费用	
三	预备费用	
四	地热井投资	
五	建设投资	

14.3 资金筹措

14.3.1 资金来源

说明项目权益资本和债务资金的主要来源。权益资本一般包括企业资产、经营权等变现资金、扩充权益资本等；债务资金一般包括银行贷款和债券。

14.3.2 资金使用计划

根据项目的实施计划、资金的筹措情况以及使用条件等编制投资计划与资金筹措表，并附投资使用计划与资金筹措表。

14.3.3 融资成本分析

主要分析计算债务资金成本、权益资本成本和加权平均资本成本。

权益资本采用资本定价模型计算资本成本。一般可行性研究报告中，可只做债务资金成本分析，根据项目的财务分析结果和债务资金利息的抵税因素，向投资者作出提示，合理确定各种资金的使用比例。

14.4 流动资金

流动资金指拟建项目投产后为维持正常生产，按规定应列入建设工程项目总投资，准备用于支付生产费用等方面的周转资金，可采用分项详细估算法，包括应收账款、存货、现金、应收账款等费用估算。

铺底流动资金是指按规定列入建设工程项目总投资的流动资金，一般按流动资金的30%计算。

14.5 总投资估算

项目总投资包括建设投资、建设期利息和铺底流动资金。项目总投资估算见表14。

表 14 项目总投资估算表

序号	项目名称	估价投资 万元
1	建设投资	
2	建设期利息	
3	铺底流动资金	
4	项目总投资	

15 财务评价

15.1 编制依据

1） 国家有关法律、法规和文件；
2） 公司或企业有关规定和文件；
3） 有关方面合同、协议或意向书。

15.2 财务评价的基础数据

应明确项目评价年限、基准收益率、所得税税率、借款利率等财务评价的基础数据。

15.3 销售收入和税金估算

15.3.1 销售收入估算

根据协议或合同签订的价格，项目的服务规模和工作量，逐年计算项目的销售收入。

15.3.2 税金估算

地热直接利用项目涉及的税费主要有增值税、城市维护建设税和教育费附加等。

15.4 成本费用测算

生产成本费用（总成本费用）：包括原材料、燃料、动力、人工工资及福利、维修、折旧、摊销、地热资源取用、财务、管理、销售、其他等费用。

15.5 财务指标的计算及分析

对项目内部收益率、项目财务净现值、项目投资回收期、资本金内部收益率、资本金财务净现值、资本金投资回收期等指标进行评价分析。

15.6 不确定性分析

分析项目可能存在的不确定的变化因素，及其对项目投资效益影响程度，为项目决策提供参考。

15.6.1 敏感性分析

通过图表揭示影响内部收益率的各主要因素，以及对结果的敏感程度，并提出相关的应对措施。

15.6.2 盈亏平衡分析

分析并确定项目的盈亏平衡点，判断项目对各不确定因素的承受能力，为科学决策项目提供依据。

16 社会效益分析

16.1 节能减排效果

16.1.1 节能减排量

分析项目项目比同类型传统工艺的节能减排效果，可从减少烟尘、二氧化碳、氮氧化物、二氧化硫等方面进行对比分析，得出节能减排的实际效果。

16.1.2 节能减排效益分析

可结合国家碳交易的政策，按照此地区或其他地区碳交易的平均价格，估算碳减排形成的减排收入，对项目经济效益的影响。

16.2 社会意义分析

1） 地热能利用可实现清洁供暖、清洁电力等，契合国家、地方等环保政策要求，切实保障居民供暖、企业清洁电力配比需要等。
2） 实施地热能项目，可增加就业机会、减少待业人口等，将带来一定的社会稳定效益。
3） 对于区域技术发展、基础设施水平提升、自然条件和生态环境改善的有利影响分析，可从贡献和借鉴意义等方面分析。
4） 其他有利影响分析。

17 风险分析

17.1 风险因素的识别

应针对项目特点识别风险因素，层层剖析，找出深层次的风险因素。地热能项目可以从市场、资源、技术、财务、管理、政策等方面进行分析，识别项目的风险。

17.2 风险程度的估计

采用定性或定量分析方法估计风险程度。

17.3 研究提出风险对策

有针对性地提出切实可行的防范和控制风险的对策建议。

18 结论及建议

18.1 结论

一般包括：项目是否符合国家、地区产业政策等战略要求；完成项目所需资源的可靠程度，包括矿产、人力、财力等资源；完成项目所需要各方面技术、工艺的成熟程度；环境保护和安全生产的保证程度；项目投产后的经济指标，包括投资回报和内部收益率水平等结果。

18.2 建议

项目存在主要的风险和难点，提出下一步工作中需要协调、解决的主要问题和建议。

19 附表、附图及附件

19.1 附表

附表包括：

a） 投资估算表，参见表A.1；

b） 主要财务评价指标表

  1） 项目总投资使用计划与资金筹措表，参见表A.2；

  2） 流动资金估算表，参见表A.3；

  3） 总成本费用估算表，参见表A.4；

  4） 营业收入、营业税金及附加增值税估算表，参见表A.5；

  5） 利润与利润分配表，参见表A.6；

  6） 项目投资现金流量表，参见表A.7；

  7） 借款还本付息计划表，参见表A.8；

  8） 主要经济数据及评价指标表，参见表A.9；

  9） 其他相关附表。

19.2 附图

附图包括：

a） 工艺流程图；

b） 站内平面布置图；

c） 系统布置图；

d） 其他相关附图。

19.3 附件

凡属于项目可行性研究范围，但在研究报告以外单独成册的文件，需列为可行性研究报告的附件：

a） 编制可行性研究报告依据的有关文件，包括：项目建议书及其批复文件，初步可行性研究报告及其批复文件，编制单位与委托单位签订的协议书或合同，涉及有关专利技术、专有技术须附技术许可证证明文件等；

b）建设单位与有关协作单位或有关政府部门签订的动力供应、土地使用等合作配套协议书、意向性文件或意见；

c）站址选择报告和有关批准文件；

d）资金筹措意向性文件或有关证明文件；

e）环境影响报告书或环境影响报告表、批复的环境影响报告书或环境影响报告表的审批文件；

f）地热资源评价报告；

g）地热流体物性评价报告；

h）其他有关文件或者资料。

附　录　A
（资料性附录）
附　　表

A.1　投资估算

投资估算表见表A.1。

表 A.1　投资估算表

序号	工程或费用名称	单位	工程量	估价（万元）	其中：设备费（万元）	备注
I	建设投资（含增值税）					
	建设投资（不含增值税）					
	第一部分：工程费用					
一	工艺部分					
二	建筑结构部分					
三	供配电部分					
四	自动控制和信息化工程部分					
五	采暖通风部分					
六	消防及给排水部分					

表 A.1（续）

序号	工程或费用名称	单位	工程量	估价（万元）	其中：设备费（万元）	备注
	第二部分：其他费用					
1	前期工作费					
1.1	可行性研究报告编制费					
2	建设管理费					
2.1	建设单位管理费					
2.2	建设工程监理费					
2.3	工程质量监管费					
3	专项评价及验收费					
3.1	环境影响及验收评价费					
3.1.1	环境影响报告表					
3.1.2	评估环境影响报告表					
3.1.3	环境影响验收评价费					
4	勘察设计费					
4.1	工程设计费					
5	联合试运转费					
	第三部分：预备费					
1	基本预备费					
	第四部分：地热井费用					

A.2 主要经济数据及评价指标

主要经济数据及评价指标表见表A.2。

表 A.2 主要经济数据及评价指标表

序号	名称	单位	数值	备注
一	投资数据			
1	项目总投资	万元		
1.1	建设投资	万元		
1.2	建设期利息	万元		
1.3	流动资金	万元		

表 A.2（续）

序号	名称	单位	数值	备注
2	资金筹措	万元		
2.1	资本金	万元		
2.2	建设贷款	万元		
2.3	流动资金贷款	万元		
二	经济指标			
1	项目评价指标			
1.1	营业收入	万元		
1.2	销售税金及附加	万元		
1.3	总成本费用	万元		
1.4	资本金净利润率	年		
1.5	项目投资财务内部收益率（所得税前）	%		
1.6	项目投资财务内部收益率（所得税后）	%		
1.7	项目投资财务净现值（所得税前）	万元		
1.8	项目投资财务净现值（所得税后）	万元		
1.9	项目投资回收期（所得税前）	年		
1.10	项目投资回收期（所得税后）	年		
1.11	利息备付率	%		
1.12	偿债备付率	%		
1.13	盈亏平衡点	%		
1.14	投资收益率（含流动资金）	%		
1.15	投资收益率（不含流动资金）	%		
1.16	评价期内 EVA 总额	万元		
1.17	评价期内税后净利润总额	万元		
1.18	年均利润总额	万元		
2	资本金评价指标			
2.1	资本金投资财务内部收益率（所得税前）	%		
2.2	资本金投资财务内部收益率（所得税后）	%		
2.3	资本金投资财务净现值（所得税前）	万元		
2.4	资本金投资财务净现值（所得税后）	万元		
2.5	资本金投资回收期（所得税前）	年		
2.6	资本金投资回收期（所得税后）	年		

附 录 B
（资料性附录）
可行性研究报告编排格式要求

B.1 报告构成

报告按封面、扉页、目录、报告正文和附表、附图、附件的顺序编排，在报告正文最后可以补加说明和引用文献名称。

B.2 报告编写要求

报告应内容完整、层次分明、语言简练、重点突出、逻辑性强、引用资料数据无误、配套图表齐全。

报告文字使用通用规范汉字表中的规范字，用阿拉伯数字或科学计数法表示数量。

计量单位名称和符合按《中华人民共和国法定计量单位》选用。文字后用单位名称表示，数字后面用单位符号表示，同一报告要统一。

涉及面积、投资、用量的数据一律保留小数点后两位。

引用的资料与成果应当正确，并明确交代其来源或依据。

报告原稿装订时，所有图表均应折叠整齐，大小与所用稿纸一致，装订部位一律位于左侧装订线处。

B.3 报告格式

B.3.1 页眉页脚的编排

封面和扉页不编入页码。将目录等前置部分单独编排页码。页码必须标注在每页页脚底部居中位置。

B.3.2 层次划分与编号

报告层次可分为章、节、条、项和小项等5个层次。章、节、条的编号采用阿拉伯数字表示，一律左起顶格书写，层次之间在数字右下角加圆点，如第1章第2节第3条应写成“1.2.3”。项用带英文小括号的阿拉伯数字书写，如（1）、（2）、（3），小项用圆圈的阿拉伯数字书写，如①、②、③（见图B.1）。

章、节、条有标题，标题后面不应有标点符号，并单独成一行，与正文分开。项根据情况可设或者不设标题，但在同一章中必须统一设或者统一不设标题。

章的编号应在同一文件内自始至终连续排列，节的编号应在所述章内连续排列，其余类同。

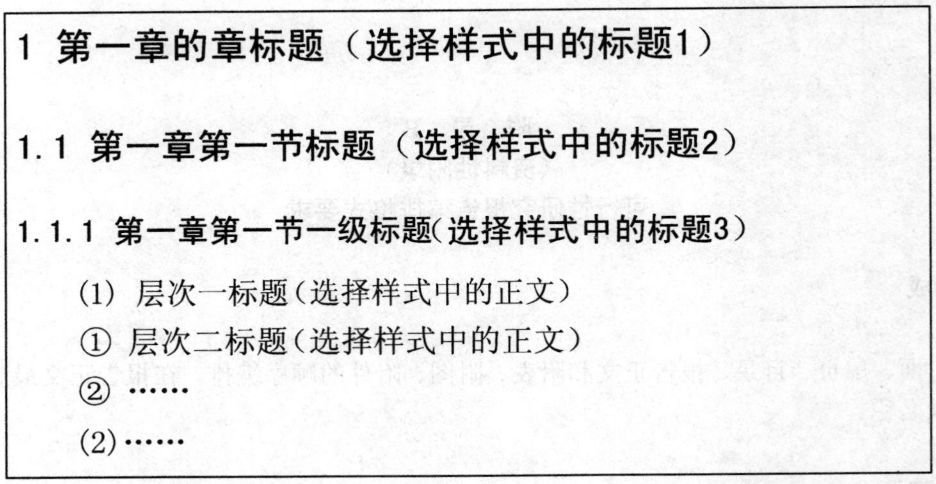

1 第一章的章标题（选择样式中的标题1）

1.1 第一章第一节标题（选择样式中的标题2）

1.1.1 第一章第一节一级标题(选择样式中的标题3)

(1) 层次一标题(选择样式中的正文)

① 层次二标题(选择样式中的正文)

② ……

(2)……

图 B.1 正文各级标题编号的示例图

附　录　C
（资料性附录）
封面和扉页格式

可行性研究报告的封面和扉页采用标准格式，分别如图C.1、图C.2所示。

例C.1：

建设单位名称

××××地热能开发利用项目

可行性研究报告

（一号黑体）

编制单位名称(三号宋体加黑)

20××年××月(三号宋体加黑)

图 C.1　可行性研究报告封面格式图

例C.2：

建设单位名称

××××地热能开发利用项目

可行性研究报告

（一号黑体）

项目编号：××××××

项目负责人：　姓　名(宋体三号)

编　制　人：　姓　名(宋体三号)

图 C.2　可行性研究报告扉页格式图

ICS 73.020
D 10

NB

中华人民共和国能源行业标准

NB/T 10099—2018

地热回灌技术要求

Technical requirements for geothermal reinjection

2018-10-29 发布　　　　2019-03-01 实施

国家能源局　发布

目 次

前言 145
1 范围 146
2 规范性引用文件 146
3 术语和定义 146
4 总则 147
5 基础资料准备与回灌试验 147
6 回灌系统设计 147
7 回灌系统主要装置及设备 148
8 地热回灌运行、维护与管理 149
9 动态监测 150

前　言

本标准按照GB/T 1.1—2009《标准化工作导则　第1部分：标准的结构和编写》给出的规定起草。

本标准能源行业地热能专业标准化技术委员会提出并归口。

本标准起草单位：中国石化集团新星石油有限责任公司、天津地热勘查开发设计院、河北省地热资源开发研究所、中国地质科学院水文地质环境地质研究所、中国石油天然气集团有限公司辽河油田供水公司。

本标准主要起草人：赵丰年、向烨、赵苏民、张德忠、王贵玲、国殿斌、金文倩、郭世炎、姚艳华、袁明叶、杨卫、周鑫。

本标准于2018年首次发布。

地热回灌技术要求

1 范围

本标准规定了地热回灌的名词术语、总则、基础资料的准备、地热回灌工程设计、地热回灌系统主要装置及设备、地热回灌运行维护和动态监测的要求。

本标准适用于水热型地热能开发利用项目中回灌工程的设计、施工、验收、运行维护和监测，其他类型的地热回灌工程参照执行。

2 规范性引用文件

下列文件对于本文件的应用是必不可少的。凡是注日期的引用文件，仅所注日期的版本适用于本文件。凡是不注日期的引用文件，其最新版本（包括所有的修改单）适用于本文件。

GB/T 11615 地热资源地质勘查规范

GB 50027 供水水文地质勘察规范

DZ/T 0260 地热钻探技术规程

3 术语和定义

下列术语和定义适用于本文件。

3.1

同层回灌 geothermal reinjection into the same reservoir

将地热流体回灌至与开采井相同的热储层。

3.2

自然回灌 natural reinjection

在不用加压泵加压的情况下，将利用后的地热流体直接注入回灌井进行回灌。

3.3

加压回灌 pressurized reinjection

在采用加压泵加压的情况下将利用后的地热流体注入回灌井进行回灌。

3.4

回灌系统 reinjection system

地热回灌中，包括开采井、回灌井以及连通采、灌井之间的地面管路、水质净化、排气、加压、监测等装置及设备在内的完整的封闭系统。

3.5

回扬 pump lifting

利用抽水的方式除去回灌井中堵塞物和附着物的方法。

4 总则

地热能开发利用项目应通过科学回灌防止环境污染，保护地热资源，实现地热能的可持续开发和利用。

5 基础资料准备与回灌试验

5.1 基础资料准备

地热回灌工作前，宜结合前期的地质勘查和试生产情况准备以下基础资料：

a）地热田的地质构造、岩浆活动、控热构造及地热流体的动力场、温度场和循环途径；

b）地热井位置、深度、生产能力、温度、压力、流体化学成分等地热井参数；

c）边界位置、面积、顶板深度、底板深度等热储几何参数；

d）温度、储层压力、岩石密度、比热、热导率和压缩系数等热储物理性质；

e）渗透率、渗透系数、水力传导系数、弹性释水系数、孔隙率、有效孔隙率等热储渗透性和储存流体能力的参数；

f）密度、热焓、热导率、比热、组分、黏滞系数和压缩系数等热流体性质。

5.2 回灌试验

开展回灌试验测定回灌井的回灌量、压力、流体温度随时间的变化。结合示踪试验进行回灌能力评价、确定回灌影响范围及影响区内热储温度、储层压力和化学组分的变化特点等并形成回灌能力评价报告。回灌试验的具体要求按照 GB/T 11615 执行。

6 回灌系统设计

6.1 回灌井设计要求

6.1.1 应在基础资料准备和回灌试验的基础上，建立热储模型，设计开发方案。

6.1.2 回灌井与开采井的目的层宜在同一热储层，宜通过数值模拟确定开采井、回灌井的合理数量和井位布置及保持地热田实现可持续开发利用的采灌强度。

6.1.3 井位布置应避免开采井和回灌井的井距过近，防止出现热突破。

6.1.4 回灌井钻井工程设计按照 DZ/T 0260 执行。

6.1.5 回灌井成井工艺原则：

a）选择条件好、渗透能力强的热储；

b）将目的层与非目的层隔开；

c）加强井壁的稳定性；

d）采用高过流面积的成井工艺。

6.1.6 回灌井储层保护要求：

a）加强钻井过程中钻井液性能和质量管理，减少钻井液对储层的伤害；

b）成井时对目的层进行洗井，洗井应清除孔内及热储层段井壁的泥浆、岩屑、岩粉等堵塞物，具体按照 GB/T 11615 和 GB 50027 的要求执行。具体洗井工艺及要求根据实际情况而定。

6.2 回灌系统设计要求

6.2.1 回灌方式选择

回灌可采用自然回灌或加压回灌方式。自然回灌不能满足全部回灌情况下进行加压回灌。

6.2.2 回灌系统工艺流程设计

6.2.2.1 地热水从开采井抽取出来，经过换热利用后输送至回灌井，过程中采用除砂、过滤、排气等工艺，自然或加压回灌至回灌井，实现同层回灌。工艺流程示意图见图1。

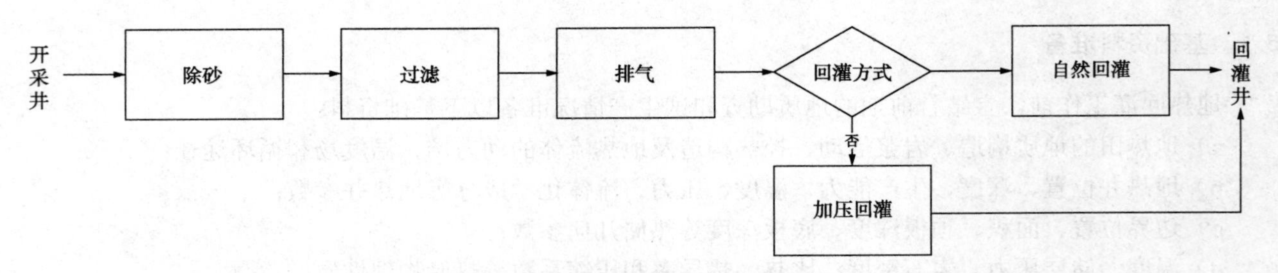

图1 回灌系统工艺流程示意图

6.2.2.2 回灌管网设计应保证气体的排出和清洗方便。

6.2.2.3 回灌水水质净化处理符合下列要求：

a）对裂隙型热储，回灌过滤精度应小于50μm；

b）对孔隙型热储，过滤精度应小于5μm；

c）宜具有排气装置，防止气体堵塞。

7 回灌系统主要装置及设备

7.1 除砂器

除去地热流体中的砂粒和杂质，分离粒径应达0.1mm。

7.2 过滤器

用于滤除地热流体中的小粒径颗粒和悬浮物，防止堵塞。根据热储层特征选择相应的过滤精度，过滤材料要考虑耐温和耐压。

7.3 排气装置

用于排除流体中的气体，防止气体堵塞。排气装置流量应满足回灌设计的流量要求。排气装置容许的工作压力应高于回灌系统的最大工作压力。

7.4 回灌加压泵

用于加压回灌，加压泵电机应具有变频控制功能。原则是回灌井底压力要高于储层压力，加压泵压力不超过系统额定系统压力。

7.5 井口装置

安装完成后应进行密封检查，压力测试应满足系统设计的回灌压力要求。

7.6 回扬潜水泵

用于返排井管中的堵塞物和附着物，回扬潜水泵应采用变频控制功能。当回扬泵在回灌井中，利用泵管作为回灌管时，泵头应有抽水和灌水转换装置。

7.7 动态监测装置

用于监测地热井液位及回灌系统中井口压力、温度、流量等数据的监测仪表，应根据检定规程定期检定或校验。监测仪器仪表所有接触液体部分应满足于地热应用工况要求。

8 地热回灌运行、维护与管理

8.1 回灌前准备

8.1.1 对系统装置检查要求

开采井、回灌井的井口动态监测仪器仪表正常，回灌系统电源、设备和阀门状态正常。

8.1.2 冲洗回扬

在回灌前对回灌井进行冲洗回扬，清除井筒内的死水及杂质。根据目测冲洗排水的透明度与原水相同时，结束回扬作业。冲洗回扬结束后对整个回灌系统的管网试运行测试，保证回灌管网完好、无渗漏，各设备运行正常。

8.2 回灌系统运行

回灌系统运行时应要求：

a）回灌开始前，记录开采井流量表、回灌井流量表的起始读数，开采井、回灌井液位埋深及温度；

b）回灌开始后，应及时检查整个回灌系统的密封情况，检查排气装置和过滤装置是否正常；

c）当过滤装置两端的压力差持续增大，数值达 50kPa～60kPa 时，应进行清洗或更换滤料；

d）回灌系统运行稳定后，在回灌井井口取样进行水质分析，15d 内完成；

e）当采用加压回灌时，回灌压力不超过系统额定工作压力；

f）回灌运行出现下列现象之一时，可判断回灌井出现堵塞：

——当保持一定的压力时，随着回灌时间的增长回灌量逐渐减小；

——当保持一定的回灌量时，随着回灌时间的增长，回灌液位持续上升；

——连续回灌一段时间后，进行回扬时井的动水位显著下降或出现断水；

g）判断回灌井发生堵塞时应及时采取有效措施。

8.3 回灌结束后系统设施的养护

系统设施的养护内容包括：

a）停灌后，对回灌井进行回扬；

b）做好设备的维护保养及防腐、防锈等工作；

c）在停灌期间，宜将停用的地热井（开采井、回灌井）液面以上的井管部分充满惰性气体，对系统各部分定期进行密封检查；

d）停灌后每季度期应监测液位并记录。

9 动态监测

9.1 总体要求

根据日常开采动态监测数据保证回灌系统正常，地热水在回灌系统中密闭运行，实现原水回灌。地热井应进行日常开采回灌动态监测、开发利用管理动态监测。

9.2 开采井及回灌井监测数据记录

记录的内容包括：

a）开采井监测内容：压力、水位、出水温度、开采量、累计开采量等；

b）回灌井监测内容：压力、水位、回灌温度、回灌量、累计回灌量等；

c）水质监测：根据所在地区开发利用的要求监测回灌井水质，每年至少一次水质分析。

9.3 动态监测管理

资料档案内容及管理要求：

a）各动态数据的获得可自动记录或由人工记录。自动记录数据应做好储存和备份，人工记录的数据应定期收集整理成电子版并存档。

b）地热井动态监测各项原始数据必须及时整理、校核、并应编制地热井动态监测资料统计表，资料应包括纸质文件和电子文档，应按档案管理规定对资料进行系统归档保存。

c）在回灌结束后对项目动态监测资料进行系统分析，分析内容包括：地热井开采量、回灌量、温度、水位、压力、水质等，对回灌系统中的回灌设备设施做出评价，分析热储的动态变化趋势，编制回灌运行分析报告，以指导和改进后续的回灌工作，保证实现采储平衡。

ICS 73.020
F 15

NB

中华人民共和国能源行业标准

NB/T 10263—2019

地热储层评价方法

Evaluating methods of geothermal reservoirs

2019-11-04 发布 2020-05-01 实施

国家能源局 发布

目　次

前言……153
1　范围……154
2　规范性引用文件……154
3　术语和定义……154
4　热储分类……154
5　地热勘查阶段划分……157
6　热储评价内容和方法……157
7　热储综合评价……160
8　热储评价成果……160
附录 A（资料性附录）　热储评价报告编写要求……162
附录 B（规范性附录）　热储地质评价相关数据表……163

前　　言

本标准按照GB/T 1.1—2009《标准化工作导则　第1部分：标准的结构和编写》给出的规定起草。

本标准由能源行业地热能专业标准化技术委员会提出并归口。

本标准起草单位：中国石油化工股份有限公司石油勘探开发研究院、中国石化集团新星石油有限责任公司、中国石油大学（北京）、北京市地热研究院、天津地热勘查开发设计院、山东省地质矿产勘查开发局、中国石油化工股份有限公司胜利油田分公司勘探开发研究院。

本标准主要起草人：张英、冯建赟、何治亮、周总瑛、鲍志东、柯柏林、赵苏民、康凤新、杨永红、李朋威、赵丰年、向烨、罗军。

本标准于2019年首次发布。

地热储层评价方法

1 范围

本标准规定了水热型地热储层（以下简称“热储”）的术语和定义、分类、评价要求、评价内容和方法、综合评价、成果要求。

本标准适用于不同勘查阶段水热型热储的评价。

2 规范性引用文件

下列文件对于本文件的应用是必不可少的。凡是注日期的引用文件，仅注日期的版本适用于本文件。凡是不注日期的引用文件，其最新版本（包括所有的修改单）适用于本文件。

GB/T 11615 地热资源地质勘查规范

DZ/T 0275.4—2015 岩矿鉴定技术规范 第4部分 岩石薄片鉴定

DZ/T 0282—2015 水文地质调查规范（1:50000）

3 术语和定义

下列术语和定义适用于本标准。

3.1

热储中部温度 central temperature of geothermal reservoir

热储顶板和底板中间埋深处的温度。

3.2

热储有效厚度 effective thickness of geothermal reservoir

在一套热储的顶底板范围内，采用野外测量、钻探、测录井和地球物理解释识别的含水层的累计垂深厚度。

4 热储分类

4.1 热储中部温度分类

利用测井、地热温度计和地温梯度计算等手段获取热储中部温度。热储中部温度类型划分见表1。

表1 热储中部温度类型

热储中部温度类型	温度 T ℃
高温热储	$T \geqslant 150$
中温热储	$150 > T \geqslant 90$
低温热储	$90 > T \geqslant 25$

4.2 热储岩性分类

热储岩性分为沉积岩、火成岩与变质岩三大类。根据地热流体赋存的岩石类型，可进一步细分为不同类型的热储岩性，如砂岩热储、碳酸盐岩热储等。

4.3 热储平面展布分类

按热储平面展布的控制因素(岩性、构造)，将热储分为层状热储和带状热储两大类。

4.4 热储储集空间分类

热储储集空间划分为孔隙、洞穴及裂缝等基本类型（见表2）。

表2 热储储集空间类型

热储储集空间类型		长宽比	孔洞直径 D mm
孔洞	孔隙	1:1～<10:1	$D<2$
	洞穴		$D\geqslant 2$
裂缝		≥10:1	

4.5 热储孔隙度分类

主要热储类型的孔隙度分类见表3～表5。

表3 砂岩热储孔隙度类型

热储孔隙度类型	孔隙度ϕ %
高孔	$\phi\geqslant 25$
中孔	$25>\phi\geqslant 15$
低孔	$\phi<15$

表4 碳酸盐岩热储孔隙度类型

热储孔隙度类型	孔隙度ϕ %
高孔	$\phi\geqslant 20$
中孔	$20>\phi\geqslant 12$
低孔	$\phi<12$

表5 火成岩热储和变质岩热储孔隙度类型

热储孔隙度类型	孔隙度ϕ %
高孔	$\phi\geqslant 5$
中孔	$5>\phi\geqslant 2$
低孔	$\phi<2$

4.6 热储渗透率分类

主要热储类型的渗透率分类见表6、表7和表8。

表6 砂岩热储渗透率类型

热储渗透率类型	渗透率 K mD
高渗	$K \geqslant 500$
中渗	$500 > K \geqslant 100$
低渗	$K < 100$

表7 碳酸盐岩热储渗透率类型

热储渗透率类型	渗透率 K mD
高渗	$K \geqslant 100$
中渗	$100 > K \geqslant 10$
低渗	$K < 10$

表8 火成岩热储和变质岩热储渗透率类型

热储渗透率类型	渗透率 K mD
高渗	$K \geqslant 50$
中渗	$50 > K \geqslant 10$
低渗	$K < 10$

4.7 热储有效厚度分类

利用野外测量、钻探、测录井和地球物理解释等手段获取热储有效厚度数据，热储有效厚度的类型分类见表9。

表9 热储有效厚度类型

热储有效厚度类型	有效厚度 H m
厚层	$H \geqslant 100$
中层	$100 > H \geqslant 20$
薄层	$H < 20$

4.8 地热流体产量分类

利用产能测试及邻区对比等手段获取热储的单井地热流体产量，单井地热流体产量分类见表10。

表 10　单井地热流体产量分类表

地热流体产量类型	单井地热流体产量 Q m^3/d
高产	$Q \geqslant 2400$
中产	$2400 > Q \geqslant 1200$
低产	$Q < 1200$

5　地热勘查阶段划分

5.1　地热资源调查阶段

以地热调查区为评价对象，以明确热储类型和宏观分布为重点，利用地质、物探、化探、泉点、钻孔等资料，研究有利热储特征，指出有利热储可能分布区带，为地热资源远景评价和勘查方向选择提供依据。

5.2　地热资源预可行性勘查阶段

以有利区带或区块为评价对象，以深入认识热储特征和分布为重点，利用地质、地球物理探测、钻探、产能测试等勘查成果，基本明确热储特征、成因类型与空间展布，确定有利热储分布区，为地热资源评价、有利区带优选及地热田的发现提供依据。

5.3　地热资源可行性勘查阶段

以地热系统或地热田为评价对象，主要利用详细的地球物理探测勘查、地热勘探井和采出井等成果，详细开展微观尺度与宏观尺度相结合的热储特征研究及预测，为地热资源/储量评价、开发方案制定和地热开发项目区优选等提供依据。

5.4　地热资源开采阶段

以地热开发项目区为评价对象，结合地热项目的钻井、热储工程、动态监测与评价等工作，开展热储参数评价研究，建立热储三维地质模型与采灌数值模型，为开发方案调整、提高地热项目管理水平和实现采灌平衡提供依据。

6　热储评价内容和方法

6.1　热储中部温度

6.1.1　评价内容

热储中部温度主要评价热储岩石的温度及其在横向及纵向上的变化特征。

6.1.2　评价方法

热储中部温度可采用单井测温获取，没有实测数据时，选用区域地温梯度或地热温标计算温度数据。

6.2　热储岩石学特征

6.2.1　评价内容

热储岩石学特征评价主要是确定热储的岩石类型和岩相变化等特征。

6.2.2 评价方法

主要利用野外地质剖面、钻井柱状图的地质描述和薄片鉴定相结合的方式进行热储岩石学特征的评价。岩石学特征描述按照DZ/T 0275.4—2015的规定执行。

6.3 热储储集空间特征

6.3.1 评价内容

热储储集空间特征主要评价不同岩类热储的储集空间类型、组合类型，判断热储孔、洞、缝的有效性及其规模。砂岩和碳酸盐岩主要评价原生孔隙、次生孔隙、裂缝及其组合情况，火成岩和变质岩主要评价孔、洞、缝类型及其组合特征。

6.3.2 评价方法

综合利用露头、测录井、地球物理探测以及薄片观察等手段进行评价。

6.4 热储孔、渗物性特征

6.4.1 评价内容

热储孔、渗物性特征评价主要分析不同类型热储的孔隙度、渗透率参数，判断孔、洞、缝发育情况，确定热储孔隙度、渗透率大小及其在横向、纵向上的变化特征。

6.4.2 评价方法

热储孔、渗物性特征评价主要结合岩心和野外露头观察、岩心样品实验室测量、录井、测井解释、钻具放空长度、钻井液漏失数量和速度、降压和放喷试验等资料。

6.5 热储热物性特征

6.5.1 评价内容

热储热物性特征主要评价热储比热容、热导率及其在横向、纵向上的变化特征。

6.5.2 评价方法

热储热物性特征评价主要通过热储岩石样品的热物性测试获取热物性参数，结合热储岩性及岩相特征分析其在横向、纵向上的变化。

6.6 热储产能测试

6.6.1 评价内容

热储产能测试主要是为了获得地热流体温度、压力、涌水量、水位变化、采灌比及热储的导水系数和渗透系数等参数。

6.6.2 评价方法

热储产能测试主要通过降压试验、放喷试验和回灌试验等获取相关参数。具体方法按照GB/T 11615—2010执行。

6.7 热储发育的主控因素

6.7.1 沉积岩热储

沉积岩热储应确定沉积相，分析沉积作用、成岩作用（包括成岩阶段、成岩共生序列和成岩历史等）、构造作用、热事件、砂体展布等对热储物性的影响。应开展以下评价：

a）确定热储沉积相类型，分析沉积相与热储物性的关系，明确有利沉积相；

b）进行成岩阶段和成岩环境划分，评价各种成岩作用对不同类型孔隙形成、发育和消亡的影响；

c）成岩次序与孔隙演化的关系。

6.7.2 火成岩热储

火成岩热储应开展以下评价：

a）岩浆旋回、期次和岩石形成时代；

b）确定火山岩体或侵入体的分布和规模，有利火山岩及侵入岩岩相；

c）火成岩热储在埋藏及抬升过程中蚀变作用对储集空间的改造和构造裂缝对储集性能的影响，明确有利热储的横向及纵向分布规律；

d）进行岩相划分、岩相空间分布预测、岩相和储集条件关系研究，明确有利岩相及后生改造作用，划分有利的后生改造作用类型。

6.7.3 变质岩热储

变质岩热储应开展以下评价：

a）区域不整合面导致的风化、淋滤作用和多期构造运动对裂缝形成和分布的影响；

b）变质变形作用对构造面理的形成及改造过程，以及深部流体作用对热储储集空间的影响；

c）区域不整合面导致的风化、淋滤作用产生的次生孔隙；

d）多期构造运动产生的构造裂隙；

e）深部流体对储集空间的影响，明确变质岩储集体分布特征。

6.8 热储描述与预测

6.8.1 地热资源调查阶段

利用野外地质、钻探、地球物理及化探资料确定热储集中分布的地层层段或热储地质体部位，进行热储描述与预测：

a） 描述并预测热储中部温度及地温场特征；

b） 描述热储顶板和底板深度的起伏变化，建立热储分布格架；

c） 预测热储空间分布和储集性能的变化。

6.8.2 地热资源预可行性勘查阶段

补充地质、钻探、岩心分析、地球物理资料，深化热储描述与预测：

a） 确定有效热储几何形态、分布及非均质性特征；

b） 明确热储孔渗、热物性等特征，分析其变化及主控因素；

c） 分析一定埋深（如1000m、2000m、3000m）热储温度特征。

6.8.3 地热资源可行性勘查阶段

深化前期热储评价工作，并开展以下热储特征的描述与预测：

a）描述并预测热储平面及空间分布；
b）明确热储中部温度和热储地温梯度特征；
c）建立热储概念地质模型。

6.8.4 地热资源开采阶段

综合钻探、地球物理与地热生产资料，进行热储描述与预测：
a）编制分层（段）储层和盖层组合分布图；
b）描述热储温度、孔渗、热物性等特征，建立热储三维地质模型；
c）进行地热流体温度、压力、产能拟合与预测评价。

7 热储综合评价

7.1 选择热储评价参数

热储评价的参数主要包括热储温度、分布面积、有效厚度、储集空间、孔隙度、渗透率、热储产能、非均质性等。

7.2 单井热储评价

开展单井热储评价，其参数包括热储中部温度、有效厚度、孔隙度、渗透率、非均质性、单井流体产量等，按4.1～4.8和6.1～6.8进行热储分类和评价。

7.3 热储地质模型建立

在进行单井热储评价的基础上，应用多井钻井和地球物理资料进行热储平面及空间分布分析。资料较少时，建立热储概念地质模型。条件具备时，应建立热储三维地质模型。

7.4 分区块、分层段的热储综合评价

根据热储的分布范围、有效厚度及其横向上的可对比性，岩性、岩相、储层孔渗特征、热物性、孔隙结构、裂缝、非均质性、温度、地热流体产能等，确定不同区块、不同层段有利热储的分布。

8 热储评价成果

8.1 评价报告编写要求

报告内容包括区域地热地质条件、热储特征、热储发育主控因素、热储描述与预测、热储综合评价，报告编写提纲及要求可按附录 A 执行。

8.2 附图

附图可包含但不限于以下图件，并按照 DZ/T 0282—2015 规定的格式编绘：
a）热储评价综合柱状图，包括热储厚度、中部温度、岩性、储集空间类型、岩石孔渗特征、岩石热物性等信息；
b）热储物性特征横向对比剖面图；
c）热储埋深等值线图；
d）热储有效厚度等值线图；

e）热储地温梯度等值线图；

f）热储中部温度等值线图；

g）热储孔隙度等值线图；

h）热储综合评价图。

8.3 附表

可附以下表格，格式参见附录 B：

a）热储地质评价基础数据表；

b）热储地质评价关键参数表。

附 录 A
（资料性附录）
热储评价报告编写要求

A.1 报告提纲

第一章 概述
第二章 区域地热地质条件
第三章 热储特征
第四章 热储发育主控因素
第五章 热储描述与预测
第六章 热储综合评价

A.2 报告编写要求

第一章，应简述评价的目的和任务；评价区（井）勘查和研究程度。

第二章，应简述区域地质构造、主要断裂构造特征、岩石地层发育情况、区域地温场特征。

第三章，应详细阐述热储温度、岩性、平面和纵向展布、储集空间类型及特征、孔隙度、渗透率、热物性、热储产能等特征。

第四章，依据勘查阶段和热储岩性类型，按照6.7给出的细节，应详细阐述热储发育主控因素。

第五章，依据勘查阶段，按照6.8给出的细节，应进行热储描述和预测。

第六章，选择热储评价参数，单井可进行热储分类和评价，区域范围宜采用点、线、面结合的方式进行热储综合评价，确定有利热储分布。

附　录　B

（规范性附录）

热储地质评价相关数据表

B.1　热储地质评价基础数据表

热储地质评价基础数据表格式见表 B.1。

表 B.1　热储地质评价基础数据表

构造单元			目的层系/地质体	
评价内容	岩石学特征	岩石名称		
		主要矿物成分		
		结构		
		构造		
	岩相特征	岩相类型		
		岩相分布		
	热储特征	热储有效厚度/m		
		热储有效厚度占热储地层总厚度的比例/%		
		热储顶板埋深范围/m		
		热储底板埋深范围/m		
	储集空间特征	宏观孔、洞、缝发育特征		
		微观裂缝发育特征		
		微观孔隙结构特征		
	储集物性特征	孔隙度范围/%		
		孔隙度平均值/%		
		渗透率范围/mD		
		渗透率平均值/mD		
	地热流体特征	单井地热流体产量/(m^3/h)或(m^3/d)		
		地热流体温度/℃		
	热物性特征	比热容/[J/(kg·K)]		
		热导率/[W/(m·K)]		
	地温场特征	大地热流值/(mW/m^2)		
		盖层地温梯度/(℃/100m)或(℃/km)		
		热储地温梯度/(℃/100m)或(℃/km)		
		热储中部温度/℃		

B.2 热储地质评价关键参数表

热储地质评价关键参数表格式见表B.2。

表B.2 热储地质评价关键参数表

构造单元		目的层系/地质体	
评价内容	评价参数	参数值	
温度特征	热储中部温度/℃		
物性特征	孔隙度平均值/%		
	渗透率平均值/mD		
热储有效厚度	热储有效厚度/m		
	热储有效厚度占热储地层总厚度的比例/%		
地热流体产量特征	单井地热流体产量/(m^3/h)或(m^3/d)		

ICS 73.020
D 14

NB

中华人民共和国能源行业标准

NB/T 10264—2019

地热地球物理勘查技术规范

Specifications for geothermal resources geophysical exploration technology

2019-11-04 发布　　　　2020-05-01 实施

国家能源局　发布

目 次

前言……167
1 范围……168
2 规范性引用文件……168
3 总则……168
4 工作准备……169
5 工作内容与要求……172
6 报告评审与资料汇交……177
附录A（资料性附录） 项目设计书编写提纲及附图附表要求……178
附录B（资料性附录） 原始资料提交文件及要求……179
附录C（资料性附录） 《地热资源勘查钻井前期论证工作报告》编写提纲及附图附表要求……181
参考文献……182

前　言

本标准按照GB/T 1.1—2009《标准化工作导则 第1部分：标准的结构和编写》给出的规定起草。

本标准由能源行业地热能专业标准化技术委员会提出并归口。

本标准起草单位：中国石油化工股份有限公司石油物探技术研究院、中国石化集团新星石油有限责任公司、北京市地质勘察技术院、江苏省地质调查研究院。

本标准主要起草人：俞建宝、吴伟、李弘、曹辉、雷晓东、赵丰年、肖鹏飞、姜国庆、尚通晓、张松扬、向烨、关艺晓。

本标准于2019年首次发布。

地热地球物理勘查技术规范

1 范围

本标准规定了地热资源勘查中地球物理勘查的方法选取、数据采集、数据处理、资料解释、报告编写、成果提交等工作要求。

本标准适用于陆上水热型地热资源地球物理勘查。

2 规范性引用文件

下列文件对于本文件的应用是必不可少的。凡是注日期的引用文件，仅所注日期的版本适用于本文件。凡是不注日期的引用文件，其最新版本（包括所有的修改单）适用于本文件。

GB/T 7713.3 科技报告编写规则
GB/T 33583 陆上石油地震勘探资料采集技术规程
GB/T 33684 地震勘探资料解释技术规范
GB/T 33685 陆上地震勘探数据处理技术规程
DD 2006 岩矿石物性调查技术规程
DZ/T 0004 重力调查技术规范（1:50000）
DZ/T 0070 时间域激发极化法技术规程
DZ/T 0073 电阻率剖面法技术规程
DZ/T 0142 航空磁测技术规范
DZ/T 0171 大比例尺重力勘查规范
DZ/T 0280 可控源音频大地电磁法技术规程
DZ/T 0305 天然场音频大地电磁法技术规程
EJ/T 605 氡及其子体测量规范
SY/T 5819 陆上重力磁力勘探技术规程
SY/T 5820 石油大地电磁测深法采集技术规程
SY/T 6055 石油重力、磁力、电法、地球化学勘探图件编制规范
SY/T 6276 石油天然气工业健康、安全与环境管理体系
SY/T 6589 陆上可控源电磁法勘探采集技术规程
SY/T 6687 井中-地面电磁法勘探技术规程
SY/T 7070 微地震井中监测技术规程
SY/T 7072 大地电磁测深法资料处理解释技术规程
SY/T 7073 陆上可控源电磁法勘探资料处理解释技术规程
SY/T 7372 微地震地面监测技术规程

3 总则

3.1 为使地热资源勘查中地球物理勘查技术方法的应用符合地热地质特点，提高勘查成功率，降低勘

查成本，特制定本标准。

3.2 本标准涉及的地球物理勘查技术方法，是陆上水热型地热资源勘查中常用的地球物理勘查技术方法。

4 工作准备

4.1 资料收集

地球物理勘查工作正式开展前，应先收集工区及其周边区域如下资料：

a）地形、河流、湖泊等自然地理资料；

b）居民点、道路、管线、水利设施等人文地理资料；

c）气温、雨季、冰冻期等气象信息资料；

d）发生时间、频次、深度等地震活动资料；

e）构造、地层、岩性、火成岩分布等区域地质资料；

f）地下水类型、补、径、排特征等水文地质资料；

g）井位、井深、测井、录井等钻探资料；

h）大地热流、岩石物性、以往电法勘探、重力勘探、磁法勘探、地震勘探、放射性勘探、红外线摄影等地球物理资料。

4.2 方法准备

分析收集到的地质、地球物理、地理资料，结合现场踏勘与正演模拟分析，确定适宜的地球物理勘查技术方法及方法组合。常用地球物理勘查技术方法的目标任务如下：

a）电法，适用于地热资源勘查的调查、预可行性勘查、可行性勘查、开采各个阶段。主要采用电磁测深类方法，探查与热源有关的深部岩浆活动、岩体（层），与热通道有关的深大断裂，与热储体（层）有关的岩体（层）和断裂构造，与热盖层有关的岩层的位置和顶/底板埋深；探测岩体（层）含水性、有地温测井时推断地温场分布。可行性勘查、开采阶段，采用激发极化法、复电阻率法进行地层/岩体含水性预测与含水带位置探查作为补充。开采阶段，采用井地（中）电法进行热储体（层）压裂改造与回灌的流体监测。基岩埋深小于50m～100m地段，尤其构造发育区域，采用高密度电阻率法进行地层/岩体含水性预测与含水带位置探查作为补充；

b）重力法，适用于地热资源勘查的各个阶段。探查与热源有关的深部岩浆活动、岩体（层），与热通道有关的深大断裂，与热储体（层）有关的岩体（层）、断裂构造的位置、顶/底板埋深。开采阶段，采用高精度重力测量进行地热田开采、回灌区地面沉降监测；

c）磁法，适用于地热资源勘查的调查、预可行性勘查、可行性勘查阶段。探查与热源有关的深部岩浆活动、岩体，与热通道有关的深大断裂，与热储体（层）有关的火成岩体、断裂构造分布的位置；

d）人工地震法，适用于地热资源勘查的可行性勘查、开采阶段。探查与热储体（层）有关的岩体（层）位置、顶/底板埋深、岩性，预测岩体（层）的孔隙度、渗透率等物性参数；探查与热储体（层）有关的断裂构造位置、深度、断距；探查与热盖层有关的岩层顶/底板埋深、岩性；

e）被动源地震法，适用于地热资源勘查的开采阶段。采用微地震监测技术进行热储体（层）压裂改造实时监测；

f）放射性法，适用于地热资源勘查的预可行性勘查、可行性勘查阶段。探查与热通道、热储体（层）有关的断裂构造位置、走向。

4.3 方法选择

地热资源勘查中，主要依据所处阶段、目标任务、热储类型，选择适宜的地球物理方法：

a）电磁测深类方法，包括大地电磁测深（MT）法、音频大地电磁测深（AMT）法、可控源音频大地电磁测深（CSAMT）法、广域电磁法等，是地热资源勘查中应用最为普遍的地球物理方法。常规电法，包括激发极化法、复电阻率法、高密度电阻率法等，是地热资源勘查中目标埋深较浅时普遍应用的方法；

b）在已知为带状热储地区，宜采用电磁测深类方法、重力法、磁法等，放射性法作为可选方法。在已知为层状热储地区，宜采用电磁测深类方法、重力法、人工地震法等，磁法作为可选方法；

c）居民集中区、工业集中区的地热资源勘查，宜采用可控源音频大地电磁测深（CSAMT）法、广域电磁法等人工场源的电磁测深类方法，人工场源的常规电法、重力法、放射性法作为可选方法。

不同阶段、不同热储类型地球物理勘查方法的应用及其地质目标参见表1。不同阶段、不同热储类型地球物理勘查方法的选择参见表2。

表1 不同阶段、不同热储类型地球物理勘查方法应用及其地质目标

阶段	任务	热储类型	方法应用	地质目标
调查	为地热资源量预测、地热资源开发利用前景分析提供依据		收集区域航磁、地磁、重力、大地电磁测深（MT）等物探资料，大地热流、地温、地震活动等资料	圈出与热源有关的深部构造，岩浆活动位置、范围；划分出与热通道有关的深大断裂位置、走向、延伸长度；圈出可能的热储位置
预可行性调查	圈出有利地热异常区，或确定进一步进行地热勘查的区块地段，为地热资源试采及进一步勘查与开发远景规划的制定提供依据	层状热储	1:100000重、磁勘探	圈出与热储体（层）有关的隐伏构造、岩体位置、分布范围，给出大致深度
			1:100000电磁测深法（MT、AMT）勘探	圈出与热储体（层）有关的隐伏构造、岩体位置、范围、深度；预测构造、岩体含水性
		带状热储	1:50000重、磁勘探	圈出与热通道、热储体有关的断裂带、隐伏岩体位置、走向、延伸范围、大致深度
			1:50000电磁测深法（MT、AMT、CSAMT、广域电磁法）勘探	圈出与热通道、热储体有关的断裂带、隐伏岩体位置、走向、延伸范围、深度；预测断裂带、隐伏岩体含水性
			1:50000放射性法	圈出与热通道、热储体有关的断裂带、火成岩体位置、走向、延伸范围

表1（续）

阶段	任务	热储类型	方法应用	地质目标
可行性勘查	查明勘查区地层结构、岩浆岩分布与主要控热构造，各热储体（层）的岩性、厚度、分布、埋藏条件及其相互关系，提出开采设计钻探井位及井深建议	层状热储	1:50000重、磁勘探面积测量； 1:10000重、磁勘探剖面精测	查明热储体（层）位置、边界、深度、厚度
			1:50000电磁测深法（MT、AMT、CSAMT、广域电磁法）剖面测量或面积测量； 1:50000激发极化法、复电阻率法、高密度电阻率法面积测量	查明热储体（层）位置、边界、深度、厚度；查明热盖层深度、厚度；预测热储体（层）含水性
			1:100000二维人工地震法勘探	查明热储体（层）的位置、顶/底板埋深、岩性，热储体（层）的孔隙度、渗透率等物性参数；精确划分出断裂位置、埋深、断距；准确解释出热盖层的顶/底埋深、岩性
		带状热储	1:10000重、磁勘探面积测量； 1:1000重、磁勘探剖面精测	查明控热断裂带、火成岩体位置、走向、延伸范围、深度
			1:10000电磁测深法（AMT、CSAMT、广域电磁法）剖面测量或面积测量； 1:10000激发极化法、复电阻率法、高密度电法面积测量	查明控热断裂带、岩体位置、走向、延伸范围、深度；预测控热断裂带、岩体含水性
			1:10000放射性法	圈出与热储体有关的断裂带、火成岩体位置、走向、延伸范围
			1:50000二维或三维人工地震法勘探	查明控热断裂的位置、埋深、断距；准确解释出热盖层的顶/底埋深、岩性
开采	详细查明地热田地质构造、岩浆活动，热储体（层）岩性、厚度、深度、分布范围、与围岩关系，热盖层岩性、厚度、密封性，热通道的延伸与展布，建立准确的地热地质概念模型，为地热资源合理利用、有效保护及可持续开发，提供可靠依据	层状热储	1:10000高精度重力勘探面积测量； 1:1000高精度重力勘探剖面测量	详细查明控热构造、岩体的位置、分布范围、深度；地热田开采、回灌区，地面沉降监测
			1:10000电磁测深法（AMT、CSAMT、广域电磁法）面积测量； 1:10000激发极化法、复电阻率法、高密度电法面积测量	详细查明控热构造、岩体的位置、分布范围、深度、含水性
			1:50000二维或小面积三维人工地震法勘探	详细查明控热构造、岩体的位置、分布范围、顶/底板埋深、岩性，热储体（层）的孔隙度、渗透率等物性参数，热盖层的顶/底埋深、岩性、密封性；详细划分出断裂位置、埋深、断距
			井地微地震监测	地热开采压裂监测
			井地（中）电法监测	地热开采压裂流体监测、地热开采回灌流体实时监测

表 1（续）

阶段	任务	热储类型	方法应用	地质目标
		带状热储	1:5000高精度重力勘探面积测量；1:1 000高精度重力勘探剖面测量	详细查明控热断裂、岩体的位置、分布范围、深度；地热田开采、回灌区，地面沉降监测
			1:5000电磁测深法（AMT、CSAMT、广域电磁法）面积测量；1:5000激发极化法、复电阻率法、高密度电法面积测量	详细查明控热断裂、岩体的位置、走向、延伸范围、深度、含水性
			1:50000二维或小面积三维人工地震法勘探	详细查明控热断裂的位置、埋深、断距、展布范围，岩层岩性、孔隙度、渗透率；详细查明热盖层的顶/底埋深、岩性、密封性
			井地微地震监测	地热开采压裂监测
			井地（中）电法监测	地热开采压裂流体监测、地热开采回灌流体实时监测

表 2　不同阶段、不同热储类型地球物理勘查方法选择参照表

阶段	热储类型	重力法	磁法	电磁测深法	常规电法	人工地震法	放射性法	井地电法监测	井地微地震监测
预可行性勘查	层状热储	○	○	○	—	—	—	—	—
	带状热储	○	○	○	—	—	△	—	—
可行性勘查	层状热储	○	△	○	△	○	—	—	—
	带状热储	○	○	○	△	△	△	—	—
开采	层状热储	○	△	○	△	○	—	○	○
	带状热储	△	△	○	△	○	—	○	○
备注：○基本　△可选									

5　工作内容与要求

5.1　技术设计

5.1.1　任务

根据地热资源勘查项目的任务目标，以及工区地质特点、地球物理资料情况，确定项目实施的具体技术路线及选用的地球物理方法技术，明确地球物理方法技术工作内容、工作量，说明预期的工作成果及经费预算等。

编写项目技术设计书，设计书编写提纲及附图附表要求参考附录A。

5.1.2 设计准备

5.1.2.1 资料分析

对收集到的工区以及周边地区已有的各种比例尺、各种方法的地球物理勘查资料（包括原始数据采集方法及其测量精度、资料处理解释采用的方法、处理解释中间结果及最终成果图、物性资料等）进行分析，了解并掌握已有地球物理工作程度、存在的问题。

5.1.2.2 现场踏勘

到工区进行踏勘，现场了解地表地质特征、气候气象条件、交通条件、工农业生产、居民点分布、地表水系、温泉分布等情况。

在工区内开展有关地球物理方法的有效性试验工作，研究方法实施的可行性，确定地球物理数据观测的最佳技术参数，包括测网/测线布设、工期、人员、设备和车辆配置等。

5.1.3 设计内容

技术设计主要内容包括：

a）地球物理勘查工作的地质任务；

b） 工区位置、范围；

c）地球物理勘查工作方法、工作内容、工作量、试验方案；

d） 测网、测线，初步技术参数，数据采集精度指标；

e）数据处理、资料解释的流程、内容，采用的方法，预期成果；

f）设备、组织保障措施、经费预算、施工期限与进度安排、HSE 管理等。

5.1.4 技术要求

地球物理勘查数据采集宜采用稀疏测网面积测量与高精度剖面测量相结合的工作方式。技术设计要求如下：

a）测点设计：应避免在电磁干扰、人文干扰严重的地段布设电磁测深类方法，不在工业区、居民生活区和建筑物分布区布设地面磁法勘探工作；

b） 精度设计：根据探测目标的埋深以及可能的规模大小，设计地球物理勘查方法应达到的测量数据精度，并根据相应地球物理勘查方法标准，确定精度指标及质量检查方式；

c）测网、测线设计：设计的地球物理勘查工作范围应大于地热开发利用建设的范围，并尽量规整、连片；测网密度应与工作比例尺相对应（参见表 3）；测线应尽量垂直主要构造走向，精测剖面应通过已知钻孔和拟定钻孔；

d） 技术参数设计：根据资料分析和现场踏勘结果设计模型，通过对模型的理论计算以及现场试验结果确定相关技术参数。例如，高精度重力勘探、地面磁法勘探工作点与地铁、地下室、车库、高楼等建筑物的距离；可控源音频大地电磁测深（CSAMT）法在保证探测深度和信噪比条件下的远区截止频率、收发距；人工地震法的药量、井深、偏移距等；

e）物性工作设计：岩样的采集与测量应覆盖各个时期、各种岩性；

f）测地工作设计：应符合相应的地球物理勘查方法标准的要求；

g） 所采用地球物理方法的勘查深度应大于拟钻地热井深度或预估勘查目标的深度，拟钻地热井的设计应依据不少于三种地球物理方法解释成果，多种地球物理方法尽可能形成综合剖面；

h） 地球物理方法实物工作量应满足相应比例尺（参见表 3）及探测深度要求；后续涉及钻探工作的应有异常验证和再解释的设计内容。

表 3　不同阶段地球物理勘查方法工作网密度选择参照表

单位为千米

阶段		预可行性勘查		可行性勘查				开采			
比例尺		1:100000	1:50000	1:100000	1:50000	1:10000	1:1000	1:50000	1:10000	1:5000	1:1000
重力法	线距	1～2	0.5	—	0.5	0.1	0.01	—	0.1	0.05	0.01
	点距	0.5～1	0.25～0.5	—	0.25～0.5	0.025	0.001～0.002	—	0.025	0.01～0.02	0.001～0.002
磁法	线距	1～2	0.5	—	0.5	0.1	0.01	—	—	—	—
	点距	0.5～1	0.1～0.25	—	0.1～0.25	0.02～0.05	0.001～0.002	—	—	—	—
电磁测深法	线距	1～4	0.5～2	—	0.5～2	0.2～0.5	—	—	0.2～0.5	0.1～0.2	—
	点距	0.5～1	0.25～0.5	—	0.25～0.5	0.05～0.1	—	—	0.05～0.1	0.02～0.05	—
常规电法	线距	—	—	—	0.5～2	0.2～0.5	—	—	0.2～0.5	0.1～0.2	—
	点距	—	—	—	0.25～0.5	0.05～0.1	—	—	0.05～0.1	0.02～0.05	—
人工地震法	线距	—	—	2～5	1～2	—	—	1～2	—	—	—
	炮点距	—	—	0.1～0.2	0.1～0.2	—	—	0.1～0.2	—	—	—
放射性法	线距	—	0.5	—	—	0.1	—	—	—	—	—
	点距	—	0.1～0.25	—	—	0.02～0.05	—	—	—	—	—

5.1.5　设计书审批与变更

5.1.5.1　设计书应由甲方审批。

5.1.5.2　设计书执行过程中，遇不可抗力时，可根据实际情况对设计书内容进行调整，调整内容应得到甲方的确认。

5.2　野外工作

5.2.1　工作内容

仪器设备准备、测网、测线布置、数据采集施工、数据整理、质量检查与评价、施工总结报告编写、野外验收等。

5.2.2　技术要求

地球物理勘查数据采集野外施工，应符合下列技术要求：

a）1:50000 及更小比例尺的重力勘探应符合 DZ/T 0004 的要求；
b） 大于 1:50000 比例尺的面积性重力勘探和剖面重力勘探应符合 DZ/T 0171 的要求；
c）地面磁法勘探应符合 SY/T 5819 的要求；
d） 航空磁法勘探应符合 DZ/T 0142 的要求；
e）可控源音频大地电磁法勘探应符合 DZ/T 0280 的要求；
f）天然场音频大地电磁法勘探应符合 DZ/T 0305 的要求；
g） 大地电磁测深法勘探应符合 SY/T 5820 的要求；
h） 激发极化法勘探应符合 DZ/T 0070 的要求；
i） 复电阻率法、广域电磁法勘探应符合 SY/T 6589 的要求；
j） 高密度电阻率法勘探应符合 DZ/T 0073 的要求；
k） 人工地震法勘探应符合 GB/T 33583 的要求；
l） 微地震压裂监测应符合 SY/T 7070 和 SY/T 7372 的要求；
m）井地（中）电法流体监测应符合 SY/T 6687 的要求；
n） 放射性法测量参考 EJ/T 605 的要求；
o） 物性岩样采集参考 DD 2006 的要求；
p） 野外记录应清晰、完整；磁法、电磁测深法应详细记录测点周边干扰信息；
q） 现场应及时进行数据整理，包括：剔除错误数据、计算各项改正值、误差计算与统计、数据网格化等，数据整理应对照查看原始记录。

5.2.3 野外验收

5.2.3.1 野外工作结束时，提交各地球物理方法野外数据采集施工总结报告及原始资料文件，原始资料提交文件及要求参见附录 B。

5.2.3.2 由甲方对野外数据采集施工总结报告及提交的原始资料文件进行验收。

5.2.4 HSE 要求

HSE应符合SY/T 6276的要求。

5.3 数据处理

5.3.1 任务及内容

根据项目任务和工区地质特征、地球物理资料情况，应使用相应的处理方法及软件，对地球物理勘查数据进行处理，压制或消除干扰、噪声，突出或提取出有关信息，形成易于识别和解译的反映地热要素的地球物理信号。

5.3.2 技术要求

数据处理要求如下：
a）重力勘探数据处理应符合 DZ/T 0004 的要求；
b） 地面磁法勘探数据处理应符合 SY/T 5819 的要求；
c）航空磁法勘探数据处理应符合 DZ/T 0142 的要求；
d） 可控源音频大地电磁勘探数据处理应符合 DZ/T 0280 的要求；
e）天然场音频大地电磁勘探数据处理应符合 DZ/T 0305 的要求；
f）大地电磁勘探数据处理应符合 SY/T 7072 的要求；

g） 激发极化法勘探数据处理应符合 DZ/T 0070 的要求；
h） 复电阻率法勘探数据处理应符合 SY/T 7073 的要求；
i） 高密度电法勘探数据处理应符合 DZ/T 0073 的要求；
j） 人工地震法勘探数据处理应符合 GB/T 33685 的要求；
k） 放射性测量数据背景值、标准差和异常下限的设定参考 EJ/T 605 的要求；
l） 井地电法流体监测数据处理应符合 SY/T 6687 的要求；
m） 微地震监测数据处理应符合 SY/T 7070 和 SY/T 7372 的要求。

5.4 资料解释

5.4.1 任务

资料解释的任务如下：
a）常规地质解释；
b） 与热源、热通道、热储体（层）、热盖层有关的地质构造、岩体（层）岩性、岩体（层）含水性解释推断；
c）地热系统分析及地热要素描述；
d） 地热异常特征识别与提取；
e）地热异常划分与评价，下一步勘探开发建议。

5.4.2 内容

资料解释的具体内容如下：
a）单一地球物理方法数据：定性分析、定量反演及解释，形成单一地球物理异常剖面、平面图；
b） 多种地球物理方法数据：联合反演解释，形成综合解释剖面图、多信息叠合解释平面图、地热异常划分与评价平面图。

5.4.3 技术要求

遵循“点—线—面相结合，从已知推断未知”的原则，对重点异常进行现场踏勘验证。具体技术要求如下：
a）重力勘探资料解释应符合 SY/T 5819 的要求；
b） 地面磁法勘探资料解释应符合 SY/T 5819 的要求；
c）航空磁法勘探资料解释应符合 DZ/T 0142 的要求；
d） 可控源音频大地电磁勘探资料解释应符合 DZ/T 0280 的要求；
e）天然场音频大地电磁勘探资料解释应符合 DZ/T 0305 的要求；
f）大地电磁勘探资料解释应符合 SY/T 7072 的要求；
g） 激发极化法勘探资料解释应符合 DZ/T 0070 的要求；
h） 复电阻率法勘探资料解释应符合 SY/T 7073 的要求；
i） 高密度电法勘探资料解释应符合 DZ/T 0073 的要求；
j）人工地震法勘探资料解释应符合 GB/T 33684 的要求；
k） 放射性测量资料解释参考 EJ/T 605 的要求；
l）井地电法流体监测资料解释应符合 SY/T 6687 的要求；
m）微地震监测资料解释应符合 SY/T 7070 和 SY/T 7372 的要求；

n）根据定性、定量和综合解释推断结果编制地质—地球物理综合解释成果剖面、平面图。同时，对解释成果的可靠性进行评估，说明可能存在的问题与不足。可靠性分级为：可靠、较可靠、可供参考和不可靠。

5.5 成果报告编写及要求

5.5.1 项目成果报告，格式要求执行 GB/T 7713.3 的规定；

5.5.2 单井勘查应提交《地热资源勘查钻井前期论证工作报告》，编写提纲及附图附表要求参见附录 C；

5.5.3 图件编制应符合 SY/T 6055 的要求。

6 报告评审与资料汇交

6.1 报告评审

由甲方对项目成果报告进行评审，通过验收后提交项目归档。

6.2 资料归档

汇交归档的资料应包括下列内容：

a）项目合同（任务书）；

b）项目技术设计书及评审意见书；

c）地球物理勘查野外数据采集原始资料、野外数据采集施工总结报告及验收意见书；

d）过程控制文件；

e）项目成果报告（含附图、附表）及评审意见。

附 录 A
（资料性附录）
项目设计书编写提纲及附图附表要求

A.1 设计书编写提纲

设计书编写应包括以下内容：

1 项目基本情况：项目名称、组织实施单位、项目属性、测区范围、工作周期、目标任务、效益分析、项目经费预算。

2 可行性分析：项目背景、立项依据、项目实施的可行性。

3 以往工作程度及存在问题：以往工作包括地质工作、地球物理勘查工作、地热工作、水文工作等。

4 技术路线与工作方法：项目实施的技术路线、工作方法与工作内容。

5 项目风险与不确定性：项目实施过程中可能遇到的进度、管理、泄密、安全、环保事故等风险及防范措施。

6 项目组织管理：项目组织机构、项目组成员、项目负责人简介、资金条件、申报单位、组织实施单位资质等情况。

7 工作部署：具体的工作布置情况、进度安排、实物工作量及预期成果等。

8 经费预算：预算编制依据、分项编制明细及总预算。

A.2 报告附图附表

地球物理勘查工作布置图；

地球物理勘查工作量一览表。

附 录 B
（资料性附录）
原始资料提交文件及要求

B.1 原始数据

B.1.1 测量资料

GPS 测量记录本（或电子文件）；
GPS 测量测点坐标高程成果表；
GPS 质量检查精度统计册。

B.1.2 重力勘探资料

仪器性能试验记录本；
重力基点联测记录本；
重力野外观测记录本（含检查点）；
重力地形改正记录本（含检查点）；
岩石物性测定工作的标本采集、各参数测定原始记录和计算统计成果。

B.1.3 磁法勘探资料

仪器性能试验记录本；
磁力野外观测记录本（含检查点）；
磁测成果计算表；
磁测日变观测曲线图册；
磁测计算质检精度统计表。

B.1.4 电法勘探资料（CSAMT、AMT、MT、广域电磁法、激发极化法、复电阻率法、高密度电法）

原始曲线图册（含检查点）；
野外施工班报表（册）；
质量检查统计表（册）。

B.1.5 放射性勘探资料

测氡仪器鉴定证书；
测氡原始记录本；
测氡数据统计表。

B.1.6 人工地震法勘探资料

地震勘探原始数据及说明；
野外施工班报记录；
地震仪、检波器、震源检测记录；

试验报告、竣工总结报告。

B.2 附图

实际施工材料图。

附　录　C
（资料性附录）
《地热资源勘查钻井前期论证工作报告》编写提纲及附图附表要求

C.1　报告编写提纲

报告编写提纲包括以下内容：

1　前言

2　地质与地球物理特征

3　工作任务完成情况及质量评述

4　地质构造解释推断

4.1　解释方法与参数选取

4.2　地热地质解译成果（构造空间展布特征、热储埋深、盖层组合特征、侵入岩分布等）

4.3　解译精度与可靠性评价

5　地热地质条件

5.1　地温场特征

5.2　地热资源类型及空间分布

5.3　地热资源分区特征

6　地热井成井地质条件

7　地热井成井可行性、风险及影响

8　结论与建议

C.2　报告主要附图

报告主要附图包括：

1　测区实际材料图

2　区域地热地质图件（基岩地质图、地热田地热资源开采条件分区图）

3　地球物理勘查方法基础图件（布格重力异常图、剩余重力异常图、重力异常垂向导数图、重力异常水平梯度图、磁测异常ΔT等值线图等）

4　推断热储体（层）顶面埋深等值线图

5　地热资源勘查开发远景区划图

6　拟钻地热井钻遇地层推断图

C.3　报告主要附表

地热勘查过程中获得的成果数据应系统整理，列表成册，与勘查报告内容有关的，应作为报告的附表，如井孔测温资料汇总表

参 考 文 献

[1] GB/T 11615—2010 地热资源地质勘查规范[S]
[2] NB/T 10097—2018 地热能术语[S]
[3] 王妙月. 勘探地球物理学[M]. 北京：地震出版社，2003
[4] M. B. 多布林. 地球物理勘探概论[M]. 吴晖，译. 北京：石油工业出版社，1983

ICS 01.040.27
F 10

NB

中华人民共和国能源行业标准

NB/T 10265—2019

浅层地热能开发工程勘查评价规范

Exploration specification for shallow geothermal energy development project

2019-11-04 发布　　　　2020-05-01 实施

国家能源局　发布

目　次

前言……185
1　范围……186
2　规范性引用文件……186
3　术语和定义……186
4　总则……187
5　勘查工作内容及要求……187
6　浅层地热能开发利用评价……190
7　勘查设计及报告编写……191
附录 A（规范性附录）　勘查设计编写要求……192
附录 B（规范性附录）　勘查报告编写要求……193
附录 C（资料性附录）　浅层地热能资源量计算方法……194
附录 D（资料性附录）　浅层地热换热功率计算方法……195

前　言

本标准按照GB/T 1.1—2009《标准化工作导则 第1部分：标准的结构和编写》给出的规定起草。

本标准由能源行业地热能专业标准化技术委员会提出并归口。

本标准起草单位：北京市地质矿产勘查开发局、北京市地热研究院、北京市华清地热开发集团有限公司、中国地质调查局浅层地温能研究与推广中心、中石化新星（北京）新能源研究院有限公司。

本标准主要起草人：李宁波、杨俊伟、张进平、刘少敏、郑佳、于湲、李翔、李娟、郭艳春、贾子龙、刘爱华、杜境然、李富、王立志、卫万顺、张文秀、李海东、刑罡、林海亮、赵丰年、向烨。

本标准于2019年首次发布。

浅层地热能开发工程勘查评价规范

1 范围

本标准规定了浅层地热能开发工程勘查评价的基本内容、勘查要求、勘查设计、开发利用评价及报告编写等要求。

本标准适用于浅层地热能开发利用系统，包括地埋管地源热泵系统、地下水地源热泵系统和地表水（含再生水）地源热泵系统工程项目可行性研究及设计前期进行的工程勘查。

2 规范性引用文件

下列文件对于本文件的应用是必不可少的。凡是注日期的引用文件，仅所注日期的版本适用于本文件。凡是不注日期的引用文件，其最新版本（包括所有的修改单）适用于本文件。

GB 50021 岩土工程勘察规范

GB 50027 供水水文地质勘察规范

GB/T 50123 土工试验方法标准

GB 50202 建筑地基基础工程施工质量验收规范

GB/T 50801 可再生能源建筑应用工程评价标准

GB/T 18430.1 蒸气压缩循环冷水(热泵)机组

DZ/T 0225 浅层地热能勘查评价规范

NB/T 10097 地热能术语

3 术语和定义

下列术语和定义适用于本文件。

3.1

浅层地热能 shallow geothermal energy

从地表至地下200m深度范围内，储存于水体、土体、岩石中的温度低于25℃，采用热泵技术可提取用于建筑物供热或制冷等的地热能。

[NB/T 10097—2018，术语和定义2.1.6]

3.2

复合式地源热泵系统 compound ground source heat pump system

加入其他辅助能源，开发利用浅层地热能的热泵系统。

3.3

岩土热响应试验 rock-soil thermal response test

利用测试仪器对项目所在场区的测试孔进行一定时间连续换热，获得岩土综合热物性参数及岩土初始平均温度的试验。

[NB/T 10097—2018，定义2.4.32]

3.4

岩土初始平均温度　initial average temperature of the rock-soil

从自然地表下10m～20m 至竖直地埋管换热器埋设深度范围内，岩土常年的平均温度。

[GB 50366—2005，定义2.0.27]

3.5

浅层地热容量　shallow geothermal capacity

在浅层岩土体、地下水和地表水中储存的单位温差所吸收或排出的热量，单位是kJ/℃。

[NB/T 10097—2018，术语和定义2.4.30]

3.6

浅层地热换热功率　heat exchanger power

从浅层岩土体、地下水和地表水中单位时间内通过热交换方式所获取的热量。

[NB/T 10097—2018，术语和定义2.4.35]

3.7

浅层地热能资源评价　shallow geothermal resources assessment

在综合分析浅层地热能资源勘查成果的基础上，运用合理方法对浅层地热容量和换热功率进行的计算与评价。

3.8

有效传热系数　effective heat transfer coefficient

反映换热孔换热性能的参数，为单位长度换热器在单位温差下的换热功率。

3.9

抽水试验　pumping test

从井中连续抽水，并根据其出水量与降深的关系来测定含水层渗透性和水文地质参数的试验。

3.10

回灌试验　reinjection test

向井中连续注水，并记录水位、水量的变化来测定含水层渗透性和水文地质参数的试验。

3.11

抽灌井间距　distance between pumping well and reinjection well

抽水井和回灌井之间的距离。

4 总则

4.1 地源热泵系统方案设计前，应进行浅层地热能开发工程勘查评价工作。

4.2 勘查完成后，勘查单位应根据工程勘查结果分析浅层地热能开发的可行性和经济性，编写勘查评价报告。

5 勘查工作内容及要求

5.1 通则

5.1.1 浅层地热能开发工程勘查目的是查明工程场地浅层地热能地质条件，进行场地浅层地热能资源评价和开发利用的环境影响预测，评估经济性和可行性，为浅层地热能开发工程项目可行性研究及设计提供基础依据。

5.1.2 勘查前应收集建设场地及其周边的地质、水文地质、已建地源热泵系统工程勘查和运行情况、区域其他可利用能源的资源条件等资料，选择适宜的浅层地热能换热方式，确定相应的勘查方法。

5.2 地埋管地源热泵系统工程勘查

5.2.1 勘查工作内容

a） 查明工程场地及周边的地形地貌、地下管线布设等场地施工条件；

b） 查明工程场地范围内地层岩性结构、地下水位、含水层富水性等水文地质条件以及地温场分布特征；

c） 通过勘查孔取样、测试获取勘查场地岩土的天然含水率、孔隙率、颗粒结构、密度、导热系数、比热容等参数；

d） 勘查孔应进行岩土热响应试验，取得换热孔的有效传热系数、岩土平均导热系数、岩土初始平均温度等地层换热能力参数；

e） 进行浅层地热能开发利用评价，计算浅层地热容量和浅层地热换热功率，确定换热孔的布设数量及布设方式，预测环境影响，对热泵系统工程建设经济性进行分析，提出合理的开发利用方案。

5.2.2 勘查孔施工要求

a） 勘查孔施工前应先开展工作区地质条件调查；

b） 勘查孔的地埋管换热器设置方式、深度和回填方式应与拟建设的工程换热孔保持一致；

c） 水平地埋管地源热泵系统工程场地勘查采用槽探或钎探进行，槽探位置和长度应根据场地形状确定，槽探的深度宜超过预计的埋管深度 1m，钎探技术标准参照 GB 50202 的相关规定执行；

d） 竖直地埋管地源热泵系统工程场地勘查采用钻探进行，勘查孔的深度宜比预计的埋管深度深 5m，勘查孔施工按 GB 50021 的规定执行；

e） 工程场地内地层岩性差异较小时，根据浅层地热能开发工程的服务面积需求，确定勘查工作量，按表 1 确定；

f） 工程场地地层岩性差异较大时，宜根据场地内地质条件增加勘查孔数量；

g） 竖直地埋管地源热泵系统勘查孔应进行岩心编录、地球物理测井，划分地层结构。

表 1 槽探和勘查孔工作量

埋管方式	工程供暖/制冷面积 A（m^2）	槽探、勘查孔数量(个)
水平	A<500	1（探槽）
	A≥500	≥2（探槽）
竖直	A<10000	1（孔）
	10000≤A<20000	2（孔）
	20000≤A<40000	2~3（孔）
	A≥40000	≥3（孔）
注：工程供暖/制冷面积取两者面积中较大者。		

5.2.3 取样及测试要求

a） 勘查孔岩土层单层厚度大于 1m 的，每层应取代表性的原状样品（砂、砾石层除外），细砂粒径以上应取扰动样；

b） 岩土试样土工测试指标应包含颗粒分析、密度、导热系数、比热容、孔隙率、天然含水率等参数；

c） 岩土试样测试分析按 GB/T 50123 的规定执行。

5.2.4 岩土热响应试验要求

a) 岩土热响应试验应在勘查孔施工完成周围岩土温度恢复后进行，对于灌注水泥砂浆的回填方式，岩土恢复时间应不少于10d，对于其他的回填方式，应不少于2d；

b) 试验设备与勘查孔的连接应减少弯头、变径，连接管外露部分应保温，保温层厚度不宜小于20mm。同一管路内，勘查孔孔口水温与试验设备进、出水口水温温差不宜大于0.2℃；

c) 岩土初始平均温度测试，可采用埋设温度传感器法、无功循环法或水温平衡法，采用无功循环法测试岩土初始平均温度时，温度稳定（地埋管出水温度连续12h变化不大于0.5℃）后，持续时间不宜小于12h；

d) 岩土热响应试验可采用稳定热流测试或稳定工况测试法，岩土热响应测试持续时间不宜小于48h；

e) 稳定热流测试方法，宜进行两次不同负荷的试验，当勘查孔深度在80m～100m时，大负荷宜采用5kW～7kW，小负荷宜采用3kW～4kW，当勘查孔深度在100m～150m时，大负荷宜采用7kW～10kW，小负荷宜采用4kW～6kW，实际加热功率的平均值与加热功率设定值的偏差不应大于±0.2kW，温度稳定（地埋管出水温度连续12h变化不大于1℃）后，持续时间不宜小于12h；

f) 稳定工况测试方法，设定工况应为系统的设计运行工况，实际供水温度平均值与供水温度设定值的偏差不应大于±0.2℃，温度稳定（地埋管出水温度连续12h变化不大于0.5℃）后，持续时间不宜小于24h；

g) 地埋管换热器内传热介质流态应保持紊流，单U形地埋管换热器管内流速不宜小于0.4m/s，双U形地埋管换热器管内流速不宜小于0.2m/s。

5.3 地下水地源热泵系统工程勘查

5.3.1 地下水地源热泵系统工程勘查内容

a) 开展场地周边水文地质条件调查，根据浅层地热能开发工程的建筑类型、工程场地面积、建筑负荷等浅层地热能利用需求，确定调查范围，查明区域地下水资源状况及其开发利用情况；

b) 查明工程场地范围内地层岩性结构、含水层类型及埋藏条件、地下水位等；

c) 勘查井应进行抽水试验和回灌试验，通过抽水试验获得单井出水量及相应的降深、水温，通过回灌试验获得单井回灌量及相应的水位上升值；

d) 勘查井进行地球物理测井，取样分析地下水水质；

e) 根据技术、经济和地质环境保护的要求确定合理的地下水循环利用量和抽灌井间距；

f) 进行地下水地源热泵系统浅层地热能资源评价，提出合理的开发利用方案。

5.3.2 抽水试验及回灌试验

a) 抽水试验及回灌试验可利用已建井开展，不具备合适水井的应专门施工勘查井，勘查井施工应满足GB 50027的要求；

b) 根据浅层地热能开发工程的建设需求、工作面积、工程负荷，确定勘查井的数量，按表2确定；

c) 勘查井的深度，应根据含水层或含水构造带埋藏条件确定，宜小于200m，当有多个含水层组且无水质分析资料时，应进行分层勘查，取得各层水化学资料；

d) 勘查井的布置应依据地下水流场、渗透率及其他水文地质参数确定；

e) 抽水试验及回灌试验步骤应满足GB 50027和DZ/T 0225的要求。

表 2　勘查井工作量

工程供暖/制冷面积 A/m²	勘查井数量/个
A＜10000	1～2
10000≤A＜40000	2～3
A≥40000	≥3
注：工程供暖/制冷面积取两者面积中较大者。	

5.3.3　水样测试

a）在勘查井中取样分析地下水，机组热源侧水质应符合 GB/T 18430.1 的要求；
b）不符合水质要求的水源应进行特殊处理或采用适宜的换热装置。

5.4　地表水（含再生水）地源热泵系统工程勘查

5.4.1　勘查主要内容

a）查明地表水（含再生水）源性质、利用现状、深度、面积及其分布；
b）查明地表水（含再生水）水温、水质、流量及逐时动态变化；
c）查明地表水（含再生水）悬浮物、无机物、有机物、微生物及衍生物的含量；
d）确定地表水（含再生水）取回水适宜地点和路线，确定地表水循环利用量；
e）查明再生水取水管线下游用户情况，包括用水需求的水量、水温、水质等；
f）查明再生水处理厂的维修规律；
g）进行地表水地源热泵系统浅层地热能资源评价，提出合理的开发利用方案。

5.4.2　勘查要求

a）获取水量、水位、水温和水质动态监测数据，监测数据时间不少于 1 个水文年；
b）试验测试工作应在采暖期或制冷期的最不利的水源条件下进行；
c）河流的水循环利用量应根据长系列监测数据所做的水文分析成果确定；
d）湖泊、水库等地表水体循环利用量应根据其深度、面积确定，不得影响生态环境；
e）再生水可利用量应根据再生水逐时流量及逐时水温数据确定；
f）确定水源保证程度。

6　浅层地热能开发利用评价

6.1　通则

6.1.1　浅层地热能开发利用评价内容包括：环境影响预测、投资估算和开发利用方案制定。
6.1.2　环境影响预测的任务是评价和预测浅层地热能开发可能带来的生态环境效应和环境地质问题。
6.1.3　投资估算的任务是论证浅层地热能开发利用工程的建设成本。
6.1.4　开发利用方案应以环境影响预测和投资估算为基础，满足区域浅层地热能利用规划和地源热泵工程设计的需要。

6.2　环境影响预测

6.2.1　大气环境效应评价：

a） 可定量评价开发浅层地热能对减少大气污染、清洁环境的效应，计算替代常规能源量，估算减少排放的燃烧产物，包括二氧化碳减排量、二氧化硫减排量、粉尘减排量等；

b） 替代常规能源量和节能减排量计算方法参照GB/T 50801。

6.2.2 生态环境影响评价：

a） 地下水地源热泵系统，应评价回灌水对地下水环境的影响，并对能否产生地面沉降、岩溶塌陷和地裂缝等地质环境问题进行评价；

b） 地埋管地源热泵系统，应评价循环介质泄漏对地下水及岩土层的影响；

c） 地表水地源热泵系统，应评价浅层地热能的开发利用对河流、湖泊、水库、海洋等地表水体的影响，评价回水对水化学特征及生态环境的影响，论证再生水取回水对下游用户的影响。

6.2.3 应对浅层地热能开发过程中地下水、地表水和岩土体中的热平衡进行评价，分析地表水体温度及地下温度场变化趋势及可能造成的影响，提出防治浅层地热能利用产生不利环境影响的措施。

6.3 投资估算

6.3.1 应估算浅层地热能开发工程建设初投资。

6.3.2 地埋管地源热泵系统的初投资估算主要考虑埋管深度、管材、孔径、回填材料、地层硬度等因素。

6.3.3 地下水地源热泵系统的初投资估算主要考虑抽灌井的数量、深度、前期勘查钻探及试验成本。

6.3.4 地表水（含再生水）地源热泵系统的初投资估算主要考虑取水口的远近、水质对换热管材、换热器的影响、取热方式等因素。

6.4 开发利用方案

6.4.1 开发利用方案应在浅层地热能资源评价和环境影响预测、投资估算的基础上制定。

6.4.2 开发利用方案内容包括：热源侧换热方式、换热系统规模、取热和排热温差、监测方案等。

6.4.3 对于冷热负荷差别比较大，或者单纯利用地源热泵系统不能满足冷负荷或热负荷需求时，综合考虑场地周边其他可利用能源的资源条件，经技术经济分析论证合理时，可采用复合式地源热泵系统。

7 勘查设计及报告编写

7.1 勘查设计编写要求

编写设计前应进行现场踏勘，设计编写提纲及要求见附录A。

7.2 勘查报告编写要求

报告内容包括浅层地热能地质条件、计算浅层地热容量、浅层地热换热功率、采暖期取热量和制冷期排热量及其保证程度评价、环境影响预测、投资估算、开发利用建议，报告编写提纲及要求见附录B，相关参数的计算方法参见附录C、附录D。

附 录 A
（规范性附录）
勘查设计编写要求

A.1 设计提纲

第一章 前言
第二章 工作区地质背景
第三章 技术路线及工作方法
第四章 勘查内容及工作部署
第五章 实物工作量
第六章 经费预算
第七章 保障措施

A.2 设计编写要求

第一章，简述工程概况、项目来源、任务、工作起止时间及有关要求；工作区地理位置、行政区划、自然地理、气候、交通等（附工作区交通位置图）。

第二章，简述工程场地及周边地质-水文地质条件、场地条件以及浅层地热能资源利用现状。

第三章，根据项目规模和勘查工作方向确定勘查技术路线，选用勘查工作方法。

第四章，根据勘查目的任务以及技术路线，部署勘查工作内容、进度安排、组织机构及人员安排等。

第五章，实物工作量。

第六章，编制经费预算。

第七章，明确质量、安全等方面的保障措施。

附　录　B
（规范性附录）
勘查报告编写要求

B.1　报告提纲

第一章　前言
第二章　浅层地热能资源赋存条件
第三章　浅层地热能开发工程勘查
第四章　浅层地热能资源量评价
第五章　浅层地热能开发利用评价
第六章　结论及建议

B.2　报告编写要求

第一章，说明任务来源及要求，建设项目的规模、功能及冷热负荷需求；勘查区以往地质工作程度及浅层地热能开发利用现状；勘查工作的进程及完成的工作量。

第二章，概述工作区自然地理条件、气象和水文特征；详细阐述工作区地质、水文地质条件，包括地层分布特征、含水层、富水性、地下水水化学特征、水位动态特征和补径排条件等，岩土体热物性参数特征，分析浅层地热能资源赋存条件。应根据工程场地浅层地热能资源赋存条件，分析不同开发利用方式的适宜性。

第三章，详细论述开展的勘查孔钻探、岩土取样及测试、岩土热响应试验、抽灌试验、地表水水量及温度监测等工作，并对获取的资料和数据进行整理分析，为浅层地热能资源评价和开发利用方案制定奠定工作基础。

第四章，按照附录C中的公式计算浅层地热容量，按照附录D中的公式计算浅层地热换热功率。

第五章，浅层地热能开发利用评价内容包括环境影响预测、投资估算和开发利用方案制定。

第六章，结论及建议，施工中和运行后应注意的事项。

附 录 C
（资料性附录）
浅层地热能资源量计算方法

采用体积法计算浅层地热容量，应分别计算包气带和饱水带中的单位温差储藏的热量，然后合并计算评价范围内地质体的储热性能：

a）在包气带中，浅层地热容量按下式计算：

$$Q_R = Q_S + Q_W + Q_A \quad (C.1)$$

$$Q_S = \rho_S C_S (1-\phi) M d_1 \quad (C.2)$$

$$Q_W = \rho_W C_W \omega M d_1 \quad (C.3)$$

$$Q_A = \rho_A C_A (\phi - \omega) M d_1 \quad (C.4)$$

式中：

Q_R —— 浅层地热容量，kJ/℃；

Q_S —— 岩土中的热容量，kJ/℃；

Q_W —— 岩土所含水中的热容量，kJ/℃；

Q_A —— 岩土中所含空气中的热容量，kJ/℃；

ρ_S —— 岩土密度，kg/m³；

C_S —— 岩土骨架的比热容，kJ/(kg·℃)；

ϕ —— 岩土的孔隙率；

M —— 计算面积，m²；

d_1 —— 包气带厚度，m；

ρ_W —— 水的密度，kg/m³；

C_W —— 水的比热容，kJ/(kg·℃)；

ω —— 岩土的含水率；

ρ_A —— 空气的密度，kg/m³；

C_A —— 空气的比热容，kJ/(kg·℃)。

b）在饱水带中，浅层地热容量按下式计算：

$$Q_R = Q_S + Q_W \quad (C.5)$$

$$Q_W = \rho_W C_W \phi M d_2 \quad (C.6)$$

式中：

Q_R —— 浅层地热容量，kJ/℃；

Q_S —— 岩土骨架的热容量，kJ/℃；

Q_W —— 岩土所含水中的热容量，kJ/℃；

d_2 —— 潜水位至计算下限的岩土厚度，m。

附　录　D
（资料性附录）
浅层地热换热功率计算方法

D.1　地埋管换热功率计算

根据岩土热响应试验取得的热导率或地埋管换热器有效传热系数等基础数据，计算单孔换热功率。在浅层地热能条件相同或相近区域，根据单孔换热功率和浅层地热能计算面积，计算地埋管换热功率（见图D.1）。

a）在层状均匀的土壤或岩石中，稳定传热条件下U形地埋管的单孔换热功率按下式计算：

$$D=\frac{2\pi L\left|t_1-t_4\right|}{\frac{1}{\lambda_1}\ln\frac{r_2}{r_1}+\frac{1}{\lambda_2}\ln\frac{r_3}{r_2}+\frac{1}{\lambda_3}\ln\frac{r_4}{r_3}} \quad \text{(D.1)}$$

式中：

D —— 单孔换热功率，W；

λ_1 —— 地埋管材料的热导率，W/(m·℃)，PE管为0.42W/(m·℃)；

λ_2 —— 换热孔中回填料的热导率，W/(m·℃)；

λ_3 —— 换热孔周围岩土的平均热导率，W/(m·℃)；

L —— 地埋管换热器长度，m；

r_1 —— 地埋管束的等效半径，m，单U为管内径的$\sqrt{2}$倍，双U为管内径$\sqrt{4}$倍；

r_2 —— 地埋管束的等效外径，m，等效半径r_1加管材壁厚；

r_3 —— 换热孔平均半径，m；

r_4 —— 换热温度影响半径，m，可通过岩土热响应试验时设观测孔求取或根据数值模拟软件计算求得；

t_1 —— 地埋管内流体的平均温度，℃；

t_4 —— 温度影响半径之外岩土的温度，℃。

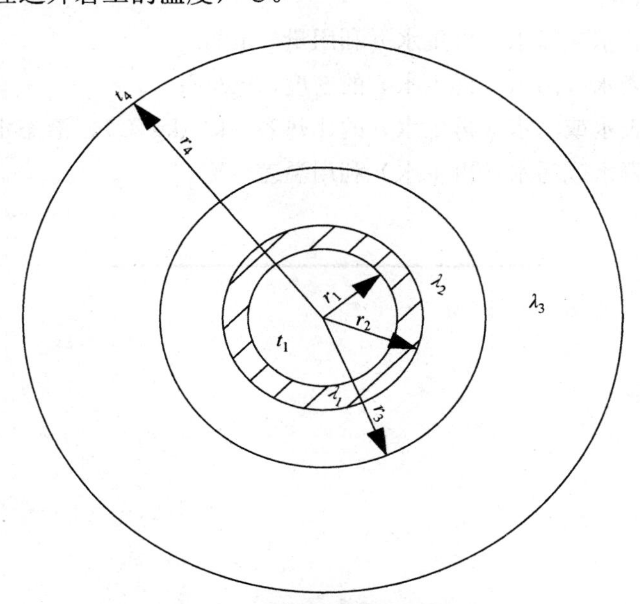

图D.1　地埋管换热功率计算示意图

b）根据地埋管换热器有效传热系数 K_S，计算单孔换热功率：

$$D = K_S \times L \times |t_1 - t_4| \quad \text{(D.2)}$$

式中：

K_S——地埋管换热器有效传热系数，W/(m·℃)，即单位长度换热器、单位温差换热功率；

c）根据地埋管单孔换热功率，计算评价区换热功率：

$$q_h = D \times n \times 10^{-3} \quad \text{(D.3)}$$

式中：

q_h——换热功率，kW；

D——单孔换热功率，W；

n——计算面积内换热孔数。

d）地层的平均导热系数和地埋管换热器有效传热系数的应用：

通过岩土热响应试验装置，连续以固定功率向测试孔加热（或吸热），得到一条完整的地埋管进出口温度时延曲线，用这条曲线可以求取地层的平均导热系数λ（W/m·℃），（(D.1）式中的λ_3）。也可以求取地下换热器的有效传热系数 K_S（W/m·℃）。

地层平均导热系数λ（(D.1）式中的λ_3）可以用来进行设计工况下的动态耦合计算，得出地埋管的进出水温度和换热器的设计参数，并可以代入（D.1）式求得 D。

换热器的有效传热系数 K_S 可依据（D.2）式计算特定换热温差下单孔的最大换热功率 D，为计算换热器总长度提供依据（静态）。

D.2 地下水、地表水或污水（再生水）换热功率计算

适用于取得地下水、地表水或污水（再生水）利用后，计算换热功率，公式如下：

$$q_h = q_w \times \Delta T \times \rho_w \times C_w \quad \text{(D.4)}$$

式中：

q_h——换热功率，kW；

q_w——地下水、地表水或污水（再生水）利用量，m^3/s；

ρ_w——地下水、地表水或污水（再生水）的密度，kg/m^3；

C_w——地下水、地表水或污水（再生水）的比热容，kJ/(kg·℃)，液态水为 4.18kJ/(kg·℃)；

ΔT——地下水、地表水或污水（再生水）利用温差，℃。

ICS 27.010
F 15

NB

中华人民共和国能源行业标准

NB/T 10266—2019

地热井钻井工程设计规范

Specification for geothermal well drilling engineering design

2019-11-04 发布　　2020-05-01 实施

国家能源局　发布

目 次

前言 …… 199
1 范围 …… 200
2 规范性引用文件 …… 200
3 设计原则 …… 200
4 设计内容 …… 200
5 设计格式要求 …… 206
附录 A（规范性附录） 地热井钻井工程设计格式 …… 208
附录 B（规范性附录） 地热钻井设计表 …… 226

前　言

本标准按照GB/T 1.1—2009《标准化工作导则　第1部分：标准的结构和编写》给出的规定起草。

本标准能源行业地热能专业标准化技术委员会提出并归口。

本标准起草单位：中国石化集团新星石油有限责任公司、北京市地质勘察技术院、天津地热勘查开发设计院。

本标准主要起草人：彭新明、张海雄、赵丰年、国殿斌、王培义、许振华、杨忠彦、杨全台、斯容、袁明叶、张海涛、朱咸涛、孙彭光、郭永岩、李天舒、贾艳雨。

本标准于2019年首次发布。

地热井钻井工程设计规范

1 范围

本规范规定了地热井钻井工程设计的原则、基本内容和格式要求。

本规范适用于水热型地热井钻井工程设计。

2 规范性引用文件

下列文件对于本文件的应用是必不可少的。凡是注日期的引用文件，仅所注日期的版本适用于本文件。凡是不注日期的引用文件，其最新版本（包括所有的修改单）适用于本文件。

GB/T 11615 地热资源地质勘查规范

NB/T 10099 地热回灌技术要求

DZ/T 0260 地热钻探技术规程

DZ/T 0148 水文水井地质钻探规程

DZ/T 0064.2 地下水质检验方法 水样的采集和保存

SY/T 5172 直井井眼轨迹控制技术

SY/T 5347 钻井取心作业规程

SY/T 5435 定向井轨道设计与轨迹计算

SY/T 5593 钻井取心质量指标

SY/T 5619 定向井下部钻具组合设计方法

SY/T 6592 固井质量评价方法

3 设计原则

3.1 符合质量、安全、环境与健康体系要求。

3.2 有利于降低地热井施工难度和提高钻井速度。

3.3 有利于避免钻井过程中出现塌、卡、涌等复杂情况。

3.4 目的层段设计应有利于发现和保护热储层；非目的层段应满足钻井施工及生产需求。

3.5 推广应用技术成熟的钻探新设备、新方法、新工艺，提高经济效益。

4 设计内容

4.1 地质概况

地质概况内容包括而不限于基础资料（项目井网部署方案、井号、井别、井型、井口坐标、靶点数据、地面海拔、构造位置、地理位置、钻探目的、设计井深/垂深、取水/回灌层位及深度、完钻层位、完钻原则、成井方式等）、地理环境资料、地质特征、水温水量预测、地层压力预测、地温梯度、邻井资料、风险分析。

4.2 设计依据

依据国家法律法规、行业标准、钻井地质设计及邻井资料。

4.3 质量要求

4.3.1 井身质量要求

4.3.1.1 井身质量要求井斜、方位、垂深、全角变化率、靶心半径指标应达到设计要求。
4.3.1.2 井径扩大率要求：针对套管固井射孔成井的地热井目的层井段平均井径扩大率宜小于15%。
4.3.1.3 直井井斜、全角变化率及井底水平位移考核指标宜参考并执行表1。

表1 直井井斜、全角变化率及井底水平位移要求表

井深（m）	探井			生产井		
	井斜角（°）	全角变化率（°/30m）	井底水平位移（m）	井斜角（°）	全角变换率（°/30m）	井底水平位移（m）
0～300（泵室段）	≤1	≤2.00	≤5	≤1	≤2.00	≤5
300～1000	≤3	≤2.50	≤30	≤3	≤2.50	≤30
1000～2000	≤7	≤3.00	≤50	≤6	≤3.00	≤50
2000～3000	≤9	≤4.00	≤80	≤8	≤4.00	≤75
3000～4000	≤11	≤4.50	≤120	≤10	≤4.50	≤90
4000～5000	≤13	≤5.00	≤160	≤12	≤5.00	≤120
注：泵室段井斜角≤1°。						

4.3.1.4 定向井的最大全角变化率以钻杆防疲劳破坏的全角变化率限定值和套管柱抗弯曲强度的全角变化率限定值中的最小值为准。
4.3.1.5 常规定向井的最大全角变化率宜不超过5°/30m，如果连续三个测点的全角变化率超过5°/30m为全角变化率超标，常规定向井的靶区半径按设计目标点的不同垂直深度确定，宜符合表2要求。

表2 定向井靶区半径数据表

井段（m）	探井（m）	生产井（m）	井段（m）	探井（m）	生产井（m）	井段（m）
0～1000	≤20	≤20	0～1000	≤20	≤20	0～1000
1000～2000	≤30	≤30	1000～2000	≤30	≤30	1000～2000
2000～3000	≤50	≤50	2000～3000	≤50	≤50	2000～3000
3000～4000	≤75	≤70	3000～4000	≤75	≤70	3000～4000
4000～5000	≤100	≤90	4000～5000	≤100	≤90	4000～5000

4.3.1.6 从式井井眼轨道间距不宜小于4m。
4.3.1.7 对于其他特殊要求的定向井，应在设计中明确要求。

4.3.2 固井质量要求

固井后各层套管都应进行试压，套管试压值不应小于6MPa，稳压30min，压降不大于0.5MPa。

4.3.3 取心质量要求

4.3.3.1 地热井取心质量应达到设计要求，可按照 SY/T 5593 执行。
4.3.3.2 常规地层取心收获率不小于 75%；破碎、松散地层取心收获率不小于 50%。

4.4 定向井剖面设计

4.4.1 定向井剖面设计原则

——定向井剖面设计可按 SY/T 5435 要求执行；
——有利于实现定向地热井的地质勘探开发目的；
——有利于满足地热井采水和回灌工艺要求；
——有利于安全、优质、快速钻井。

4.4.2 定向井剖面设计内容

4.4.2.1 剖面设计应包括剖面设计基本参数、剖面设计数据、投影示意图、防碰设计及测量要求。
4.4.2.2 定向井剖面设计基本参数包括有磁倾角、磁场强度、磁偏角、收敛角和方位修正角，宜用表 A.4 形式给出基本参数。
4.4.2.3 设计剖面参数主要包括井深、井斜、方位、垂深、南北位移、东西位移、全角变化率、闭合位移、闭合方位等，宜用表 A.5 形式给出剖面数据。
4.4.2.4 投影示意图应包括水平投影图和垂直投影图。
4.4.2.5 防碰设计扫描结果数据宜用表 A.6 形式给出（可绘出防碰扫描图）。
4.4.2.6 应根据井深测量间隔要求选择相应测量工具。

4.5 井身结构设计

4.5.1 井身结构设计原则

——应根据地质岩性剖面、地层压力剖面及地热井生产需要设计；
——应满足钻井施工、成井出水及获取参数的需要；
——应满足出现漏、塌、卡、涌等复杂情况的处理作业需要；
——探井井身结构设计应留有余量。

4.5.2 井身结构设计内容

4.5.2.1 井身结构设计应包括井身结构设计依据、井身结构示意图、井身结构设计数据表及说明。
4.5.2.2 井身结构示意图应标出钻头直径与井深、套管尺寸与下深、水泥返深、悬挂位置等数据。
4.5.2.3 井身结构设计数据表应包括开钻次序、钻头尺寸、井段、管柱尺寸、管柱下入深度、水泥返深等，宜用表 A.8 形式给出。
4.5.2.4 各开次井管重叠段 30m～50m 为宜。
4.5.2.5 泵室管尺寸宜为ϕ339.7mm，满足水泵下入、封固上部不稳定地层和保护地表水的要求。
4.5.2.6 井身结构常用二开次、三开次和四开次，且最后一个开次的井眼直径不宜小于 152.4mm。

4.5.3 地热井成井方式

4.5.3.1 砂岩地热井根据井别和地层特征情况，宜采用缠丝过滤器、桥式过滤器、贴砾过滤器或套管固井射孔等成井方式。全井下管时，应在底部有 10m～30m 沉淀管。
4.5.3.2 砂岩地热井（直井）必要时采用填砾成井方式。

4.5.3.3 地层稳定的基岩地热井宜采用裸眼成井方式；地层不稳定的基岩地热井宜采用过滤管成井方式。

4.6 钻进工艺设计

根据岩石的力学性质、可钻性、井眼尺寸、深度、施工条件、钻探目的，分别选择取心钻进、全面钻进及扩眼钻进等相适应的钻进方法与工艺。钻进方法选择遵循DZ/T 0260执行,并确定相应的钻进技术参数。

4.7 钻井设备选型

4.7.1 设计内容应包括钻机选型依据和钻井主要设备。
4.7.2 地热井钻井设备应综合考虑设计井深、井身结构、钻具组合、地层特点、摩擦阻力、井控需要等因素对钻机设备及相关配套辅助设施进行选择，可选择满足施工要求的石油或水文钻机。
4.7.3 钻机设备表可根据钻机选择的类型填写，包括设备名称、型号、规格、数量等，宜用表 A.9 形式给出。

4.8 钻具组合与强度校核设计

4.8.1 钻具组合设计

4.8.1.1 钻具组合设计可按照 SY/T 5172 和 SY/T 5619 规定执行。
4.8.1.2 钻具选择应能有效地控制井斜、方位角和全角变化率，保证井身质量满足设计要求和成井需要。
4.8.1.3 采用气举反循环钻进时，双壁钻具的数量应保障沉没比不宜小于 0.5。

4.8.2 钻具组合设计内容

4.8.2.1 设计应包括各开次钻具组合、钻柱强度校核、钻具、工具、打捞工具配套等。
4.8.2.2 各开次钻具组合内容应包括井眼尺寸、井段、钻具组合名称，宜用表 A.10 形式给出。
4.8.2.3 钻柱强度校核应满足地热井施工要求，设计内容包括井眼尺寸、井段、钻井液密度、钻具名称、钢级、外径、内径、长度、单位重量、累计重量、抗拉、抗扭、抗拉余量等参数，宜用表 A.11 形式给出。
4.8.2.4 应对送管的钻具进行强度校核，选择满足施工要求的送管钻具。
4.8.2.5 复杂结构井应有钻柱的摩阻扭矩的计算和分析，确保钻柱能够顺利下入井底。
4.8.2.6 钻具和工具应包括名称、尺寸、单位重量及数量，宜用表 A.12 形式给出。
4.8.2.7 测量工具应包括名称、规格、型号、数量等，宜用表 A.13 形式给出。

4.9 钻头选型与钻井参数设计

4.9.1 钻头选型设计应明确所钻井段、地层、钻头直径、进尺、纯钻时间、机械钻速以及钻头型号推荐，宜用表 A.15 形式给出。
4.9.2 钻井参数设计应明确所钻井段、钻头直径、钻头型号、钻压、转速、排量、泵压等，设计的参数应能够满足钻井设备额定功率，宜用表 A.16 形式给出。
4.9.3 水力参数设计应明确所钻井段、钻头直径、喷嘴面积、排量、泵压、循环压降、环空返速及钻井液密度等，宜用表 A.17 形式给出。水力参数设计应满足井底净化和提高机械钻速的需要。

4.10 取心设计

4.10.1 根据钻井地质设计的要求，进行钻井取心设计。

4.10.2 取心设计应明确取心序号、层位、预计井段、进尺、取心收获率、取心直径和取心目的，宜用表 A.18 形式给出。
4.10.3 取心钻井参数包括取心工具和钻具组合设计和钻进参数设计（钻压、转速、排量、机械钻速及钻进时间等），宜用表 A.19 形式给出。
4.10.4 取心技术措施主要包括：工具准备、井眼准备、下钻操作、取心钻进、割心、起钻要求及其他内容。

4.11 钻井液设计

4.11.1 钻井液设计原则

——钻井液设计应能够满足地热钻井安全施工的要求；
——针对井身结构、地层岩性和地层流体性质配制不同类型、不同性能的钻井液；
——有利安全钻进和保护热储层；
——钻井液耐温要大于预测地层温度，保证钻井液性能良好；
——应满足地热井井控要求。

4.11.2 钻井液内容设计

4.11.2.1 钻井液设计包括钻井液设计依据、体系配方、性能参数、各开次维护处理措施、钻井液用量及材料用量、固控设备及使用要求、加重装置要求、测试仪器配备、钻井液地面管理、钻井液资料录取要求。
4.11.2.2 根据地层压力、岩性特征、井下安全和热储层保护的要求，进行钻井液体系配方设计，宜用表 A.20 形式给出。
4.11.2.3 钻井液性能参数设计包括井段、密度、漏斗黏度、失水、泥饼厚度、pH 值、含砂、摩擦系数、流变参数、固相含量等，宜用表 A.21 形式给出。
4.11.2.4 钻井液用量设计根据钻头直径、井段长度计算钻井液用量，钻井液总量=井筒容积+循环系统量+消耗量，宜用表 A.22 形式给出。
4.11.2.5 按照不同井段的地质特点，制定钻井液维护处理措施。
4.11.2.6 合理使用四级固控，并强化固控管理，以使钻井液含砂量、固相含量控制在合理范围内，为快速钻进创造良好条件，固控设备要求，宜用表 A.25 形式给出。

4.12 热储层保护要求

4.12.1 根据设计井热储层的物性和敏感性参数，制定热储层保护技术要求和措施。
4.12.2 目的层段不应使用重晶石、沥青类材料、磺化类材料等会造成储层堵塞的处理剂。
4.12.3 不应加入影响录井结果的钻井液处理剂。
4.12.4 在较稳定地层可选用清水、空气、无固相、气液混合物等钻井液。

4.13 地热井井控设计

4.13.1 根据不同地热井类型选择相应级别的井控设备。
4.13.2 井控内容应包括井控装置选择依据、井控装置、井控装置示意图、井控装置试压要求、钻具内防喷工具要求、地层孔隙压力监测、地层漏失试验要求、钻井各工况井控技术措施。

4.14 固井设计

4.14.1 固井设计可按照 DZ/T 0260 要求执行。

4.14.2 应满足固井施工要求及地热井采水和回灌要求。

4.14.3 应包括固井设计依据、套管柱设计、各层次套管串结构数据、套管试压要求、注水泥设计、水泥浆性能要求、固井添加剂及附件、固井技术要求。

4.14.4 套管柱设计内容应包括套管次序、井段、长度、外径、通径、钢级、壁厚、扣型、每米重量、抗拉强度、抗外挤强度、抗内压强度、套管柱校核等，宜用表A.31、表A.32、表A.33形式给出。

4.14.5 根据井身结构数据进行注水泥设计，应包括套管层次、套管尺寸、下深、水泥返深、封固段长度、水泥塞面、水泥用量及水泥等级，宜用表A.36形式给出。

4.14.6 按照地层物性和流体性质进行水泥浆性能设计，设计内容应包括水泥浆密度、初始稠度、稠化时间、可泵时间、游离液、滤失量、流变性、抗压强度、渗透率、沉降稳定性等参数，宜用表A.37形式给出。

4.15 洗井

根据DZ/T 0260规定执行，包括洗井方法、洗井介质选择与洗井技术措施。

4.16 抽水（放喷）试验及水样采集

4.16.1 抽水（放喷）试验设计可按照DZ/T 0260规定执行。

4.16.2 设计内容包括抽水试验类型选择、抽水设备与观测设备选择、抽水试验技术要求、放喷管线要求等。

4.16.3 在抽水（放喷）试验结束时采集水样，采集水样与保存可按照DZ/T 0064.2中相关要求执行，水样及时送检。

4.16.4 依据水质化验结果，必要时设计水处理工艺。

4.17 回灌试验设计

4.17.1 回灌井和开采井应遵循同层采灌原则，确定回灌井和采水井的合理布局和采灌强度。

4.17.2 回灌井成井工艺要求。

4.17.3 回灌试验系统要求。

4.17.4 回灌试验监测执行NB/T 10099要求。

4.18 钻井施工重点技术

钻井施工重点技术内容包括钻井重点提示、开钻前及安装工程要求、各开次钻井重点技术措施、成井作业要求、复杂情况（如防卡、防斜、防塌、防漏、冬季安全施工等）预防及处理措施等。钻井施工应有质量保证措施。

4.19 测试要求

根据地热井钻井地质设计要求进行测试，包括测试前的井眼准备、测试后的压井和安全措施等要求。

4.20 完井井口装置要求

4.20.1 完井井口装置选择原则。

4.20.2 完井井口装置要求。

4.21 弃井要求

4.21.1 井口处理要求：要求井口用钢板焊死，并点焊本井井号。

4.21.2 井下处理要求：

4.21.2.1 各套鞋处和井口各打一个50m～100m长的水泥塞。必要时全井封固和恢复地貌。

4.21.2.2 封固段水泥浆密度应达到1.85g/cm^{3}以上。

4.21.2.3 水泥塞凝固后，采用钻头加压探塞和关井憋压两种方法检验封固质量。

a） 钻头探套管鞋处水泥塞，加压40kN～60kN，压住刹把，保持钻压不下降为合格；

b） 关井憋压10MPa，10min压力不降为合格。

4.22 职业健康、安全、环保要求

设计内容应包括基本要求、职业健康、安全、环保管理的要求。

4.23 钻井进度计划

包括钻井进度计划和钻井进度计划图。按钻井开次对应的井深、预测作业时间、绘出全井钻成井折线图，宜用表A.39和表A.40形式给出。

4.24 钻井资料要求

4.24.1 成井后钻井队应及时送交资料的清单，包括验收资料和上交资料。

4.24.2 验收资料和上交资料包括：

1） 钻井井史；
2） 成井报告；
3） 固井施工方案；
4） 钻井工程班报表；
5） 钻井施工方案；
6） 固井质量检测报告（含检测曲线）；
7） 抽水（放喷）试验记录、回灌试验记录、水质化验报告；
8） 现场验收表；
9） 钻井工程交井资料表；
10）甲方要求的其他资料。

4.24.3 上交资料应齐全、真实、详细、字迹整洁清晰，并上交相应的电子版资料。

4.25 地热井设计表

地热井钻井施工现场宜张贴地热井设计表，可参照附录B。

5 设计格式要求

5.1 幅面

钻井工程设计文本的幅面为A4，即297mm×210mm，允差-3mm。

5.2 字体与字号

5.2.1 字体

地热井钻井工程设计的文本汉字字体宜采用宋体；西文字母、数字字体可自行选择。

5.2.2 字号

5.2.2.1 封面字号

封面见图A.1。位于页面右上角的“设计编号”及填写的内容宜采用小四号字；页面上部的“项目”及填写的内容宜采用二号加粗字；页面上部的“××钻井工程设计”宜采用小初号加粗字；位于页面中部的“井号”“井别”“井型”及填写的内容宜采用二号加粗字；位于页面下部的业主单位名称处宜采用三号加粗字。

5.2.2.2 内封面字号

内封页见图A.2。位于页面上部的“（项目名称）”处填写的内容宜采用二号加粗字；页面上部的“××井钻井工程设计”及要填写的井号宜采用小初号加粗字；位于页面下部的“（设计单位名称）”处、“年月日”及填写的内容宜采用三号字。

5.2.2.3 目录字号

目录页见图A.5。位于页面上部的“目录”宜采用三号加粗字；其余宜采用小四号字。

5.2.2.4 正文字号

正文内容：一级标题宜采用三号字，二级标题宜采用小三号字，三级标题宜采用四号字，内容宜采用小四号字；表头、图名宜采用五号加粗字，表格内容宜采用五号字。

5.2.2.5 其他字号

设计单位审核页见图A.3，业主单位审批页见图A.4。使用的字体宜采用四号字。

5.3 文本结构

5.3.1 封面

封面见图A.1。“设计编号”栏宜采用7位数字，前4位为年份，后三位为设计顺序号；“井号”“井别”“井型”栏填写应与钻井地质设计一致；“（业主单位名称）”栏填写内容应为业主方单位全称。

5.3.2 内封面

内封页见图A.2。“（项目名称）”一栏与“××井钻井工程设计”中的井号应按照钻井地质设计填写，“（设计单位名称）”填写内容应为设计单位的全称，日期应填写设计完成日期。

5.3.3 审核（批）

设计人和各级审批、批准人员应签署姓名与日期。对于组织会议评审的井，评审意见及专家组人员签字名单需附在业主单位审批页后面。

5.3.4 目录

目录页见图A.3。目录由基本内容一级标题构成。

5.3.5 正文

设计内容见附录A。由章、一级、二级条目构成，根据具体设计内容可增加条目。因井别、井型的不同，可对设计文本的内容进行取舍。

附 录 A
（规范性附录）
地热井钻井工程设计格式

设计编号：

项目

××钻井工程设计

井号：______

井型：______

井别：______

建设单位名称

注：根据需要设置保密级别。

图 A.1 封面

项目

××钻井工程设计

设计单位名称

年　月　日

图 A.2　内封页

目　录

A.1　地质概况……211
A.2　设计依据……212
A.3　质量要求……212
A.4　定向井剖面设计……213
A.5　井身结构设计……214
A.6　钻进工艺设计……214
A.7　钻井设备选型……214
A.8　钻具组合与强度校核设计……216
A.9　钻头选型与钻井参数设计……217
A.10　取心设计……218
A.11　钻井液设计……218
A.12　热储层保护要求……220
A.13　地热井井控设计……220
A.14　固井设计……222
A.15　洗井……224
A.16　抽水（放喷）试验及水样采集……224
A.17　回灌试验设计……224
A.18　钻井施工重点技术要求……224
A.19　测试要求……224
A.20　完井井口装置要求……224
A.21　弃井要求……225
A.22　职业健康、安全、环保要求……225
A.23　钻井资料要求……225
A.24　钻井进度计划……225
A.25　地热井设计表……225

图A.3　目录页

A.1 地质概况

A.1.1 地理基础资料

A.1.1.1 井网部署情况：

A.1.1.2 井号：

A.1.1.3 井别：

A.1.1.4 井型：

A.1.1.5 井口坐标：纵（X）：m　　横（Y）：m

A.1.1.6 方位修正角：（°）；磁倾角：（°）；磁场强度：（μT）。

A.1.1.7 靶点坐标：

表 A.1 靶点数据表

序号	名称	垂深 m	靶点坐标（m）		闭合位移 m	闭合方位 （°）	靶心半径 m
			纵坐标（X）	横坐标（Y）			

A.1.1.8 钻井目的：

A.1.1.9 设计井深和垂深：

A.1.1.10 目的层层位：

A.1.1.11 完钻层位：

A.1.1.12 完钻原则：

A.1.1.13 成井方式：

A.1.1.14 地面海拔：

A.1.1.15 构造位置：

A.1.1.16 地理位置：

A.1.1.17 测线位置：

A.1.1.18 气象资料：

A.1.1.19 地形地貌及交通情况：

A.1.2 地质特征

A.1.2.1 地质分层及岩性：

表 A.2 地质分层表

地质年代	地质分层	底界深度 m	分层厚度 m	地层		岩性描述	热储预测	故障提示
				倾角（°）	倾向（°）			

A.1.2.2 热储特征：

A.1.3 水温和水量预测

A.1.4 地层压力梯度预测

A.1.5 地温梯度

A.1.6 邻井资料

A.1.7 风险分析

A.2 设计依据

A.2.1 钻井技术规范

A.2.2 钻井地质设计

A.2.3 邻井实钻资料

A.3 质量要求

A.3.1 井身质量要求

A.3.1.1 直井段井身质量要求

表 A.3 井身质量要求

井深 m	井斜角 （°）	全角变化率 （°）/30m	水平位移 m	平均井径扩大率 %

A.3.1.2 斜井段井身质量要求

A.3.2 取心质量要求

A.3.3 固井质量要求

A.4 定向井剖面设计

A.4.1 剖面参数设计

表 A.4 基本参数表

井号：　　　　　　　　轨道类型：

井底垂深 m	井底闭合距 m	井底闭合方位 (°)	造斜点 m	最大井斜角 (°)
磁倾角 (°)	磁场强度 μT	磁偏角 (°)	收敛角 (°)	方位修正角 (°)

井口坐标：X=　　；　Y=

名称	垂深 m	纵坐标（X）	横坐标（Y）	闭合位移 m	闭合方位 (°)	靶心半径 m

注：磁倾角、磁偏角和磁场强度等施工前现场复核。

表 A.5 剖面参数表

井深 m	井斜 (°)	方位 (°)	垂深 m	南北 m	东西 m	全角变化率 (°)/100m	闭合位移 m	闭合方位 (°)	备注

A.4.2 剖面设计垂直投影示意图

A.4.3 剖面设计水平投影示意图

A.4.4 轨道防碰设计

表 A.6 轨道防碰数据表

序号	设计井号		邻井井号		最近距离 m
	井深 m	垂深 m	井深 m	垂深 m	

A.4.5 测量要求

A.5 井身结构设计

A.5.1 设计依据

A.5.1.1 设计系数

表 A.7 设计系数表

名称	抽吸压力当量密度 g/cm³	激动压力当量密度 g/cm³	溢流允许值 g/cm³	地层破裂压力安全当量密度允许值 g/cm³	钻井液密度附加值 g/cm³	异常压力地层压差卡钻临近值 MPa	正常压力地层压差卡钻临近值 MPa
数值							

A.5.1.2 必封点说明

A.5.2 井身结构示意图

A.5.3 井身结构设计数据

表 A.8 井身结构设计数据表

开钻次序	钻头尺寸 mm	井段 m	管柱尺寸 mm	管柱下深 m	水泥返深 m	备　注
一开						
二开						
三开						
四开						

A.5.4 井身结构设计说明

A.6 钻进工艺设计

A.7 钻井设备选型

A.7.1 钻机选型依据

A.7.2 钻井主要设备

表 A.9 钻井主要设备表

序号	名称		型号	规格	数量	备注
1	钻机					
2	井架					底座高度，m
3	提升系统	绞车				
		天车				
		游动滑车				
		大钩				
		水龙头				
4	顶部驱动装置					
5	转盘					
6	循环系统配置	钻井泵 1#				
		钻井泵 2#				
		钻井液罐				含储备罐
7	机械钻机动力系统	柴油机 1#				
		柴油机 2#				
		柴油机 3#				
	电动钻机动力系统	发电机				
		柴油机				
		直流电机				
		SCR 房				
		电机控制中心				
		主变压器				
8	发电机组	发电机 1#				
		发电机 2#				
		发电机 3#				
		MCC 房				
9	钻机控制系统	自动压风机				
		电动压风机				
		气源净化装置				
		刹车系统				
		辅助刹车				
10	固控系统	振动筛 1#				
		振动筛 2#				
		除砂器				
		除泥器				
		离心机				
		除气器				

A.8 钻具组合与强度校核设计

A.8.1 钻具组合选择原则

A.8.2 各开次钻具组合

表 A.10 各开次钻具组合

开钻次序	井段 m	井眼尺寸 mm	钻具组合

A.8.3 钻具强度分析

表 A.11 钻具强度校核表

井眼尺寸 mm	井段 m	钻井液密度 g/cm³	钻具参数						累计重量 kN	安全系数		
			钻具名称	钢级	外径 mm	内径 mm	长度 m	重量 kN		抗拉	抗扭	抗拉余量 kN

A.8.4 钻具及工具

表 A.12 钻具及工具表

名称	规格	型号	数量	备注

A.8.5 测量仪器

表 A.13 测量仪器表

名称	规格	型号	数量	备注

A.8.6 打捞工具配套标准

表 A.14　打捞工具配套表

名称	规格	数量

A.9　钻头选型与钻井参数设计

A.9.1　钻头选型及钻井参数设计

表 A.15　钻头设计表

井段		地层组段	钻头直径 mm	进尺 m	纯钻时间 h	机械钻速 m/h	钻头型号推荐
下入井深 m	起出井深 m						

A.9.2　钻井参数设计

表 A.16　钻井参数设计表

井段		钻头直径 mm	钻头型号	钻压 kN	转速 r/min	排量 L/s	泵压 MPa
下入井深 m	起出井深 m						

A.9.3　钻井水力参数设计

表 A.17　钻井水力参数设计

井段		钻头直径 mm	喷嘴面积 mm^2	排量 L/s	泵压 MPa	钻头压降 MPa	循环压降 MPa	钻头水功率 kW	比水功率 W/mm^2	喷射速度 m/s	冲击力 kN	环空返速 m/s	钻井液密度 g/cm^3
下入井深 m	起出井深 m												

A.10 取心设计

A.10.1 取心井段及工具

表 A.18 取心井段及工具

层位	取心井段 m	取心进尺 m	回次	收获率 %	岩心直径 mm	推荐取心钻头类型×外径×内径	备注

A.10.2 取心钻具组合及钻进参数设计

表 A.19 取心钻具组合及钻进参数设计

序号	取心井段 m	钻具组合	钻进参数				
			钻压 kN	转速 r/min	排量 L/s	机械钻速 m/h	钻进时间 h

A.10.3 取心技术措施

A.11 钻井液设计

A.11.1 钻井液设计依据

A.11.2 总体要求

A.11.3 重点提示

A.11.4 目的层钻井液性能要求

A.11.5 密度设计原则

A.11.6 钻井液体系

表 A.20 钻井液体系表

开钻次序	井眼尺寸 mm	井段 m	钻井液体系

A.11.7 钻井液配方

A.11.8 分段钻井液性能

表 A.21 分段钻井液性能表

开钻次序	井段 m	常规性能										流变参数				固相含量 %	膨润土含量 g/L
		密度 g/cm^3	漏斗黏度 s	API滤失量 mL	泥饼厚度 mm	pH值	含砂量 %	HT-HP滤失量 mL	摩擦系数	静切力 Pa		塑性黏度 mPa·s	动切力 Pa	N值	K值		
										初切	终切						

A.11.9 钻井液维护处理措施

A.11.10 钻井液数量及材料用量

表 A.22 钻井液用量表

开钻次序	钻头直径 mm	井段 m	井筒容积 m^3	循环系统 m^3	钻井液消耗量 m^3	总需求量 m^3

表 A.23 钻井液储备表

开钻次序	低密度钻井液		加重钻井液	
	密度 g/cm^3	数量 m^3	密度 g/cm^3	数量 m^3

表 A.24 钻井液材料用量表

材料名称	单位	用量				
		一开	二开	三开		合计

A.11.11 固控设备及使用要求

表A.25 固控设备及使用要求

井段 m	固控指标			振动筛		除砂器除泥器		离心机	
	密度 g/cm³	含砂量 %	固含 %	目数	运转率 %	处理量 m³/h	运转率 %	处理量 m³/h	运转率 %

A.11.12 钻井液测试仪器配套要求

表A.26 钻井液测试仪器配套要求

名称	数量	名称	数量

A.11.13 钻井液地面管理要求

A.11.14 钻井液加重装置要求

A.11.15 钻井液资料录取要求

A.12 热储层保护要求

A.13 地热井井控设计

A.13.1 井控装置选择依据

表A.27 各开次预测最大地层压力表

开钻次序	钻头直径 mm	设计井深 m	地层压力梯度 MPa/100m	最大地层压力 MPa

A.13.2 井控装置

表 A.28 井控装置表

开钻次序	名称	规格型号	数量	备注

A.13.3 井控装置示意图

A.13.4 井控装置试压要求

A.13.4.1 井控装置试压要求：

表 A.29 井控装置试压表

开钻次序	名称	型号	试压要求			
			介质	试压值 MPa	稳压时间 min	允许压降 MPa

A.13.4.2 压井管汇和节流管汇试压要求：

A.13.5 钻具内防喷工具要求

A.13.6 地层孔隙压力监测

A.13.7 地层漏失试验要求

表 A.30 地层破裂（漏失）压力试验数据

井地层破裂（漏失）压力试验数据				
试验时间	年 月 日		套管直径，mm	
井深，m			套管钢级	
地层岩性			套管壁厚，mm	
钻井液密度，g/cm³			套管下深，m	
泵型号			防喷器额定压力，MPa	
试验方式	钻具内加压□		环空内加压□	
时间—泵入量—压力				
时间 min	总泵入量 L	立管压力 MPa	套管压力 MPa	备注

A.13.8 井控技术措施

A.14 固井设计

A.14.1 套管柱设计

表 A.31 套管数据表

套管程序	井段 m	套管规范					理论强度值		
		直径 mm	钢级	壁厚 mm	扣型	推荐上扣扭矩 N·m	抗外挤 MPa	抗内压 MPa	抗拉 kN

表 A.32 套管强度校核表

套管程序	井段 m	长度 m	套管重量			抗外挤		抗内压		抗拉		钻井液
			每米重量 N/m	段重量 kN	累计重量 kN	最大载荷 MPa	安全系数	最大载荷 MPa	安全系数	最大载荷 kN	安全系数	密度 g/cm³

A.14.2 各层次套管串结构数据

表 A.33 各层次套管串结构数据表

套管程序	套管串结构（自下而上）	备注

A.14.3 套管试压要求

表 A.34 套管试压表

开钻次序	套管直径 mm	介质	试压值 MPa	稳压时间 min	允许压降 MPa

A.14.4 水泥浆体系

表 A.35 水泥浆体系表

套管程序	水泥浆体系

A.14.5 注水泥设计

表 A.36 注水泥设计表

套管层次	套管尺寸 mm	套管下深 m	水泥塞面深度 m	水泥返深 m	管外封固段长度 m	水泥浆密度 g/cm³	水泥用量 t	水泥等级
表层套管								
技术套管								
生产套管								

A.14.6 水泥浆性能要求

表 A.37 水泥浆性能要求表

性　能	一开	二开		三开
密度，g/cm³				
初始稠度，Bc				
稠化时间，min				
可泵时间，min				
游离液，%				
相容性				
6.9MPa，30min 滤失量，mL				
流变性				
抗压强度，MPa/8h				
抗压强度，MPa/24h				
渗透率，10^{-3}μm²				
沉降稳定性，g/cm³				

A.14.7 固井添加剂及附件

表 A.38　固井材料表

材料名称		单位	数量						备注
			导管	一开	二开	三开		合计	
水泥添加剂									
固井附件									
套管扶正器									

A.14.8　固井技术要求

A.15　洗井

A.16　抽水（放喷）试验及水样采集

A.16.1　抽水（放喷）试验

A.16.2　水样采集

A.17　回灌试验设计

A.17.1　回灌试验原则

A.17.2　回灌井成井工艺要求

A.17.3　回灌试验系统要求

A.17.4　回灌试验监测要求

A.18　钻井施工重点技术要求

A.18.1　钻前及安装工程要求

A.18.2　各开次钻井重点技术措施

A.18.3　特殊工艺技术要求

A.19　测试要求

A.20　完井井口装置要求

A.21 弃井要求

A.22 职业健康、安全、环保要求

A.23 钻井资料要求

A.24 钻井进度计划

表 A.39 钻井进度计划表

开钻次序	钻头直径	井段	施工作业项目	速度指标		计划天数 d	累计天数 d
				段长	钻速 m/h		

表 A.40 钻井进度计划表

开钻次序	井深 m	作业时间 d																		

A.25 地热井设计表

附　录　B
（规范性附录）
地热钻井设计表

地质年代	层底深度 m	柱状图（比例尺）	地层简述	井身结构	岩石等级	钻井故障提示	预计水位埋深 m	取心及岩样要求	井深井斜误差要求	地球物理测井要求	取水样要求	完井要求	抽水试验方法要求	钻井方法	钻井液性能及要求	洗井方法与要求	设计依据	安全措施	环保措施
1	2	3	4		6	7	8	9	10	11	12	13	14	15	16	17	18	19	20

井号		井别	
设计井深		目的层	
地理位置			
井位坐标			
建设方			
承建方			
施工钻机		开钻日期	
设计单位			
设计人		审核人	
专家意见			
批准意见			

ICS 27.010
F 15

NB

中华人民共和国能源行业标准

NB/T 10267—2019

地热井钻井地质设计规范

Drilling geological design specification for geothermal wells

2019-11-04 发布　　2020-05-01 实施

国家能源局　发布

目　次

前言…………………………………………………………………………………………229
1　范围……………………………………………………………………………………230
2　规范性引用文件………………………………………………………………………230
3　设计原则………………………………………………………………………………230
4　设计内容及要求………………………………………………………………………230
5　设计文本的格式、结构及要求………………………………………………………236
附录 A（资料性附录）　封面格式………………………………………………………237
附录 B（资料性附录）　目录格式………………………………………………………238
附录 C（资料性附录）　正文首页格式…………………………………………………240
附录 D（资料性附录）　设计文本中的字体和字号……………………………………241

前　言

本标准按照GB/T 1.1—2009《标准化工作导则　第1部分：标准的结构和编写》给出的规定起草。

本标准由能源行业地热能专业标准化技术委员会提出并归口。

本标准起草单位：中国石化集团新星石油有限责任公司、北京市地质勘察技术院、天津地热勘查开发设计院、河南省地热能开发利用有限公司。

本标准主要起草人：国殿斌、孙彭光、赵丰年、隋少强、汪新伟、彭新明、杨全合、周国庆、杨忠彦、卢予北、王永军、赵磊、杨卫、张海雄、朱咸涛、乔勇、唐果、熊轲、魏广仁、贾艳雨、雷海飞。

本标准于2019年首次发布。

地热井钻井地质设计规范

1 范围

本标准规定了水热型地热井钻井地质设计的规范性引用文件、总则、设计内容及设计文本格式。

本标准适用于水热型地热资源地热井钻井地质设计编制，其他类型地热井可参照执行。

2 规范性引用文件

下列文件对于本文件的应用是必不可少的。凡是注日期的引用文件，仅所注日期的版本适用于本文件。凡是不注日期的引用文件，其最新版本（包括所有的修改单）适用于本文件。

GB/T 11615　地热资源地质勘查规范

DZ/T 0260　地热钻探技术规程

SY/T 5965　油气探井地质设计规范

3 设计原则

3.1　地热井钻井地质设计的目的是最大限度地保持地热资源的可持续开发利用，以减少开发风险、取得地热资源开发利用最大的社会经济效益和环境效益。

3.2　地热井钻井地质设计工作应是在查明地热地质背景的前提下，有效应用地面地质、水文地质、地球化学、地球物理等研究成果进行科学编写。

3.3　应满足地热资源调查、预可行性勘查、可行性勘查和开采四个地热资源勘查阶段的不同要求，取全取准各项钻井地质及地热参数资料，为地热田地质研究和资源的开发利用与保护提供资料。

4 设计内容及要求

4.1　设计依据及钻探目的

4.1.1　设计依据

设计依据包括：

a）　根据任务书或者地热能直接利用项目可行性研究报告；

b）　设计所依据的图幅包括地理位置图、区域地质图、主要目的层构造图、物探解释剖面、地热田地温分布图或勘查深度内地温等值线图等；

c）　邻区地球物理资料，邻井钻井、录井、测井、测试等资料。

4.1.2　钻探目的

根据项目任务书或者地热能利用项目可行性研究报告等填写。

4.2　基础数据

4.2.1 基础数据内容

4.2.1.1 钻探项目、井号、井别、井型、设计井深、完钻层位和原则

根据项目任务书或者地热能利用项目可行性研究报告等填写。

4.2.1.2 井位

井位内容包括：

a）地理位置：填写顺序为省(自治区)、市(县、旗)、区(乡、镇)、街道（村或屯）的方位和距离。距离单位：km，数值修约到两位小数；

b）构造位置：写明设计井所在的盆地及三级或四级构造单元名称；

c）井位坐标：纵（X）、横（Y），单位：m，数值修约到两位小数，并标注测量系统；经纬度，单位：（°）、（′）、（″），其中秒修约到两位小数；应给出设计井井口坐标、各靶点的层位、垂深、靶心坐标、靶区要求、靶心方位；

d）地面海拔，单位：m，数值修约到两位小数。

4.2.2 基础数据格式

基础数据格式参见表1。

表1 基础数据格式

<table>
<tr><td rowspan="9">基本数据</td><td>钻探项目</td><td colspan="6"></td></tr>
<tr><td>井号</td><td></td><td>井别</td><td colspan="2"></td><td>井型</td><td></td></tr>
<tr><td>地理位置</td><td colspan="6"></td></tr>
<tr><td>构造位置</td><td></td><td></td><td></td><td></td><td></td><td></td></tr>
<tr><td rowspan="2">井位坐标</td><td>X</td><td></td><td></td><td></td><td></td><td></td></tr>
<tr><td>Y</td><td></td><td></td><td></td><td></td><td></td></tr>
<tr><td>地面海拔</td><td colspan="2">m</td><td rowspan="2">完钻原则</td><td colspan="3" rowspan="2"></td></tr>
<tr><td>完钻层位</td><td colspan="2"></td></tr>
<tr><td>设计井深</td><td colspan="2">m</td><td>目的层</td><td colspan="3"></td></tr>
<tr><td rowspan="5">靶心数据</td><td colspan="2">设计分层</td><td colspan="5">靶点设计</td></tr>
<tr><td rowspan="2">层位</td><td rowspan="2">设计靶点垂深
m</td><td rowspan="2">靶点</td><td colspan="2">靶心坐标
m</td><td rowspan="2">靶区半径
m</td><td rowspan="2">靶区方位
（°）</td></tr>
<tr><td>X</td><td>Y</td></tr>
<tr><td></td><td></td><td></td><td></td><td></td><td></td><td></td></tr>
<tr><td></td><td></td><td></td><td></td><td></td><td></td><td></td></tr>
</table>

4.3 井区自然状况

4.3.1 地理环境

对井场周围地形地物进行描述，包括自然环境、地貌特征、水资源、高空障碍物、民宅、学校、医院、国防设施、矿井、地下管网、油库、水库、人口密集及高危场所等。

4.3.2 交通、通信

对井场周围交通、通讯情况进行描述，其中包括设计井井口与铁路、公路、机场、码头的距离等。

4.3.3 气象、水文

设计井所在地区的气温、风情、冰情、雨量、汛期水位等。

4.3.4 灾害性地理地质现象

设计井所在地区季节性、地域性地理地质灾害现象。

4.4 区域地质简介

4.4.1 构造概况

4.4.1.1 区域构造背景

简述设计井所在区域构造背景（概况）、构造发育史及构造单元划分。

4.4.1.2 构造基本特征

简述地热田周边及相关地区的地质构造展布、形态、走向及断层基本特征。

4.4.2 地层概况

4.4.2.1 地层序列及岩性简述

简述地热田（区域）地层分布、纵横向变化情况。按地层分层自上而下简述设计井可能钻遇的各地质时期的岩性、厚度、产状、分层特性。

4.4.2.2 标准层

简述地热田（区域）标准层(标志层)层位及岩性。

4.4.2.3 特殊岩性及其他矿产

简述地热田（区域）地层分布的其他特殊岩性（如膏岩、盐岩层、火成岩、煤层等）及其他矿产的产层层位、埋藏深度等。

4.4.3 地热地质条件分析

根据地热田的地层、构造、岩浆（火山）活动及地热显示等特点，简述热储、盖层、控热构造及热储类型。结合地热田周边及相关地区的地质调查、地球物理和地球化学勘查成果，简述地热田形成的地质背景。简述地热田不同地块、不同深度的地温变化、恒温带深度，热储盖层的地热增温率和热储层温度，简述勘查深度内的地温场特征。

4.4.4 邻井钻探成果

邻井钻井、录井、测井和测试等成果。

4.5 设计井预测

4.5.1 地层分层预测

设计井钻遇地层预测数据及故障提示见表2。其中设计地层底界深度、厚度，单位：m，数值保留整数。

表2 地层分层数据表

地层				设计分层		岩性描述	故障提示
界	系	统	组	底界深度 m	厚度 m		
断点位置及断距							

4.5.2 热储层简述

根据任务书、项目可行性研究报告及邻井资料，按设计井钻探揭示顺序依次填写热储层的层位、埋深等，预测目的热储层特征。

4.5.3 水温、水量预测

根据区域地质勘查资料及邻井资料，预测设计井水温、水量。

4.5.4 风险分析

4.5.4.1 地质风险分析

a）地层岩性变化、构造的落实和断层平面、空间展布等对钻探效果有影响的地质因素分析；

b） 对可能含有 H_2S、CO_2 等有毒有害气体的特殊层位、埋藏深度、含量情况预测；

c）对可能钻遇的油气层埋藏深度的预测。

4.5.4.2 钻井风险分析

a）邻井钻井过程中发生溢流、井涌、井喷、井漏、井塌、易斜层位等有关工程情况的提示；

b） 设计井可能钻遇的断层、油气层、漏失层、高压层、高温层分布层位及井段的提示；

c）区域内可能钻遇的浅层气、煤层气分布层位、井段的提示。

4.6 地层压力与地温梯度预测及钻井液使用要求

4.6.1 地层压力

4.6.1.1 邻井实测压力成果

列出邻井实测压力成果见表3。

表3 邻井地层压力

井号	层位	测深 m	地层压力 MPa	地层压力系数	备注

4.6.1.2 地层压力预测

依据物探资料、邻井钻井、录井、测井、测试资料，故障复杂情况及钻井液使用情况等，对地层压力进行预测。

4.6.2 地温梯度

4.6.2.1 邻井实测地温成果

列出邻井实测地温成果见表4。

表4 邻井地温成果表

井号	层位	测深 m	地层温度 ℃	地温梯度 ℃/100m	备注

4.6.2.2 地层温度预测

依据邻井钻井、录井、测井、测试资料及钻井液使用情况等，对地层温度进行预测。

4.6.3 钻井液使用要求及原则

钻井液应满足钻井施工安全、保护热储层和资料录取要求。

4.7 录井项目及要求

4.7.1 岩屑录井

结合钻探目的提出取样井段、间距、数量、实测迟到时间。

4.7.2 综合录井

仪器类型、测量项目、井段、间距。

4.7.3 循环观察

地质观察和取资料要求。

4.7.4 钻井取心

钻井取心设计目的、原则、层位、设计井段（单位：m）、取心进尺（单位：m）、最低收获率（单位：%）、取心方式及要求。

4.7.5 其他录井要求

根据钻探目的要求增加其他的录井项目。

4.7.6 岩样化验分析选送样品要求

化验分析选送样品要求包括：

a）岩心、岩屑选样原则、分析化验项目、样品选取密度及规格；

b） 特殊分析项目选样原则、分析化验项目及要求。

4.8 地球物理测井

测井内容包括：

a）表层测井、中途测井、完钻测井的测井系列、项目、井段及要求等；

b） 特殊测井项目及增加测井项目的井段及要求等。

4.9 抽水（放喷）、回灌试验及要求

4.9.1 抽水（放喷）试验

应对各类地热井进行试验，取得地热流体压力、产量、温度及热储层的渗透性等水文地质参数。

4.9.2 回灌试验

宜采取“同层回灌”模式，以维持开采热储的压力。根据热储层特征采用自然重力回灌法或加压回灌法原水回灌，获取地热井回灌量、渗透系数、回灌压力、水位变化与时间的关系曲线等水文地质参数，确定热储层回灌能力。

4.9.3 地热流体测试

测量分析地热井地热流体的化学组分、微生物含量、同位素组成、放射性、有用组分及有害成分。

4.10 井身结构及井身质量的要求

根据钻探目的提出井身结构及井身质量的设计原则和技术要求。

4.11 热储层保护要求

根据热储物性和敏感性参数，提出钻井过程中热储层保护的要求。

4.12 资料录取与整理要求

应对地热井钻井过程中取得的各项资料，包括地热钻井、地球物理测井、录井资料，以及抽水回灌试验和地热流体化学分析等资料，进行分类整理、编写、存档备查。

4.13 钻井地质设计附表、附图

4.13.1 附表

附表包括：

a）邻井地层分层数据表；

b） 邻井实钻地层深度与物探预测深度对照表。

4.13.2 附图

附图包括：

a）××井区井位及地理位置图（标注设计井位置）；

b） ××井区热储目的层构造图（标注设计井位置）；

c）××井区过设计井地质解释剖面图；

d） 设计井钻遇地层柱状图。

5 设计文本的格式、结构及要求

5.1 设计幅面

纸张采用A4幅面。

5.2 版面设计

页边距：上32mm、下32mm、左23 mm、右23mm；页眉：15 mm，页脚：20mm。

5.3 设计文本结构、格式

5.3.1 封面

5.3.1.1 封面的编排格式见附录 A。
5.3.1.2 封面页眉左侧，可根据需要设置保密级别。
5.3.1.3 封面左上角为企业标志。
5.3.1.4 设计(建设)单位写全称。
5.3.1.5 设计日期“××××年××月××日”为设计完成日期，月、日中不足两位的用“0”补足。

5.3.2 目录

5.3.2.1 目录的编排格式见附录 B。
5.3.2.2 目录内容应依地质设计中正文的一级、二级标题自动生成，不需手工编排。

5.3.3 正文

5.3.3.1 正文首页的编排格式见附录 C。
5.3.3.2 一级标题，编号与标题文字之间空一个汉字的间隙；二级及以下级别标题，编号与标题文字之间空一个汉字的间隙。
5.3.3.3 正文文字页编排页码，位于页眉右侧；附图不编排页眉、页脚和页码。

5.4 设计文本的字体和字号

封面、扉页、目录和正文文字的字体、字号的规定见附录D。

附 录 A
（资料性附录）
封面格式

密级：（三号黑体）
项目名称 ××井钻井地质设计 （行间距38磅，题名上边缘距顶界65mm）
单位名称（建设单位） ××××年××月××日 （三号黑体、行间距28磅，单位名称上边缘距页面底边55mm）

注：根据需要设置保密级别。

图 A.1 地热井钻井地质设计封面格式

附　录　B
（资料性附录）
目录格式

××井钻井地质设计

目　　录

1 基础数据
1.1 基础数据内容
1.2 基础数据格式
2 井区自然状况
2.1 地理环境
2.2 交通、通讯
2.3 气象、水文
2.4 灾害性地理地质现象
3 区域地质简介
3.1 构造概况
3.2 地层概况
3.3 地热地质条件分析
3.4 邻井钻探成果
4 设计依据及钻探目的
4.1 设计依据
4.2 钻探目的
5 设计井预测
5.1 钻遇地层分层
5.2 热储层简述
5.3 水温、水量预测
5.4 风险分析
6 地层压力与地温梯度预测及钻井液使用要求

单位名称　　　　　　　　　　××××年××月××日

图 B.1　地热井钻井地质设计目录格式

××井钻井地质设计

目　录

6.1 地层压力
6.2 地温梯度
6.3 钻井液使用要求及原则
7 录井项目及要求
7.1 岩屑录井
7.2 气测、综合录井
7.3 循环录井
7.4 钻井取心
7.5 其他录井要求
7.6 岩样化验分析选送样品要求
8 地球物理测井
8.1 原则及要求
8.2 测井内容
9 抽水（放喷）、地热回灌试验及要求
9.1 抽水（放喷）试验
9.2 地热回灌试验
9.3 地热流体测试
10 井身结构及井身质量要求
11 热储层保护要求
12 资料录取与整理要求
13 钻井地质设计附表、附图
13.1 附表
13.2 附图

单位名称　　　　××××年××月××日

图 B.2　地热井钻井地质设计目录格式

附 录 C
（资料性附录）
正文首页格式

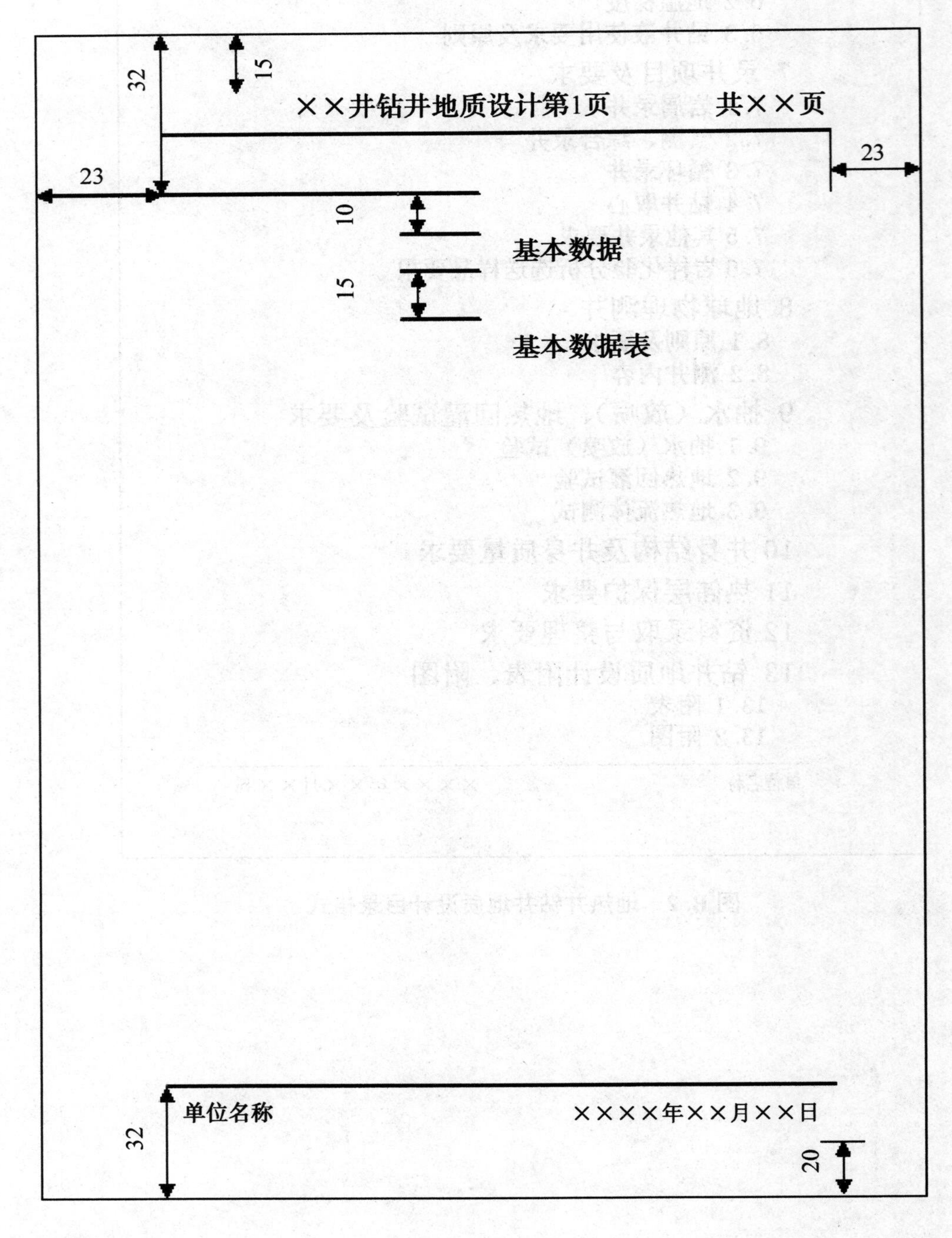

注：单位为毫米。

图 C.1 地热井钻井地质设计正文首页格式

附 录 D
（资料性附录）
设计文本中的字体和字号

表 D.1 地热井钻井地质设计文本中的字体和字号

序号	页别	位置	文字内容	字号和字体
01	封面	页眉左侧	保密级别	三号黑体
02	封面	左上角	企业标志	小三号黑体
03	封面	第一行	项目名称	一号宋体加黑
04	封面	第二行	设计名称	一号宋体加黑
05	封面	倒数第二行	设计单位全称	三号宋体加黑
06	封面	倒数第一行	设计日期	三号宋体加黑
07	扉页	页眉左侧	单位简称	小三号宋体加黑
08	扉页	页眉中部	设计名称	小四号宋体加黑
09	扉页	第一行	地址设计审批表	三号宋体加黑
10	扉页		表中打印字	三号宋体
11	扉页	页脚中部	设计单位	五号宋体加黑
12	扉页	页脚右侧	设计日期	五号宋体
13	目录	页眉、页脚	同扉页	同扉页
14	目录	第一行	目录	三号宋体加黑
15	目录		一级标题	四号宋体
16	目录		二级标题	小四号宋体
17	正文	页眉左侧、中部、页脚	同扉页	同扉页
18	正文	页眉右侧	页码	五号宋体
19	正文		一级标题	小三号宋体
20	正文		二级标题	四号宋体

注：设计文本中英文和数字字体为 Arial。

ICS 27.010
F 15

NB

中华人民共和国能源行业标准

NB/T 10268—2019

地热井录井技术规范

Technical specification for mud logging of geothermal wells

2019-11-04 发布　　2020-05-01 实施

国家能源局　发布

目　次

前言…………………………………………………………………………………………………244
1　范围……………………………………………………………………………………………245
2　规范性引用文件………………………………………………………………………………245
3　录井技术系列…………………………………………………………………………………245
4　录井技术要求…………………………………………………………………………………245
5　录井解释………………………………………………………………………………………247
6　完井报告………………………………………………………………………………………248
7　资料归档………………………………………………………………………………………248
附录 A（资料性附录）　岩屑录井草图……………………………………………………249
附录 B（资料性附录）　岩心录井草图……………………………………………………250
附录 C（资料性附录）　基本数据表………………………………………………………251
附录 D（资料性附录）　解释成果表………………………………………………………252
附录 E（资料性附录）　录井完井报告……………………………………………………253
附录 F（资料性附录）　录井完井报告附表………………………………………………257
附录 G（资料性附录）　录井综合图………………………………………………………261

前　言

本标准按照GB/T 1.1—2009《标准化工作导则 第1部分：标准的结构和编写》给出的规定起草。

本标准由能源行业地热能专业标准化技术委员会提出并归口。

本标准起草单位：中石化华北石油工程有限公司、中国石化集团新星石油有限责任公司、中国石油化工股份有限公司石油工程技术研究院。

本标准主要起草人：吴福邹、李三明、方锡贤、王志战、张卫、赵丰年、马春红、杨卫。

本标准于2019年首次发布。

地热井录井技术规范

1 范围

本标准规定了地热井的录井技术系列、录井技术要求、录井解释、完井报告和资料归档。

本标准适用于地热井录井。

2 规范性引用文件

下列文件对于本文件的应用是必不可少的。凡是注日期的引用文件，仅所注日期的版本适用于本文件。凡是不注日期的引用文件，其最新版本（包括所有的修改单）适用于本文件。

DZ/T 0260 地热钻探技术规程

SY/T 6348 录井作业安全规程

3 录井技术系列

3.1 录井项目

录井项目包括但不限于：

——钻时录井；

——岩屑录井；

——荧光录井；

——钻井液录井；

——气测录井；

——岩心录井；

——工程录井；

——综合录井。

3.2 录井技术系列

3.2.1 勘探井采用钻时录井、岩屑录井、荧光录井、钻井液录井、岩心录井和工程录井，根据需要可选择综合录井。

3.2.2 探采结合井采用钻时录井、岩屑录井、钻井液录井，根据需要可选择岩心录井和工程录井。

3.2.3 开采井、回灌井和监测井采用钻时录井、岩屑录井和钻井液录井。

4 录井技术要求

4.1 钻时录井

记录井深、钻时、进尺和放空井段等。

4.2 岩屑录井

4.2.1 依据钻井地质设计书要求的井段和取样间距采集岩屑。

4.2.2 采集岩屑

a）在振动筛固定位置捞取，取样重量不少于500g，捞取后清洗干净，去掉杂物和掉块，进行深度标识，干燥后装袋；

b）地质构造复杂或地层变化井段，宜加密取样。接近易漏失层基岩顶板时，连续捞取岩屑，卡准漏失层基岩顶部风化壳；

c）每 100m 测量一次岩屑迟到时间。

4.2.3 岩屑描述

a）岩屑分层深度以钻具深度为准，描述时先确定第一层顶界深度和底界深度，以后只写底界深度；

b）定名时按颜色和岩性的顺序进行岩石定名；

c）描述内容包括颜色、矿物成分、结构、化石及含有物、物理性质和化学性质等其他内容；

d）测井后发现岩性与电性不符时宜复查岩屑；

e）岩屑录井草图格式参见附录 A。

4.3 岩心录井

4.3.1 依据钻井地质设计书要求的层位和井段卡准取心层位。

4.3.2 岩心整理

a）按岩心出筒的方向和顺序排放岩心，严重破碎岩心装入袋中并归放到相应位置；

b）岩心清洗干净见岩心本色；

c）用红铅笔在岩心上画出方向线，箭头指向岩心底部；

d）用钢卷尺沿方向线一次性丈量岩心总长，每半米标深度记号；

e）计算单筒岩心收获率和累计岩心收获率。

4.3.3 岩心描述

a）记录岩心出筒是否顺利及破碎程度；

b）描述颜色、矿物成分（主要矿物、次要矿物和特征矿物）、结构、化石及含有物等；

c）描述构造、岩层之间的接触关系、地层倾角等；

d）描述物理性质、化学性质、岩心孔洞裂隙（缝）发育情况（裂缝、溶洞的分布状态、开启程度、连通性、数量、角度）等；

e）进行水性质判定，记录岩心含水性质、滴水实验和久置是否有盐霜等；

f）岩心录井草图格式参见附录 B。

4.4 钻井液录井

4.4.1 记录钻井液密度、黏度、失水量、含砂量、静切力变化，需要时可加密测量并记录。

4.4.2 记录钻井液入口和出口温度。

4.4.3 记录发生井漏的井深、层位、漏失量、漏速、井漏原因及井漏处理措施。

4.4.4 记录发生井涌的井深、层位、涌出量、涌出物、涌速、井涌原因及井涌处理措施。

4.5 工程录井

记录钻压、转盘转速、泵压、悬重、排量和泥浆池体积等。

4.6 洗井

记录洗井方法和过程，记录格式参见附录C。

4.7 试水情况

4.7.1 按 DZ/T 0260 的相关要求记录抽水试验采用的方法和试验过程。
4.7.2 记录试水时间、静水位、动水位、降深、稳定时间、流量和水温等。
4.7.3 记录格式参见附录 C。

4.8 录井记录

4.8.1 记录井位、井别、井型、井位坐标、海拔高程、补心高、开钻日期、完钻日期和完井日期等。
4.8.2 记录设计井深、完钻井深、完钻原则、完钻层位、钻头尺寸、类型、钻达井深、套管数据、固井数据、完井方法和完井时间等。
4.8.3 记录井深、井斜角、方位角、垂直井深、总位移和总方位等。
4.8.4 记录测井作业资料、钻井工程事故和其他相关资料。
4.8.5 按地质设计书的要求取全取准各项资料。

4.9 其他要求

4.9.1 钻遇含油气层时宜进行气测录井和荧光录井。记录钻遇含油气层时的井深、层位和含油气情况。
4.9.2 预测地层压力异常区域勘探时进行地层压力录井。
4.9.3 按 SY/T 6348 的相关要求做好录井施工过程中的环境保护和安全工作。

5 录井解释

5.1 解释原则

5.1.1 任一录井参数的异常井段均为解释井段。
5.1.2 在无特定要求的情况下，录取的任一参数的变量及变化趋势符合下列情况则为异常：

——钻时突然增大或减小，呈趋势性减小或增大；
——钻压、大钩载荷、转盘转速、立管压力和转盘扭矩等工程参数出现大幅度波动；
——钻井液总体积相对变化量超过 $3m^3$；
——钻井液出口密度突然减小 $0.04g/cm^3$ 以上或逐渐增大；
——钻井液出口温度突然增大（或减小）或出入口温度差逐渐增大；
——碳酸盐含量明显改变，碳酸盐岩岩屑次生方解石增多；
——砂岩变纯、颗粒变粗，胶结物变少。

5.2 解释内容

5.2.1 热储层解释分类

依据录井实物资料，利用录井参数，结合测井资料对热储层进行解释，解释结果可分为：主产水层、次产水层和微产水层。

5.2.2 热储层描述

a）依据录井和测井资料确定热储层的顶界深度和底界深度、厚度、含水层岩性特征；

b）基岩热储层描述裂隙发育情况、裂隙度、泥质含量、渗透率等参数；孔隙型热储层描述颗粒成分、胶结物、胶结程度、砂岩厚度及所占比例、孔隙度、泥质含量、渗透率等；

c）记录水质类型、pH 值和矿化度等。

5.2.3 热储层解释

依据岩性、钻时、自然伽马、电阻率、声波时差、泥质含量，孔隙度，渗透率、电导和出口流量等参数进行综合解释，填写解释成果表，格式参见附录D。

6 完井报告

6.1 报告格式

完井报告格式参见附录E。

6.2 报告内容

6.2.1 概况

简述地热井的基本数据和录井队伍。

6.2.2 录井综述

叙述钻井简史、录井概况、工程与录井、其他与录井有关资料。

6.2.3 地质成果

a）简述钻遇的地层层序、岩性特征、电性特征、分层依据、接触关系和地层变化情况等；

b）综述主要水层的层位、井段、厚度、岩性等，水层的电性特征和解释结果；

c）简述构造位置及构造特征；

d）简述洗井、试水、产出剖面测试解释及结论和水样分析等。

6.2.4 结论与建议

依据钻探成果分析地质设计任务完成情况，提出热储层的结论认识以及下步钻探建议。

6.2.5 报告附表和附图

完井报告附表格式参见附录F，附图格式参见附录G。

7 资料归档

7.1 按地质设计书或施工合同的相关条款要求上交录井资料。

7.2 上交资料包括但不限于以下内容：岩屑描述记录、岩屑录井草图、岩心描述记录、岩心录井草图、钻时数据表、录井日报、地质类原始资料汇编、录井完井报告、录井综合图、岩屑实物资料、岩心实物资料和资料电子版等。

附　录　A
（资料性附录）
岩屑录井草图

××× 井岩屑录井草图

1:500

编制单位：　　　　　　　　　　　　　　　　　　年　　月　　日

地层					井深 m	钻时曲线 min/m	颜色	岩性剖面	化石构造及含有物	地层综述	备注（描述人）
界	系	统	组	段							
8mm	8mm	8mm	8mm	8mm	15mm	70mm	5mm	30mm	10mm	60mm	20mm

250mm

附 录 B
（资料性附录）
岩心录井草图

×××井岩心录井草图

1:100

编制单位：　　　　　　　　　　　　　　　　　　　　年　月　日

地层		井深 m	取心井段 (次数) 心长，m 进尺，m 收获率，%	岩样位置	岩心位置	颜色	岩心剖面	化石构造及含有物	岩心编号 m	分段长度 m	破碎位置	备注与描述人
组	段											
10 mm	10 mm	15 mm	15 mm	20 mm		10 mm	30	20 mm	10 mm	10 mm	10 mm	20 mm

表头高：40mm

总宽：180mm

附　录　C
（资料性附录）
基本数据表

××× 井基本数据表

<table>
<tr><td rowspan="7">洗井</td><td rowspan="2">序号</td><td rowspan="2" colspan="2">时间</td><td colspan="2">井段（m）</td><td rowspan="2" colspan="4">洗井方法</td><td rowspan="2">水位（m）</td><td rowspan="2">流量（m³/h）</td><td rowspan="2">水温（℃）</td><td rowspan="2">气温（℃）</td></tr>
<tr><td>自</td><td>至</td></tr>
<tr><td></td><td colspan="2"></td><td></td><td></td><td colspan="4"></td><td></td><td></td><td></td><td></td></tr>
<tr><td></td><td colspan="2"></td><td></td><td></td><td colspan="4"></td><td></td><td></td><td></td><td></td></tr>
<tr><td></td><td colspan="2"></td><td></td><td></td><td colspan="4"></td><td></td><td></td><td></td><td></td></tr>
<tr><td></td><td colspan="2"></td><td></td><td></td><td colspan="4"></td><td></td><td></td><td></td><td></td></tr>
<tr><td></td><td colspan="2"></td><td></td><td></td><td colspan="4"></td><td></td><td></td><td></td><td></td></tr>
<tr><td rowspan="6">回灌试验</td><td colspan="2">回灌时间</td><td>回灌压力（MPa）</td><td colspan="2">回灌排量（L）</td><td colspan="2">持续时间（h）</td><td colspan="2">灌入量（m³）</td><td colspan="2">累计灌入量（m³）</td><td colspan="2">回灌能力（m³/h）</td></tr>
<tr><td colspan="2"></td><td></td><td colspan="2"></td><td colspan="2"></td><td colspan="2"></td><td colspan="2"></td><td colspan="2"></td></tr>
<tr><td colspan="2"></td><td></td><td colspan="2"></td><td colspan="2"></td><td colspan="2"></td><td colspan="2"></td><td colspan="2"></td></tr>
<tr><td colspan="2"></td><td></td><td colspan="2"></td><td colspan="2"></td><td colspan="2"></td><td colspan="2"></td><td colspan="2"></td></tr>
<tr><td colspan="2"></td><td></td><td colspan="2"></td><td colspan="2"></td><td colspan="2"></td><td colspan="2"></td><td colspan="2"></td></tr>
<tr><td colspan="2"></td><td></td><td colspan="2"></td><td colspan="2"></td><td colspan="2"></td><td colspan="2"></td><td colspan="2"></td></tr>
<tr><td rowspan="5">抽水试验</td><td rowspan="2">序号</td><td rowspan="2">类型</td><td rowspan="2" colspan="2">试水时间</td><td colspan="2">静水位（m）</td><td rowspan="2">动水位（m）</td><td rowspan="2">降深（m）</td><td rowspan="2">稳定时间（h）</td><td rowspan="2">延续时间（h）</td><td rowspan="2">流量（m³/h）</td><td rowspan="2">水温（℃）</td><td rowspan="2">气温（℃）</td></tr>
<tr><td>前</td><td>后</td></tr>
<tr><td></td><td></td><td></td><td></td><td></td><td></td><td></td><td></td><td></td><td></td><td></td><td></td><td></td></tr>
<tr><td></td><td></td><td></td><td></td><td></td><td></td><td></td><td></td><td></td><td></td><td></td><td></td><td></td></tr>
<tr><td></td><td></td><td></td><td></td><td></td><td></td><td></td><td></td><td></td><td></td><td></td><td></td><td></td></tr>
</table>

填写人：　　　　　　　　　　　　　　　　　　　　　　　　审核人：

附 录 D
（资料性附录）
解释成果表

×××井解释成果表

序号	地层	井段（m）	厚度（m）	岩性	钻时（min/m）	自然伽马（API）	声波时差（μs/m）	电阻率（Ω·m）	泥质含量（%）	孔隙度（%）	渗透率（mD）	解释结果

填写人：　　　　审核人：

附　录　E
（资料性附录）
录井完井报告

录井完井报告格式见表 E.1～表 E.4。

表E.1　录井完井报告封面

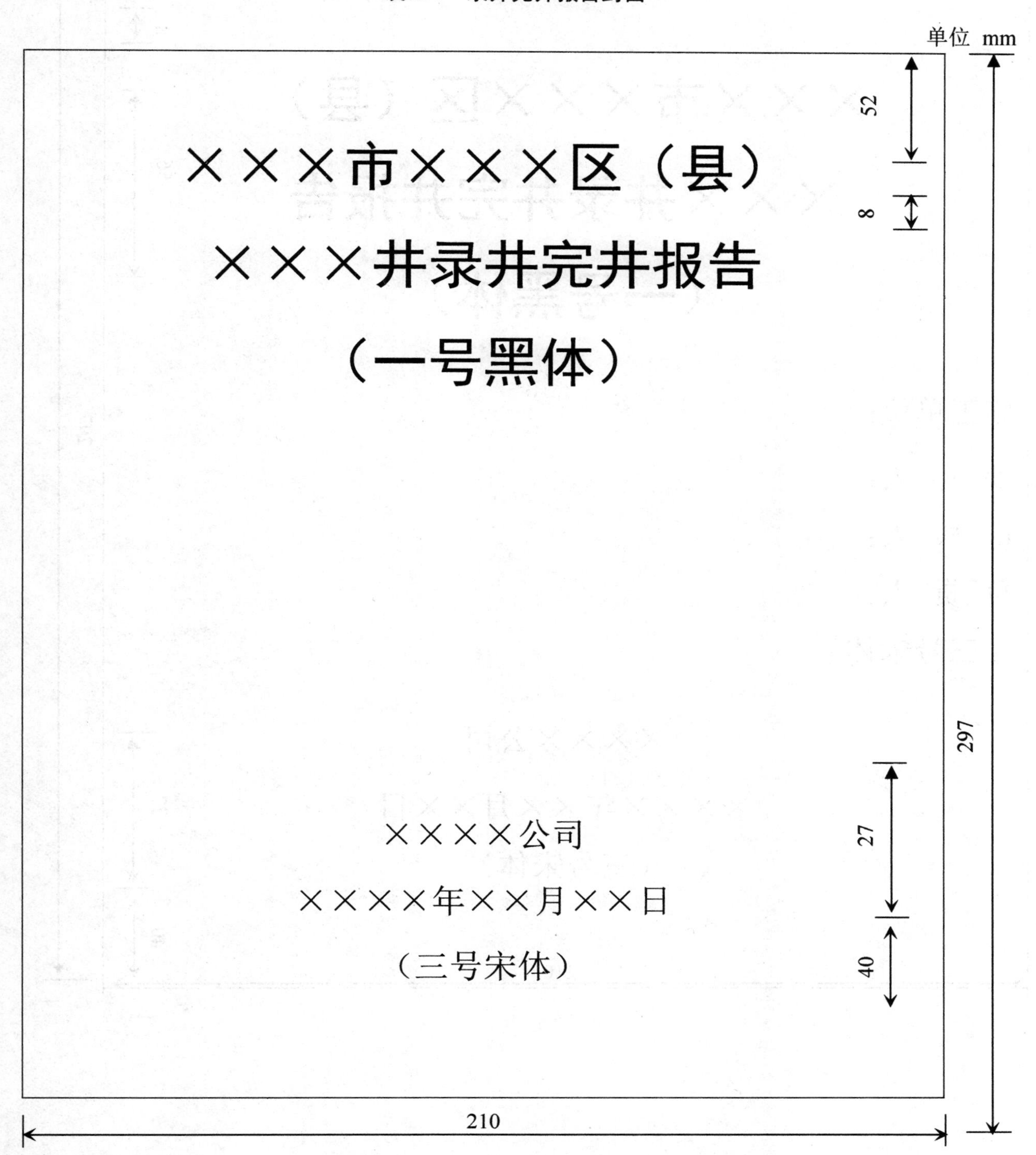

表 E.2　录井完井报告扉页

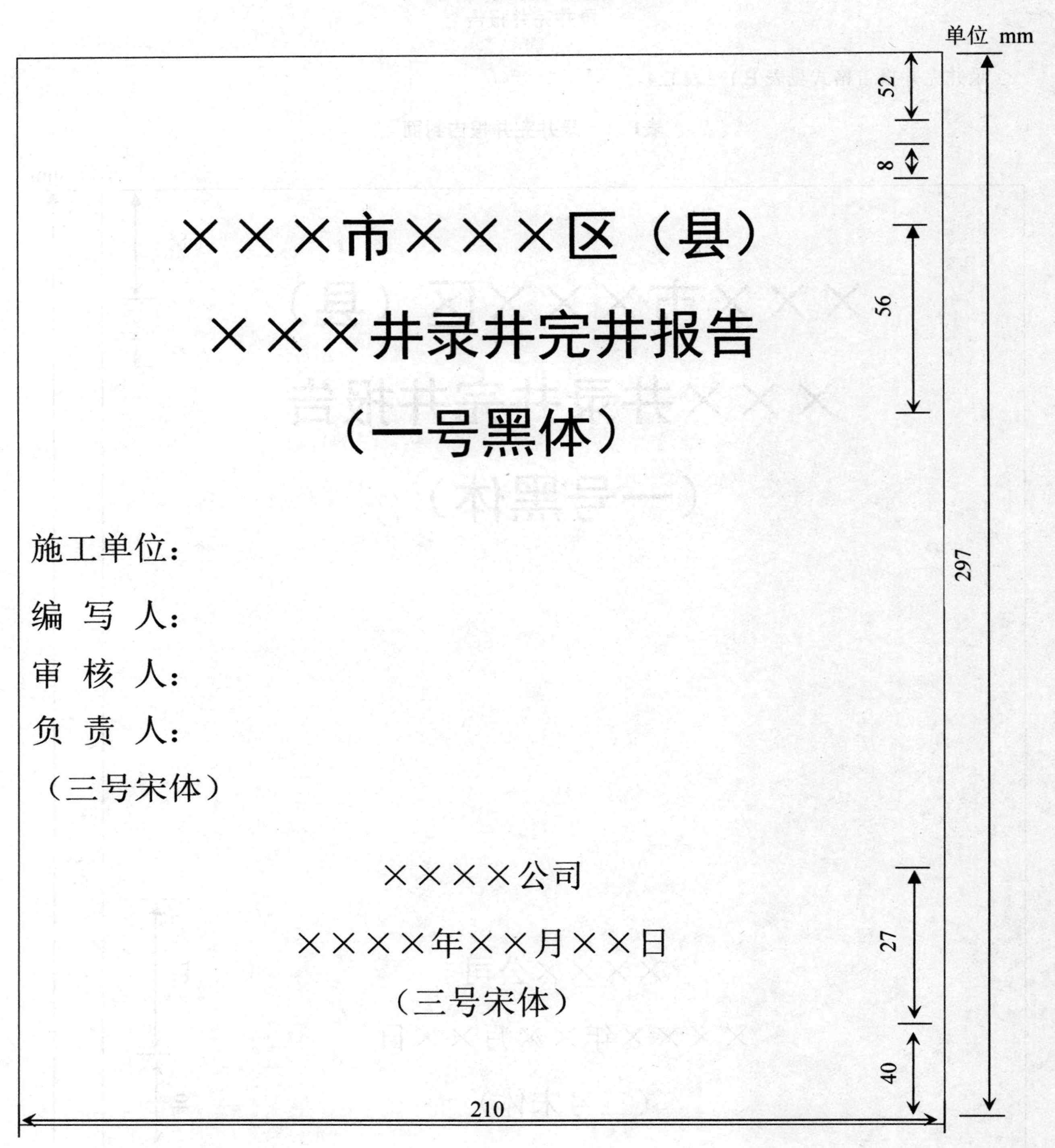

表 E.3 录井完井报告目录

单位 mm

目　　录

第一章 概　况……………………………………………

第二章 录井综述…………………………………………

第三章 地质成果…………………………………………

1. 地层…………………………………………

2. 水层…………………………………………

3. 构造…………………………………………

4. 洗井…………………………………………

5. 试水…………………………………………

6. 水样分析……………………………………

……

第四章 结论与建议………………………………………

附表

1. 基本数据表…………………………………

2. 地层数据表…………………………………

3. 解释成果表…………………………………

4. 井斜数据表…………………………………

5. 套管数据表…………………………………

……

附图

1. 井斜图

2. 录井综合图

……

40

14

25

297

210

表 E. 4 录井完井报告正文

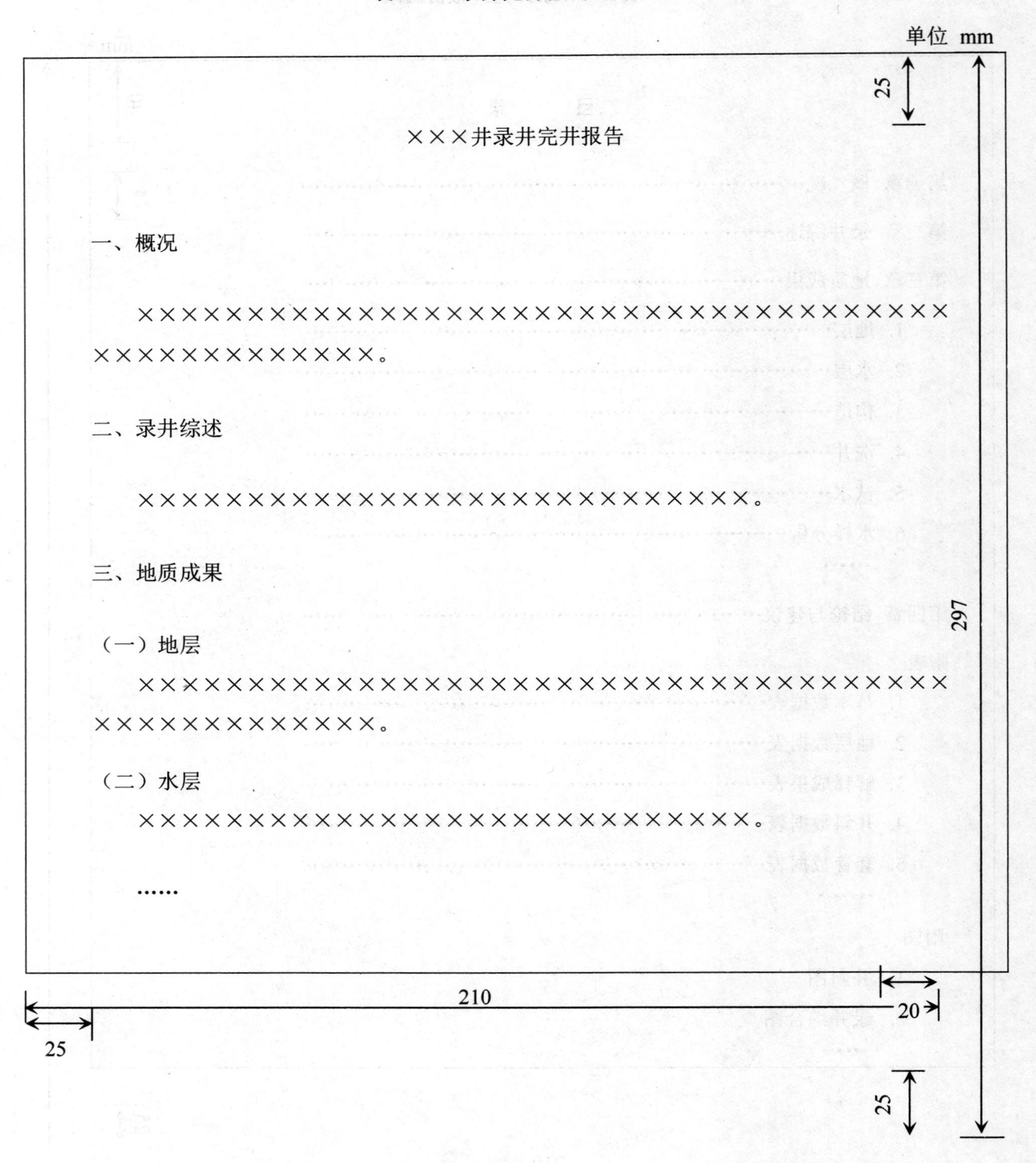

附 录 F
（资料性附录）
录井完井报告附表

录井完井报告附表见表 F.1～表 F.5。

表 F.1 ×××井基本数据表（一）

地理位置								井别			
构造位置								目的层			
测线位置											
钻井目的											
井身结构示意图	钻头尺寸（mm）	井深（m）	套管尺寸（mm）	套管总长（m）	管鞋井深（m）	套管出地高（m）	固井日期	水泥用量（t）	水泥浆密度（g/cm^3）	水泥返高（m）	固井质量
	地质录井项目	井深（m）	间距（m）	工作量（点、包）	井深（m）	间距（m）	工作量（点、包）	井深（m）	间距（m）	工作量（点、包）	总工作量
	地球物理测井	项目 / 日期		标准测井		组合测井		工程测井		特殊测井	

填写人： 审核人：

表 F.2 ×××井基本数据表（二）

<table>
<tr><td rowspan="4">井位坐标</td><td>纵坐标</td><td></td><td>设计井深（m）</td><td></td><td>一开日期</td><td></td></tr>
<tr><td>横坐标</td><td></td><td>完钻井深（m）</td><td></td><td>二开日期</td><td></td></tr>
<tr><td>地面海拔（m）</td><td></td><td>完钻层位</td><td></td><td>三开日期</td><td></td></tr>
<tr><td>补心高（m）</td><td></td><td>完钻日期</td><td></td><td>完井日期</td><td></td></tr>
<tr><td rowspan="4">完钻依据</td><td colspan="4" rowspan="4"></td><td>钻井队</td><td></td></tr>
<tr><td>钻机类型</td><td></td></tr>
<tr><td>录井队</td><td></td></tr>
<tr><td>录井仪型号</td><td></td></tr>
</table>

<table>
<tr><td rowspan="4">钻井取心</td><td>回次</td><td>层位</td><td>井段（m）</td><td>进尺（m）</td><td>心长（m）</td><td>收获率（%）</td><td>岩性简述</td><td>裂缝发育情况</td><td>入水试验</td></tr>
<tr><td></td><td></td><td></td><td></td><td></td><td></td><td></td><td></td><td></td></tr>
<tr><td></td><td></td><td></td><td></td><td></td><td></td><td></td><td></td><td></td></tr>
<tr><td colspan="2">合计</td><td></td><td></td><td></td><td></td><td></td><td></td><td></td></tr>
</table>

<table>
<tr><td rowspan="6">中靶数据</td><td colspan="4">设计</td><td colspan="4">实钻</td><td colspan="5">中靶情况</td></tr>
<tr><td colspan="2">A 靶</td><td colspan="2">B 靶</td><td colspan="2">A 靶</td><td colspan="2">B 靶</td><td colspan="2">A 靶</td><td colspan="2">B 靶</td><td>质量评定</td></tr>
<tr><td>纵坐标</td><td></td><td>纵坐标</td><td></td><td>纵坐标</td><td></td><td>纵坐标</td><td></td><td>井斜（°）</td><td></td><td>井斜（°）</td><td></td><td></td></tr>
<tr><td>横坐标</td><td></td><td>横坐标</td><td></td><td>横坐标</td><td></td><td>横坐标</td><td></td><td>方位（°）</td><td></td><td>方位（°）</td><td></td><td></td></tr>
<tr><td>垂深（m）</td><td></td><td>垂深（m）</td><td></td><td>井深（m）</td><td></td><td>井深（m）</td><td></td><td>靶心距（m）</td><td></td><td>靶心距（m）</td><td></td><td></td></tr>
<tr><td>靶心距（m）</td><td></td><td>靶心距（m）</td><td></td><td>垂深（m）</td><td></td><td>垂深（m）</td><td></td><td>中靶情况</td><td></td><td>中靶情况</td><td></td><td></td></tr>
</table>

<table>
<tr><td rowspan="4">分析化验样品</td><td rowspan="2">层位项目</td><td colspan="11">样品数量（块、个、瓶）</td></tr>
<tr><td>薄片</td><td>孢粉</td><td>轮藻</td><td>有孔虫</td><td>介形虫</td><td>牙形石</td><td>物性</td><td>水理</td><td>气样</td><td>水样</td><td>其他</td></tr>
<tr><td></td><td></td><td></td><td></td><td></td><td></td><td></td><td></td><td></td><td></td><td></td><td></td></tr>
<tr><td>合计</td><td></td><td></td><td></td><td></td><td></td><td></td><td></td><td></td><td></td><td></td><td></td></tr>
</table>

填写人： 审核人：

表 F.3　×××井地层数据表

地层					设计		实钻	
界	系	统	组	段	底界深度（m）	厚度（m）	底界深度（m）	厚度（m）

填写人：　　　　　　　　　　　　　　　　　　　　审核人：

表 F.4　×××井井斜数据表

序号	井深（m）	井斜角（°）	方位角（°）	垂直深度（m）	N（m）	E（m）	闭合方位（°）	闭合距（m）	测量时间	备注

填写人：　　　　　　　　　　　　　　　　　　　　审核人：

表 F.5 ×××井套管数据表

序号	产地	钢级	尺寸 (mm)	壁厚 (mm)	长度 (m)	累计长度 (m)	下深 (m)	备注	序号	产地	钢级	尺寸 (mm)	壁厚 (mm)	长度 (m)	累计长度 (m)	下深 (m)	备注

填写人： 审核人：

附　录　G
（资料性附录）
录井综合图

×××井录井综合图

1:500

绘图人：　　　　　　　　　　　　　　　　　　　　绘图日期：××××年××月××日

<table>
<tr><td colspan="3">盆地名称：</td><td>构造名称：</td><td>井别：</td></tr>
<tr><td colspan="3">构造位置：</td><td colspan="2">地理位置：</td></tr>
<tr><td colspan="5">钻探目的：</td></tr>
<tr><td>纵坐标（X）：
横坐标（Y）：</td><td>经度：
纬度：</td><td>地面海拔：　m
补心高度：　m</td><td>设计井深：　m
完钻井深：　m
完钻层位：</td><td>开钻日期：　年　月　日
完钻日期：　年　月　日
完井日期：　年　月　日</td></tr>
<tr><td>主管部门：
录井单位：
录井队长：</td><td>钻头程序：</td><td>套管程序：</td><td>录井井段：
录井时间：</td><td>审核人：
负责人：</td></tr>
<tr><td colspan="5">图例</td></tr>
</table>

钻时曲线 min/m 井径（cm）	自然电位（mV） 自然伽马（API） 声波时差（μs/m）	层位	井深 m	颜色	岩性剖面	钻井井壁取心	电阻率曲线 深侧向（Ω·m） 浅侧向（Ω·m）	密度（g/cm^3） 黏度（S） 温度（℃）	综合解释
50	50	10	15	10	30	20	50	50	20

行高（由上至下）：30，30，50，70，40

单位　mm

ICS 27.010
F 15

NB

中华人民共和国能源行业标准

NB/T 10269—2019

地热测井技术规范

Geothermal well logging technical specification

2019-11-04 发布　　2020-05-01 实施

国家能源局　发布

目　次

前言……264
1　范围……265
2　规范性引用文件……265
3　总则……265
4　地热测井系列……265
5　地热测井设计……267
6　地热测井作业……269
7　地热测井资料处理解释……272
8　地热测井成果报告编写……273
附录 A（资料性附录）　地热测井设计格式……275
附录 B（资料性附录）　文本格式要求……277
附录 C（资料性附录）　地热测井成果报告……279

前　　言

本标准按照GB/T 1.1—2009《标准化工作导则　第1部分：标准的结构和编写》给出的规定起草。

本标准由能源行业地热能专业标准化技术委员会提出并归口。

本标准起草单位：中国石油化工股份有限公司石油工程技术研究院、中石化华北石油工程有限公司测井分公司、中国石油大学（北京）、中石化新星（北京）新能源研究院有限公司。

本标准主要起草人：李永杰、谢关宝、李健伟、赵文杰、岳文正、王磊、赵丰年、孙俊、袁多、田飞、张元春、李天舒。

本标准于2019年首次发布。

地热测井技术规范

1 范围

本规范规定了水热型地热井的测井系列、测井设计、测井作业、技术要求、测井资料处理解释、成果报告编写。

本规范适用于水热型地热井测井。其他型地热井测井可参照执行。

2 规范性引用文件

下列文件中的条款通过本标准的引用而成为本标准的条款，对于本文件的应用是必不可少的，其最新版本（包括所有的修改单）适用于本文件。

GBZ 118 油（气）田非密封型放射源测井卫生防护标准
GBZ 142 油（气）田测井用密封型放射源卫生防护标准
GB/T 7714 信息与文献参考文献著录规则
GB/T 31033 石油天然气钻井井控技术规范
SY 5131 石油放射性测井辐射防护安全规程
SY/T 5132 石油测井原始资料质量规范
SY/T 5360 裸眼井单井测井资料处理流程
SY/T 5600 石油电缆测井作业技术规范
SY/T 5633 石油测井图件格式
SY 5726 石油测井作业安全规范
SY/T 5783.1 注入、产出剖面测井资料处理与解释规范 第1部分：直井
SY/T 5783.2 注入、产出剖面测井资料处理与解释规范 第1部分：斜井
SY/T 5940 储层参数的测井计算方法
SY/T 6030 钻杆及油管输送测井作业技术规范
SY/T 6277 硫化氢环境人身防护规范
SY/T 6548 石油测井电缆和连接器的使用与维护
SY/T 6592 固井质量评价方法

3 总则

3.1 水热型地热井测井设计、作业，应满足安全环保的要求、满足热储评价的需求，促进地热资源的高效勘查、开采、利用；地热井测井资料处理解释、报告编写，应正确反映热储特性。

3.2 地热测井的设计、作业、处理解释、报告编写等应由专业测井技术单位承担。各阶段测井完成后，应提供相应的报告并验收合格。

4 地热测井系列

4.1 基本原则

a） 地热测井系列应满足热储勘探、开采的需要；

b） 地热测井系列应满足地热资源开发利用的合理性、有效性和经济性的要求。

4.2 基本要求

4.2.1 裸眼井

a） 能够有效识别岩性、评价热储与富水性；

b） 定量计算热储孔隙度、渗透率、井温，满足地层对比需求；

c） 特殊要求井需要满足井旁构造、沉积环境、裂缝、地应力分析、工程应用等评价需求。

4.2.2 套管井

a） 固井质量检查测井应依据固井水泥浆性能进行设计；

b） 回灌测井应能够评价回灌层位、地温变化及回灌量；

c） 产水剖面测井应能够评价产水层位、地温性能、产水量等产出特性。

4.3 地热测井系列选择

a） 地热测井系列包括必测项目和选测项目；

b） 砂岩、碳酸盐岩地热井裸眼测井系列必测与选测项目见表1，其他岩性地热测井系列依据所在地热田区域地质测井响应特征确定；

c） 套管井测井系列推荐必测与选测项目见表2。

表1 裸眼井测井系列

岩性	测井项目	
碳酸盐岩	自然伽马、自然电位、井径、连续井斜、双侧向-微球聚焦、声波、井温	必测
	补偿中子、补偿（岩性）密度、微电阻率成像、阵列声波、核磁共振等	选测
砂　岩	自然伽马、自然电位、井径、连续井斜、双感应-八侧向、声波、井温	必测
	补偿中子、补偿（岩性）密度、微电阻率成像、阵列声波、核磁共振等	选测

表2 套管井测井系列

类型	测井项目	
固井质量检查测井	自然伽马、磁定位、声幅	必测
	变密度、井周声波扫描测井、扇区水泥胶结测井等	选测
回灌井注入测井	自然伽马、磁定位、流量、井温	必测
产液剖面测井	自然伽马、磁定位、流量、井温、压力	必测

4.4 选测测井项目建议

主要选测测井项目能够解决的地热地质、工程问题参见表3。

表 3　选测测井项目

序号	特殊测井项目	评价成果
1	微电阻率扫描成像	裂缝、溶孔评价、构造与沉积解释、地应力
2	阵列声波	岩石力学评价、地应力评价
3	补偿中子	岩性、孔隙度
4	补偿（岩性）密度	岩性、孔隙度
5	核磁共振测井	孔隙及孔隙结构分析
6	井周声波扫描测井	裂缝、溶孔评价；第一胶结面固井质量评价
7	声波变密度测井	第二胶结面固井质量评价
8	扇区水泥胶结测井	扇区固井质量评价

5　地热测井设计

5.1　地热测井方案设计

5.1.1　基本原则

a）测井方案为录取地热井测井资料所进行的设计，应满足地热勘探井、勘探开采井、开采井、回灌井等不同井型的测井要求；

b）每口井均应有测井方案，一般情况下可以在钻井地质设计中给出，重点井需依据实际情况单独编制单井测井方案设计。

5.1.2　基本要求

a）表层套管至井底的裸眼井段，均应进行测井方案设计；固井质量检查测井根据生产实际需求并结合固井设计确定；回灌测井和产水剖面测井按动态监测需求设计；

b）测井方案设计，应确定每口井的测井次数、时间，并明确每次测井的测井项目、测量井段、深度比例的具体要求，必要时还应给出测井仪器系列、测井方法等内容。

5.1.3　设计内容

5.1.3.1　测井项目

a）明确测井项目名称，测井系列选择依据本规范4.3；

b）原始测井资料质量以满足SY/T 5132要求为原则，如因施工条件、地质因素可能会对一些测井项目有影响的，方案设计中应进行相应提示；

c）需要特定的测井仪器系列测量时，方案设计中应明确。

5.1.3.2　测量井段及比例尺

a）标准项目测量井段为表层套管至井底，测井比例尺一般为1:500；

b）综合测井段以不漏测热储为原则，至少测至最上部热储以上50m，比例尺一般为1:200；

c）固井质量检测测井至少测出5个自由套管接箍，比例尺一般为1:200；

d）特殊测井项目测量井段可根据地质目标和评价目的确定，比例尺遵循该测井项目技术要求。

5.1.3.3 作业方式

a） 可通过电缆测井作业方式完成的，测井方案设计中无需说明；
b） 大斜度井或地质情况复杂井中，测井方案设计中要考虑电缆与钻具组合输送测井、钻具输送存储式测井等作业方式；
c） 如要求井温或其他测井项目采用下放测量方式，需在测井方案设计中说明。

5.1.3.4 测井时间

a） 裸眼井测井一般为地热井某一开次钻井结束后进行；
b） 固井质量检查测井时间应满足SY/T 6592要求。

5.1.3.5 测井资料提交

依据地质设计或合同要求，明确提交的测井资料内容、质量、数量、格式、时间和交接方式。

5.1.3.6 健康、安全和环保要求

a） 保障作业人员健康的工作条件要求；
b） 现场安全措施、劳动保护用品的配备和使用要求；
c） 现场作业的环保要求；
d） 放射性物品、火工品的使用要求。

5.2 地热测井作业设计

5.2.1 基本原则

a） 测井作业设计是指导和实施测井工作的数据采集、处理、解释及报告编制、成果提交的依据；
b） 当建设方有明确要求时，需制定测井作业设计；
c） 测井作业设计应由测井专业技术人员编写；
d） 测井作业设计须通过相关部门评审，核准后发送至测井作业相关所有单位。如因地质、工程等因素导致测井作业设计需要变更时，应及时修改、审批发放。

5.2.2 设计依据

a） 钻孔基础数据、钻井工程数据；
b） 地热地质条件，热储性能、预测产水量等；
c） 项目任务书/合同、测井方案、相关标准及规范、相关技术成果及资料等。

5.2.3 设计内容

5.2.3.1 基础信息

a） 钻孔基础数据；
b） 地质数据及资料；
c） 钻井工程数据；
d） 测井系列及相关要求。

5.2.3.2 测井队伍信息

a） 测井队伍名称、资质及相关业绩；

b） 测井设备、下井仪器相关技术指标；
c） 测井人员及持证情况。

5.2.3.3 测井现场施工方案

a） 测井仪器组合设计；
b） 测井顺序设计。

5.2.3.4 测井作业保障措施

a） 设备、工具及备件的检查、保养；
b） 测井仪器的准备、地面配接、刻度检查；
c） 适合井况的配套专用工具的准备；
d） 电缆测井遇阻遇卡的解决措施；
e） 现场出现疑问测井资料时的验证方案。

5.2.3.5 健康、安全和环保保障措施

a） 安全防护设配备及培训情况；
b） 放射性物品的存储、运输、使用遵守SY 5131 要求；
c） 火工品的存储、运输、使用遵守SY/T 5325、SY/T 6253要求；
d） 针对可能出现的风险制定相关的应急措施及培训情况；
e） 现场井控保障措施；
f） 现场作业的环保措施。

5.2.3.6 测井资料处理解释及成果提交

a） 测井原始资料、仪器刻度、仪器校验等相关资料；
b） 测井成果资料的内容、质量、数量、格式以及提交时间、交接方式。

5.3 地热测井设计格式

5.3.1 封面

a） 编排格式参见附录 A.1；
b） 建设单位名称写全称。

5.3.2 扉页

a） 编排格式参见附录 A.2；
b） 设计单位名称写全称。

5.3.3 设计书目录、正文、附件

设计书目录、正文、附件的编写格式及要求见附录B。

6 地热测井作业

6.1 测井作业准备

6.1.1 测井作业人员要求

a) 测井作业人员应经过测井技术培训及健康、安全和环保知识培训，并取得相应上岗资质；
b) 工作期间应正确穿戴劳动防护用品，正确使用健康、安全和环保设施；
c) 应遵守现场作业的相关规定。

6.1.2 测井设备要求

a）地面仪器、下井仪器、井口设备、绞车动力、绞车面板、测井车辆应符合 SY/T 5600 要求；
b）测井电缆、测井连接部件的性能、检查与维修应符合 SY/T 6548 要求；
c）钻具输送测井时，下井仪器串应具备张力测量功能，测井绞车应具备恒张力随动功能，输送专用工具齐全、性能正常。

6.1.3 测井任务书下达

a）测井主管部门应根据测井合同，以测井任务书的形式下达测井任务；
b）测井队伍依据测井任务书的要求完成相关准备，应在约定时间前到达指定的作业井场。如有特殊情况，不能及时到达，请将计划到达时间及时通知有关部门。

6.2 测井作业施工

6.2.1 井场条件要求

a）测井绞车与井口间距离一般应不小于 10m 且通视；
b）井场条件应满足 SY/T 5600 要求；
c）测井作业前应进行通孔，通孔至井底后开泵循环，使井内钻井液性能指标上下保持一致；
d）输送测井中，钻杆及油管应符合 SY/T 6030 要求。

6.2.2 测前会议

a）测井前，现场负责人应组织召开测井施工协调会，相互通报情况，对测井任务、安全措施进行交底，明确配合事项；
b）测井队依据井孔情况，完善测井作业设计。

6.2.3 现场设备安装

a）现场车辆摆放、井口安装、仪器连接，按照 SY/T 5600、SY 5726 执行；
b）放射性测井作业，作业人员应当做好健康防护和安全防护，按照 SY 5131 执行；
c）高压井作业时，井口应按设计压力要求安装防喷器。

6.2.4 测井仪器配接

a）依据测井作业设计的仪器组合序列，连接下井仪器，仪器连接可靠、密封良好；
b）正确安装扶正器、偏心器、间隙器、柔性短节、防转短节等辅助装置；
c）钻具输送测井时井口安装、仪器连接和检查，应按照 SY/T 6030 执行。

6.2.5 电缆控制

a）电缆下放、上提控制，应按照 SY/T 5600 执行；
b）按照多种仪器组合测井时，按其中最低测速要求控制测井速度；

c） 电缆运行过程中，严禁绞车操作人员离开操作岗位、严禁人员进入电缆滚筒室；严禁人员跨越、接触电缆，严禁人员在电缆下停留；
d） 钻杆输送测井作业中输送仪器到对接位置、泵下枪总成安装、湿接头对接、电缆卡子的固定与电缆的导向、下放测量、上提测量、旁通短节拆卸、施工收尾等工序按照 SY/T 6030 执行。

6.2.6 现场测井施工

a） 测井软件与现场操作应按照 SY/T 5600 执行；
b） 测井资料图件格式应符合 SY/T 5633 的规定；
c） 按照测井项目要求合理选择采集参数，并实时监控仪器运行情况；
d） 如遇 7 级以上大风、大雨、雷电、沙尘暴等恶劣天气，不得进行作业，将仪器提至套管内；
e） 测井完毕后，操作工程师回放、编辑测井资料，绘制测井曲线图，按设计要求提交现场测井图。

6.3 测井技术要求

6.3.1 测量方式

a） 依据仪器自身设计要求选择测量方式，包括上提测量、下放测量、偏心测量、居中测量、多点测量和连续测量方式；
b） 生产测井组合仪测井时，应同时记录测量的全部参数，如自然伽马、磁性定位、流量、井温、压力、密度及持水率等。

6.3.2 技术要求

裸眼井测井、套管井测井、工程参数测井等技术要求应符合SY/T 5600的要求。

6.3.3 原始测井曲线质量要求

a） 地面刻度环境和误差、井下刻度位置和误差应符合测井项目要求，刻度文件应当保存；测前、测后校验的地面环境和误差、井下位置和误差应符合测井项目要求，校验文件应当保存；
b） 主测曲线和重复曲线应符合SY/T 5132《石油测井原始资料质量规范》要求，重复曲线不少于50m，重复测量误差在允许范围内；
c） 曲线异常应分析原因，采取重复测井进行验证，必要时更换仪器或队伍进行验证；
d） 因井筒原因无法取得合格资料时，测井队伍应及时与现场监督、作业者沟通并取得认可。

6.4 特殊情况处置措施

a） 电缆测井时出现遇阻、遇卡、打扭、缠绕等复杂情况，按照SY/T 5600处理；
b） 钻具输送测井时出现脱枪、遇阻、遇卡等复杂情况，按照SY/T 6030处理；
c） 当发生井筒溢流时，按照GB/T 31033规定执行。

6.5 健康、安全、环保要求

a） 现场施工安全应符合 SY 5726 的规定；
b） 含硫井测井作业应符合 SY/T 6277 的规定；
c） 放射性的运输、安全使用应符合 GBZ 142、GBZ 118、SY 5131 的规定；
d） 火工品的运输、使用应符合 SY 5436 的规定；
e） 测井过程发生安全生产事故时，应及时启动相应的应急处置预案；
f） 测井结束后，应巡查现场，清理工作环境，回收垃圾。

7 地热测井资料处理解释

7.1 资料收集

7.1.1 钻井资料

a） 井号、井别、井位坐标、地面海拔、井型、井深、钻头程序、井身结构、套管结构、钻时、钻井液性能等；

b） 钻井过程中发生的井喷、井涌、井漏等工程事故，以及处理情况。

7.1.2 录井资料

a） 岩屑录井：岩性、含油气显示、含水层显示等；

b） 钻井液录井：槽面显示、钻时录井、地化录井等；

c） 钻井取心资料：取心回次、取心井段、进尺、心长、取心收获率、岩心描述等；

d） 其他录井资料。

7.1.3 其他资料

a） 地质设计资料：钻井目的、地理位置、构造位置、构造特征、岩心特征、热储分布等；

b） 实验分析资料：水分析资料、孔隙度、渗透率等；

c） 邻井资料：测井资料、热储资料、产水情况等。

7.2 测井资料预处理

测井资料预处理按照SY/T 5360的规定执行。

7.3 测井资料处理

7.3.1 泥质含量计算方法

泥质含量计算方法按照SY/T 5940执行，泥质参数的选取按照SY/T 5360执行。

7.3.2 孔隙度计算方法

a） 只有一种孔隙度测井时，选用单孔隙度计算程序；

b） 有两种以上孔隙度测井时，选用两种曲线交会计算孔隙度；

c） 有核磁共振测井时，可用核磁共振资料计算地层孔隙度、束缚流体孔隙度、可动流体孔隙度；

d） 采用地区统计经验公式；

e） 计算方法按照SY/T 5940执行。

7.3.3 岩性计算方法

a） 单矿物岩石根据矿物成分选取骨架值；

b） 非单一矿物，用双孔隙度测井交会计算孔隙度和岩石成分；如果只有一种孔隙度测井曲线，应选用混合骨架参数计算孔隙度。

7.3.4 渗透率计算方法

渗透率计算方法按照SY/T 5940执行。

7.3.5 岩石力学参数计算

a） 有阵列声波测井资料时，应用阵列声波测井资料提取的纵波、横波时差，结合密度测井，计算纵横波速度比、泊松比、杨氏模量、切变模量、体积模量、体积压缩系数、地层破裂压力梯度等岩石力学参数，并分析地层各向异性和地层主应力方向；
b） 无阵列声波测井资料时，利用纵波时差、密度曲线等拟合计算横波时差，再计算泊松比、杨氏模量、切变模量、体积模量、体积压缩系数、地层破裂压力梯度等岩石力学参数。

7.3.6 地层温度计算

地层温度计算参照SY/T 5360。

7.3.7 回灌参数计算

回灌剖面测井资料解释流程及方法按照SY/T 5783.1规定执行。

7.3.8 产出剖面参数计算

a） 直井产出剖面测井资料解释流程及方法按照SY/T 5783.1规定执行；
b） 斜井产出剖面测井资料解释流程及方法按照SY/T 5783.2规定执行。

7.4 热储测井评价

a） 热储测井响应特征；
b） 热储温度特性、地温梯度；
c） 热储有效厚度、渗透系数、孔隙度、岩石力学等特性；
d） 热储盖层特性；
e） 热储富水性；
f） 热储类型。

8 地热测井成果报告编写

8.1 成果报告构成

a） 前置部分，包括封面、扉页、摘要和关键词、目次页；
b） 主体部分，包括前言、正文、参考文献；
c） 附录，包括附表、附图。

8.2 设计文本结构、格式

8.2.1 封面

a） 编排格式参见附录 C.1；
b） 建设单位写全称。

8.2.2 扉页

a） 编排格式参见附录 C.2；
b） 编写单位写全称。

8.2.3 报告目录、正文、附录

报告目录、正文、附录的编写格式及要求见附录B。

8.3 编写内容

8.3.1 前言

8.3.2 钻井、地质概况

a） 钻井施工单位及相关信息；
b） 井别、井位坐标、完钻日期；
c） 地质背景、本井构造、钻探目的、钻遇地层及邻井地热能分析情况；
d） 井身结构及钻井液性能及相关内容；
e） 录井项目及相关情况。

8.3.3 测井情况

a） 测井施工单位及测井仪器型号；
b） 测井时间、测井内容、测时井深、测量井段及测井过程中出现的遇阻、遇卡现象等；
c） 测井项目完成情况；
d） 特殊测井项目参数设计；
e） 测井资料质量评价及测井环境对测井资料的影响描述。

8.3.4 特殊测井项目

根据需要，简述测井基本原理、资料解释原理，描述测井解释成果。

8.3.5 测井资料数据处理

a） 测井资料预处理；
b） 测井解释模型的选择；
c） 数据处理程序及主要解释参数的选择；
d） 成果图件说明。

8.3.6 工程测井评价

a） 井身结构评价成果，井身结构评价标准依据地质设计要求；
b） 固井质量评价成果，固井质量评价标准应依据SY/T 6592要求。

8.3.7 热储富水性评价

a） 热储划分；
b） 测井响应特征分析；
c） 热储岩性、物性特征分析；
d） 热储温度性能、流体分析；
e） 邻井测井资料、富水性对比。

8.3.8 建议试水层位、井段及措施

附 录 A
（资料性附录）
地热测井设计格式

A.1 地热测井设计封面格式

密级：（三号黑体）

项目名称（小一号黑体）

××井测井设计（小一号黑体）

（行间距38磅，题名上边缘距顶界65mm）

单位名称（建设单位）

××××年××月××日

（三号黑体、行间距28磅，单位名称上边缘距页面底边55mm）

A.2 地热测井设计扉页格式

项目名称（小一号黑体）
××井测井设计（小一号）

（行间距38磅，题名上边缘距顶界65mm）

编写单位：××
编写人：××
审核人：××
技术负责人：××
（三号黑体、行间距28磅，人员名称为三号宋体）

设计单位名称（加盖公章）
××××年××月××日
（三号黑体、行间距28磅，单位名称上边缘距页面底边55mm）

附　录　B
（资料性附录）
文本格式要求

B.1　摘要和关键词

B.1.1　摘要：三号、黑体、行间距25磅。
B.1.2　摘要内容：小四号、宋体、行间距20磅。
B.1.3　关键词：三号、黑体、行间距25磅。
B.1.4　关键词内容：小四号、宋体。

B.2　目录

B.2.1　目录：　三号、黑体，行间距25磅
B.2.2　目录内容：小四号、宋体、行间距20磅。
B.2.3　目录内容应依正文的一级、二级标题自动生成，不需手工编排。

B.3　正文

B.3.1　报告一级编号“第一章或1”、标题：三号、黑体、行间距25磅、段前段后间距12磅，居中，数字编号、标题间空1个汉字位置；
B.3.2　报告二级编号“第一节或1.1”、标题：四号、黑体、行间距20磅、段前段后间距6磅，居中，数字编号、标题间空1个汉字位置；
B.3.3　报告三级编号“一或1.1.1”、标题：小四号、黑体、行间距20磅、段前段后间距3磅，左对齐，首行缩进2个汉字，数字编号、标题间空1个汉字位置；
B.3.4　报告四级编号“（一）或1.1.1.1”、标题：小四号、宋体、行间距20磅、段前段后间距3磅，左对齐，首行缩进2个汉字，数字编号、标题间空1个汉字位置；
B.3.5　正文：小四号、宋体，段前段后间距0磅，文字部分间距为固定值20磅，数学公式、插图、插表、插照部分为单倍或1.5倍行间距，首行缩进2个汉字。
B.3.6　插图、插表名为五号黑体。正文中的插图、插表编号一律用阿拉伯数字依序编码，其标注形式一般为图1、图2；表1、表2 等。如插图、插表较多可按章分别编号，其标注形式为“章顺序号-图、表顺序号”。如：图2-3为第二章第3号图；表3-2为第三章第2号表。表名在表上方，居中；图名在图下方，居中。

B.4　参考文献

B.4.1　参考文献另起页。
B.4.2　按照GB/T 7714的规定执行。

B.5　附录

B.5.1 附录为正文之后的补充内容或参考性资料，非必备。

B.5.2 附录依序用大写英文字母编序号。

B.5.3 每一附录均另起页。

B.5.4 附录格式等同于正文的一级标题的格式。

B.5.5 附录内文字、图表格式同正文。

附 录 C
（资料性附录）
地热测井成果报告

C.1 地热测井成果报告封面格式

密级：（三号黑体）

项目名称

××井测井解释报告

（小一号黑体，行间距38磅，题名上边缘距顶界80mm）

单位名称（建设单位）

××××年××月××日

（三号黑体、行间距28磅，单位名称上边缘距页面底边55mm）

C.2 地热测井成果报告扉页格式

密级：（三号黑体）

××井测井解释报告

（小一号黑体，行间距38磅，题名上边缘距顶界65㎜）

施工单位：××

编写单位：××（加盖公章）

编写人：××

审核人：××

技术负责人：××

单位负责人：××

（三号黑体、行间距28磅，人员名称为三号宋体）

编写单位名称（与封面相同、加盖公章）

××××年××月××日

（三号黑体、行间距28磅，单位名称上边缘距页面底边55㎜）

ICS 27.010
F 15

NB

中华人民共和国能源行业标准

NB/T 10270—2019

地热发电机组性能验收试验规程

Performance acceptance test code on geothermal power unit

2019-11-04 发布　　2020-05-01 实施

国家能源局　发布

目次

前言……283
1 范围……284
2 规范性引用文件……284
3 术语、符号和定义……284
4 导则……287
5 仪表和测量方法……293
6 试验结果的计算……296
7 结果报告……302
附录A（资料性附录） 示踪技术……304

前　言

本标准按照GB/T 1.1—2009《标准化工作导则　第1部分：标准的结构和编写》给出的规则起草。

本标准由能源行业地热能专业标准化技术委员会（NEA/TC29）提出并归口。

本标准主要起草单位：江西华电螺杆发电技术有限公司。

本标准主要参加单位：西安热工研究院有限公司、上海交通大学、中石化新星（北京）新能源研究院有限公司、中国石化工程建设公司、天津大学。

本标准主要起草人：施延洲、胡达、余岳峰、刘凤钢、赵军、王英、赵丰年、王剑波、马春红。

本标准于2019年首次发布。

地热发电机组性能验收试验规程

1 范围

本标准规定了地热发电机组热力性能验收试验的方法和程序，给出了试验的准备、实施、评估的统一规则。

本标准适用于干蒸汽、闪蒸（扩容）、全流和双工质循环等地热发电机组的热力性能验收试验。

2 规范性引用文件

下列文件对于本文件的应用是必不可少的。凡是注日期的引用文件，仅所注日期的版本适用于本文件。凡是不注日期的引用文件，其最新版本（包括所有的修改单）适用于本文件。

GB/T 2624 流量测量节流装置用孔板、喷嘴和文丘里管测量充满圆管的流体流量（ISO 5167（所有部分）：2003，IDT）

GB/T 8117.1—2008 汽轮机热力性能验收试验规程 第1部分：方法A—大型凝汽式汽轮机高准确度试验

GB/T 8117.3—2014 汽轮机热力性能验收试验规程 第3部分：方法C—改造汽轮机的热力性能验证试验

GB/T 28812—2012 地热发电用汽轮机规范

GB/T 30555—2014 螺杆膨胀机（组）性能验收试验规程

GB 50791—2013 地热电站设计规范

DL/T 983—2005 核电厂蒸汽湿度测量技术规范

JJF 1059.1—2012 测量不确定度评定与表示

NB/T 10097—2018 地热能术语

NB/T 25004—2011 汽水分离再热器性能试验规程

3 术语、符号和定义

NB/T 10097、GB/T 28812、GB/T 30555和GB 50791界定的以及下列术语和定义适用于本标准。

3.1 术语

3.1.1

验收试验 acceptance test

确定新建或改建的机组是否达到合同中所规定的性能指标而进行的试验。

3.1.2

试验边界 test boundary

根据试验范围确定的热力学控制边界，用来明确所需测量的能量流以计算修正的结果。

3.1.3

规定的运行方式试验 specified operating mode test

在规定的机组运行方式下进行的试验，通过试验确定电功率和热效率。例如试验目标为在机组主调节阀全开条件下进行的试验，或者在规定的地热流体流量下进行的试验。

3.1.4

机组热耗量　unit heat consumption

单位时间内地热发电机组从外界热源所取得的热量。

3.1.5

电功率　electrical power

扣除外部励磁和非同轴主油泵所耗功率后，发电机出线端所输出的功率。

3.1.6

辅助电功率　electrical auxiliary power

非膨胀机驱动的膨胀机和发电机的辅机所耗功率。

3.1.7

净电功率　net electrical power

电功率与辅助电功率的差值。

3.1.8

单位地热流体净发电量　specific geothermal fluid net power output

单位地热流体流量的机组净电功率。

3.1.9

机组净热效率　unit net thermal efficiency

单位机组净电功率与机组热耗量之比。

3.1.10

地热尾水　geothermal waste water

经过利用后的地热水，如水气分离器、扩容器和膨胀机排出的地热水。

3.1.11

地热干蒸汽发电机组　dry steam geothermal power generation unit

直接利用地热干蒸汽推动膨胀机做功，然后将机械能转化为电能的发电机组。

3.1.12

地热闪蒸发电机组　flash geothermal power generation unit

地热流体通过闪蒸器降压产生部分低压蒸汽来推动膨胀机做功，然后将机械能转化为电能的发电机组。

3.1.13

地热双工质循环发电机组　binary cycle geothermal power generation unit

地热流体通过换热器加热低沸点工质并产生蒸汽，这些蒸汽通过朗肯循环先在膨胀机中将热能转换为机械能，然后将机械能转化为电能的发电机组。

3.1.14

地热全流发电机组　total-flow geothermal power generation unit

直接利用地热流体（含有汽水混合物）推动膨胀机做功，然后将机械能转化为电能的发电机组。

3.1.15

主要参数　primary measurement

用于计算试验结果的测量参数。

3.1.16

次要参数　secondary measurement

不用于计算试验结果，但用于确定机组运行状态的测量参数。

3.1.17

不确定度　uncertainty

对误差的数值估计。分为系统不确定度和随机不确定度两种，总不确定度是对系统不确定度和随机不确定度的合成。

3.1.18

系统不确定度　systematic uncertainty

系统误差的数值估计，按照系统误差的95%置信区来估算。

3.1.19

随机不确定度　random uncertainty

随机误差的数值估计，可通过重复测量值的分散度来计算。通常由一组试验数据的平均值的标准偏差来定量。

3.1.20

灵敏系数　sensitivity coefficient

某一参数的变化引起结果的瞬时变化率。

3.2　符号和定义

除非文中另有定义，表1中的符号和定义在本标准中使用。

表1　符号、定义和单位

符号	描述	单位
Q_{meas}	测量的机组热耗量	kJ/s
m_{in}	测量的地热流体入口流量	kg/s
m_{design}	设计的地热流体入口流量	kg/s
N_{meas}	测量的电功率	kW
N_{aux}	测量的辅助电功率	kW
N_{net}	机组净电功率，测量或计算	kW
N_{corr}	修正后净电功率	kW
h_{in}	测量的地热流体入口比焓	kJ/kg
w_{net}	测量的单位地热流体净发电量	kWh/kg
w_{corr}	修正后单位地热流体净发电量	kWh/kg
η_{net}	测量的机组净热效率	—
η_{corr}	修正后机组净热效率	—

3.3　保证值

3.3.1　机组净电功率

机组净电功率

$$N_{net} = N_{meas} - N_{aux} \tag{1}$$

式中：

N_{net}——机组净电功率，kW；

N_{meas}——测量的电功率，kW；

N_{aux}——测量的辅助电功率，kW。

3.3.2　单位地热流体净发电量和机组净热效率

3.3.2.1 单位地热流体净发电量

单位地热流体净发电量

$$w_{net} = \frac{N_{net}}{3600m_{in}} \qquad (2)$$

式中：

w_{net} —— 测量的单位地热流体净发电量，kWh/kg；

N_{net} —— 机组净电功率，kW；

m_{in} —— 测量的地热流体入口流量。

3.3.2.2 机组净热效率

机组净热效率

$$\eta_{net} = \frac{N_{net}}{Q_{meas}} \qquad (3)$$

$$Q_{meas} = m_{in} \cdot h_{in} \qquad (4)$$

式中：

η_{net} —— 测量的机组净热效率；

N_{net} —— 机组净电功率，kW；

Q_{meas} —— 测量的机组热耗量，kJ/s；

m_{in} —— 测量的地热流体入口流量；

h_{in} —— 测量的地热流体入口比焓，kJ/kg。

4 导则

4.1 概述

本标准要求机组在规定的运行方式下进行试验，本标准推荐的运行方式是膨胀机主调节阀全开的运行方式。通过试验确定机组修正后净电功率和修正后机组净热效率或单位地热流体净发电量。

4.2 试验前规划

4.2.1 在设计阶段，试验各方应对试验方法，保证值定义，测点与测量仪表的数量、位置与布置，以及阀门与管道布置等达成一致。建议对一些重要的测量提供专用的连接设施，如传压管及仪表阀、法兰和温度计套管等，以使仪表安装和验收试验可在不影响正常机组运行的情况下进行。

4.2.2 为了满足本标准对测量不确定度的要求，应进行必要的试验前准备工作和采取必要的措施。在设计阶段宜达成协议，主要内容包括：

a） 功率测量位置；

b） 主要流量测量装置的位置及其管道布置；

c） 确定所需隔离阀门的数量及其位置；

d） 关键测点上所需温度套管和压力接头的数量和位置的要求；

e） 关键测点上所需双重或多重仪表接头的数量及位置的要求；

f）地热流体蒸汽品质（干度）的确定方法（如果适用）。

4.3 试验前协议

参与试验各方在试验前应就如下事项达成一致：试验程序、试验目的、测量方法以及在限定必要修正量下的运行方式、试验结果的修正方法和修正曲线，以及与保证值进行比较的方法。

4.4 试验边界和测量参数

4.4.1 试验边界

4.4.1.1 试验边界确定了用于计算和修正试验结果所需测量的能量流。参与计算的所有输入和输出能量流都应以其通过边界的点为参考来进行测量。在边界内的参数可不必测量，除非其用于确认运行条件或用于计算试验边界处的参数。

4.4.1.2 试验边界宜包括系统的所有设备，但是对具体的试验目的，可采取不同的试验边界。

4.4.1.3 对一些特殊的试验，规定的试验边界应由试验各方共同确认。典型试验边界：

a） 通用地热发电机组试验边界，见图1；

b） 地热干蒸汽发电机组试验边界，见图2；

c） 地热闪蒸发电机组试验边界，见图3；

d） 地热双工质循环地热发电机组试验边界，见图4。

注：图中，用于计算和修正试验结果所需测量的能量流用实线表示。不参与试验结果的能量流用虚线表示。

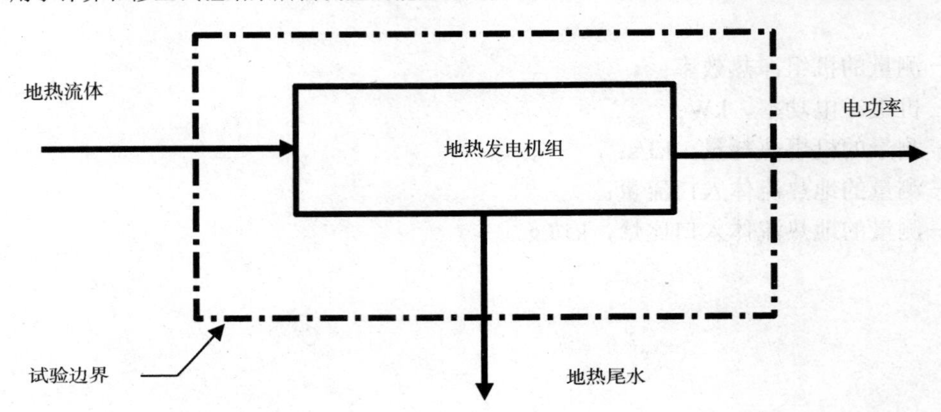

图1 通用地热发电机组试验边界

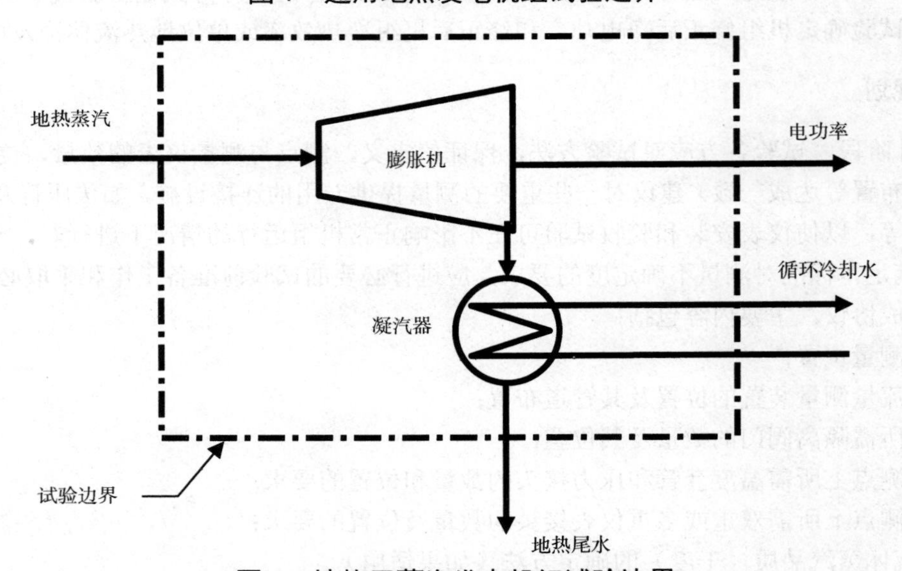

图2 地热干蒸汽发电机组试验边界

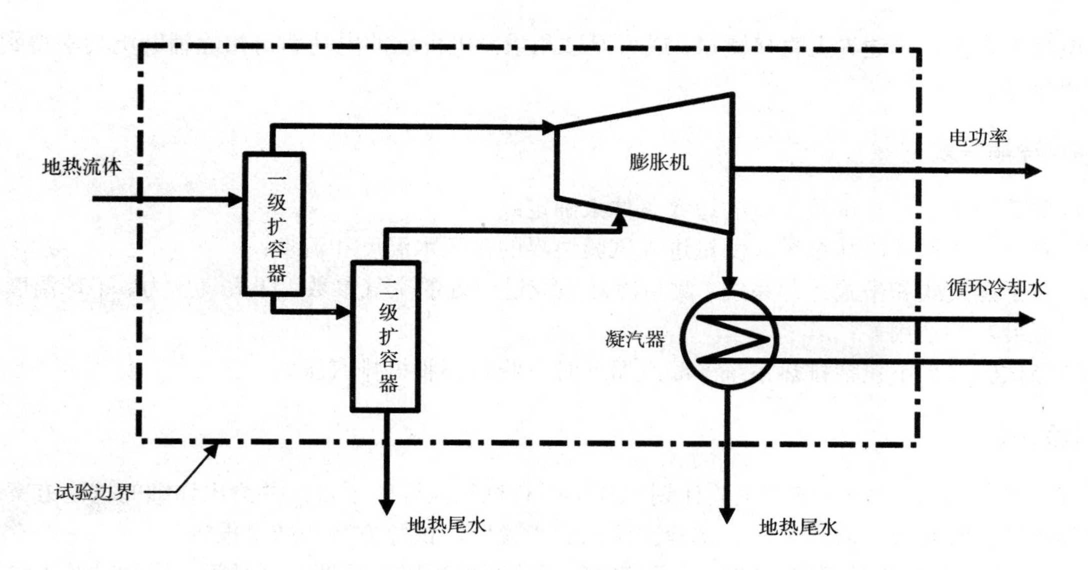

图3　地热闪蒸发电机组试验边界

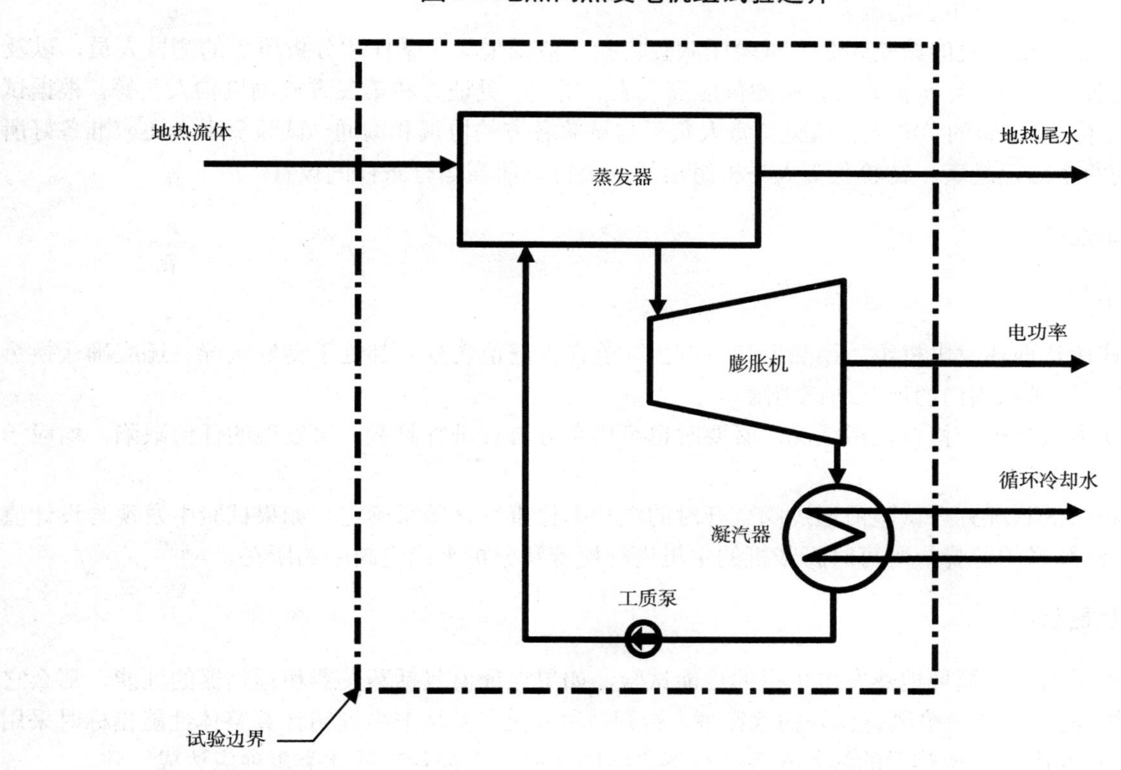

图4　地热双工质循环发电机组试验边界

4.4.2　主要测量参数及变量

4.4.2.1　机组热耗量

在试验边界处测量地热流体的压力、温度（或干度）和流量，来确定地热发电机组热耗量，计算见式（4）。如果有更好的测量点，且该测点处的流体参数与边界点上的相同，或如果可以精确地修正到规定的试验边界点上，则也可将实际测量点布置在试验边界点的上游或下游。

4.4.2.2　净电功率

净电功率宜在试验边界上直接测量，或可通过测量发电机端的电功率再扣除辅助电功率得到。电气参数的测量方法见5.7。

4.4.2.3 冷端参数

冷端参数测量应根据试验系统的边界条件来确定：

a） 对于开式循环冷却系统，测量进入试验边界的循环水温度和流量；

b） 对于蒸发式和干式冷却系统，测量冷却系统进口处的空气参数（即大气压力、干球温度和湿球温度，如适用）；

c） 当试验边界不包括排热系统（凝汽器）时，测量膨胀机排汽压力。

4.5 试验计划

4.5.1 试验前应准备一个详细的试验计划，列出所有试验执行的项目，并给出详细的试验方案。试验计划宜包括试验时间表、内容名称、试验团队的职责说明、试验方案和结果报告。

4.5.2 应制定一个试验时间表。试验时间表宜包括：事件顺序、预期测试时间、通知试验人员、试验准备和执行，以及结果报告的准备。

4.5.3 应确定负责试验的试验团队。试验团队宜包括：数据采集、采样和分析所需的测试人员，以及支持试验准备和试验执行所需人员，例如供应商代表、用户、见证方和第三方检测机构人员等。根据试验要求，指定执行试验的负责人。试验负责人负责与试验各方的协调和沟通。试验负责人还应准备好所有试验活动的全部记录表。试验负责人与机组运行人员协调所需运行条件的设置。

4.6 试验前准备

4.6.1 机组状况

4.6.1.1 应确认地热发电机组、换热器和凝汽器（若在保证值之列）都处于良好状况。还应确认换热器、凝汽器、管道和阀门的泄漏均已消除。

4.6.1.2 卖方应有机会检查机组状况，必要时也可由卖方自行进行测量。对发现的任何缺陷，均应予以消除。

4.6.1.3 机组的状况宜在试验前通过阀全开时的电功率检查性试验来确定。如果试验中发现与设计值有较大的无法解释的差异，则可对膨胀机的主机进行检查和分析来确定缺陷的所在。

4.6.2 换热器状况

4.6.2.1 对于双工质循环地热发电机组的性能试验，如果保证值包括蒸发器和预热器的性能，那么它们应是清洁，而且系统经检测有良好的气密性。否则，卖方应在其标书中说明计算整体性能指标时采用的换热器数量和配置、换热器的端差和各换热器之间的压降。有关各方就此类事项应达成一致。

4.6.2.2 换热器的状况可通过打开水室或测量端差来检查。在有结垢的情况下，买方可要求卖方在验收试验前予以清洗，或者试验各方也可商定一个合适的修正方法。

4.6.3 凝汽器状况

4.6.3.1 如果保证值包括凝汽器的性能，而且是以冷却水流量和温度为条件时，则凝汽器应是清洁，而且系统经检测有良好的气密性。

4.6.3.2 凝汽器的状况可通过打开水室或测量端差来检查，在有结垢的情况下，买方可要求卖方在验收试验前予以清洗，或者试验各方也可商定一个合适的修正方法。

4.6.4 系统的隔离

对试验过程需要隔离的设备以及实现隔离的方法宜达成一致，在试验报告中应说明系统的隔离情况。

4.6.5 进口滤网的清洁度

如有必要，应在试验前清理地热发电机组进口滤网，否则，试验各方也可商定一个合适的修正方法。

4.6.6 测量设备的检查

应对所有测量设备的状况及其适用性进行检查，以确认测量仪表、安装位置及安装方式是否符合有关要求，所有这些检查结果都应记录在试验报告中。

4.7 试验运行方式

4.7.1 试验期间，机组的运行方式应与试验目标相一致，并作为修正方法的基础。修正系数以及修正曲线的绘制受机组运行方式的影响。

4.7.2 机组电功率保证值试验宜在调节阀全开条件下进行。如果保证值是在给定的调节阀开度下给出，则试验宜在此给定的调节阀开度下进行。

4.8 验收试验

4.8.1 试验工况的稳定

4.8.1.1 所有试验开始之前应有一段稳定运行时间，其持续稳定时间由试验各方商定。

4.8.1.2 凡是会影响到试验结果的任何条件，应在试验开始前尽量使其接近稳定，而且在整个试验过程中保持在表 2 所规定的允许波动变化范围内。

4.8.2 试验工况的最大偏差与波动

除非试验各方另有协议，在任一试验过程中，运行工况的最大允许偏差与波动均不宜超过表2中所给的限值。

4.8.3 试验的持续时间和读数频率

4.8.3.1 试验所需的持续时间取决于运行工况的稳定程度和试验数据的采集频率。建议验收试验的持续时间为 1h，试验持续时间也可根据协议缩短，但不得少于 45min。

4.8.3.2 流量差压测量装置宜每半分钟读数一次。对输出电功率，如无积算式的功率表，读数间隔不宜超过 1min。主要压力和温度读数间隔不宜大于 5min。在波动情况下，为了获得具有代表性的平均值，尤其是流量计的读数，宜采用较短的读数间隔或较长的试验持续时间。

表 2 运行工况的最大允许偏差与波动

参数	试验平均值与规定值之间的最大允许偏差	相对于试验平均值的最大允许快速波动（见注）
地热流体的压力	未加限定[a]	绝对压力的±2%
地热流体的温度	未加限定[a]	±4K
地热流体的流量	未加限定	±2%
冷端 1：冷却塔或空冷器包含在试验边界内时的空气参数	湿球温度：±14℃ 干球温度：±17℃	—

表2（续）

参数	试验平均值与规定值之间的最大允许偏差	相对于试验平均值的最大允许快速波动（见注）
冷端2：冷却塔或空冷器不包含在试验边界内，或凝汽器不包含在试验边界内时的凝汽器压力	凝汽器压力变化引起的发电设备电功率的变化，不得超过制造商允许的范围	绝对压力的2%
电功率	未加限定，不得超过发电设备制造商允许的范围	±2%
注：快速波动指其波动频率为读数频率2倍以上的频率。		
[a] 在任何情况下，地热流体的压力、温度不应超过制造厂允许的压力和温度变化范围。		

4.8.4 积算式仪表的读数

4.8.4.1 流量差压测量装置宜每半分钟读数一次。对输出电功率，如无积算式的功率表，读数间隔不宜超过1min。主要压力和温度读数间隔不宜大于5min。在波动情况下，为了获得具有代表性的平均值，尤其是流量计的读数，宜采用较短的读数间隔或较长的试验持续时间。

4.8.4.2 所有的积算式测量仪表都宜同时读数，有关的指示仪表也宜同时或接近同时读数。

4.8.4.3 建议在试验过程中，以相等的时间间隔同时对所有的积算式仪表进行读数，若有需要，在试验结束后，可进行试验一致性的检查，还可调整试验取值的时间范围。

4.8.4.4 如果所有运行条件保持不变，所有观测值宜在预定的试验时间之前一段时间就开始记录，并在预定试验结束时刻之后再延续记录一段时间。

4.8.5 试验记录

每位观测人员都应如实记录自己所观测到的值。试验后，试验各方均应立即收到一份完整的试验记录复印件。

4.8.6 初步计算

在试验结束后应立即进行试验结果及修正值的初步计算，以便确定测量数据的有效性。

4.8.7 试验的一致性

4.8.7.1 正式验收试验宜进行重复试验，同一试验工况点的两次试验数据，当修正到相同的运行条件下，若两次试验结果之间的差别大于0.5%，就应认为试验结果不一致。

4.8.7.2 如果在某一试验或一系列试验的计算过程中发现了严重的不一致现象，除非另有协议，该试验或一系列试验应全部或部分作废。

4.8.7.3 如果对验收试验结果不满意，那么应给卖方提供机会进行设备改进，并由其出资重做验收试验。如果协议的任一方有证据对试验结果有怀疑，也可要求重做试验。

4.8.7.4 如果卖方由于其责任范围的原因，在验收试验后对机组做过改造，致使保证值可能不再在合理的范围内，买方可要求重做验收试验。

4.9 试验不确定度

4.9.1 本标准规定可接受的最大允许试验不确定度：修正后净电功率的不确定度为±1.0%；修正后净热效率或单位地热流体发电量的不确定度为±1.5%。

4.9.2 应在试验前进行不确定度的分析，以确定期望的试验不确定度水平。试验后也应进行不确定度分析以确认试验有效。如果试验后的不确定度值大于所要求的最大允许值，则试验无效。

5 仪表和测量方法

5.1 通则

5.1.1 测量分类

参数可分为主要参数或次要参数。主要参数用于计算试验结果，典型的主要参数有：地热发电机组入口地热流体参数、电功率和排汽压力。次要参数主要用于确认所要求的试验条件是否满足。应根据具体热力循环，由试验不确定度分析来确定主要参数测量的项目和测量仪表的精度等级。

5.1.2 测量仪表

经过校准的试验专用仪表或永久安装的现场仪表都可以使用。如果使用永久安装的现场仪表，建议检查整个仪表测量系统。

5.1.3 仪表验证和校准

主要参数应使用经校准的试验仪表进行测量。校准环境宜尽可能与试验期间仪表的工作环境一致，可以通过将仪表安装在可调节的环境中。有些仪表可能需要试验后复校。

5.2 压力测量

5.2.1 压力测点

如果流体流动较均匀，只需要布置1个点来测量，否则，需要布置几个点来测量。

5.2.2 压力测量仪表

5.2.2.1 推荐使用经校准的压力变送器。
5.2.2.2 绝对压力变送器宜用于测量压力小于或等于大气压力的场合。绝对压力变送器也可用于测量高于大气压力的场合。大气压力宜采用绝对压力变送器测量。
5.2.2.3 表压变送器只可用于测量高于大气压力的场合。
5.2.2.4 差压变送器主要用于测量由差压确定流量的场合。
5.2.2.5 其他设备比如静重式压力计、试验用弹簧管压力表或水银压力计也可用于测量压力。但应明确使用这些仪表的不确定度和校准要求。

5.2.3 取压孔和传压管

5.2.3.1 取压孔宜与管道内壁垂直。内孔口边缘应是尖锐直角且无毛刺，在至少 2 倍孔径长度内，孔应笔直且孔径不变。取压孔的内径宜在 6mm～12mm。

5.2.3.2 除非仪表和取压口位于同一高度，否则连接管应连续倾斜向上或向下，避免形成水柱或汽柱。如果仪表在取压点之上，可通过在取压点处设置密封环使传压管内充满水。但是对于低于大气压的测点，仪表位于取压口上方时，应采取排气措施，避免凝结水聚积在取压管中产生静压头的情况。

5.2.4 大气压力

建议用高准确度的绝对压力变送器或者膜式压力表来测量。

5.2.5 排汽压力测量

应测量膨胀机排汽口处的平均静压力。测量建议如下：

a） 可在凝汽器的任何平面选择测点，除非另有规定；

b） 如果各方同意，壁面取压也可使用；

c） 由于凝汽器布置或者其他原因而不能使用壁面取压时，可安装比如网笼探头或导流板等内部装置。具体参见 GB/T 8117.1 第 5.5.3 节；

d） 推荐在排汽环形面积中每 1.5m^2 设置一个测点。总数量最少 2 个，最多 8 个；

e） 如果使用均压管，应使用尺寸足够大的均压管以避免回流影响；

f）推荐使用低量程绝压变送器来测量；

g） 不推荐使用测量温度来获得排汽压力的方法；

h） 传压管宜满足第 5.2.3 节的要求。注意保证传压管可以自排污，以免因传压管内少量积水而产生误差。试验期间可使用可控的低流量空气吹扫装置来清除传压管中的积水。

5.2.6 不确定度的要求

5.2.6.1 主要压力测量仪表的系统不确定度应不大于 0.3%。大气压力测量仪表的系统不确定度应不大于 0.1%。

5.2.6.2 次要压力可使用任何类型的压力变送器或等效仪表来测量。

5.3 温度测量

5.3.1 温度测点

温度测点应布置在温度均匀分布且尽可能靠近相应压力测点下游的位置。不应将温度套管安装在流动死区。对试验结果有直接影响的温度测点，应在测点附近的不同位置上进行多点测量，取平均后作为流体的温度。

5.3.2 温度测量仪表

5.3.2.1 可使用热电阻、热电偶温度计作为温度测量仪表。

5.3.2.2 对于较高温度和高准确度的温度测量，建议如下：

a） 采用经校准的热电阻连同校准过的数字电压表；

b） 采用经校准的精密级热电偶连同经校准的数字电压表。当要求高准确度测量时，建议采用连续补偿导线。应准确测量冷端温度。如果可能，可使用冰以保持冷端温度恒定。

5.3.3 不确定度的要求

5.3.3.1 主要温度测量仪表的不确定度要求：当测量温度低于 100℃时，仪表系统不确定度应不大于 0.3℃；当测量温度高于 100℃时，仪表系统不确定度应不大于 0.6℃。

5.3.3.2 次要温度测量仪表系统不确定度不宜大于 4.0℃。

5.4 空气湿度测量

5.4.1 空气湿度测点

应在接近环境干球或湿球温度条件下进行测量，以确定空气中水分含量，并以此作为确定空气性质的基础。

5.4.2 湿度测量仪表

推荐的湿度测量仪表有：相对湿度传感器、干湿球湿度计以及冷镜露点仪。

5.4.3 不确定度的要求

湿度测量仪表的系统不确定度不应大于2%。

5.5 流量测量

5.5.1 流量测量装置

5.5.1.1 宜根据不同应用场合选用合适的流量测量装置。流量测量装置包括：差压式流量计（孔板，喷嘴和文丘里管，参见 GB/T 2624）、质量流量计（科里奥利流量计）、超声波流量计和机械式流量计（涡轮和容积式流量计）。在选择最合适的流量测量装置时，应考虑经济性、应用性和不确定度等因素。表 3 给出了不同流体类型的流量测量装置的使用建议，建议分为：推荐、可接受和不推荐。

5.5.1.2 测量湿蒸汽流量和湿度，推荐采用示踪剂技术的测量方法（参见附录 A）。

表 3 不同流体类型的流量测量装置的使用建议

流体类型	差压式流量计(孔板、喷嘴和文丘里管)	质量流量计（科里奥利）	超声波流量计	机械式流量计（涡轮和容积式）	示踪剂技术
水[a]	推荐	推荐	可接受	可接受	可接受
蒸汽	推荐	不推荐	不推荐	不推荐	不推荐
两相混合物	不推荐	不推荐	不推荐	不推荐	推荐
[a] 对于管径小于 76.2mm 的水流量测量，推荐使用涡轮或容积式流量计。					

5.5.2 不确定度的要求

除非另外规定，主要流量测量装置的系统不确定度应不大于0.75%。

5.6 湿蒸汽湿度测量

5.6.1 如果地热蒸汽在量热计中产生可测出的过热度的条件下，可采用节流量热计测量湿蒸汽湿度。否则，宜采用电加热量热计测量湿蒸汽湿度。如果管道中湿蒸汽水分含量不均匀，难以获得具有代表性的样品，则需要采用其他测量方法，试验各方应达成一致。

5.6.2 推荐采用示踪剂技术测量湿度的方法。一般考虑采用钠、锂、钾和铯盐作为示踪剂。放射性示踪剂应采用半衰期较短的同位素，如 ^{24}Na；非放射性示踪剂可选取 $LiOH$、Cs_2CO_3、$LiNO_3$ 等。示踪剂浓度测量仪表采用质谱分析仪或原子吸收光谱仪，仪表测量精度为 0.1μg/L。采用稀释法的示踪技术参见附录 A。

5.7 电气参数测量

5.7.1 电功率的测量

5.7.1.1 对于中线直接接地（地面）或四线制的三相发电机，机组电功率应采用三功率表法测量。

5.7.1.2 对于中线通过电阻、电抗或变压器加电阻接地（地面）的三相发电机，机组电功率可采用两功率表法，但推荐使用三功率表法测量。

5.7.1.3 采用电度表测量时，应按一定时间间隔（推荐至少每隔 5min）读取电度表读数。任何情况下功率表都可用来代替电度表。便携或永久安装的仪表均可使用。单相或多相仪表或功率分析仪均可使用。

5.7.1.4 电气仪表的连接

电气仪表的连接要求如下：

a） 仪用互感器应接在尽可能靠近发电机出线端子上，而且处在电能进、出发电机回路的任何外部连接的发电机侧；

b） 从仪表接出的各组导线编成辫子形状以消除电感应的影响，其长度至少 1 m。最好检查仪表导线以及其他干扰源对整个表计布置区是否有干扰磁场；

c） 只要可能，互感器的校准应与试验时同样的仪器和导线阻抗下进行；

d） 选择电压回路中导线的横截面时，应考虑到导线的长度、电压互感器以及回路中保险丝电阻的影响。

5.7.2 仪表互感器

5.7.2.1 宜采用试验专用的、合适规格和准确度的仪用电流互感器和电压互感器。等效于试验期间仪表和导线的负载条件所用的变比和相角修正值，应由覆盖电流、电压试验值范围的公认的校准方法得到。对于仪用互感器，除了试验仪表和导线外，不应有其他负载，否则，应证实其负载未超过允许值。

5.7.2.2 当使用数字功率分析仪时，如果回路负载对全部试验都相同，则电流互感器和电压互感器负载不用修正。当高阻抗功率分析仪接入试验电流互感器和电压互感仪时，可加适当的负载到回路中。

5.7.3 不确定的要求

5.7.3.1 主要电压应使用系统不确定度不大于 0.3%的电流互感器（计量型）测量。主要电流应使用系统不确定度不大于 0.3%的电流互感器（计量型）测量。

5.7.3.2 主要电功率应使用系统不确定度不大于 0.2%的功率表测量。次要电功率应使用系统不确定度不大于 0.5%的功率表测量。

6 试验结果的计算

6.1 计算前的准备

试验结果计算之前，应在整个读数期间选取一段时间段作为正式试验时间段，不能少于4.8.3所规定的试验持续时间。在选定的时间段内，运行工况与保证工况的参数偏差应满足表2的规定，所有仪表的读数都应有效。

6.2 计算过程

6.2.1 仪表读数平均值的计算

在选定的时间段内，计算每一测量仪表读数的平均值，通常取算术平均值。对于流量测量装置的差压读数，宜采用读数平方根的算术平均值。

6.2.2 平均值的修正和换算

由读数的平均值换算到所需单位的计算值时，应对仪表引起的所有影响进行修正，这些修正包括:

a） 仪表常数和零位修正；

b） 校准修正；

c） 仪表读数的基准值（如大气压力，环境温度）；

d） 任何附加影响（如水柱）。

6.2.3 测量数据的检查

6.2.3.1 相容性检查

对测量数据如压力、温度和流量，在平均值计算之后应做一次彻底检查，检查有无严重的错误、不符物理定律和总体不相容的现象。如果发现有重大偏差，其原因和范围又不明，则该次试验应全部或部分重做。为了澄清事实，应做适当的附加测量。对那些明显不正确的仪表读数应予以删除。经试验有关各方商定，这些数据可由其他仪表的读数代替，或用适当的计算或估算值代替。

6.2.3.2 多重测量的数据处理

当同一参数由数台相互独立的仪表测得时，通常采用算术平均值。

6.2.3.3 泄漏检查

在试验前，应尽可能发现系统泄漏并将其消除。如果任何已发现的泄漏不能消除，其流量应测量或者估算。凡引起工质损失的不明泄漏量，如果需要考虑，也应估计其流量及其泄漏地点。

6.2.4 工质的热力学特性

6.2.4.1 蒸汽和水的热力学特性表或程序，应由买卖双方协商并且在合同中规定。推荐采用由国际水和蒸汽性质协会 1997 年发布的水和蒸汽热力性能的工业用公式（IAPWS-IF97）或由 IAPWS-IF97 导出的表和图。

6.2.4.2 低沸点工质的热力学特性表或程序，应说明所用的图、表源于化工手册名称和版本。

6.2.5 性能保证值计算

地热发电机组性能指标应按保证值的定义（见3.3）进行计算。为了保持较小的修正量，在试验过程中，运行工况应尽可能接近规定的保证工况。如果有任何运行工况偏离保证工况，试验结果在与保证值比较之前应进行修正。

6.3 结果的修正

6.3.1 机组净电功率的修正

6.3.1.1 修正公式

当试验工况偏离保证工况时，所有影响机组功率的试验边界参数都应修正。

修正后机组净电功率为：

$$N_{corr} = \frac{N_{net}}{K_1 \cdot K_2 \cdot K_3 \cdot K_4 \cdot K_5 \cdot K_6 \cdot K_7} \qquad (5)$$

式中：

N_{corr}——修正后机组净电功率；

N_{net}——测量机组净电功率；

K_1——地热流体入口压力的功率修正系数；

K_2——地热流体入口温度的功率修正系数；

K_3——地热流体入口干度的功率修正系数（对汽水两相地热流体）；

K_4——冷源参数的功率修正系数；

K_5——辅助电功率的功率修正系数；

K_6——发电机功率因数的功率修正系数；

K_7——地热流体不凝气体含量的功率修正系数。

如果运行方式影响机组功率，也应进行修正。如：当采用主调节阀全开工况的运行方式试验时，如果机组主调节阀未全开，则应对阀门开度偏离设计值进行修正。

6.3.1.2 修正系数说明

a）入口压力、入口温度和入口干度修正：

——如果地热流体是单相热水，只需要使用入口温度修正系数，则 $K_1=1$ 和 $K_3=1$。

——如果地热流体是过热蒸汽，需要使用入口压力和入口温度修正系数，则 $K_3=1$。

——如果地热流体是汽水两相流，或者使用入口压力和入口干度修正系数，则 $K_2=1$；或者使用入口温度和入口干度修正系数，则 $K_1=1$。

b）冷源参数修正：

——如果冷却塔或空冷式凝汽器包含在试验边界内，则需对冷却塔或空冷式凝汽器进口空气参数进行修正。对于干式冷却塔或空冷式凝汽器，进口空气修正参数是干球温度和大气压力，这时冷源参数修正系数等于干球温度修正系数和大气压力修正系数的乘积。对于湿式冷却塔，进口空气参数是湿球温度和大气压力，也可以使用湿度和干球温度代替湿球温度，这时冷源参数修正系数等于湿球温度修正系数和大气压力修正系数的乘积。典型机组试验边界和测点图见图 5。

——如果冷却塔或空冷式凝汽器不包含在试验边界内，则根据测得的循环水温度和流量进行修正，这时冷源参数修正系数等于循环水温度修正系数和循环水流量修正系数的乘积。典型机组试验边界和测点图见图 6。

——如果凝汽器不包含在试验边界内，则根据测得的膨胀机排汽压力进行修正。典型机组试验边界和测点图见图 7。

c）辅助电功率的修正：

辅助电功率修正是针对在试验条件下的非设计辅助电功率的修正，用于补偿不规则、周期性、间歇性或偏离设计的辅助电功率对结果的影响。

d）发电机功率因数的修正：

发电机的输出应修正到设计功率因数下。

6.3.2 单位地热流体净发电量和机组净热功率的修正

修正后机组净电功率由式（5）计算得到，当采用主调节阀全开工况的运行方式试验时，修正后单位地热流体净发电量

$$w_{\mathrm{corr}}=\frac{N_{\mathrm{corr}}}{3600m_{\mathrm{in}}} \qquad (6)$$

修正后机组净热效率

$$\eta_{\mathrm{corr}}=\frac{N_{\mathrm{corr}}}{Q_{\mathrm{meas}}} \qquad (7)$$

式中：

w_{corr} —— 修正后单位地热流体净发电量，kWh/kg；
N_{corr} —— 修正后机组净电功率，kW；
m_{in} —— 测量的和设计的地热流体入口流量，kg/s；
η_{corr} —— 修正后机组净热效率；
Q_{meas} —— 测量的机组热耗量，kJ/s。

6.4 与保证值的比较

6.4.1 系统边界参数和运行方式等条件应清楚地予以定义，并形成规定的保证工况。
6.4.2 修正后的试验结果与保证值进行比较。

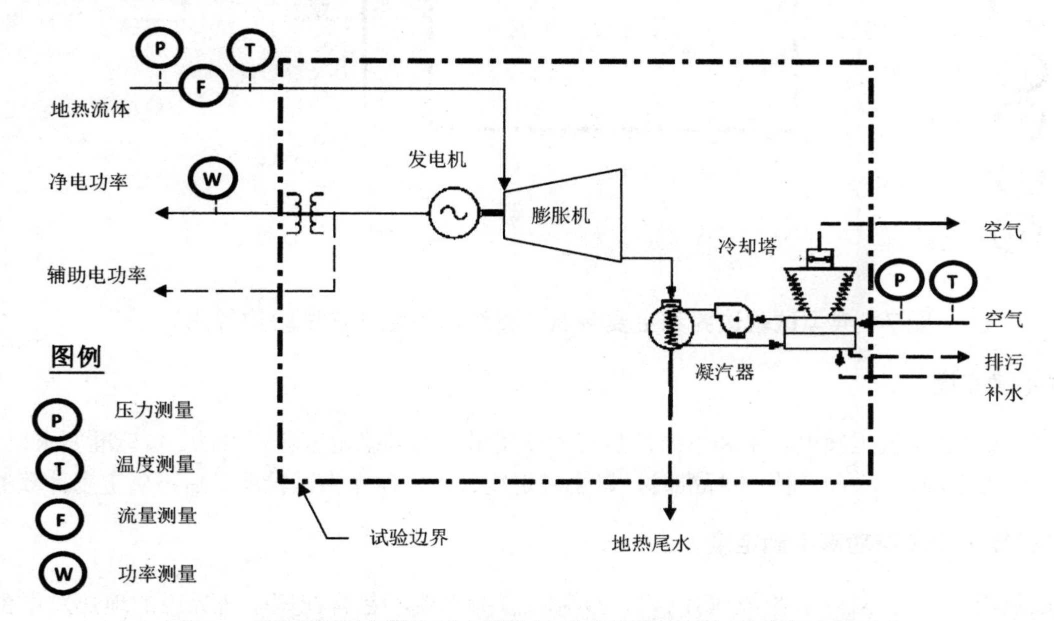

图 5 典型试验边界和主要测点（冷却塔包含在试验边界内）

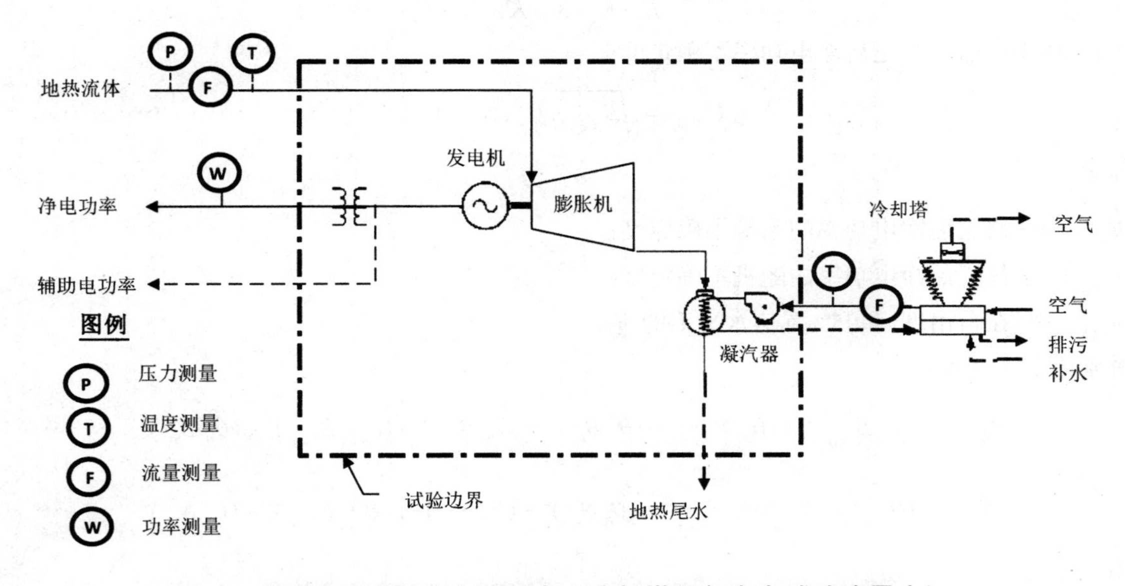

图 6 典型试验边界和主要测点（冷却塔不包含在试验边界内）

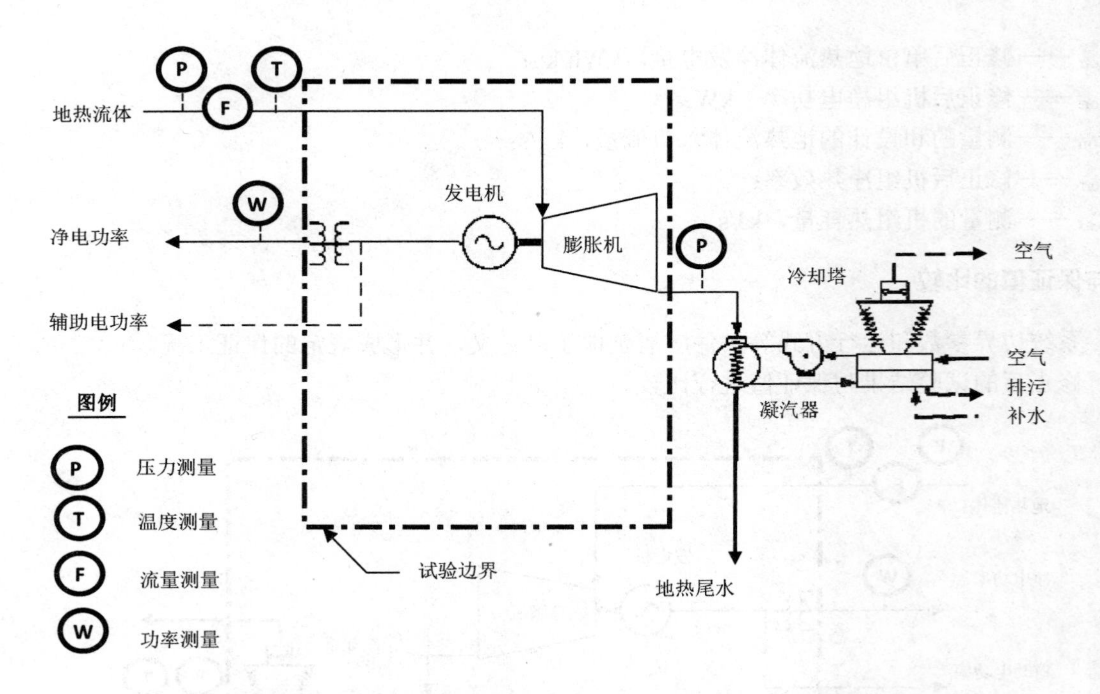

图7　典型试验边界和主要测点（凝汽器不包含在试验边界内）

6.5　试验不确定度

6.5.1　本标准提供了机组净电功率和单位地热流体净发电量的不确定度分析方法。本标准要求以95%的置信水平来报告不确定度。当使用本标准时，该不确定度分析程序作为试验前、后不确定度计算的依据。

6.5.2　机组修正后净电功率不确定度

对于地热流体为过热蒸汽，不凝气体含量忽略不计，凝汽器不包含在试验边界内的地热发电机组时，公式（5）简化为：

$$N_{\text{corr}} = \frac{N_{\text{net}}}{K_1 \cdot K_2 \cdot K_3 \cdot K_4 \cdot K_5 \cdot K_6} \quad (8)$$

依据JJF 1059.1，修正后净电功率不确定度

$$U_{N_{\text{corr}}} = \sqrt{B_{N_{\text{corr}}}^2 + (t_{v,95} S_{N_{\text{corr}}})^2} \quad (9)$$

式中：

$B_{N_{\text{corr}}}$——修正后净电功率的系统不确定度；

$S_{N_{\text{corr}}}$——修正后净电功率的随机不确定度；

$t_{v,95}$——在自由度v和95%置信水平下的t值。

分别由下式计算：

$$B_{N_{\text{corr}}}^2 = (\theta_{N_{\text{net}}} B_{N_{\text{net}}})^2 + (\theta_{p_{\text{in}}} B_{p_{\text{in}}})^2 + (\theta_{t_{\text{in}}} B_{t_{\text{in}}})^2 + (\theta_{p_{\text{k}}} B_{p_{\text{k}}})^2 + (\theta_{N_{\text{aux}}} B_{N_{\text{aux}}})^2 + (\theta_{p_{\text{f}}} B_{p_{\text{f}}})^2 \quad (10)$$

$$S_{N_{\text{corr}}}^2 = (\theta_{N_{\text{net}}} S_{N_{\text{net}}})^2 + (\theta_{p_{\text{in}}} S_{p_{\text{in}}})^2 + (\theta_{t_{\text{in}}} S_{t_{\text{in}}})^2 + (\theta_{p_{\text{k}}} S_{p_{\text{k}}})^2 + (\theta_{N_{\text{aux}}} S_{N_{\text{aux}}})^2 + (\theta_{p_{\text{f}}} S_{p_{\text{f}}})^2 \quad (11)$$

式中：

p_{in}——地热流体入口压力；

t_{in} —— 地热流体入口温度；

p_k —— 膨胀机排汽压力；

N_{aux} —— 辅助电功率；

p_f —— 发电机功率因数；

$B_{N_{net}}$ —— 净电功率测量的系统不确定度；

$B_{p_{in}}$ —— 地热流体入口压力测量的系统不确定度；

$B_{t_{in}}$ —— 地热流体入口温度测量的系统不确定度；

B_{p_k} —— 膨胀机排汽压力测量的系统不确定度；

$B_{N_{aux}}$ —— 辅助电功率测量的系统不确定度；

B_{p_f} —— 发电机功率因数测量的系统不确定度；

$S_{N_{net}}$ —— 净电功率测量的随机不确定度；

$S_{p_{in}}$ —— 地热流体入口压力测量的随机不确定度；

$S_{t_{in}}$ —— 地热流体入口温度测量的随机不确定度；

S_{p_k} —— 膨胀机排汽压力测量的随机不确定度；

$S_{N_{aux}}$ —— 辅助电功率测量的随机不确定度；

S_{p_f} —— 发电机功率因数测量的随机不确定度；

$\theta_{N_{net}}$ —— 净电功率对修正后净电功率的灵敏系数；

$\theta_{p_{in}}$ —— 地热流体入口压力对修正后净电功率的灵敏系数；

$\theta_{t_{in}}$ —— 地热流体入口温度对修正后净电功率的灵敏系数；

θ_{p_k} —— 膨胀机排汽压力对修正后净电功率的灵敏系数；

$\theta_{N_{aux}}$ —— 辅助电功率对修正后净电功率的灵敏系数；

θ_{p_f} —— 发电机功率因数对修正后净电功率的灵敏系数。

灵敏系数计算如下：

$$\theta_{N_{net}} = \frac{\partial N_{corr}}{\partial N_{net}},\ \theta_{p_{in}} = \frac{\partial N_{corr}}{\partial p_{in}},\ \theta_{t_{in}} = \frac{\partial N_{corr}}{\partial t_{in}}$$

$$\theta_{p_k} = \frac{\partial N_{corr}}{\partial p_k},\ \theta_{N_{aux}} = \frac{\partial N_{corr}}{\partial N_{aux}},\ \theta_{p_f} = \frac{\partial N_{corr}}{\partial p_f}$$

6.5.3 修正后单位地热流体净发电量不确定度

对于地热流体为过热蒸汽，不凝气体含量忽略不计，凝汽器不包含在试验边界内的地热发电机组，修正后单位地热流体净发电量计算见公式（6）。

依据JJF 1059.1，修正后单位地热流体净发电量的总不确定度为：

$$U_{w_{corr}} = \sqrt{B_{w_{corr}}^2 + (t_{v,95} S_{w_{corr}})^2} \qquad (12)$$

式中：

$B_{w_{corr}}$ —— 单位地热流体净发电量的系统不确定度；

$S_{w_{corr}}$ —— 单位地热流体净发电量的随机不确定度；

$t_{v,95}$ —— 在自由度v和95%置信水平下的t值。

分别由下式计算：

$$B_{w_{\text{corr}}}^2 = (\theta_{N_{\text{corr}}} B_{N_{\text{corr}}})^2 + (\theta_{m_{\text{in}}} B_{m_{\text{in}}})^2 \quad \cdots\cdots (13)$$

$$S_{w_{\text{corr}}}^2 = (\theta_{N_{\text{corr}}} S_{N_{\text{corr}}})^2 + (\theta_{m_{\text{in}}} S_{m_{\text{in}}})^2 \quad \cdots\cdots (14)$$

式中：

$B_{N_{\text{corr}}}$ —— 修正后机组净电功率的系统不确定度；

$B_{m_{\text{in}}}$ —— 地热流体入口流量测量的系统不确定度；

$S_{N_{\text{corr}}}$ —— 修正后机组净电功率随机不确定度；

$S_{m_{\text{in}}}$ —— 和地热流体入口流量测量的随机不确定度。

$\theta_{N_{\text{corr}}}$ —— 修正后净电功率的灵敏系数；

$\theta_{m_{\text{in}}}$ —— 地热流体流量对修正后单位地热流体净发电量的灵敏系数。

灵敏系数计算如下：

$$\theta_{N_{\text{corr}}} = \frac{\partial w_{\text{corr}}}{\partial N_{\text{corr}}} = \frac{1}{3600 m_{\text{in}}}$$

$$\theta_{m_{\text{in}}} = \frac{\partial w_{\text{corr}}}{\partial m_{\text{in}}} = \frac{w_{\text{corr}}}{m_{\text{in}}}$$

式中：

m_{in}——地热流体入口流量。

对于单相或两相地热流体，或不凝气体含量较高，或排热系统边界与上述不同时，需要修改不确定度计算公式。

7 结果报告

7.1 一般要求

试验报告应简明扼要地提供与试验相关的所有文件和信息。

7.2 摘要

摘要应对试验进行简洁的概述。包括提供以下信息：

a） 试验背景信息，如工程名称、地点、日期和时间；

b） 业主和识别信息；

c） 机组类型，循环和运行方式；

d） 参加和负责试验的各方；

e） 试验目的和范围；

f）试验结果摘要和试验结论，包括不确定度；

g） 与合同保证值的比较；

h） 与参加试验各方达成协议的试验要求的偏差。

7.3 概述

本部分宜至少包括下面的基本信息：

a） 设备运行历史和投入商业运行的日期（如果有必要的话）；

b） 试验的设备及其附属设备的描述；

c） 试验边界和试验热力循环系统图；
d） 参加试验各方代表的名单；
e） 在摘要中没有包括的试验前协议；
f）试验目的。

7.4 测量仪表

本部分应包括所有用于试验仪表的详细说明，包括下面的仪表信息：
a） 试验测量仪表的表格，包括类型、制造厂家、型号和准确度等级；
b） 试验测量仪表的测量位置，连接和标识号等描述；
c） 试验测量仪表的校准文件；
d） 备用仪表的标识；
e） 数据的采集方法，例如临时性或永久性的数据采集系统或手工记录；
f）所用数据采集系统的描述。

7.5 计算和结果

计算和结果部分应包括所有用于试验结果和不确定度分析的假设、数据整理、计算、修正和分析的详细说明。所需信息的清单如下：
a） 用于计算试验结果的所有公式；
b） 为计算结果需要整理的数据，以及其他没有包括在这些数据中的运行参数表；
c） 从数据整理开始的详细试验结果计算过程；
d） 根据可用数据对主要流量的详细计算，如果需要的话，还包括中间的计算结果；
e） 直接引用的标准转换、科学常数和特性信息；
f）因异常值或其他原因而删除数据，对此提供信息和计算的支持；
g） 试验的重复性。

7.6 结论

结论部分应给出最终的试验结果，以及与保证值的比较结论。

7.7 附录

附录部分宜给出不适合放在试验报告正文中的其他信息。包括但不只限于下面的信息：
a） 原始数据表格和数据采集系统打印的原始数据的复印件；
b） 用于试验结果计算的修正曲线的复印件；
c） 试验期间的必要的运行数据；
d） 阀门操作清单和其他表明所需试验配置和运行方式的文件的复印件；
e） 实验室给出的测量仪表的校准报告和生产商的合格证书。

附　录　A
（资料性附录）
示踪技术

为了确定湿蒸汽的流量和湿度，并获得湿蒸汽焓值，推荐采用稀释法的示踪技术（见GB/T 8117.1和GB/T 8117.3）。

A.1　方法

采用稀释法的示踪技术主要有凝结法和恒量注入法。可采用放射性或非放射性示踪剂。

A.1.1　凝结法

溶解在湿蒸汽水相中的示踪剂浓度为c_w，当蒸汽全部凝结成水之后，凝结水中的示踪剂浓度为c_{cnd}，这两个浓度值之间的关系如下：

$$m_w \cdot c_w = m_{cnd} \cdot c_{cnd} \quad \text{(A.1)}$$

式中：

m_w —— 湿蒸汽中水相的流量；

m_{cnd} —— 湿蒸汽全部凝结成水的流量。

从试验测得凝结前后示踪剂的浓度，计算蒸汽湿度W公式如下：

$$W = \frac{m_w}{m_{cnd}} = \frac{c_{cnd}}{c_w} \quad \text{(A.2)}$$

蒸汽干度（x）：

$$x = 1 - W \quad \text{(A.3)}$$

A.1.2　恒量注入法

将浓度为c_{inj}的水溶性示踪剂以一恒定的流量m_{inj}注入到需要测定湿度的湿蒸汽中。在注入点的下游经充分混合之后，测得湿蒸汽水相中的示踪剂浓度为c_w，示踪剂质量平衡公式如下：

$$m_w \cdot c_0 + m_{inj} \cdot c_{inj} = (m_w + m_{inj} + \Delta m_w) \cdot c_w \quad \text{(A.4)}$$

或

$$m_w = \frac{m_{inj} \cdot (c_{inj} - c_w) - \Delta m_w}{c_w - c_0} \quad \text{(A.5)}$$

式中：

m_w —— 取样点处湿蒸汽中水相的流量；

c_0 —— 在注入之前由于自然存在造成其在取样点处水相中示踪剂的初始浓度（背景浓度）；

Δm_w —— 湿蒸汽中水相的流量变化（因注入冷的示踪剂溶液而引起蒸汽的凝结）。

公式（A.4）的先决条件是示踪剂溶于水相中而不溶于汽相中。由于即使在注入截面的上游，水流中仍通常具有一定的示踪剂背景浓度，所以公式（A.5）中考虑了示踪剂背景浓度和湿蒸汽中水相的流量变化。

实际应用时，通常，$c_w \ll c_{inj}, c_0 \ll c_w, \Delta m_w \ll m_w$。

因而，公式（A.5）简化为：

$$m_{\mathrm{w}} = m_{\mathrm{inj}} \cdot \frac{c_{\mathrm{inj}}}{c_{\mathrm{w}}} \quad \text{(A.6)}$$

作为节流装置的替代流量测量装置，恒量注入示踪方法能用于单相水（液体）流量的精密测量。通过采用放射性示踪剂，能达到±0.2%的测量不确定度。经比较证实，示踪测量的结果与由校正过的节流装置所获得的结果非常吻合。

示踪剂通常是连续注入，每次试验前要用经过校准的孔板来测量其流量m_{inj}。孔板只应在校准范围内使用，因此，m_{inj}的测量不确定度一般约为±0.1%。

A.2 确定扩容分离器入口湿蒸汽的湿度和焓值

扩容分离器入口湿蒸汽水相流量m_{w}采用恒量注入法测量确定。通过测量扩容分离器分离后水中的示踪浓度c_{L}，由示踪剂质量平衡计算出分离后水的流量m_{L}，则由扩容分离器的质量和能量平衡计算扩容分离器入口湿蒸汽的湿度和焓值。扩容分离器入口湿蒸汽的湿度和焓值测量计算示意图见图A.1。

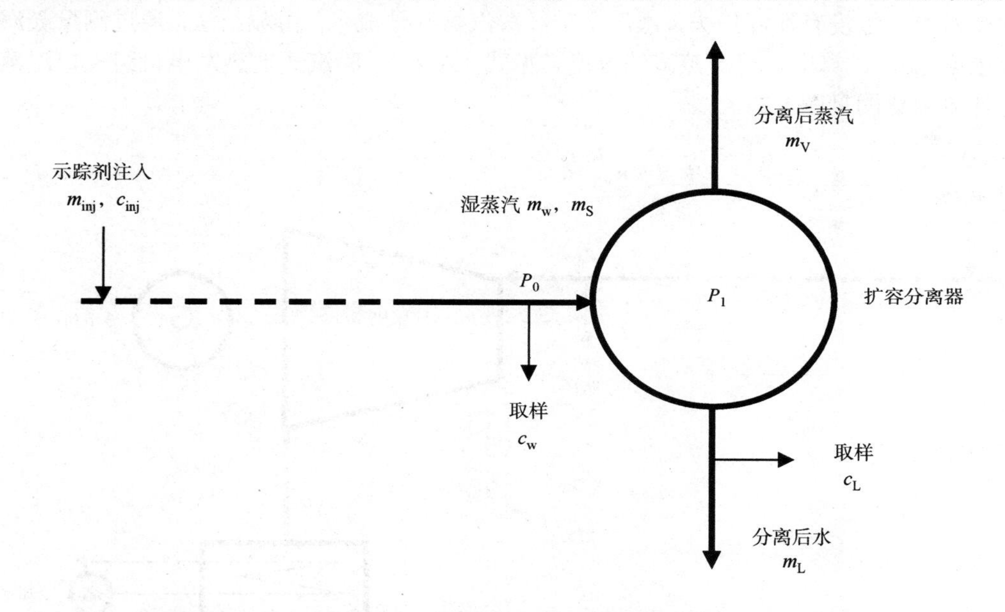

图 A.1 扩容分离器入口湿蒸汽的湿度和焓值测量计算示意图

根据扩容分离器示踪剂质量平衡，分离后水的流量公式：

$$m_{\mathrm{L}} = m_{\mathrm{w}} \cdot \frac{c_{\mathrm{w}}}{c_{\mathrm{L}}} \quad \text{(A.7)}$$

式中：

m_{w} ——扩容分离器入口处湿蒸汽中水相的流量；

c_{w} ——扩容分离器入口处湿蒸汽中水相的示踪剂浓度；

m_{L} ——扩容分离器分离后水的流量；

c_{L} ——扩容分离器分离后水的示踪浓度。

假设扩容分离器没有质量和能量损失，且汽水分离效率100%，根据质量平衡和能量平衡，列出以下公式：

$$m_{\mathrm{w}} + m_{\mathrm{S}} = m_{\mathrm{L}} + m_{\mathrm{V}} \quad \text{(A.8)}$$

$$m_w \cdot h_w + m_S \cdot h_S = m_L \cdot h_L + m_V \cdot h_V \quad \cdots\cdots (A.9)$$

式中：

m_S —— 扩容分离器入口处湿蒸汽中汽相的流量；

m_V —— 扩容分离器分离后蒸汽的流量；

h_w —— 扩容分离器入口处压力P_0下饱和水焓；

h_S —— 扩容分离器入口处压力P_0下干饱和蒸汽焓；

h_L —— 扩容分离器压力P_1下饱和水焓；

h_V —— 扩容分离器压力P_1下干饱和蒸汽焓。

根据式（A.8）和式（A.9），计算扩容分离器入口处湿蒸汽中汽相的流量，得到入口湿蒸汽的湿度和焓值。

A.3 确定凝汽式地热发电机组入口湿蒸汽的湿度和焓值

凝汽式地热发电机组入口湿蒸汽中水相流量m_w采用恒量注入法测量确定，见式（A.6）。假设地热蒸汽经过地热发电机组没有泄漏损失，蒸汽全部经凝汽器凝结成水。由凝结法，通过测量凝汽器出口凝结水的示踪浓度c_{cnd}，计算出入口湿蒸汽的湿度，见式（A.2）。凝汽式地热发电机组入口湿蒸汽的湿度和焓值测量计算示意图见图A.2。

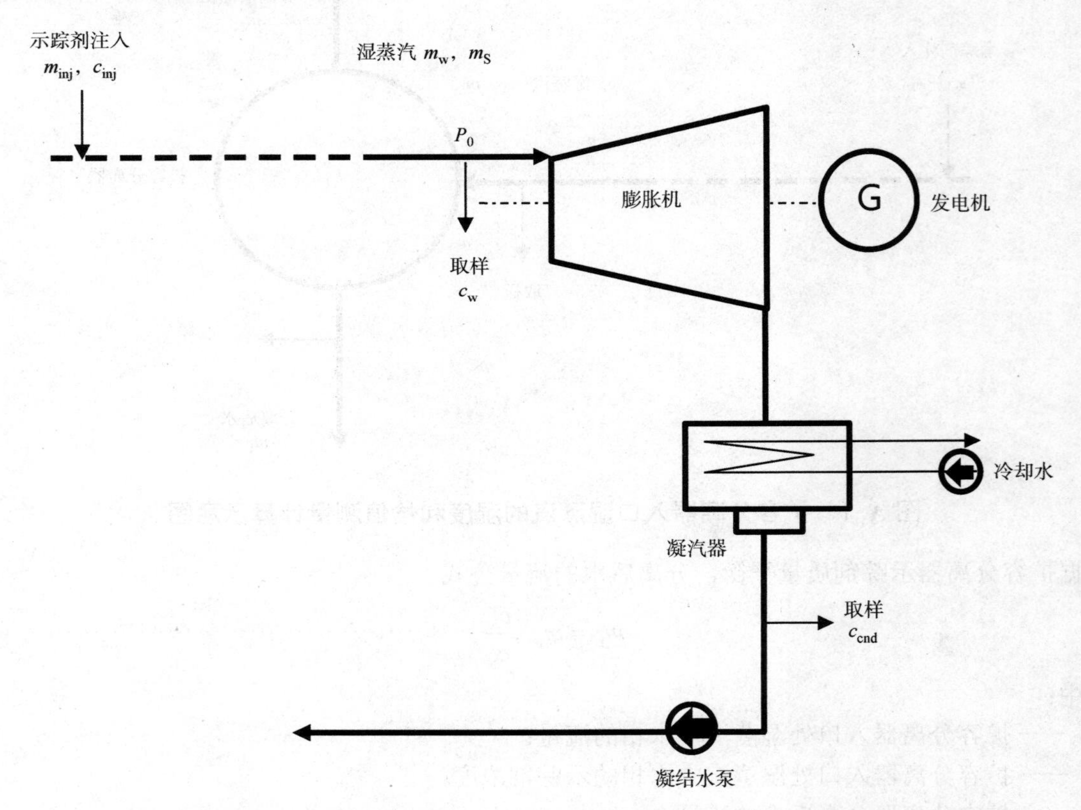

图 A.2 凝汽式地热发电机组入口湿蒸汽的湿度和焓值测量计算示意图

A.4 两个界面之间的蒸汽湿度关系

如果两个截面的蒸汽流速和压力不同，则蒸汽湿度也会有所差别。已知截面1处的蒸汽湿度，如果忽略两个截面之间的散热损失，建立能量平衡，可得到截面2处的蒸汽湿度与截面1处的蒸汽湿度存在如下关系：

$$W_2 = \frac{1}{h_{w_2} - h_{S_2}}\left[W_1 \cdot (h_{w_1} - h_{S_1}) + h_{S_1} - h_{S_2} + \frac{1}{2}V_1{}^2 - \frac{1}{2}V_2{}^2\right] \quad \text{(A.10)}$$

式中：

W_1——截面1处的蒸汽湿度；

W_2——截面2处的蒸汽湿度；

h_{w_1}，h_{w_2}——截面1处、截面2处的饱和水比焓；

h_{S_1}，h_{S_2}——截面1处、截面2处的干饱和蒸汽比焓；

V_1、V_2——截面1处、截面2处的湿蒸汽流速。

A.5 不确定度

对于放射性和非放射性的示踪剂，流量测量的不确定度在0.2%～1.0%的范围内。中等测量准确度水平的测量装置（包括所有影响因素在内）不确定度能够达到0.5%～1.0%。随着费用的增加，测量不确定度可达到0.2%（参见GB/T 8117.3）。

因此，采用示踪剂技术测量流量，不确定度将与未校正的孔板相同或更好。

A.6 安装条件

示踪剂有放射性示踪剂和非放射性示踪剂。放射性示踪剂比非放射性示踪剂有更高溶解度的优点，即测量时需要极少量的示踪剂。而非放射性示踪剂不需要运输和装卸的管理授权。应根据各种特定情况决定使用哪一种类型的示踪剂。

示踪剂注入点可以在任何有小量水流存在的位置。而取样点，特别要求示踪剂与水要充分混合的位置，即管道截面上的浓度差不大于0.1%。充分混合的距离是雷诺数、管道阻力和注入类型（单壁注入、单中心注入和沿圆周的多点注入）的函数。对直管管壁单点注入和管道截面上的浓度差为0.1%时，充分混合距离的参考值如下：

对单相水（液体）流：150*D*～300*D*；

对汽水两相流：30*D*～80*D*。

注：*D*=管道内径。

所给范围基于不同雷诺数（影响较小）和不同的管道阻力的结果。管道布置情况诸如管弯头、阀门、泵等通常会大大减小所要求的混合距离。

如果即使考虑了管子的布置情况仍达不到充分混合距离，则可采用沿管道四周的多点注入来代替管壁单点注入的方式。

另一个保证示踪测量成功的关键是选择合适的取样速度，即：

——为了获得良好的测量准确度（试样和注入流量的瞬时对应），取样速度宜尽可能高。

——样品宜只从水中获取，且不应包含蒸汽（在两相流体的情况下）。这就确立了取样速度的上限。

根据测点情况，取样速度应调整到最高允许值。由于该值不能预先算出，故宜对每个测点及其连接点要进行验证测量。

然而，在取样点上不可能检出是否有蒸汽进入水中，因为取样管通过冷却器时蒸汽已凝结。如果取自两相流体的样品仅包含液体，则不管取样速度是多少，其浓度将保持不变。如果样品开始混入蒸汽，则浓度将因蒸汽凝结而下降，曲线变成不连续，称之为“断点”。应确定两相流管道所有试样的断点。

A.7 示踪剂的应用

为了确定汽或水的流量，通常使用孔板或喷嘴进行测量。根据不确定度的要求，可对其进行校准或做成标准流量测量装置。然而，这些装置要求在试验之前已安装在循环系统中，并满足较高的安装条件。对于地热发电应用，特别是对于两相地热流体，使用孔板或喷嘴进行测量，不确定度经常不能满足，而应使用示踪技术来测量。

示踪技术适用于测量：

a） 凝结水流量；

b） 给水流量；

c） 疏水流量；

d） 喷水流量；

e） 抽汽流量；

f）扩容分离器入口湿蒸汽的湿度和焓值；

g） 地热发电机组入口湿蒸汽的湿度和焓值。

在要求高准确度的单相流管路中，推荐采用孔板/喷嘴和示踪剂技术的组合测量方式。

ICS 27.180
F 15

NB

中华人民共和国能源行业标准

NB/T 10271—2019

地热发电系统热性能计算导则

Calculation guide for thermal performance of geothermal power generation systems

2019-11-04 发布 2020-05-01 实施

国家能源局 发布

目　次

前言……311
1　范围……312
2　规范性引用文件……312
3　术语和定义……312
4　基本规定……314
5　计算步骤……314
6　热性能计算……315
附录 A（资料性附录）　我国现有地热发电系统示意图……319
参考文献……321

前　言

本标准按照GB/T 1.1—2009《标准化工作导则　第1部分：标准的结构和编写》给出的规定起草。

本标准由能源行业地热能专业标准化技术委员会（NEA/TC29）提出并归口。

本标准起草单位：天津大学、东营晶昌石油装备科技有限公司、中国科学院广州能源研究所、中国石化工程建设公司、浙江开山压缩机股份有限公司、江西华电螺杆发电技术有限公司、北京优奈特燃气工程技术有限公司、烟台欧森纳地源空调股份有限公司、国网天津电力科学研究院、中国核电工程有限公司、中国石化集团新星石油有限责任公司、清华大学能源互联网创新研究院。

本标准主要起草人：赵军、王永真、安青松、龚宇烈、王剑波、赵丰年、高峻、吕心力、邓帅、朱强、骆超、曲勇、胡达、汤森、岳吉祥、王宗满、甘智勇、高中显、刘平、周连升、许文杰、尹洪梅、胡立凯。

本标准于2019年首次发布。

地热发电系统热性能计算导则

1 范围

本标准规定了地热发电系统热性能的计算方法。

本标准适用于地热闪蒸发电系统、地热双工质循环发电系统、地热全流发电系统、地热干蒸汽发电系统以及地热联合发电系统的热性能计算。

2 规范性引用文件

下列文件对于本文件的应用是必不可少的。凡是注日期的引用文件，仅所注日期的版本适用于本文件。凡是不注日期的引用文件，其最新版本（包括所有的修改单）适用于本文件。

NB/T 10097 地热能术语

3 术语和定义

NB/T 10097界定的以及下列术语和定义适用于本文件。

3.1 地热流体及其热工参数

3.1.1

地热水 geothermal water

处于液态的地热流体。

3.1.2

地热湿蒸汽 geothermal wet steam

含有饱和水的地热蒸汽。

3.1.3

地热干蒸汽 geothermal dry steam

处于饱和状态或者过热状态的地热蒸汽。

3.1.4

地热流体流量 flow rate of geothermal fluid

单位时间内流经封闭管道或明渠有效截面的地热流体量。

3.2 地热发电系统及其设备

3.2.1

地热发电系统 geothermal power generation systems

将地热流体所运载的热能转换为电能的系统，可分为地热闪蒸发电系统、地热双工质循环发电系统、地热全流发电系统、地热干蒸汽发电系统以及地热联合发电系统。我国现有地热发电系统的示意图参见附录A。

3.2.2

地热闪蒸发电系统 flash geothermal power generation system

地热闪蒸发电系统是将地热井中的地热流体，先送到闪蒸器中进行闪蒸，再将产生的蒸汽引入膨胀机做功发电的系统。

3.2.3

地热双工质循环发电系统 binary cycle geothermal power generation system

地热双工质循环发电系统由地热流体循环和低沸点工质发电循环组成，是用地热流体在热交换器中加热低沸点工质，使之蒸发为蒸汽，再将其引入膨胀机做功发电的系统。

3.2.4

地热全流发电系统 total flow geothermal power generation system

地热全流发电系统是将地热井中的地热流体直接引入膨胀机做功发电的系统。

3.2.5

地热干蒸汽发电系统 dry steam geothermal power generation system

地热干蒸汽发电系统是将地热井中的地热干蒸汽直接引入膨胀机做功发电的系统。

3.2.6

闪蒸器 flasher

地热闪蒸发电系统中通过扩容闪蒸使地热流体产生蒸汽并实现汽液分离的设备。

3.2.7

膨胀机 expander

利用地热流体或低沸点工质膨胀降压向外输出机械功的设备。

3.2.8

工质泵 working fluid pump

输送低沸点工质的设备。

3.2.9

辅助设备 auxiliary equipment

除膨胀机和发电机外用于地热发电系统地热流体或循环工质开采、输运、循环、冷却及回灌的设备，又称辅机。不包括电站办公及照明等设备。

3.2.10

热力系统边界 thermodynamic system boundary

用于划分地热发电系统热性能计算对象的质量流和能量流边界。

3.3 地热发电系统热性能

3.3.1

膨胀机等熵效率 isentropic efficiency of expander

地热发电系统中地热流体或低沸点工质在膨胀机中的实际焓降与理想焓降之比，又称绝热效率。

3.3.2

发电功率 gross power output

扣除外部励磁和非同轴主油泵所耗功率后，地热发电系统发电机出线端所输出的功率。

3.3.3

净发电功率 net power output

发电功率与辅机耗电功率的差值。

3.3.4

单位地热流体净发电量 net power output per unit geothermal fluid

地热发电系统净发电功率与进入地热发电系统的地热流体质量流量之比。

3.3.5

单位时间输入热量 heat input rate

进入地热发电系统地热流体的质量流量与比焓的乘积。

3.3.6

系统热效率 thermal efficiency of system

地热发电系统发电功率与单位时间输入热量之比。

3.3.7

系统㶲效率 exergy efficiency of system

地热发电系统发电功率与单位时间驱动地热发电系统的地热流体携带的最大可用功之比。

3.3.8

地热水利用率 geothermal water utilization ratio

地热发电系统有效利用地热水的热量与地热水可供热量的比值，适用于地热水驱动的地热发电系统。

3.3.9

系统自用电率 auxiliary consumption rate of system

地热发电系统的辅机耗电功率与发电功率的比值。

3.3.10

冷却耗电率 consumption rate of cooling

地热发电系统的冷却设备（包括循环水泵、风机等）耗电功率与发电功率的比值。

3.3.11

装机容量利用系数 installed capacity factor

统计期内地热发电系统的总发电量与装机容量发电量的比值，一般以1年作为统计期。

3.3.12

汽耗率 specific steam consumption per unit power generation

地热干蒸汽发电系统或地热闪蒸发电系统膨胀机单位输出功率的汽耗量，即膨胀机入口蒸汽流量与发电功率之比。

4 基本规定

4.1 地热发电系统及其设备的热性能计算应建立在系统和设备的质量守恒和能量守恒的基础上。

4.2 对于涵盖地热发电和直接利用的地热综合利用系统，本标准只涉及发电子系统的热力系统边界，地热发电系统的热性能计算不考虑地热直接利用带来的能量收益。

4.3 地热发电系统热性能计算中的工质比焓、比熵等物性参数，可由物性数据软件（表）、状态方程查找或计算。

5 计算步骤

5.1 确定计算边界

应根据地热发电系统的形式明确地热发电系统热性能计算的边界和子系统的划分方式，不同地热发电系统热性能的计算边界可参考GB/T 30555—2014中4.3.1和NB/T 10270—2019中4.4.1的内容。

5.2 明确环境基准

地热发电系统热性能计算的环境参考态可参考GB/T 14909—2005中3.1的内容。

5.3 说明计算依据

说明所使用的热物性参数的来源。

5.4 核实能量平衡

核算地热发电系统的能量输入、输出和损失之间的平衡。

5.5 热性能的计算

确定初始参数计算地热发电系统相应的热性能。

6 热性能计算

6.1 膨胀机等熵效率

根据地热发电系统膨胀机中工质的实际焓降和理想焓降，按式（1）计算膨胀机等熵效率。

$$\eta_{s,exp}=\frac{h_{exp,in}-h_{exp,out}}{h_{exp,in}-h_{exp,out,s}} \quad (1)$$

式中：

$\eta_{s,exp}$——膨胀机等熵效率；

$h_{exp,in}$——膨胀机进口工质比焓，单位为千焦每千克（kJ/kg）；

$h_{exp,out}$——膨胀机出口工质的实际比焓，单位为千焦每千克（kJ/kg）；

$h_{exp,out,s}$——膨胀机出口工质的理想比焓，单位为千焦每千克（kJ/kg）。

6.2 发电功率

根据膨胀机进出口工质的质量流量、实际焓差、机械效率和发电机效率，按式（2）计算地热发电系统的发电功率。

$$W_{exp}=m_{exp}(h_{exp,in}-h_{exp,out})\eta_{m}\eta_{s,gen} \quad (2)$$

式中：

W_{exp}——发电功率，单位为千瓦（kW）；

m_{exp}——膨胀机进口工质质量流量，单位为千克每秒（kg/s）；

η_{m}——机械效率；

$\eta_{s,gen}$——发电机效率。

6.3 净发电功率

根据发电功率和辅机耗电功率，按式（3）计算地热发电系统的净发电功率。

$$W_{net}=W_{exp}-W_{aux} \quad (3)$$

式中：

W_{net}——净发电功率，单位为千瓦（kW）；
W_{aux}——辅机耗电功率，单位为千瓦（kW）。

6.4 单位地热流体净发电量

根据地热发电系统净发电功率和进入系统的地热流体质量流量，按式（4）计算单位地热流体净发电量。

$$w_{geo}=\frac{W_{net}}{3.6m_{geo}} \quad \cdots\cdots (4)$$

式中：

w_{geo}——单位地热流体净发电量，单位为千瓦时每吨（kWh/t）；
m_{geo}——进入地热发电系统的地热流体的质量流量，单位为千克每秒（kg/s）。

6.5 单位时间输入热量

系统单位时间输入热量按式（5）计算得到。

$$Q_{geo}=m_{geo}h_{in} \quad \cdots\cdots (5)$$

式中：

Q_{geo}——单位时间输入热量，单位为千瓦（kW）；
h_{in}——进入地热发电系统的地热流体的比焓，单位为千焦每千克（kJ/kg）。

6.6 系统热效率

根据地热发电系统发电功率和单位时间输入热量，按式（6）计算系统热效率。

$$\eta_{th}=\frac{W_{exp}}{Q_{geo}} \quad \cdots\cdots (6)$$

式中：

η_{th}——系统热效率。

6.7 系统㶲效率

根据地热发电系统发电功率和单位时间驱动地热发电系统的地热流体携带的最大可用功，按式（7）计算㶲效率。

$$\eta_{ex}=\frac{W_{exp}}{E_{geo}}=\frac{W_{exp}}{m_{geo}\left[(h_{in}-h_{o})-T_{0}(s_{in}-s_{o})\right]} \quad \cdots\cdots (7)$$

式中：

η_{ex}——系统㶲效率；
E_{geo}——单位时间驱动地热发电系统的地热流体携带的最大可用功，单位为千瓦（kW）；
h_{o}——进入地热发电系统的地热流体在环境工况下的比焓，单位为千焦每千克（kJ/kg）；
s_{in}——进入地热发电系统的地热流体的比熵，单位为千焦每千克开尔文[kJ/(kg·K)]；
s_{o}——进入地热发电系统的地热流体在环境工况下的比熵，单位为千焦每千克开尔文[kJ/(kg·K)]；
T_{0}——环境温度，单位为开尔文（K）。

6.8 地热水利用率

根据地热发电系统有效利用地热水的热量和地热水可供热量，按式（8）计算地热水利用率。

$$\eta_{geo}=\frac{h_{w,in}-h_{w,out}}{h_{w,in}-h_{w,amb}} \quad \cdots\cdots（8）$$

式中：

η_{geo}——地热水利用率；

$h_{w,in}$——进入地热发电系统的地热水的比焓，单位为千焦每千克（kJ/kg）；

$h_{w,out}$——流出地热发电系统的地热水的比焓，单位为千焦每千克（kJ/kg）；

$h_{w,amb}$——地热水在当地平均温度下的比焓，单位为千焦每千克（kJ/kg）。

6.9 系统自用电率

根据地热发电系统的辅机耗电功率与发电功率，按式（9）计算系统自用电率。

$$X_d=\frac{W_{aux}}{W_{exp}} \quad \cdots\cdots（9）$$

式中：

X_d——系统自用电率。

6.10 冷却耗电率

根据地热发电系统的冷却设备耗电功率与发电功率，按式（10）计算冷却耗电率。

$$L_c=\frac{W_c}{W_{exp}} \quad \cdots\cdots（10）$$

式中：

L_c——冷却耗电率；

W_c——冷却设备耗电功率，单位为千瓦（kW）。

6.11 装机容量利用系数

根据统计期内地热发电系统的总发电量和装机容量发电量，按式（11）计算装机容量利用系数。

$$CF=\frac{E_{gen}}{P_{cap}t} \quad \cdots\cdots（11）$$

式中：

CF——装机容量利用系数；

E_{gen}——统计期内地热发电系统总发电量，单位为千瓦时（kW·h）；

P_{cap}——地热发电系统装机容量，单位为千瓦（kW）；

t——地热发电系统统计期内的累计运行时间，单位为小时（h）。

6.12 汽耗率

根据地热干蒸汽发电系统或地热闪蒸发电系统膨胀机入口蒸汽流量和发电功率，按式（12）计算汽耗率。

$$d=\frac{3600m_{\mathrm{s}}}{W_{\mathrm{exp}}} \quad (12)$$

式中：

d——汽耗率，单位为千克每千瓦时[kg/(kWh)]；

m_{s}——膨胀机入口蒸汽流量，单位为千克每秒（kg/s）。

附 录 A
(资料性附录)
我国现有地热发电系统示意图

A.1 地热闪蒸发电系统

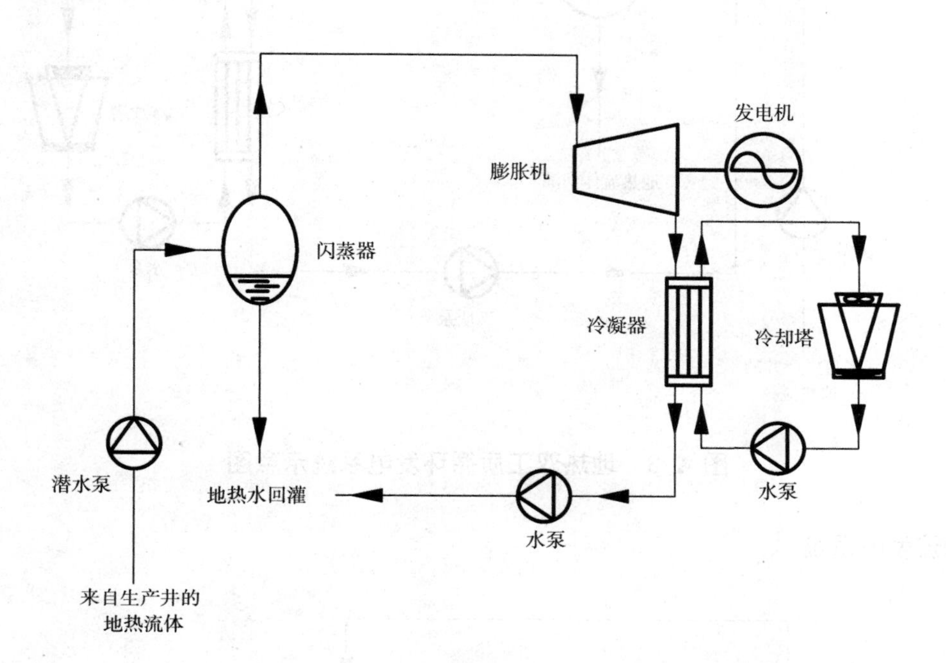

图 A.1 地热单级闪蒸发电系统示意图

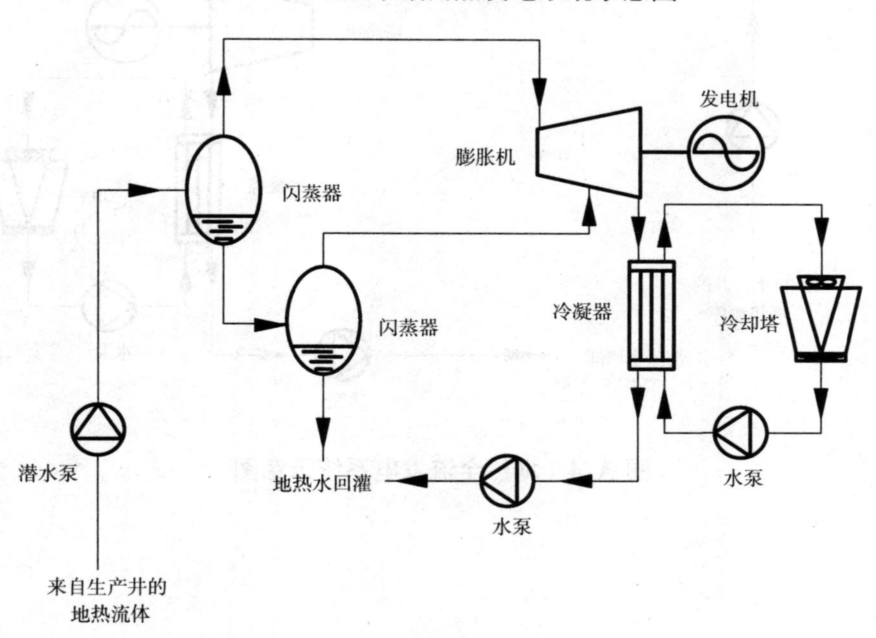

图 A.2 地热双级闪蒸发电系统示意图

A.2 地热双工质循环发电系统

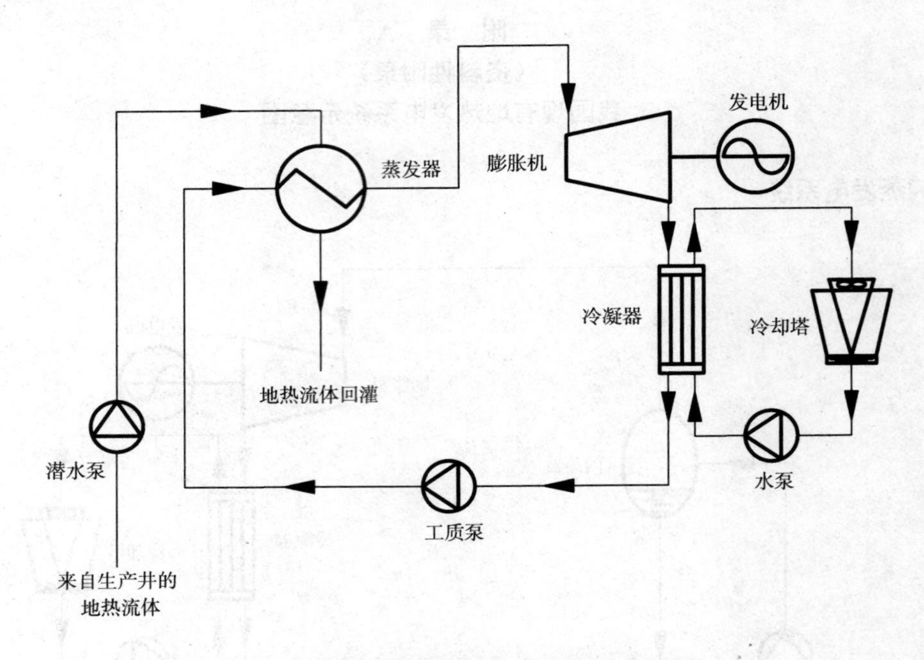

图 A.3 地热双工质循环发电系统示意图

A.3 地热全流发电系统

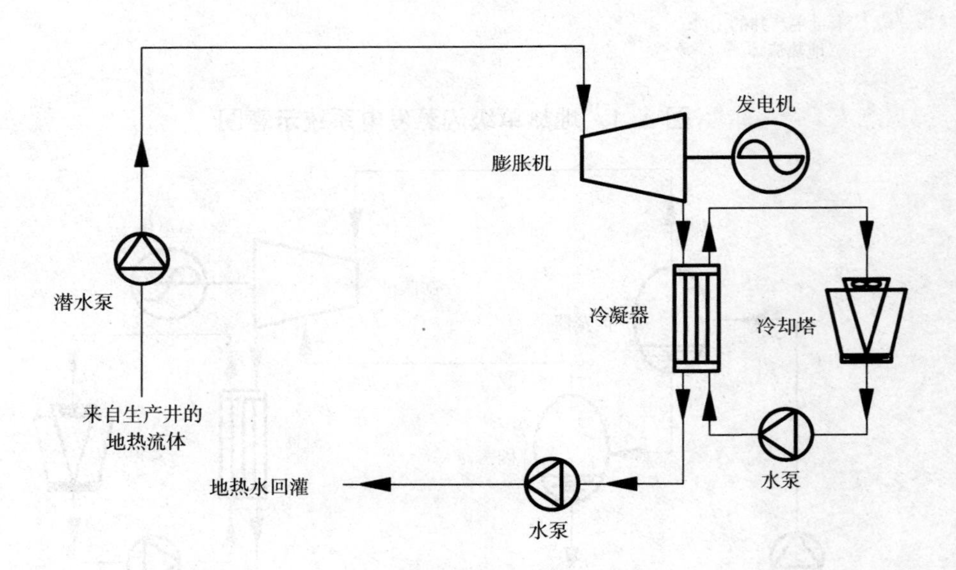

图 A.4 地热全流发电系统示意图

参 考 文 献

[1] GB/T 14909—2005 能量系统㶲分析技术导则
[2] GB/T 19962—2005 地热发电接入电力系统的技术规定
[3] GB/T 26972—2011 聚光型太阳能热发电术语
[4] GB/T 28812—2012 地热发电用膨胀机规范
[5] GB/T 30555—2014 螺杆膨胀机（组）性能验收试验规程
[6] GB 50791—2013 地热电站设计规范
[7] DL/T 904—2015 火力发电厂技术经济指标计算方法
[8] NB/T 10270—2019 地热发电机组性能验收试验规程
[9] ASTM E974—2000 Standard Guide for Specifying Thermal Performance of Geothermal Power Systems
[10] Ronald DiPippo. Geothermal Power Plants: Principles, Applications, Case Studies and Environmental Impact (Third Edition), 2016
[11] Arnold Watson. Geothermal Engineering Fundamentals and Applications, 2013
[12] 沈维道，童钧耕. 工程热力学(第四版). 北京：高等教育出版社，2007

ICS 01.040.25
D 10

NB

中华人民共和国能源行业标准

NB/T 10272—2019

地热井口装置技术要求

Technical requirements for geothermal wellhead device

2019-11-04 发布 2020-05-01 实施

国家能源局 发布

目　次

前言………324
1　范围……………………………………………………………………………………………………325
2　规范性引用文件……………………………………………………………………………………325
3　术语、定义和符号…………………………………………………………………………………326
4　基础资料准备………………………………………………………………………………………327
5　分类……………………………………………………………………………………………………327
6　设计要求………………………………………………………………………………………………332
7　质量要求………………………………………………………………………………………………333
8　试验方法和检验规则………………………………………………………………………………334
9　现场安装及试运行…………………………………………………………………………………334
10　标志、运输、贮存…………………………………………………………………………………334
附录 A（资料性附录）　地热井口装置使用功能说明……………………………………………336

前　言

本标准按照GB/T 1.1—2009《标准化工作导则　第1部分：标准的结构和编写》给出的规定起草。

本标准由能源行业地热专业标准化技术委员会提出并归口。

本标准起草单位：中国石油天然气集团公司辽河油田供水公司、中国石化集团新星石油有限责任公司、北京迪威尔石油天然气技术开发有限公司、中国石油工程建设有限公司非常规能源研发中心、中国石化集团胜利石油管理局有限公司新能源开发中心。

本标准主要起草人：马永超、郭玉润、孙晓辉、陈再华、宋玉太、李晓晨、赵丰年、杨卫、马春红、雷刚、姚艳华、朱颖超、吕亳龙。

本标准于2019年首次发布。

地热井口装置技术要求

1 范围

本标准规定了中低温（温度不高于150℃）水热型通用地热井口装置的基础资料准备、分类、设计要求及功能说明、材料、质量要求、试验与检验、现场安装和试运、标志、运输、储存技术要求。

本标准适用水热型地热井口装置的设计、制造、试验、现场安装、试运行等技术要求。

本标准设定的额定工作压力等级为1.0MPa、1.6MPa、2.5MPa、4.0MPa四种，其他压力等级，可参照本标准。

2 规范性引用文件

下列文件对于本文件的应用是必不可少的。凡是注日期的引用文件，仅所注日期的版本适用于本文件。凡是不注日期的引用文件，其最新版本（包括所有的修改单）适用于本文件。

GB/T 150.1～150.4　压力容器

GB/T 191　包装储运图示标志

GB/T 222　钢的成品化学成分允许偏差

GB/T 228.1　金属材料　拉伸试验　第1部分：室温试验方法

GB/T 848　小垫圈　A级

GB/T 901　等长双头螺柱　B级

GB/T 1348—2009　球墨铸铁件

GB/T 1804　一般公差　未注公差的线性和角度尺寸的公差

GB/T 3985　石棉橡胶板

GB/T 5677　铸钢件射线照相检测

GB/T 5782　六角头螺栓

GB/T 6060.1　表面粗糙度比较样块　铸造表面

GB/T 6170　Ⅰ型六角螺母

GB/T 6414　铸件　尺寸公差与机械加工余量

GB/T 7306.1　55°密封管螺纹　第1部分：圆柱内螺纹与圆锥外螺纹

GB/T 7306.2　55°密封管螺纹　第2部分：圆锥内螺纹与圆锥外螺纹

GB/T 9113　整体钢制管法兰

GB/T 9119　板式平焊钢制管法兰

GB/T 9123　钢制管法兰盖

GB/T 9124　钢制管法兰　技术条件

GB/T 9125　管法兰连接用紧固件

GB/T 9126　管法兰用非金属平垫片　尺寸

GB/T 9129　管法兰用非金属平垫片　技术条件

GB/T 11351　铸件重量公差

GB/T 13927—2008　工业阀门　压力试验

GB/T 15169　钢熔化焊焊工技能评定
GB/T 16923　钢件的正火与退火
GB/T 20066　化学成分测定用试样的取样和制样方法
JB/T 7927　阀门铸钢件外观质量要求
NB/T 10097—2018　地热能术语
HG 20531—93　铸钢　铸铁容器
NB/T 47014　承压设备焊接工艺评定

3　术语、定义和符号

3.1　术语和定义

3.1.1

地热井口装置　geothermal wellhead device

安装在地热井管上端，用于封闭井口、连接管线，便于采水、回灌和数据采集的装置。地热井口装置分为伸缩型（A型）地热井口装置和非伸缩型（B型）地热井口装置。

3.1.2

地热井口装置本体　geothermal wellhead device body

地热井口装置上部，附有多种管件，实现井口装置各种功能的主体部分。是由圆柱形和半球形合铸成型。对于A型地热井口装置，本体与下部伸缩套管通过法兰相连接，合成地热井口装置。对于B型地热井口装置，本体与井管上法兰连接，合成地热井口装置，无伸缩套管部分。

3.1.3

地热井口装置伸缩套管　telescopic casing of geothermal wellhead device

A型地热井口装置下部一部件，主要起到防止地热井管热胀冷缩，导致拉坏地面设施的作用。它通过压紧的盘根使井管空间与外面大气相隔绝，而井管又可自由上下窜动，起到伸缩器的作用。同时对井口装置具有支撑的基础作用和抵御工作压力对井口装置的向上推力，以保证地面设施的安全稳固。

3.1.4

压环　pressure ring

安装在伸缩套管之上，用于压紧地热井管与伸缩套管之间环形空间密封盘根的环形零件。

3.2　符号

D_0　地热井管外径，mm；
D_1　伸缩套管内孔内径，mm；
D_2　伸缩套管压环内径，$D_1=D_2$，mm；
D_3　伸缩套管压环外径，mm；
DN_0　地热井口装置本体和其下法兰、伸缩套管和其上法兰的公称通径，mm；
DN_1　中心管及其上下法兰的公称通径，mm；
DN_2　侧向管及其法兰公称通径，mm；
DN_3　测水位管公称通径，mm；
DN_4　排气管公称通径，mm；
DN_5　压力表管公称通径，mm；
DN_6　电缆管及其法兰公称通径，mm。

4 基础资料准备

地热井口装置设计前，应提供如下基础资料：

a）地热井身结构示意图；

b）地热井管材质、规格；

c）地热井固井报告；

d）抽水试验的历时曲线；

e）抽水试验的地热井管热胀冷缩数据；

f）回灌试验的历时曲线；

g）水质检测报告；

h）自流采水井的关井压力；

i）地热供热系统的设计流量、压力、温度、水质及分解到每口单井的流量、压力等。

5 分类

5.1 依据地热井管在热胀冷缩时，地面上端是否存在上升和下降的现象，将地热井口装置分为A、B两大类型。A型为井管上端受热上升，冷却下降，井口装置下部设置了伸缩套管部分。否则为B型，即不设置下部伸缩套管部分，井口装置本体部分与地热井管上法兰直接硬性连接。

5.2 依据常用地热井管外径 D_0，A型井口装置设置6种不同公称通径的井口装置与之对应，B型井口装置设置6种不同公称通径的井口装置与之对应。

5.3 本标准设置额定工作压力4个等级，具体为1.0MPa、1.6MPa、2.5MPa、4.0MPa。

5.4 本装置的中心管、侧向管的公称通径，由设计人依据地面地热系统工程总体设计，自行计算确定。

5.5 A型地热井口装置结构见图1。

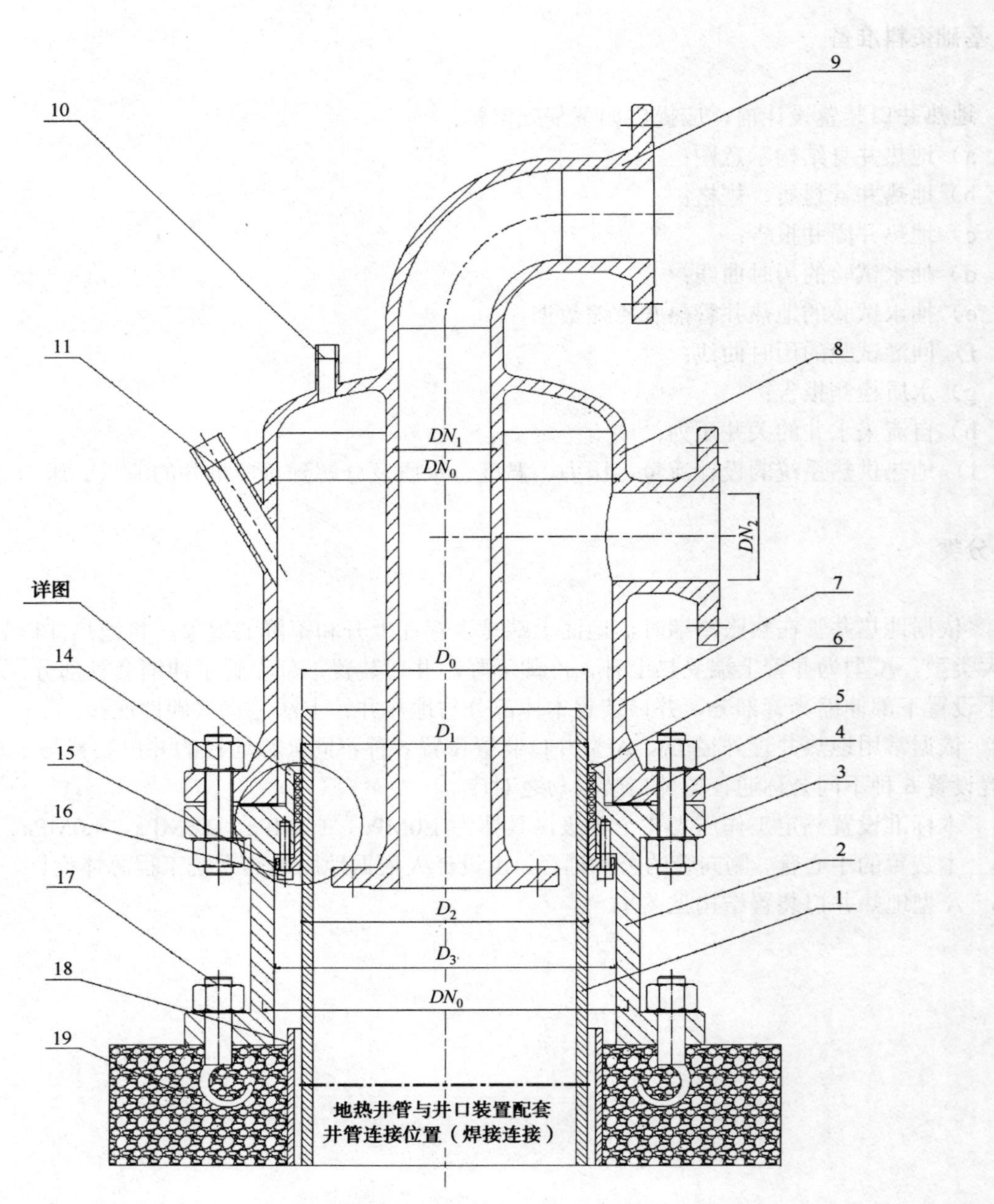

1—地热井管；2—A型地热井口装置伸缩套管；3—伸缩套管上法兰（与伸缩套管铸造为一体）；4—本体下法兰（与本体铸造为一体）；5—法兰垫片；6—密封石墨盘根；7—地热井口装置本体；8—侧向管；9—中心管；10—排气管（或取样管）；11—电缆管；12—测水位管；13—压力表管；14—螺栓螺母垫圈；15—密封压环；16—压环锁紧螺栓；17—地脚螺栓、螺母；18—防粘套管；19—混凝土基础；20—吊耳

图1　A型地热井口装置结构示意图

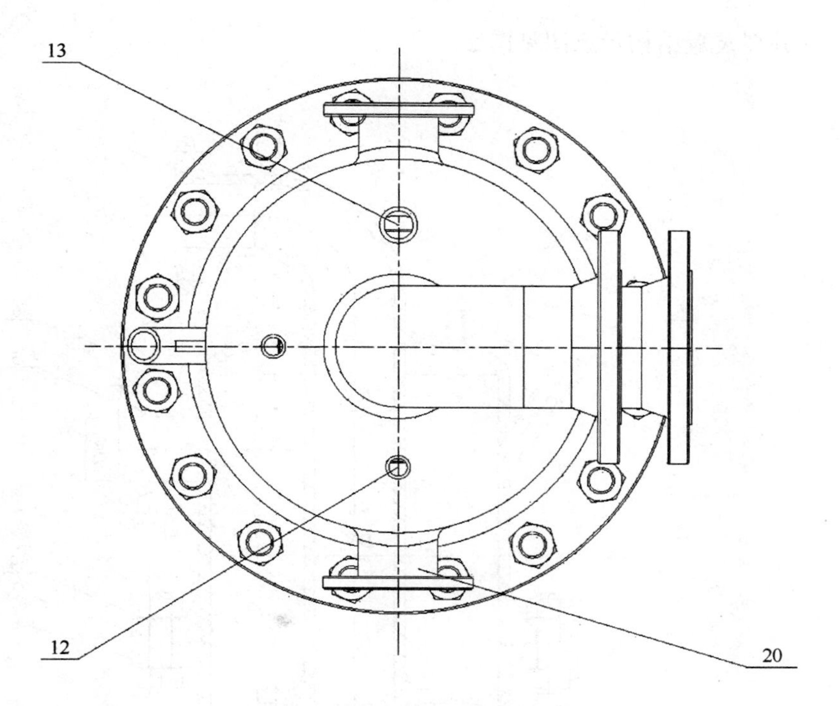

图 1（续） 平面图

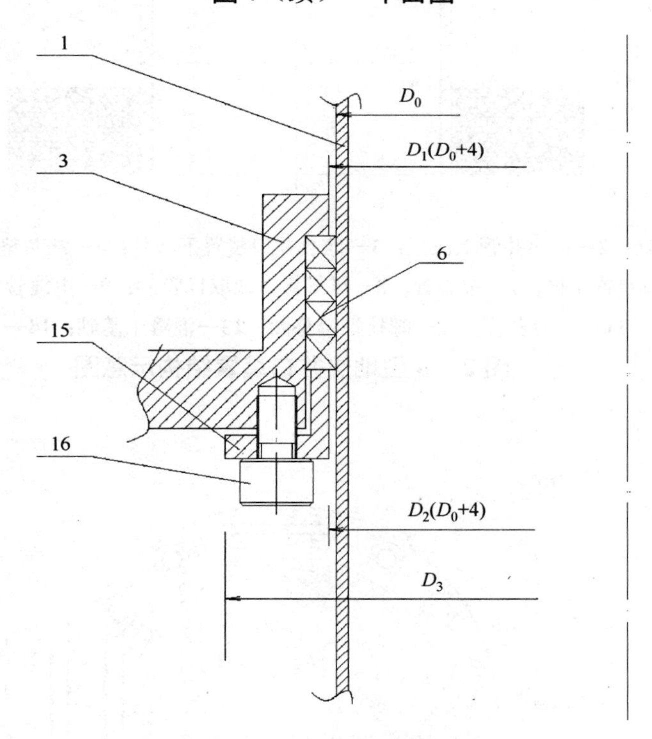

图 1（续） 局部剖面图

5.6 B型地热井口装置结构示意图见图2。

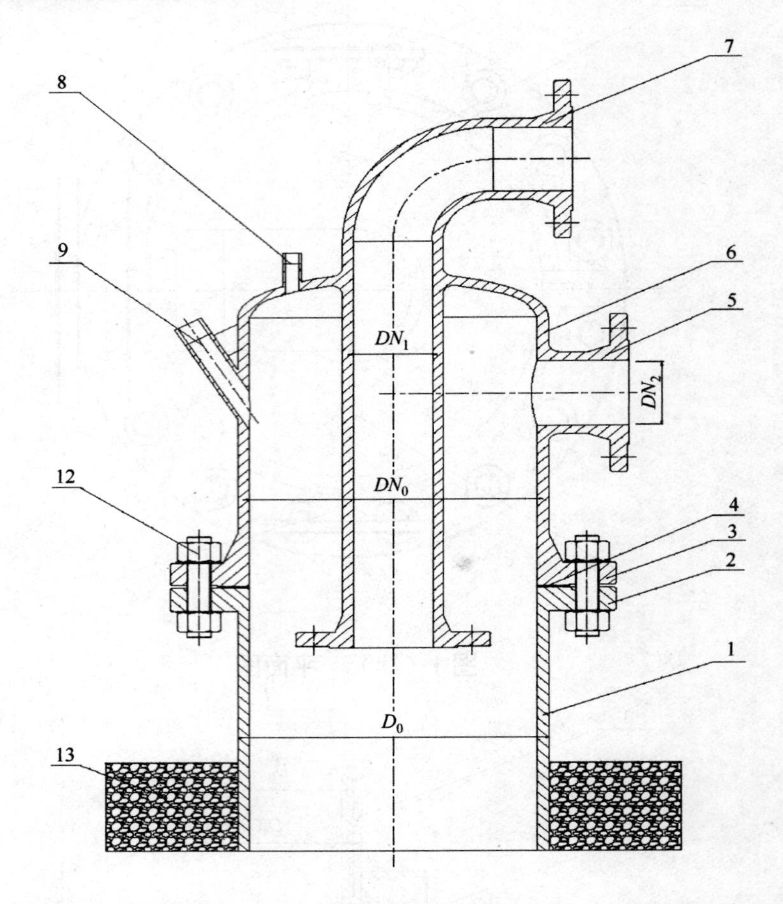

1—地热井管；2—地热井管上法兰；3—地热井口装置下法兰；4—法兰垫片；5—侧向管；6—地热井口装置本体；7—中心管；8—排气管（或取样管）；9—电缆管；10—测水位管；11—压力表管；12—螺栓螺母垫圈；13—混凝土基础；14—吊耳

图2 B型地热井口装置结构示意图

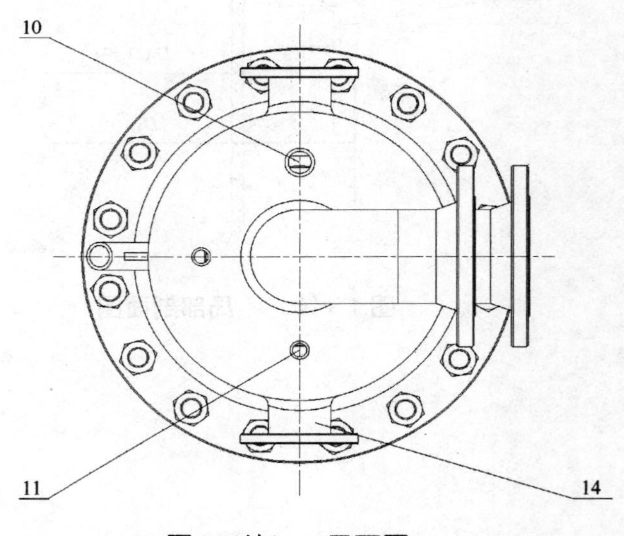

图2（续） 平面图

5.7 地热井管尺寸基本参数

地热井管常用管材为无缝钢管和焊接钢管（包括螺旋焊接钢管），常用井管的外径有如下6种，具体为177.8mm、219mm、244.5mm、273mm、325mm、339.7mm。

对于A型地热井口装置，本标准共设有2种井口装置公称通径系列与之对应，具体基准尺寸系列见表1。

表1　A型地热井口装置基准尺寸系列

<table>
<tr><th>地热井管外径（D_0）</th><th>地热井口装置本体及其下法兰公称通径（DN_0）</th><th>伸缩套管及其上法兰公称通径（DN_0）</th><th>伸缩套管内孔内径（D_1）</th><th>伸缩套管压环内径（D_2）</th><th>伸缩套管压环外径（D_3）</th></tr>
<tr><td>177.8</td><td rowspan="3">350</td><td rowspan="3">350</td><td rowspan="3">249</td><td rowspan="3">249</td><td rowspan="3">309</td></tr>
<tr><td>219</td></tr>
<tr><td>244.5</td></tr>
<tr><td>273</td><td rowspan="3">450</td><td rowspan="3">450</td><td rowspan="3">344</td><td rowspan="3">344</td><td rowspan="3">404</td></tr>
<tr><td>325</td></tr>
<tr><td>339.7</td></tr>
<tr><td colspan="6">注1：中心管及其上下法兰、侧向管及其端法兰的公称尺寸，由设计人依据地热工程系统设计要求确定。
注2：排气管、电缆管、测水位管、压力表管的公称尺寸分别统一确定为DN25、DN32、DN32、DN25。
注3：电缆管出口端为法兰，排气管、测水位管、压力表管出口端为密封管螺纹。</td></tr>
</table>

对于B型地热井口装置，共设有2种井口装置公称通径系列与之对应，其具体基准尺寸系列见表2。

表2　B型地热井口装置基准尺寸系列

<table>
<tr><th>地热井管外径（D_0）</th><th>地热井管上法兰公称通径（DN_0）</th><th>地热井口装置本体及其下法兰公称通径（DN_0）</th></tr>
<tr><td>177.8</td><td rowspan="3">225</td><td rowspan="3">225</td></tr>
<tr><td>219</td></tr>
<tr><td>244.5</td></tr>
<tr><td>273</td><td rowspan="3">350</td><td rowspan="3">350</td></tr>
<tr><td>325</td></tr>
<tr><td>339.7</td></tr>
<tr><td colspan="3">注1：中心管及其上下法兰、侧向管及端法兰的公称通径，由设计人员依据地热工程系统设计需要确定。
注2：排气管、电缆管、测水位管、压力表管的公称尺寸分别统一确定为DN25、DN32、DN32、DN25。
注3：电缆管出口端为法兰，排气管、测水位管、压力表管出口端为密封管螺纹。</td></tr>
</table>

5.8 型号表示方法

型号表示方法解释见图3。

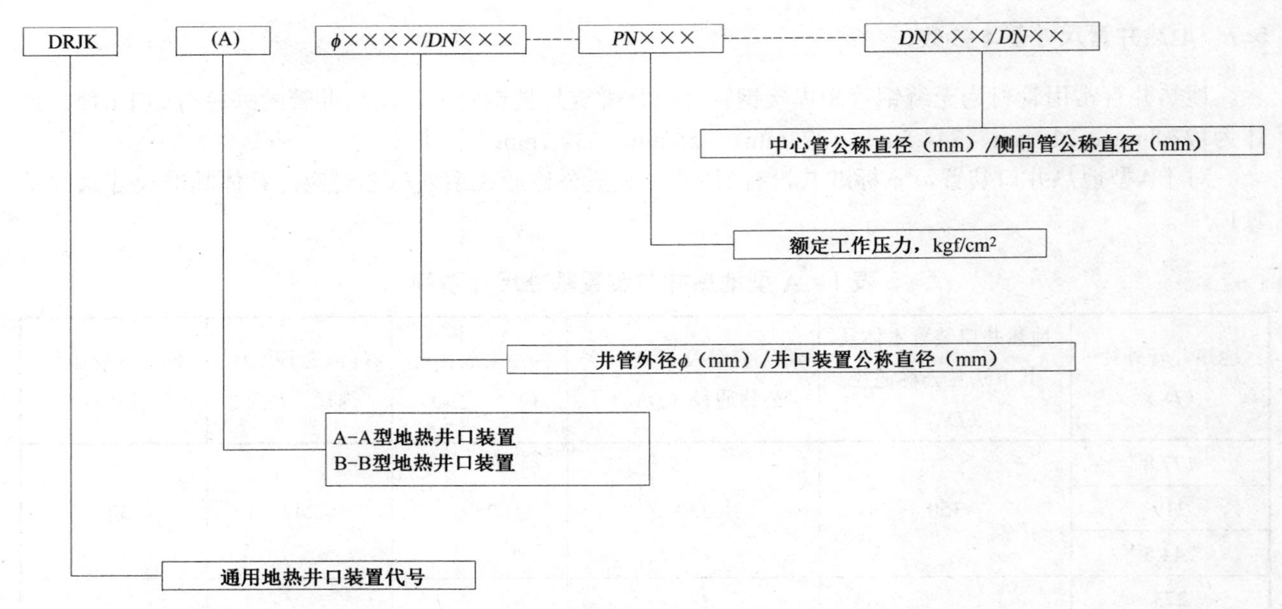

示例：DRJK(A) D339.7/*DN*450—*PN*16—*DN*150/*DN*100

示例解释：A型地热井口装置，井管外径D339.7mm、井口装置公称直径*DN*450、额定工作压力1.6MPa，中心管公称直径*DN*150，侧向管公称直径*DN*100。

图 3　型号表示方法解释图

6　设计要求

6.1　一般要求

6.1.1　本装置的设计应由具有特种设备设计资质的单位完成。

6.1.2　装置的额定工作压力和中心管、侧向管公称通径应按地热工程系统总体设计要求确定。

6.1.3　本装置的受压元件的强度计算应符合特种设备设计的规定。

6.1.4　装置类型选用方法：抽水试验时对井管胀缩测量未发现井管有伸缩变化，且同类型地热井井管在地面以上没有出现上升下降现象时，可选用 B 型井口装置，否则应选用 A 型井口装置。

6.1.5　地热井管伸缩长度的确定：以抽水试验实测数据再加 100mm。

6.1.6　A 型地热井口配套井管应用与地热井管同材质、同规格的钢管制作，以保证电焊连接的可焊性和对接精度。配套井管的椭圆度不应超过（长轴外径－短轴外径）0.5mm，并做防腐处理。

6.1.7　当地热井口装置用作单井换热井时，根据引导管长度及载荷，应对井口装置的伸缩套管边壁、中心管、本体顶部球面的强度进行复核。

6.1.8　A 型地热井口装置的基础应符合 GB/T 50107 的规定。

6.1.9　地热井口装置使用功能说明参见附录 A。

6.2　A 型地热井口装置的伸缩套管

6.2.1　伸缩套管的高度不宜小于 200mm。

6.2.2　伸缩套管上法兰与地热井管之间采用盘根密封，用压环压紧。

6.2.3　地热井管与混凝土基础进行隔离处理。

6.3　井口装置本体

6.3.1 在A型井口装置中，本体下法兰与伸缩套管上法兰相连接；在B型井口装置中，本体下法兰与地热井管上法兰相连接。

6.3.2 A型地热井口装置本体高度应不小于地热井管伸缩量加400mm；B型本体的高度应不小于300mm。

6.3.3 A型地热井口装置本体上的测水位管铅垂线应在井管与中心管环形空间的中间位置。

7 质量要求

7.1 铸造工艺要求

7.1.1 铸造工艺应符合GB/T 12227的3.1和GB/T 12229的3.1规定。

7.1.2 铸件的力学性能和化学成分应符合图样和GB/T 12227和GB/T 12229的3.2、3.3的规定。

7.1.3 毛坯件的形状、位置、尺寸和偏差及加工余量应符合图样和GB/T 6414的规定。

7.1.4 铸件的硬度应适中，适宜切削加工。

7.2 球墨铸铁件质量要求

7.2.1 表面的粘砂、浇口、冒口、夹砂、结疤、毛刺等物应清理干净。

7.2.2 铸铁件不得有裂纹、气孔、夹砂、冷隔等有害缺陷。

7.2.3 铸件表面粗糙度应符合GB/T 6060.1的规定。

7.3 铸钢件质量要求

铸钢件表面质量按JB/T 7929规定。

7.4 铸件重量偏差要求

铸件的重量偏差应符合GB/T 11351的规定。

7.5 机械加工部分的质量要求

7.5.1 各部分的形状、位置、尺寸、角度应符合图样和GB/T 6414的规定，未注尺寸公差应符合GB/T 1804的规定。

7.5.2 法兰的技术要求应符合GB/T 9124的规定，密封面均采用突面（RF）形式。本体上的各法兰和伸缩套管上法兰为整体法兰，尺寸和形式执行GB/T 9113；井管上法兰尺寸和形式，执行GB/T 9119。

7.5.3 装置本体上，电缆管法兰盖按GB/T 9123要求，密封管螺纹应符合GB/T 7306.1和GB/T 730 6.2的规定。

7.6 铸件焊补要求

7.6.1 当检验和试验发现铸件有质量缺陷时允许焊补，以消除缺陷。

7.6.2 制造厂家应按NB/T 47014的规定进行焊接，并提供焊接工艺评定报告；焊补铸件的焊工应按GB/T 15169的规定考试合格。

7.6.3 焊补后的铸件应满足本标准8.3、8.4条要求。对于压力试验渗漏的铸件，焊补的凹陷深度超过壁厚20%或者25mm（取小值）的铸件或焊补后的凹陷面积大于65cm²的铸件，焊补处应做射线照相检验。焊补后需进行消除应力处理或热处理。

7.6.4 铸件具有下列缺陷之一者不允许焊补：

a） 图样中规定的不允许焊补的缺陷；

b） 有影响使用功能的铸造缺陷（如裂纹、冷隔、缩孔、夹渣等）存在；
c） 成品试压渗漏且焊补后无法保证质量者；
d） 同一部位的焊补次数超过 3 次者。

8 试验方法和检验规则

8.1 铸件力学性能试验及检验规则

8.1.1 球墨铸铁件

a） 取样批次和检验数量的构成按 GB/T 1348 的 8.6 执行；
b） 拉伸试验按 GB/T 1348 的 9.1 执行；
c） 焊补的射线照相检验按 GB/T 5677 执行。

8.1.2 铸钢件

a） 铸钢件按 GB/T 12229 的 4.1～4.6 执行；
b） 铸钢件化学成分检测按 GB/T 16253 的 3.1、3.2、5.1.1、5.2.1 和 GB/T 228.1、GB/T 20066 执行，判定规则按 GB/T 222 和 GB/T 12229 的 3.2.1 规定。

8.2 压力试验

8.2.1 压力试验执行 GB/T 13927，分两次进行。先做本体中心管的压力试验，按阀门壳体试验方法和标准执行。第二次试验分为两种情况，对于 B 型地热井口装置按壳体试验标准执行，即试验压力值为额定工作压力（CWP）的 1.5 倍。对于 A 型地热井口装置，按阀门上密封试验方法和 GB/T 13927 执行，试验压力值为额定工作压力（CWP）的 1.1 倍。
8.2.2 压力试验介质采用清水，试验温度控制在室温，稳压时间按 GB/T 13927 的 4.9.1 表 2 执行。试验结果要求按 GB/T 13927 的 6.1 和 6.2 执行。
8.2.3 中心管和 B 型地热井口装置壳体的压力试验按 GB/T 13927 的 5.1 执行。
8.2.4 A 型地热井口装置壳体的压力试验：先将密封盘根按标准程序装入填料函内，用压环压紧。压紧时宜采用扭力扳手控制各压紧螺栓的压力均衡；再将本体下法兰与伸缩套管上法兰按标准装配在一起，封闭各进出口，参照 GB/T 13927 的 5.2 程序试压。

9 现场安装及试运行

9.1 地热井口配套井管与地热井管连接时，如有试验盲板，应先将配套井管下端试压盲板去除，再将配套井管与地热井管按规程和质量标准电焊连接。
9.2 A 型地热井口装置的混凝土基础设计应能抵御额定工作压力对井口装置向上的推力，同时地热井管与混凝土基础进行隔离处理。
9.3 系统试运行时，应控制井口装置工作压力，达到或接近额定工作压力时，检查井口装置有无渗漏、浸润，井管密封盘根有无渗漏，基础和地脚螺栓的受力和稳定情况。
9.4 系统运行时，实际运行压力应高于相应温度下水的饱和蒸汽压力，防止热水汽化。

10 标志、运输、贮存

10.1 标志

10.1.1 标志应符合 GB/T 191 的规定。

10.1.2 井口装置在本体显著位置应设置持久清晰的标志或铭牌，包括以下内容：

a） 产品名称、型号；
b） 生产商全称及商标；
c） 主要参数；
d） 出厂日期及编号。

10.2 发货要求

产品未加工面应做防腐处理；加工面应涂防锈保护油脂，应有防撞、防划伤措施。产品应配有质量证明书、产品说明书和装箱清单，具体内容包括：

a） 产品名称、型号、规格、主要性能指标；
b） 生产厂家全称；
c） 订货合同号；
d） 铸件名称、图号、钢种号、批号、热处理类型；
e） 配件清单；
f） 各类检验结果；
g） 本标准号。

质量证明书应由生产厂家检验部门的代表签字。

10.3 包装方式

包装方式由供需双方商定。

10.4 运输、贮存

10.4.1 装置在运输过程中，不应有剧烈振动、冲击、碰撞，应有防雨雪、防撞击措施。

10.4.2 长期不用的装置应存放在无酸、碱、盐及腐蚀性气体的环境中，防锈、防雨雪。

附 录 A
（资料性附录）
地热井口装置使用功能说明

1.当装置用于自然采水井时，中心管作为出水管，侧向管作为压水管，电缆管封闭，其余各辅助管(测水位管，排气管，压力表管）按正常功能使用。

2.当装置用于机械采水井时，中心管作为出水管，中心管下法兰连接扬水管和潜水泵，侧向管封闭，电缆管穿潜水泵电缆（可不密封），其余辅助管按正常功能使用。

3.当装置用于自然回灌井且不需要回扬时，中心管作为回灌管，并由下法兰接管到静水位以下，侧向管、电缆管封闭，其余各辅助管按正常功能使用。

4.当装置用于需回扬的自然回灌井或者用于压力回灌井时，中心管作为回扬管（下法兰连接潜水泵），侧向管作为回灌管，电缆管穿潜水泵电缆，并密封之，其余各辅助管按正常功能使用。

5.当装置用于压力回灌采水井时，中心管作为采水或回扬出水管，侧向管作为回灌管，电缆管穿潜水泵电缆并密封之。此类井可随时转换功能，但不能两种功能同时使用。

6.当装置用于换热井时，中心管下法兰连接隔热管，侧向管作为换热介质进水管，中心管作为换热介质出水管，循环压力由地面设备提供。

ICS 27.010
F 15
备案号：J2799-2020

NB

中 华 人 民 共 和 国 能 源 行 业 标 准

NB/T 10273—2019

地热供热站设计规范

Code for design of geothermal space heating station

2019-11-04 发布 2020-05-01 实施

国家能源局 发布

中华人民共和国能源行业标准

地热供热站设计规范

Code for design of geothermal space heating station

NB/T 10273—2019

主编部门：中国石化集团新星石油有限责任公司

批准部门：国　家　能　源　局

施行日期：2020 年 05 月 01 日

中国石化出版社

2019　北　京

国 家 能 源 局

公 告

2019 年 第 6 号

依据《国家能源局关于印发〈能源领域行业标准化管理办法（试行）〉及实施细则的通知》（国能局科技〔2009〕52 号）有关规定，经审查，国家能源局批准《水电工程电法勘探技术规程》等 384 项行业标准，现予以发布。

附件：行业标准目录

国家能源局

2019 年 11 月 04 日

附件：

行业标准目录

序号	标准编号	标准名称	代替标准	采标号	批准日期	实施日期
……						
50	NB/T 10273—2019	地热供热站设计规范			2019-11-04	2020-05-01
……						

目　次

前　言………………………………………………………………………………341
1　总则………………………………………………………………………………342
2　术语………………………………………………………………………………342
3　基本规定…………………………………………………………………………342
4　供热站布置………………………………………………………………………343
4.1　站址选择…………………………………………………………………………343
4.2　建（构）筑物及场地布置…………………………………………………………343
4.3　工艺布置…………………………………………………………………………343
5　工艺系统…………………………………………………………………………343
5.1　地热水系统………………………………………………………………………343
5.2　热泵中间循环系统………………………………………………………………345
5.3　供热热水系统……………………………………………………………………346
6　监测和控制………………………………………………………………………347
6.1　监测………………………………………………………………………………347
6.2　控制………………………………………………………………………………348
7　供热站管道………………………………………………………………………348
8　防垢、防腐及保温………………………………………………………………349
8.1　防垢………………………………………………………………………………349
8.2　防腐………………………………………………………………………………350
8.3　保温………………………………………………………………………………350
9　公用工程…………………………………………………………………………350
9.1　建筑结构…………………………………………………………………………350
9.2　电气………………………………………………………………………………351
9.3　供暖通风…………………………………………………………………………352
9.4　给排水和消防……………………………………………………………………352
10　环境保护…………………………………………………………………………352
10.1　大气污染物防治…………………………………………………………………352
10.2　噪声与振动防治…………………………………………………………………353
10.3　废水及固体废弃物治理…………………………………………………………353
11　化验和检修………………………………………………………………………353
11.1　化验………………………………………………………………………………353
11.2　检修………………………………………………………………………………353
附：条文说明………………………………………………………………………354

前　言

本规范根据国家能源局《关于印发2017年能源领域行业标准制（修）订计划及英文版翻译出版计划的通知》（国能综通科技〔2017〕52号）的要求，由中国石化集团新星石油有限责任公司、中国石油工程建设有限公司华北分公司会同有关单位共同编制完成。

本规范共分11章，主要内容有：总则、术语、基本规定、供热站布置、工艺系统、监测和控制、供热站管道、防垢、防腐及保温、公用工程、环境保护、化验和检修等。

本规范由能源行业地热能专业标准化技术委员会提出并归口，中国石化集团新星石油有限责任公司和中国石油工程建设有限公司华北分公司负责具体技术内容的解释。本规范在执行过程中，如发现需要修改或补充之处，请将意见和建议寄交中国石化集团新星石油有限责任公司（地址：北京市海淀区北四环中路263号；邮政编码：100083），以供修订时参考。

本规范主编单位、参编单位、主要起草人和主要审查人：

主编单位：中国石化集团新星石油有限责任公司
中国石油工程建设有限公司华北分公司

参编单位：胜利油田森诺胜利工程有限公司
中信建筑设计研究总院有限公司
天津大学

主要起草人：李宏武　樊梦芳　赵丰年　刘亮德　陈焰华　何建东　刘中平
许　豪　张　焱　李希华　李　云　闻利华　张同秀　黄圆圆
雷建平　胡　磊　赵　军　许文杰　金光彬　李　昊　王　琦
经秋霞　马春红

主要审查人：周航兵　王剑波　况国华　陈情来　胡　达　郑晓菲　付　伟
陈必亮

本规范于2019年首次发布。

1 总则

1.0.1 为规范地热供热站设计，使其技术先进、安全可靠、节约能源、保护环境、经济合理，制定本规范。

1.0.2 本规范适用于以水热型地热井提取地热水为热源，供热介质为热水的新建、改扩建地热供热站的设计。

1.0.3 地热供热站的设计除应符合本规范外，尚应符合国家现行相关标准的规定。

2 术语

2.0.1 地热梯级利用 **geothermal energy cascade utilization**

将不同温度要求的用热设备串联运行，由高温到低温逐级利用地热水的热能的方式。

2.0.2 地热有效利用率 **geothermal effective utilization ratio**

地热水进出地热供热站总温降与相对于室内供暖设计温度的极限换热温降的比值。

2.0.3 换热端差 **terminal temperature difference of a heat exchanger**

换热器一次侧进水温度与二次侧出水温度之差或一次侧出水温度与二次侧进水温度之差。

2.0.4 换热器供热系统 **heating system with a heat exchanger**

采用换热器将地热水与供热循环水换热的供热系统。

2.0.5 热泵中间循环系统 **intermediate circulation heating system integrated with a heat pump**

由换热器、循环水泵、补水定压等设施及管道组成，将中介水与地热水换热，为热泵蒸发器提供热量的系统。

2.0.6 热泵供热系统 **heat pump heating system**

采用热泵直接或通过热泵中间循环系统间接提取地热水热能加热供热循环水的供热系统。

3 基本规定

3.0.1 地热供热站的设置应统筹考虑地热资源、钻井工程和地面工程，经技术经济论证后确定。

3.0.2 地热供热站应依据区域总体规划和供热规划进行设计，供热范围应通过技术经济比较确定，做到远近结合，以近期为主。

3.0.3 地热供热站设计应取得经核实的建筑物供暖、通风、空调、生活热水设计热负荷，并应取得所在地的地热水水质、气象、地质、水文和电力等有关基础资料。

3.0.4 对在原锅炉房改建并以原有锅炉作为调峰热源的供热站，应取得原有工艺设施的原始资料和运行参数，并应合理利用原有建（构）筑物、设备和管道，同时应与原有供热系统、设备和管道的布置、建（构）筑物形式相协调。

3.0.5 地热供热站宜按照地热梯级利用的原则进行设计。

3.0.6 设计调峰热负荷宜根据当地气象条件、地热有效利用率、技术经济等因素确定，调峰热负荷宜占总热负荷的20%～40%。

3.0.7 地热供热站宜按无人值守站进行监测、控制和视频监控设计，实现负荷预测、自动调节、按需供热。

3.0.8 地热供热站的设计应考虑实施地热供热对环境的影响，并根据影响程度采取减轻废气、废水、固体废弃物和噪声对环境影响的有效措施。

3.0.9 经过热能利用后的地热水应科学回灌。

4 供热站布置

4.1 站址选择

4.1.1 供热站位置宜靠近热负荷中心，宜减少噪声和振动对周围建筑的影响。
4.1.2 地热供热站的选址宜有利于降低地热钻井成本和减小地热水输送距离。
4.1.3 供热站位置应满足工艺、运输、管理和设备管线布置合理等综合要求。

4.2 建（构）筑物及场地布置

4.2.1 各建（构）筑物与场地的平面布置和空间组合，应紧凑合理、功能分区明确，并应满足工艺流程顺畅、安全运行、方便运输、有利安装和检修的要求。
4.2.2 分期建设的地热供热站总体布置宜留有扩建空间。
4.2.3 控制室宜布置在采光较好、噪声和振动影响较小的位置。
4.2.4 地热供热站的净空高度应满足设备安装和检修时起吊搬运的要求。
4.2.5 地热供热站内的构筑物基础顶面标高应至少高出周围地坪0.15m。
4.2.6 排水沟应设置盖板，宽度不宜小于350mm；起坡深度不宜小于200mm，坡度不宜小于1%。
4.2.7 砂岩热储的地热供热站宜设置沉砂池。

4.3 工艺布置

4.3.1 工艺系统布置应确保设备安装、操作运行、维护检修的安全和方便，并应使各种管线流程短、结构简单，使场地和建筑物内的空间使用合理、紧凑。
4.3.2 换热器、热泵机组的布置应留有检修场地。
4.3.3 站内操作地点和通道的净空高度不应小于2m，并应符合起吊设备操作高度的要求。
4.3.4 站内设备与周边建（构）筑物及设备的净距应符合下列要求：

a） 站房主要通道宽度不宜小于1500mm；
b） 设备安装完管道、阀门和电缆后，检修通道不应小于800mm；
c） 板式换热器基础间净距不宜小于1000mm，水泵基础间净距不宜小于700mm，当考虑就地检修时一侧应留有大于水泵机组宽度加0.5m的通道；
d） 其余设备基础间净距、基础与墙柱净距不宜小于800mm；
e） 热泵机组与其上方管道、烟道或电缆桥架的净空高度不宜小于1000mm。

5 工艺系统

5.1 地热水系统

5.1.1 地热水系统应采用闭式系统，应与终端用热设备间接连接。
5.1.2 地热水系统设计地热有效利用率不宜低于65%，地热有效利用率应按式（5.1.2）计算：

$$\eta=\frac{t_i-t_o}{t_i-t_n} \quad (5.1.2)$$

式中：

η——地热有效利用率；
t_i——地热水进站设计温度，℃；
t_o——地热水出站设计温度，℃；

t_n——室内供暖设计温度，℃。

5.1.3 地热水系统供热负荷可按下列公式计算：

5.1.3.1 换热器供热系统负荷

$$Q_1 = \frac{G}{3.6} c(t_1 - t_2) \quad \cdots\cdots (5.1.3\text{-}1)$$

式中：

Q_1——换热器供热系统负荷，kW；

G——地热水流量，t/h；

c——水的比热容，kJ/(kg·℃)；

t_1——地热水进换热器温度，℃；

t_2——地热水出换热器温度，℃。

5.1.3.2 热泵供热系统负荷

$$Q_2 = \frac{G}{3.6} c(t_3 - t_4) \frac{COP}{COP - 1} \quad \cdots\cdots (5.1.3\text{-}2)$$

式中：

Q_2——热泵供热系统负荷，kW；

t_3——地热水进热泵供热系统温度，℃；

t_4——地热水出热泵供热系统温度，℃；

COP——热泵制热性能系数。

5.1.4 地热水进、出站阀组及设备的设置应符合下列规定：

a） 每条地热水进、出站管道上应设置阀门，阀门应为双向密封型，且不应采用对夹式阀门；

b） 当两条以上单井管线在站内汇集时，宜设置地热水分集水器，分集水器的筒体断面流速宜为 0.5m/s～1.0m/s；

c） 当地热井井身结构和储层条件允许采、灌井互换时，单井进、出站管路的连接方式宜能实现采、灌切换功能；

d） 单井管线宜在站内设置回扬排水旁路。

5.1.5 地热水系统应设置除砂设施，除砂设施应符合下列规定：

a） 应设置于地热水进换热器前，对于出水含砂量容积比大于 1/20000 的地热井，应先在井口进行一次除砂；

b） 宜选用承压运行、排砂方便、压降小的除砂设备，除砂精度不应低于 0.5mm；

c） 可不设备用，其总处理能力不应低于设计地热水进站流量，台数组合应能适应负荷变化规律，并满足低负荷运行要求；

d） 排砂口应采用耐固体颗粒或耐磨性能好的阀门。

5.1.6 地热水系统宜设置气水分离设施，气水分离设施应符合下列规定：

a） 宜设置于回灌过滤设施前，当地热水含有易燃易爆气体时，应在进站前的安全区域进行一次气水分离；

b） 可不设备用，其总处理能力不应低于设计地热水进站流量；

c） 应具有自动排气功能，且应考虑防腐措施。

5.1.7 地热水系统应设置回灌过滤设施，回灌过滤设施应符合下列规定：

a） 对灰岩型热储层，回灌过滤精度应达到 50μm；

b） 对砂岩型热储层，回灌过滤精度应达到 5μm；

c） 对砂岩型热储层，当设置两级过滤时，粗过滤的过滤精度宜根据测定的地热水悬浮颗粒粒度分布确定；

d） 每级过滤器的过滤单元均不应少于2个，当其中1个停止运行时，其余过滤单元的处理能力不应小于设计地热水出站流量；

e） 过滤器宜具有自动反冲洗功能；

f） 过滤器应考虑防腐措施，耐温应满足进入的地热水最高温度要求。

5.1.8 当回灌井需要加压回灌时，地热水系统应在回灌过滤设施后设置加压泵，加压泵的选择应符合下列要求：

a） 加压泵宜采用离心泵，台数不应少于2台，其中1台备用；

b） 加压泵宜选用调速泵，承压性能应满足其最高工作压力要求；

c） 运行加压泵的总流量不应小于设计地热水出站流量的1.1倍；

d） 加压泵的扬程不应小于在设计地热水出站流量下按式（5.1.8）的计算结果：

$$H = 0.1(P_{\mathrm{i}} + \Delta P - p) + \Delta h \quad \cdots\cdots (5.1.8)$$

式中：

H——加压泵计算扬程，m；

P_{i}——回灌井井口压力，kPa；

ΔP——回灌管线阻力损失，kPa；

Δh——回灌管线终点与加压泵出口的高程差，m；

p——加压泵最低进口压力，kPa。

5.1.9 回灌过滤设施的每级过滤器和回灌加压泵均应设置地热水过流旁路。

5.1.10 换热器上游的地热水管道上应设置过滤器，过滤器的滤网网孔不宜低于30目。

5.1.11 地热水系统应设有用于在非供暖季淡水冲洗并充水保养的注水、排水、排气管路。

5.2 热泵中间循环系统

5.2.1 热泵中间循环系统的设置应根据地热水水质条件确定。

5.2.2 热泵中间循环系统应采用闭式循环。

5.2.3 热泵中间循环系统换热器的配置应符合下列规定：

a） 换热器台数不宜少于2台，可不设备用；

b） 换热器的设计换热负荷应按热泵所需热源负荷的1.15倍～1.25倍来设计。

5.2.4 热泵中间循环系统换热器的选择应符合本规范5.3.3条的有关规定。

5.2.5 热泵中间循环系统中介水进出蒸发器的温差宜为8℃～10℃，进蒸发器的水温应尽可能高，但不应高于热泵机组允许的蒸发器最高进水温度限值。

5.2.6 热泵中间循环系统换热器应设置地热水侧流量调节旁路，并宜自动调节换热器中介水出水温度。

5.2.7 热泵中间循环系统的循环泵宜设置在板式换热器进口侧，其配置应符合下列规定：

a） 运行循环泵的台数宜与热泵机组台数相同，另应有1台备用泵，但总台数不宜多于4台；

b） 运行循环泵的总流量不应小于热泵机组在额定负荷下的热源水需要量的1.1倍；

c） 循环泵的扬程不应小于换热器、热泵机组蒸发器、中间循环管路的阻力损失之和。

5.2.8 热泵蒸发器进水口处应装设过滤器，过滤器的滤网网孔不宜低于30目。

5.2.9 热泵中间循环系统应设置补水定压，补水定压点宜设置在循环泵的进口侧，补水定压可利用供暖系统的低区补水定压设施。

5.2.10 热泵中间循环系统的补水水质硬度不应高于3mmol/L，当超过时应与供热热水系统统一考虑补水软化处理设施。

5.3 供热热水系统

5.3.1 供热热水温度的确定应符合下列规定：

a） 用户末端采用地面辐射供暖时，供水温度宜采用35℃～45℃，供回水温差不宜大于10℃且不宜小于5℃；

b） 用户末端采用风机盘管供暖时，供水温度宜采用40℃～50℃，供回水温差不宜大于10℃且不宜小于5℃；

c） 用户末端采用散热器供暖的系统，供水温度宜采用55℃～65℃，供回水温差不宜大于20℃且不宜小于10℃；

d） 用户为下级供热站时，供回水温度应使其与地热水的传热温差满足本规范第5.3.3条第d）款的规定，并经技术经济对比确定。

5.3.2 供暖换热器的配置，应符合下列规定：

a） 换热器的总台数不宜多于4台且不应少于2台；

b） 换热器的设计换热负荷应在换热器供热系统设计热负荷的基础上乘以1.15～1.25的附加系数；

c） 当一台换热器停止工作时，剩余换热器的设计换热负荷在寒冷地区不应低于换热器供热系统设计热负荷的65%，在严寒地区不应低于换热器供热系统设计热负荷的70%。

5.3.3 供暖换热器的选择，应符合下列规定：

a） 供暖换热器宜采用可拆板式换热器，当地热流体参数超过可拆板式换热器承压或耐温上限时，可采用管壳式换热器，且地热流体宜走管程；

b） 与地热流体接触的换热板片或换热管的材料宜根据实际地热流体的腐蚀挂片试验确定；不具备条件时，不锈钢材料可根据其工作温度和氯离子含量按表5.3.3选择；当不锈钢不能满足要求时，可选择钛材质；

表5.3.3 几种不锈钢适用的地热流体中最高氯离子含量 单位：mg/L

不锈钢牌号	工作温度			
	25℃	50℃	75℃	100℃
304/304L	100	75	40	<20
316/316L	400	180	120	50
904L	1000	500	250	130
254SMO	5000	1800	750	400

c） 板式换热器的密封垫片应采用免粘接固定方式，密封垫片材料应满足地热流体温度要求；当地热流体含油时，密封垫片应采用耐油橡胶材料；

d） 在确定换热器的设计参数时，板式换热器的换热端差不宜小于2℃，板式换热器板间流速宜控制在0.4m/s～0.5m/s；管壳式换热器的换热端差不宜小于5℃。

5.3.4 生活热水换热器的选择应根据地热梯级利用工艺确定，当采用容积式水加热器时应符合下列规定：

a） 其结构设计应便于清除换热管内外水垢；

b） 换热管的材料选择应符合本规范5.3.3条第b）款的规定；

c） 设计小时供热量的确定应符合现行国家标准GB 50015《建筑给水排水设计规范》的有关规定。

5.3.5 热泵机组的选择，应符合下列规定：

a） 热泵机组的选型应与设计热源水温度和供热热水温度相匹配；

b） 热泵机组应具有优良的调节性能，适应供热负荷变化规律，并满足低负荷运行要求；

c） 当地热流体温度≥90℃时，可选用热水型吸收式热泵；

d） 压缩式热泵机组的类型宜按表 5.3.5 中的制热量范围，经技术经济对比后确定。

表 5.3.5 压缩式热泵的制热量范围

单机名义工况制热量（kW）	热泵机组压缩机类型
<1900	螺杆式
1900～3600	螺杆式或离心式
≥3600	离心式

5.3.6 调峰热源设备的配置，应符合下列规定：

a） 调峰热源设备宜通过技术经济对比确定，可选用压缩式热泵、热水型吸收式热泵、燃气吸收式热泵、热水锅炉或多种设备的组合；

b） 调峰热源设备的总装机容量不应小于设计调峰热负荷；

c） 调峰热源设备的台数应根据热负荷调节要求以及设备的类型、规格和性能特点综合确定。

5.3.7 当采用热水锅炉作为调峰热源设备时，锅炉及其配套设施的设计应符合现行国家标准 GB 50041《锅炉房设计规范》的有关规定。

5.3.8 供热热水系统循环水泵、补水定压装置及补水水质应符合现行行业标准 CJJ 34《城镇供热管网设计规范》的有关规定。

5.3.9 供热热水系统循环水泵的进、出口母管之间，应装设带止回阀的旁通管，旁通管截面积不宜小于母管的 1/2；在进口母管上，应装设除污器和安全阀，除污器的滤网网孔宜为 30 目，安全阀宜安装在除污器出水一侧。

5.3.10 供热管网分为 2 个以上区域管网时，供热热水系统宜设分水器和集水器。

5.3.11 供热热水系统与站外供热管网之间应设阀门，阀门应为双向密封型，且不应采用对夹式阀门。

6 监测和控制

6.1 监测

6.1.1 地热供热站系统装设监测参数的仪表，应符合表 6.1.1 的规定。

表 6.1.1 地热供热站装设监测参数的仪表

监测项目	指示	积算
地热井井口温度	√	—
地热井井口压力	√	—
单井地热水流量	√	√
供热热水系统供、回水总管压力	√	—
供热热水系统供、回水总管温度	√	—
供热热水系统回水总管流量	√	√
热泵机组蒸发器进、出口温度	√	—
热泵机组蒸发器进、出口压力	√	—
热泵机组冷凝器进、出口温度	√	—
热泵机组冷凝器进、出口压力	√	—
换热器一二次侧进、出口温度	√	—
换热器一二次侧进、出口压力	√	—

表 6.1.1（续）

监测项目	指示	积算
分、集水器温度	√	—
分、集水器压力（或压差）	√	—
水泵进、出口压力	√	—
过滤器前后压差	√	—
地热井水位	√	—
水箱液位	√	—
气水分离器液位	√	—

注：表中符号：“√”为需装设，“—”为可不装设。

6.1.2　地热供热站装设的报警信号，应符合下列规定：

a）补水箱的液位应设置超高液位警报、超低报警及超低低报警；

b）气水分离器应设置超高及超低液位警报；

c）地热井水位应设置超低报警及超低低报警。

6.1.3　地热供热站应计量下列项目，以满足经济核算的需求：

a）单井地热水流量；

b）地热供热站总耗电量，热泵机组及水泵耗电量宜设置单独计量；

c）供热系统的供热量；

d）供热系统补水量；

e）燃料的消耗量。

6.1.4　供热站应设置通信设施，通信设施的设置应满足现行国家和行业标准的要求。

6.2　控制

6.2.1　地热供热站宜设置集中控制系统。

6.2.2　地热供热站宜设置气候补偿，根据室外环境温度调节供热输出负荷。

6.2.3　地热水系统宜设置地热水流量自动调节装置。

6.2.4　热泵中间循环系统的换热器一次侧进出水管间应设置自动调节装置，并根据换热器二次侧出口温度自动调节。

6.2.5　热泵机组、回灌过滤装置自带控制系统，系统应预留上传集中控制系统的数据通信接口。

6.2.6　当供热系统有 2 台及以上热泵机组时，热泵机组宜采用总回水温度来控制热泵机组运行台数；当仅采用热泵供热系统供热时，热泵机组宜采用由热负荷优化控制运行台数的方式。

6.2.7　地热井井泵和供热热水系统循环水泵宜采用变频控制装置。

6.2.8　地热供热站的联锁保护应符合下列规定：

a）当地热井水位超低低时，联锁关闭地热井井泵。

b）供热热水系统的联锁保护按现行行业标准 CJJ 34《城镇供热管网设计规范》相关规定执行。

6.2.9　对可能存在易燃易爆、有毒有害气体泄漏的供热站，应设置易燃易爆、有毒有害气体探测器，且探测器应与事故通风系统的通风机联锁，并应在工作地点设有声、光等报警状态的警示。

7　供热站管道

7.0.1　供热站管道设计应根据热力系统和工艺布置进行，并应符合下列要求：

a） 应便于安装、操作和检修；

b） 管道宜沿墙和柱敷设；

c） 管道不应妨碍门、窗的启闭；

d） 应满足装设仪表的要求；

e） 管道布置宜短捷、整齐。

7.0.2 地热水管道、排气管道及其附件应满足下列要求：

a） 应根据介质化学成分，按其腐蚀性、结垢等特点，选用安全可靠的管道材料，并宜采用金属材料；

b） 阀门密封面应采用耐腐蚀材料，可能发生结垢的管线上宜采用蝶阀；

c） 管道及其附件应采用焊接连接或法兰连接；采用法兰连接时，应选用突面法兰，垫片应采用耐腐蚀材料。

7.0.3 供热热水管道管材、管道附件的选用应符合现行行业标准 CJJ 34《城镇供热管网设计规范》的有关规定。

7.0.4 补水水处理设备的进水管线，不宜采用碳钢管材。

7.0.5 并联工作的换热器、热泵的连接管路宜按同程连接设计。

7.0.6 管道与设备连接时，在靠近设备接口处应装设阀门；管道与泵连接时，应采用挠性接头。

7.0.7 换热器的低位接口法兰与阀门之间，应设泄水口，并安装泄水阀门。

7.0.8 排污管道应减少弯头，保证排污畅通。

7.0.9 地热水气水分离设备的排气管道应直通室外，排气管道上返处应设排水口，并在排水管上安装阻气疏水阀。

7.0.10 热泵中间循环系统管道的高点，应装设放气阀。

7.0.11 安全阀后应设泄压管，两个独立设置的安全阀的泄压管不应相连；安全阀泄压管排放口应避开操作地点和人员通道，热泵机组制冷剂安全阀泄压管应接至室外安全处。

7.0.12 管道的温度变形应充分利用管道的转角管段进行自然补偿；当自然补偿不能满足要求时，应设置补偿器。

7.0.13 管道支、吊架的设计，应计入管道、阀门与附件、管内水、保温结构等的重量以及管道热膨胀而作用在支、吊架上的力。

7.0.14 供热站金属管道的设计尚应符合现行行业标准 CJJ 34《城镇供热管网设计规范》和 CJJ 28《城镇供热管网工程施工及验收规范》的相关规定。

8 防垢、防腐及保温

8.1 防垢

8.1.1 地热供热站防垢设计中应依据水质分析报告判断地热水的结垢性。

8.1.2 地热水的结垢性宜按雷兹诺指数（*RI*）和拉申指数（*LI*）判定。当地热水中氯离子（Cl^-）占总阴离子的摩尔分数小于或等于 25%时，宜按雷兹诺指数判定地热水的结垢性；当地热水中氯离子（Cl^-）占总阴离子的摩尔分数大于 25%时，宜按拉申指数判定地热水的结垢性。雷兹诺指数和拉申指数的计算方法以及地热水结垢性的判定应符合现行行业标准 CJJ 138《城镇地热供热工程技术规程》中的有关规定。

8.1.3 当地热水具有结垢性时，应对与地热水直接接触的管道和设备采取防垢措施。防垢措施可采取下列措施之一或同时采取多种：

a） 增压法；

b） 防垢涂层法；

c） 物理场防垢法。

8.2 防腐

8.2.1 地热供热站防腐设计中应依据水质分析报告判断地热水的腐蚀性。

8.2.2 地热水的腐蚀性宜按拉申指数判定，地热水腐蚀性的判定应符合现行行业标准 CJJ 138《城镇地热供热工程技术规程》的相关要求。

8.2.3 当地热水具有腐蚀性时，应对与地热水直接接触的管道和设备采取防腐措施。防腐措施可采取下列措施之一或同时采取多种：

a） 采用防腐材料；

b） 采用防腐涂层；

c） 系统隔绝空气。

8.2.4 地热水系统不应采用添加化学药剂的防腐处理方法。

8.2.5 设备和管道的外防腐应按现行国家标准 GB 50041《锅炉房设计规范》的相关规定执行。

8.3 保温

8.3.1 地热水管道、供热热水管道、中介水管道应采取保温措施；换热器上游的设备应采取保温措施。

8.3.2 保温材料及其制品的选择应符合下列要求：

a） 宜采用成型制品；

b） 主要物理化学性能应符合现行国家标准 GB 50264《工业设备及管道绝热工程设计规范》中的相关规定；

c） 在保温材料及其制品的物理化学性能满足要求的前提下，应优先选用导热系数低、密度小、价格低廉、施工方便、便于维护的保温材料；

d） 当地热水温度高于 100℃时，保温材料及其制品应选择不低于现行国家标准 GB 8624《建筑材料及制品燃烧性能分级》规定的 A2 级材料；当地热水温度小于或等于 100℃时，保温材料及其制品应选择不低于现行国家标准 GB 8624《建筑材料及制品燃烧性能分级》规定的 C 级材料。

8.3.3 保温层厚度的确定应综合考虑工艺要求和经济性，其具体计算方法可参考现行国家标准 GB 50264《工业设备及管道绝热工程设计规范》和 GB/T 4272《设备及管道绝热技术通则》的相关部分。

9 公用工程

9.1 建筑结构

9.1.1 地热供热站火灾危险性分类和耐火等级应符合下列要求：

a） 未设置燃气（油）设施的地热供热站房属于戊类生产厂房；独立设置在地上时，耐火等级不应低于三级；独立设置在地下或半地下时，其耐火等级不应低于一级；附建在其他建筑物内时，其耐火等级应根据主体建筑的性质确定；

b） 设置燃气（油）设施的地热供热站房应符合现行国家标准 GB 50041《锅炉房设计规范》的有关规定。

9.1.2 地热供热站房的柱距、跨度及层高，在满足工艺要求的前提下，宜符合现行国家标准 GB 50006《厂房建筑模数协调标准》的有关规定。

9.1.3 地热供热站楼面、地面和屋面的活荷载，应根据工艺设备安装和检修的荷载要求确定，亦可按表 9.1.3 选取。

表 9.1.3 楼面、地面和屋面的活荷载

名　　称	活荷载（kN/m^2）
热泵主机房地面/楼面	10～15
变、配电室地面/楼面	10～15
控制室地面/楼面	7～10
屋面	0.5～1（机电设备安装处另外附加荷载）

9.1.4 地上站房的外门洞口尺寸应留有必要的净空，一般门洞口的净宽、净高应比产品、设备或运输工具的最大外廓尺寸大 300mm；地下或半地下式供热站的出入通道或预留设备吊装孔的尺寸应满足设备最大组件的运输要求，吊装孔四周应设防护栏杆。

9.1.5 地上站房应选用隔声性能良好的外窗，外窗开启方式宜采用平开，且开启扇宜设纱窗；开窗面积应满足通风和采光要求。

9.1.6 控制室、变压器室和高、低压配电室，不应设在潮湿的生产房间、淋浴间和卫生间的下方。

9.1.7 控制室在面向有噪声设备间的墙上开设观察窗时，应设置不可开启的隔声观察窗，观察窗一般采用单层或双层密闭窗。

9.1.8 地热供热站房内的热泵机组、水泵等振动较大的设备应采取减振和隔振措施。

9.1.9 地热供热站设备间的地面和设备基础应采用易于清洗的面层，地面应设有坡度。

9.1.10 穿越地上供热站基础底板和进出地下或半地下式供热站外墙的各种管道、电缆应预埋防水套管。

9.2 电气

9.2.1 地热供热站的供电负荷等级和供电方式，应根据工艺要求、热泵机组容量、用热负荷的重要性和环境特征等因素，按现行国家标准 GB 50052《供配电系统设计规范》的有关规定执行。

9.2.2 当地热供热站的用电设备总容量在 250kW 及以上时，宜采用高压供电。

9.2.3 地热供热站宜采用附建式变配电室或户外预装式变配电站，变配电设施应临近热泵机组等大型用电设备。

9.2.4 分散布置的地热井，采用低压供电时应进行线路电压损失校验，距离较远时宜设户外预装式变电站供电，如环境允许且变压器容量不大于 315kVA 时，可设杆上式变电站。

9.2.5 高、低压配电装置和干式电力变压器，设置在同一房间内，其配电设备的布置，应满足现行国家标准 GB 50053《20kV 及以下变电所设计规范》及 GB 50060《3kV～110kV 高压配电装置设计规范》的有关规定。

9.2.6 热泵机组的配电应采用放射式。当有数台热泵机组时，应按热泵机组为单元分组配电。

9.2.7 电气设备选型应充分考虑供热站高温、潮湿场所的特点和要求，当控制柜集中设置于专用控制室时，其防护等级不应低于 IP30；与主机、水泵等设备设置在同一空间时，其防护等级不应低于 IP55。

9.2.8 热泵机组功率小于 300kW 时，配线宜选择电缆；功率大于等于 300kW、小于 500kW 时，可根据实际情况选择电缆或密集母排；功率大于等于 500kW 时，宜选择密集母排。

9.2.9 单台热泵机组的输入功率大于 1200kW 时，应采用高压供电方式；输入功率大于 900kW 而小于或等于 1200kW 时，宜采用高压供电方式；输入功率大于 650kW 而小于或等于 900kW 时，可采用高压供电方式。

9.2.10 地热供热站泵房、控制室、配电室等房间地面人工照明标准照度值、显色指数及功率密度值，应符合现行国家标准 GB 50034《建筑照明设计规范》的有关规定。

9.2.11 地热供热站采用集中控制时，宜在远离操作屏的电动机旁设置事故停机按钮。

9.2.12 地热供热站应设事故照明装置，照度不宜小于 100 lx，测量仪表集中处应设局部照明。

9.2.13 电气线路宜采用穿金属管或电缆桥架布线，电缆敷设应满足现行国家标准 GB 50217《电力工程电缆设计规范》的有关规定；电气线路不应沿热力管道、热水箱和其他载热体表面敷设。

9.2.14 地热供热站站房电源进线处应设置总等电位联结，潮湿场所的房间应做局部等电位联结。

9.2.15 防雷接地应满足现行国家标准 GB 50057《建筑物防雷设计规范》的有关规定。

9.3 供暖通风

9.3.1 严寒及寒冷地区各生产房间生产时间的冬季室内计算温度，宜符合表 9.3.1 的规定。在非生产时间的冬季室内计算温度宜为 5℃。

表 9.3.1 各生产房间生产时间的冬季室内计算温度

房间名称		温度（℃）
主机房	经常有人操作时	12
	设有控制室，经常无操作人员时	5
水处理间		15
控制室、办公室、值班室		16～18

9.3.2 有设备散热的房间应进行热平衡计算，当其散热量不能满足本规范表 9.3.1 规定的冬季室内温度时，应设置供暖设备。

9.3.3 供热站房宜采用有组织的自然通风。当自然通风不能满足要求时，应设置机械通风。机械通风系统的通风量应符合下列规定：

a）主机房换气次数不小于 6 次/h，水处理房间换气次数不小于 4 次/h；

b）变配电室的通风量应按热平衡计算确定，排风温度不宜高于 40℃。

9.3.4 设置热泵机组的主机房应设置事故通风系统，事故通风系统的设计应符合下列规定：

a）换气次数不小于 12 次/h；

b）采用氟类工质的地热供热站事故排风口上沿距室内地坪的距离不应大于 1.2m。

9.3.5 设置燃气（油）设施的地热供热站的通风设计应符合现行国家标准 GB 50041《锅炉房设计规范》的有关规定。

9.4 给排水和消防

9.4.1 地热供热站的给水设计应符合现行国家标准 GB 50013《室外给水设计规范》和 GB 50015《建筑给水排水设计规范》的有关规定。

9.4.2 地热供热站设计用水量应根据补水量确定。

9.4.3 地热供热站的排水设计应符合现行国家标准 GB 50014《室外排水设计规范》和 GB 50015《建筑给水排水设计规范》的有关规定。

9.4.4 地热供热站应设置排水明沟；地下或半地下式供热站主机房和设备间排水明沟末端应设置集水坑，并应设置自动潜水排污泵。

9.4.5 地热供热站的消防设计，应按照现行国家标准 GB 50016《建筑设计防火规范》的有关规定执行。当不设置室内消火栓系统时，宜设置消防软管卷盘或轻便消防水龙。

10 环境保护

10.1 大气污染物防治

10.1.1　地热供热站排放的大气污染物，应符合现行国家标准 GB 16297《大气污染物综合排放标准》、GB 14554《恶臭污染物排放标准》和 GB 13271《锅炉大气污染物排放标准》的有关规定。当超过排放标准时，应针对超标的组分及浓度，选择合理的治理措施。

10.1.2　当采用压缩式热泵机组时，其工质应符合国家现行有关环保的规定。

10.2　噪声与振动防治

10.2.1　地热供热站噪声排放应符合现行国家标准 GB 12348《工业企业厂界环境噪声排放标准》和 GB 3096《声环境质量标准》的有关规定。

10.2.2　热泵机组、水泵等设备的噪声应首先从声源上进行控制，选择符合国家噪声控制标准的低噪声产品。

10.2.3　对于声源上无法控制的生产噪声宜采取下列降噪和减振措施：

a）动设备与基础之间设置隔振器或隔振材料；

b）燃烧器设置隔声罩降噪；

c）动设备与管道连接采用挠性接头连接。

10.3　废水及固体废弃物治理

10.3.1　地热供热站的生产和生活排污水系统应分别设置，排污水水质应符合现行国家标准 GB 8978《污水综合排放标准》的有关规定。

10.3.2　地热供热站的废水排放口应设置采样点，监测项目应根据地热供热站的地热流体成分决定。

10.3.3　回灌水水质应避免受系统污染。

10.3.4　地热供热站的废水排放温度不应高于 40℃。

10.3.5　地热供热站的设备排出的泥沙、废弃滤芯应收集处理。

11　化验和检修

11.1　化验

11.1.1　站内地热水来水、回灌尾水、供热回水和补水管道上应设置取样口。

11.1.2　地热供热站应定期进行地热水、供热回水和补水水质分析，可委托专业机构化验并出具化验报告。

11.2　检修

11.2.1　地热供热站应设置热泵机组、换热器、水泵等设备和阀门的维护检修场地。

11.2.2　供热能力 8MW 以上的地热供热站宜设置检修工具间。

11.2.3　热泵机组、循环水泵、回灌过滤设备上方可设置起吊装置或考虑吊装措施。

中华人民共和国能源行业标准

地热供热站设计规范

NB/T 10273—2019

条文说明

2019 年　北京

目　次

1　总则……356
2　术语……356
3　基本规定……356
4　供热站布置……357
4.1　站址选择……357
4.2　建（构）筑物及场地布置……357
4.3　工艺布置……358
5　工艺系统……358
5.1　地热水系统……358
5.2　热泵中间循环系统……360
5.3　供热热水系统……360
6　监测和控制……361
6.1　监测……361
6.2　控制……362
7　供热站管道……362
8　防垢、防腐及保温……363
8.1　防垢……363
8.2　防腐……363
8.3　保温……364
9　公用工程……364
9.1　建筑结构……364
9.2　电气……364
9.3　供暖通风……365
9.4　给排水和消防……365
10　环境保护……365
10.1　大气污染物防治……365
10.2　噪声与振动防治……365
10.3　废水及固体废弃物治理……366
11　化验和检修……366
11.1　化验……366
11.2　检修……367

1 总则

1.0.1 地热供热站设计应做到技术先进、安全可靠、节约能源、保护环境、经济合理。系统合理选择与设计优化是实现水热型地热供热可持续发展、推动绿色清洁供热的关键。

1.0.2 以水热型中深层地热井提取地热水为热源的中深层地热能供热已有40余年，形成了从地热水开采到地热利用后的尾水回灌全套成熟技术，而近几年西安地区出现的单井井壁换热不取水中深层地热能供热技术其成熟度尚有待经历多年实际运行的检验，因此本规范规定仅对以中深层地热井提取地热水为热源的中深层地热能供热的设计进行规范。

1.0.3 本规范为专业性的行业通用规范。为了精简规范内容，凡引用或参照其他国家或行业设计标准规范的内容，除必要的以外，本规范不再另设条文。本条强调在设计中除执行本规范外，还应执行与设计内容相关的安全、环保、节能、卫生等方面的国家和行业现行的有关标准、规范等的规定。

2 术语

2.0.1 地热梯级利用

综合考虑供能条件和用能条件，在充分利用地热能的同时降低换热的㶲损失。

2.0.2 地热有效利用率

地热有效利用率剥离了地热管网损失因素，衡量地热供热站本身在城镇供热情景下对地热能的利用程度。

2.0.3 换热端差

同样工况下，换热器换热端差越小，对数温差就越小，换热面积就越大，所以设计时应根据不同的换热器类型选择合适的换热端差。

2.0.4 换热器供热系统

当地热水温度高于供热水供水温度2℃及以上时首选采用的地热能利用方式，地热流体和供热热水直接换热，换热器一次侧为地热水，二次侧为供热水。

2.0.5 热泵中间循环系统

当地热水具有腐蚀性或结垢性时，可考虑设置热泵中间循环系统，通过热泵中间循环系统耐腐蚀、易清洗的换热器和水质好的中介水，避免地热水给热泵蒸发器带来腐蚀或结垢问题。

2.0.6 热泵供热系统

为充分利用地热水地热能，利用热泵将地热水较低温位的热能提升温位传递至供热循环水的供热系统，是地热梯级利用的组成部分。

3 基本规定

3.0.1 地热供热站的设置需要统筹考虑地热资源、钻井工程和地面工程三方面的因素影响，地热资源因素涉及地热井单井的水温、水量和回灌的难易程度，钻井工程因素涉及地热井井深、井身结构和钻井所需的井场场地，地面工程因素涉及建站场地、地热水输送距离和热用户的供回水温度要求。

3.0.2 地热供热站设计首先应从城市（地区）或企业的总体规划和热力规划着手，以确定地热站供热范围、规模大小、发展容量及地热站位置等设计原则。同时，从经济上考虑，地热供热站的供热面积不宜小于$8\times10^4m^2$。

3.0.3 地热供热站设计时，钻井工程一般尚未完成，当建设方不能提供地热水的水质资料时，建议建设方提供相邻地热井同层的水质资料。

3.0.4 对在原锅炉房改建并以原有锅炉作为调峰热源的供热站，需要收集的有关设计资料内容较多，本条文强调了应取得原有工艺设备和管道的原始资料，包括设备和管道的布置、原有建筑物和构筑物的土建及公用系统专业的设计图纸等有关资料，这样做可以使改、扩建的供热站设计既能充分利用原有工艺设施，又可与原有锅炉房协调一致和节约投资。

3.0.5 按照地热梯级利用的原则进行设计既能充分利用地热水的热能，又能避免能量品味浪费、降低换热的㶲损失。地热梯级利用应根据地热水来水温度、热用户的供回水温度要求等因素考虑。

3.0.6 地热供热具有建设投资高、运行费用相对较低的特点，燃气锅炉等调峰方式则具有建设投资低、运行费用高的特点，因此应根据供热负荷延续时间图以全生命周期费用最低为目标经技术经济对比确定调峰负荷占总热负荷的比例。

3.0.7 按无人值守站进行监测、控制和视频监控设计可降低人工成本，负荷预测、自动调节、按需供热是为了既保证供热效果又避免过量供热造成的能量浪费。

3.0.8 环境保护是我国的基本国策，地热供热站设计必须对废气、废水、固体废弃物和噪声进行积极的治理，以减少对周围环境的影响。

3.0.9 本条与现行行业标准NB/T 10099《地热回灌技术标准》的要求一致，具体项目设计还需符合项目所在地相关部门的规定。

4 供热站布置

4.1 站址选择

4.1.1 本条提出供热站位置要考虑靠近热负荷中心，这样可使二次网管道布置短捷，在技术、经济上比较合理；同时要采取降噪和减振措施减少对周围建筑的影响。

4.1.2 本条的规定旨在通过降低地热钻井和地热水管网的投资，使地热供热站在经济上可行。

4.1.3 为使运行管理更加便利和安全，要考虑与站外工艺管线的合理衔接，保证相关车辆的通行条件。

4.2 建（构）筑物及场地布置

4.2.1 本条对供热站的总体布置做出要求，供热站的布置基于工艺设计，但还需考虑安全运行、运输、安装和检修的要求。

4.2.3 地热供热站的控制室、值班室、工具间、卫生间等辅助间中，控制室是操作人员长期工作的场所，应当尽量避免噪声和振动的不利影响，保证采光效果，创造良好的工作条件。

4.2.4 地热供热站的热泵、回灌过滤装置等设备高大，在确定供热站高度时，要考虑足够的空间满足设备的安装和检修要求。

4.2.5 地热供热站经常进行排水或排污，要确保一定的基础高度，避免排水或排污时对设备造成不利影响。

4.2.6 地热供热站经常进行排水或排污，排水沟是必不可少的，从安全角度上考虑还要加盖盖板。

4.2.7 砂岩热储层的地热水含砂量较多，考虑在旋流除砂装置排砂口、回灌过滤装置反冲洗排水口处设置沉砂池，集中收集，定期外运。沉砂池一般宽度不小于1000mm，深度不小于1000mm。

4.3 工艺布置

4.3.1 本条是对地热供热站工艺布置的基本要求，是地热供热站设计中需要贯彻的原则。本条所述的各种管线包括输送地热水、原水、软化水、热网供水和回水等介质的管线，这些管线要合理、紧凑地布置。

4.3.2 与换热器、热泵机组本体连接的管道阀门较多，设备较为笨重，所以布置换热器、热泵机组时，需充分考虑检修和操作条件。

4.3.3 规定操作地点和通道的净空高度不小于 2m，是为了便于巡检人员能安全通过。

4.3.4 本条所列数据，都是最小值，具体工程中还需以满足所选设备的安装、更换、检修等需要为准，设计方根据具体情况适当增加。当设备制造商对安装、检修、操作等方面有特殊要求时，其通道净距以能满足其实际需要为准。

5 工艺系统

5.1 地热水系统

5.1.1 地热水系统采用闭式系统可防止地热水与空气接触而含氧，避免加速金属管道腐蚀，并抑制好氧菌滋生；采用与终端用热设备间接连接的“间接供热系统”可避免地热水由于流经供热管网和终端设备而富含铁离子，造成铁细菌滋生，同时可防止供热管网和终端设备由于直接接触地热水而发生腐蚀和结垢，并有利于减少地热水漏损量。从实际应用情况来看，闭式间接地热供热系统也是国内外地热供热工程中用得最普遍、最有成效的系统。

5.1.2 本条所指“地热有效利用率”是以室内供暖设计温度为基准，有别于现行行业标准 CJJ 138《城镇地热供热工程技术规程》中所指的“地热利用率（以当地年平均室外气温为基准）”。采用“地热有效利用率”主要是考虑到地热供热站的主要功能是冬季供暖，“地热有效利用率”不体现地域气候因素和地热水站外输送温降的影响，更能反映地热供热站本身对地热能的利用程度。

5.1.4 本条规定了地热供热站地热水进站、出站阀组和相关设备的设计要求：

a） 采用双向密封和非对夹式阀门是为了在地热供热站或站外地热管网因检修需要泄水时，使地热供热站和站外地热管网有效隔离，以尽量减小泄水范围和泄水量，特别是在非供暖季检修时，能使地热水系统尽可能保持充清水保养状态；

b） 分集水器的筒体断面流速过低可能会造成分集水器内沉砂；

c） 采、灌井能否互换根据井身结构设计、储层类型和储层物性确定，单井管线同时和地热供热站地热水进、出总管（或分、集水器）连接并分别设阀门，则能实现采、罐切换功能，此时单井管线设计压力需要考虑采水工况和回灌工况；

d） 在单井管线连接至地热供热站的情况下，回扬排水旁路选择设置在地热供热站内而不是井口，更便于阀门切换操作。

5.1.5 地热成井工艺决定了地热水含砂问题难以避免，设置除砂设施保护地热利用设备是有必要的，本条规定了地热水系统除砂设施的设计要求：

a） 本款对井口除砂的要求与现行行业标准 CJJ 138《城镇地热供热工程技术规程》的要求一致；

b） 在经济可行的前提下，提高除砂精度可有效保护后续设备并有利于减轻回灌过滤设施负担，目前地热流体除砂多采用旋流式除砂器，能够较为经济地实现 0.5mm 除砂精度，0.5mm 除砂精度折合过滤精度 35 目，已足够保护换热器及可能流经的离心泵；

c） 除砂设施为静设备，本身故障率很低且能够在线排砂，故不要求设置备用，有些除砂设备（如旋流除砂器）在低流量工况下无法保证除砂精度，处理能力富余量过大会影响低负荷工况性能，适当增加台数有利于提高工况适应性；

d） 实践证明橡胶软密封阀门耐固体颗粒性能较好，硬质合金密封面阀门耐磨性能较好，类似这两类阀门有助于避免排砂口阀门短期内出现密封面渗漏问题。

5.1.6 地热水含气的原因有些是因为地热井本身产气，有些是因为地热水在采出和利用过程中压力逐渐降低，其中溶解的气体析出，为了防止地热水系统设备及管路积气和回灌井发生气阻，设置气水分离设施以排出气体是有必要的，本条规定了地热水系统气水分离设施的设计要求：

a） 本规范对地热水系统中气水分离的次数不作规定，根据地热水含气量和流程中析出气体情况灵活设置，必要时采用多次排气，要求设置在回灌过滤设施上游流程中，是因为回灌过滤器罐体易发生积气，造成有效过滤面积减小、过滤阻力增大、金属滤芯腐蚀等问题；

易燃易爆气体的分离器如果设置在地热供热站内，会使地热供热站内大量机泵及电气设备需要防爆，造成建设和运维成本上升，而且地热供热站多靠近居住建筑或位于居住建筑的下层，易燃易爆气体在站内分离会增加安全风险；

b） 气水分离设施为静设备，本身故障率很低且能够在线排气，故不要求设置备用；

c） 自动排气是为了提高系统可靠性，减轻操作人员工作量；气水分离设施内存在气水界面，气相空间含气且含湿，是容易发生腐蚀的部位，考虑防腐措施是有必要的。

5.1.7 为减轻或避免回灌堵塞情况的发生，设置回灌过滤设施是有必要的，本条规定了地热水系统回灌过滤设施的设计要求：

a） 本款有别于现行行业标准 CJJ 138《城镇地热供热工程技术规程》所要求的“对基岩型热储层，回灌过滤精度应达到 50μm”，本规范只对“灰岩型热储层”过滤精度作出规定，是因为“基岩”所包含的岩石类型较多，“灰岩”是“基岩”的一种，目前国内地热开发中已证实灰岩地层孔隙和裂隙较发育，50μm 过滤精度已足够满足回灌要求，但是对其他类型的基岩储层难以一概而论，本规范不作规定，对于灰岩以外的基岩型热储过滤精度，建议综合考虑储层孔隙喉径和地热水悬浮颗粒粒度分布来确定；

b） 本款对砂岩型热储层回灌过滤精度的要求与现行行业标准 NB/T 10099《地热回灌技术标准》一致，在现有过滤技术条件下，可以较为经济地实现 5μm 过滤精度，过度提高过滤精度，会造成滤芯堵塞速度和阻力骤增，滤芯寿命缩短，建设和运维成本上升；当采用 5μm 以下过滤精度时，建议以测定的储层孔隙喉径为依据；

c） 当采用两级过滤时，要求根据热水悬浮颗粒粒度分布确定粗过滤精度，是为了避免粗过滤精度不足等问题发生，降低精过滤滤芯堵塞速度，延长精过滤滤芯寿命；

d） 由于过滤器的过滤单元需要定期反洗或更换滤芯，在设计时有必要考虑一定的富余量，不要求过滤单元冷备，但至少要保证在一个过滤率单元反洗或检修时，回灌过滤设施仍能承担 100% 设计负荷下的过滤流量；

e） 优先选用具有自动反洗功能的过滤器，有利于降低运维成本和操作人员劳动强度；

f） 考虑到地热水本身具有腐蚀性，且过滤器有时需要加药清洗（多为酸性），采取防腐措施是有必要的；过滤器的耐温需根据正常负荷工况、低负荷工况，必要时还有不带负荷采灌试验等工况下的最高地热水温度确定。

5.1.8 加压泵设置在回灌过滤设施后，也就是站内地热水流程的末端，有利于降低加压泵之前的地热水系统设计压力，有利于地热水中气体析出和排气，也有利于防止加压泵接触固体颗粒，改善加压泵工作条件。

5.1.9 要求回灌过滤设施设置旁路是为了提高地热供热站的可靠性，保证在设备完全故障情况下，仍具有一定的供热能力；要求回灌加压泵设置旁路是考虑到地热水采灌是一个动态过程，早期可能不需要启动回灌泵加压。

5.1.10 地热供热站多采用板式换热器，其板间距较小，粒径较大的固体颗粒进入可能造成堵塞，考虑到常规的旋流除砂器其除砂率无法做到100%，且低负荷下除砂效果难以保证，另外换热器前的管线中也可能存在施工遗留的焊渣等杂质，为了保护换热器，设置过滤器是有必要的。

5.1.11 地热水系统在非供暖季充淡水保养可减缓腐蚀，设置注水、排水、排气管路是实现相关操作的必要条件。

5.2 热泵中间循环系统

5.2.1 热泵蒸发器属于管壳式换热器，清洗维修不便，腐蚀穿孔还会造成工质泄漏，当地热水水质可能造成蒸发器腐蚀或结垢时，需要设置热泵中间循环系统。

5.2.2 采用闭式循环一方面是为了防止中介水与空气接触造成氧腐蚀，另一方面是为了降低循环泵的能耗。

5.2.3 本条规定了热泵中间循环系统换热器的配置要求，在大部分地热供热站中，换热器供热系统承担大部分负荷，热泵供热系统承担少部分负荷，热泵中间循环系统在安装2台及以上换热器的情况下，已足够保证地热供热站可靠性，但不排除少数地热供热站中出现热泵供热系统承担大部分负荷的情况，此时设计者有必要根据具体情况确定是否考虑换热器备用能力。

5.2.5 为了使热泵能够在较高制热性能系数下运行，要求在设计时中介水进出蒸发器的温差取8℃～10℃，并在所选用的热泵机组允许的前提下，取尽可能高的中介水供水温度。

5.2.6 稳定的中介水温度有利于保证热泵稳定运行，中介水温度超限可能造成热泵保护停机等问题，因此要求设置地热水侧流量调节旁路，实现中介水温度调节。

5.2.7 热泵中间循环系统的循环泵设置在板式换热器进口侧可使循环泵在较低水温下工作，有利于改善循环泵的工作条件。

5.2.8 热泵中间循环系统管路较短，设置1处过滤器已足够满足整个循环系统除污要求，考虑到热泵蒸发器清洗维护较为困难，选择设置在热泵蒸发器进水口处较为合理。

5.2.10 本条对热泵中间循环系统补水硬度的要求与现行国家标准GB/T 29044《供暖空调系统水质》要求一致。

5.3 供热热水系统

5.3.1 本条系根据国内地热供热工程经验提出，为了提高地热利用率，新建建筑地热供热按照推荐温度执行，对于既有建筑，仍有必要全面分析以往供暖季的实际运行参数，根据实际情况确定供水温度和供回水温差。

5.3.2 本条对地热供热站用于直接换热供暖的换热器的配置作出要求：

a）过多的换热器台数会增加初投资与运行成本，并对系统的水力工况稳定带来不利影响；考虑到地热水水质的特殊性，换热器在供暖期内有可能由于结垢、附着污物等原因需要短期停运清洗，为了防止供暖完全中断，要求换热器的总台数不应少于2台；

b）要求考虑附加系数主要有两方面原因，一是地热水侧可能结垢或附着污物，造成实际污垢热阻大于换热器设计计算时采用的污垢热阻；二是考虑到地热水温度的不确定性，地热水温度可能随地热开发进程出现一定下降；

c）本款与现行国家标准GB 50736《民用建筑供暖通风与空气调节设计规范》第8.11.3条第3款要求一致。

5.3.3 本条对地热供热站用于直接换热供暖的换热器的选择作出规定：

a）地热供热站换热器需要定期清洗，可拆板式换热器清洗最为方便；可拆板式换热器受限于其结构特点和密封垫片的耐温上限，有时承压和耐温能力不能满足高参数地热流体要求，需要选用承压耐温能力更高的管壳式换热器，管壳式换热器管程清洗相比壳程更方便；

b）由于氯离子并不是造成不锈钢腐蚀的唯一元素，在具备条件时优先根据腐蚀挂片试验结果进行选材，确不具备条件时可参考表 5.3.3；

c）为便于板式换热器定期清洗时拆装，要求采用免粘接固定的密封垫片（如搭扣式）；板式换热器密封垫片多为橡胶材料，对于含油地热流体，需要考虑垫片的耐油性能，以防垫片溶胀失效；

d）板式换热器的板间流速过低会使地热水垢和污物更易沉积附着在板片上，流速过高则意味着需要减小流道尺寸，容垢能力相应下降，因此地热水板式换热器的板间流速需要选择在合理范围内。

5.3.4 不同热水制备工艺相应选择不同的换热器，例如采用板式换热器和水箱组合的方式，也可实现与容积式水加热器相同的效果；容积式水加热器选型时需考虑便于除垢，盘香管式的容积式水加热器管内除垢困难，避免选用诸如此类的容积式水加热器。

5.3.5 本条对地热供热站热泵机组的选型作出了规定：

a）采用变频调速手段、选择变工况性能优良的压缩机类型、设置合理的热泵机组台数等方式均有利于提高热泵系统适应负荷变化的能力；

b）地热流体温度过低会造成吸收式热泵机组性能下降、体积过大、建设投资上升，难以取得较好的经济性；

c）本款根据目前国内生产的水源热泵机组单机制热量做了大致划分，供选型时参考，当螺杆式和离心式均可满足制热量要求时，可通过性能价格比，选择合适的机型。

5.3.6 本条对地热供热站调峰热源的配置作出了规定：

a）调峰热源的经济性受地热资源条件、电力和燃气价格、调峰设备投资、用户负荷特性甚至税费政策等多种因素的影响，具体工程中有必要根据具体情况进行对比选择；

b）调峰热负荷随环境温度变化而频繁波动，结合调峰设备的调节性能等指标选择合适的台数是有必要的。

5.3.9 在循环水泵进、出口母管之间装设带止回阀的旁通管，经实践证明，当旁通管的截面积达到母管截面积的 1/2 时，可有效防止循环水泵突然停运时产生水击现象；供热热水系统水容量较大，从冷态升温至热态时，水受热膨胀可能造成系统超压，故需要设置安全阀进行保护；为防止安全阀启闭时，热水系统中的污物堵在安全阀的阀芯和阀座之间，造成安全阀关闭不严而泄漏，故规定安全阀宜安装在除污器的出水一侧。

5.3.11 采用双向密封和非对夹式阀门是为了在地热供热站或站外供热管网因检修需要泄水时，使地热供热站和站外供热管网有效隔离，以尽量减小泄水范围和泄水量，特别是在非供暖季检修时，能使供热热水系统尽可能保持充水保养状态。

6 监测和控制

6.1 监测

6.1.1 地热供热站装有集中监控系统，仍需就地设置检测运行主要参数的仪器仪表，以便随时掌握系统运行是否正常。监测要求不仅限于规定 6.1.1，可根据实际情况和项目的具体要求增加监测点，为项目经济运行和经济核算提供可能和方便。

6.1.2 补水箱水位过高时，大量的溢流会造成水量的损失；当水位过低时，会影响补水系统正常补水，装设水位信号器不仅可以给出水位警报，而且超低时，可以通过电气控制回路联锁关闭补水设施。

气水分离器液位过高时，会影响气水分离效果；当水位过低时，会影响增压泵正常运行。

当地热井水位超低时会影响工艺系统的正常运行，装设水位信号不仅可以给出水位警报，而且超低低时，可以通过电气控制回路联锁关闭潜水泵、加压泵及回灌加设施。

6.1.3 地热资源、总耗电量、热泵机组及水泵耗电量、系统补水量、燃料消耗量的计量有利于加强地热站经济考核，有助于分析能耗构成，寻找节能途径，选择和采取节能措施。热泵机组及水泵为地热供热站内主要能耗设施，宜单独设置电计量。

6.2 控制

6.2.3 地热水流量自动调节措施可采用地热井泵变频调节或电动旁通阀，当采用地热井泵变频调节时，设计人员选取地热井泵时应考虑足够余量。

6.2.4 自动调节装置能够实现换热器二次侧出口温度满足热泵机组蒸发器进口温度要求，避免热泵机组蒸发温度过高，润滑油压力降低导致黏稠度下降，长时间运行机械件受损，缩短机组寿命。

6.2.6 当供热系统中有换热器供热系统时，供热系统可采用的是总回水温度来控制热泵机组的台数；当系统仅为热泵供热系统时，供热系统除上述控制系统外，也可采用热负荷优化控制运行台数的方式。

由于热泵机组的最高效率点通常位于该机组的某一部分负荷区域，因此采用热负荷控制的方式比采用温度控制方式更利于热泵机组在高效率区域运行而节能，是目前最合理和节能的控制方式。同时，台数控制的基本原则是：①让设备尽可能处于高效运行；②让相同型号的设备的运行时间尽量接近以保持其同样的运行寿命（通常优先启动累计运行小时数最少的设备）；③满足用户侧低负荷运行的需求。

6.2.7 地热井泵采用变频调速控制装置自动调节流量，实现按需定采，节能降耗。供热热水系统循环水泵配置变频控制装置是用来自动调节建工系统循环水侧的循环水流量，使之与热负荷变化所需的循环水量匹配，达到节电目的。

6.2.9 事故排风系统（包括兼做事故排风用的基本排风系统）的通风机，其手动开关位置应设在室内外便于操作的地点，以便一旦发生紧急事故时，使其立即投入运行。本规定要求通风机与事故探测器进行联锁，一旦发生紧急事故可自动进行通风机开启，同时在工作地点发出警示和风机状态显示。

7 供热站管道

7.0.1 地热供热站热力系统和工艺设备布置是管道设计的依据，本条在此基础上提出了一些地热供热站管道布置的具体要求。

7.0.2 本条对地热供热站地热水管道、排气管道及其附件的选材作出了规定：

a） 由于地热供热站内管道多为支吊架敷设且管件数量和管道接头较多，非金属管道刚度低、耐候性差、管道接头处理较复杂，不建议在站内采用非金属管道；金属管道材料应根据介质化学成分确定，以避免腐蚀或取得较低的腐蚀速率；

b） 蝶阀开闭时的剪切作用使其密封面具有自洁能力，在可能发生结垢的管线上建议优先选用；

c） 在选择法兰密封垫片材料时，也不能忽视腐蚀因素的影响。

7.0.4 为防止补水携带铁离子，造成水处理设备的离子交换树脂中毒，补水水处理设备的进水管线不宜采用碳钢管材。

7.0.7 地热供热站的换热器泄水检修频率较高，设置泄水口可实现有组织排水，使检修工作更加简洁顺畅。

7.0.9 地热流体携带的气体成分多种多样，室内排放存在安全隐患；由于排出气体含湿量较高，在排气管中遇冷产生凝结水易造成排气管路堵塞、振动，故要求在排气管上返处设排水口和阻气疏水阀，及时导出凝结水。

7.0.10 热泵中间循环系统水容量较小，但也需要设置排气点，以便能够顺利注满水和泄水。

7.0.11 各安全阀的泄放管独立设置是为了防止安全阀带背压运行，保证各安全阀起跳压力和泄放量不产生互相干扰；热泵机组在火灾等事故状态时，其制冷剂安全阀可能起跳，为防止造成室内人员窒息、中毒或冻伤，将热泵机组安全阀泄放管引至室外是有必要的。

7.14 由于非金属管道材质多种多样，新材料层出不穷，本规范对其设计、接口检验、试压等事项不作统一要求，由设计者根据与具体管材相对应的标准确定。

8 防垢、防腐及保温

8.1 防垢

8.1.1 地热水的水质特征是分析和判断地热水结垢性的重要依据，也是进行地热防垢工程设计的基础材料。为了进行水质特征的论证，水质分析报告是不可缺少的。

8.1.2 现行国家标准 GB 11615《地热资源地质勘查规范》中用锅垢总量来衡量地热水结垢性的办法也可采用。

8.1.3 当地热水从热储层通过地热井管向地面运移时，或者在管道输送过程中，温度和压力的降低会使得其中一些溶解度较小的组分达到饱和状态而析出。析出的固体物质会附着于井管或管道表面形成垢层，从而增大流动阻力，降低热利用效率。此外，垢层不完整处还会造成垢下腐蚀。

防垢措施可以采用本条提出的 3 种方法中的 1 种或同时采用多种。

增压法是采用深井泵或潜水电泵输送井中地热水，提高地热水在系统中的运行压力，从而使地热水的温度低于饱和温度。这样，地热水在井内始终处于过冷状态，以此可防止 $CaCO_3$ 等碳酸盐在井管内壁沉积。增压法的缺点是井泵耗电较多。

防垢涂层法是选择合适的材料涂衬在管壁内，防止管壁上结垢。防垢涂层法的缺点是存在涂层与基底结合力小，涂层易脱落等问题。

物理场防垢法是通过对地热水施加电场、磁场和声场等物理场，抑制垢的生成，或使垢成疏散状，便于清洗。物理场防垢法的缺点主要是效果不稳定。

8.2 防腐

8.2.1 在地热防腐工程设计中，地热水的水质特征也是分析和判断地热水腐蚀性的重要依据。为了进行水质特征的论证，水质分析报告也是不可缺少的。

8.2.2 现行国家标准 GB 11615《地热资源地质勘查规范》中参照工业腐蚀系数来衡量地热水腐蚀性的办法也可采用。

8.2.3 地热水中通常含有许多化学物质，如 O_2、H_2S、CO_2、H^+、Cl^- 和 SO_4^{2-} 等，这些物质能与输送地热水的金属材料发生化学腐蚀和电化学腐蚀。由于地热水的腐蚀作用，往往会对地热水管道和系统设备造成严重的破坏，使输送地热水的管壁变薄和脆化。由腐蚀造成的泄漏爆管不仅会影响到用水的可靠性，同时也会造成巨大的经济损失。

防腐措施可以采用本条提出的 3 种方法中的 1 种或同时采用多种。

防腐材料如聚氯乙烯和玻璃钢等，不易与地热水发生电化学腐蚀，因此采用防腐材料可起到有效的防腐作用。采用防腐材料的缺点是存在承压、耐热、老化、接头处理和造价等一些技术问题。

在金属管材表面涂敷防腐涂层可起到保护金属管材的作用，这样可实现既防腐又经济的目的。采用防腐涂层的缺点是金属管材和防腐涂料的屈服应力不同，存在涂层易脱落等问题。

系统隔绝空气是一种十分有效的防腐措施。来自地热井深部的地热水中很少有溶解氧气，只要使系统密封，不让空气进入，就可大大减轻地热水对金属的腐蚀。

8.2.4 在某些情况下向地热水中添加化学药剂（防腐剂）是一种有效的地热防腐方法，但化学药剂中通常含有磷酸盐等对环境有污染的成分，若将其添加在地热水系统中，后续无论是对地热水进行回灌还是排放处理，都会对环境造成二次污染，因此严禁采用在地热水系统中添加化学药剂的防腐处理方法。

8.2.5 地热供热工程设备和管道的外防腐与锅炉房设备和管道的外防腐相似，但也有一些不同之处，因此需要参考锅炉房设备和管道的外防腐和地热工程设备外防腐的实际经验加以实施。

8.3 保温

8.3.1 保温是为减少设备、管道及其附件向周围环境散热，降低系统热损失。在设备和管道外表面采取保温措施可节约能源，满足工艺要求，提高经济效益以及改善工作环境。

8.3.2 保温材料及其制品的物理化学性能在符合国家相关标准的前提下，其选择应按照优质、价廉、满足工艺、节能、敷设方便、可就地取材或就近取材的原则，进行综合比较后择优选用。

8.3.3 地热供热工程中设备和管道的保温层厚度确定方法与工业设备及管道绝热工程中的保温层厚度确定方法相似，因此可参考工业设备及管道绝热工程中的保温层厚度确定方法。

9 公用工程

9.1 建筑结构

9.1.1 本条是按现行国家标准 GB 50016《建筑设计防火规范》的有关规定，结合供热站的具体设置情况，将供热站的火灾危险性加以分类，并确定其耐火等级，以便在设计中贯彻执行。

9.1.2 由于不同项目的供热站内热泵主机及配套设备尺寸、数量各不相同，设备四周的操作空间与通道尺寸有其具体的要求，因此供热站建筑设计要满足工艺设计这一前提。但为了使供热站的土建设计能够采用预制构件，主要尺寸能统一协调，故供热站房的柱距、跨度及层高宜符合现行国家标准 GB 50006《厂房建筑模数协调标准》的规定。

9.1.3 工艺要求指设备安装、检修的具体要求，经核定可按条文中表列的范围进行选用。荷载超过表列范围时，工艺设计应另行提出。

热泵主机房的荷载主要是考虑热泵机组的运转荷重，但由于不同型号的热泵主机其荷载各有差异，因此对楼板的荷载应由设计人员根据热泵机组型号及安装、检修和操作要求具体确定，但最低不宜小于 $10kN/m^2$，最高不宜大于 $15kN/m^2$。

9.1.4 由于供热站房内设备的尺寸都比较大，因此需要在设计初始详细考虑大型设备的位置和运输通道，防止建筑结构完成后设备的就位困难。

9.1.5 由于供热站设备运行时存在较大噪声，尤其是临近生活区的供热站，为不影响周边环境应选用隔声性能良好的外窗。外窗面积还要满足通风需要和Ⅴ级采光等级的需要。

9.1.6 控制室、变压器室和高、低压配电室均有较为集中的电气设备，为了防止水管和其他有腐蚀性介质管道的泄漏和损坏，影响电气设备的正常运行，特作此规定。

9.1.7 为了保护操作人员的健康、同时便于及时掌控站房内设备的运行情况，特作此规定。

9.1.8 供热站房内安装有运转和振动较大的设备（如热泵机组、水泵等），其基础设计时应考虑采取相应的减振措施，设备安装台座也应考虑相应的隔振措施。

9.1.10 采取预埋防水套管的措施可有效防止供热站房的地面渗水影响。

9.2 电气

9.2.1 供热站停电的直接后果是供热中断，因此，在本条文中供热站设备用电的负荷级别，应根据供热中断对生产经营造成的损失程度来确定，并相应决定其供电方式。对于供热中断影响较小的供热站，宜采用三级负荷供电。

9.2.2 本条参考 JGJ 16《民用建筑电气设计规范》的有关规定，供电电压等级尚需结合当地供电条件及电业相关规定执行。

9.2.3 热泵机组用电设备一般负荷较大，应将变配电设施靠近负荷中心，降低电能损耗，提高供电质量。

9.2.4 地热井水泵布置较为分散，采用低压供电时应校验线路电压损失不超过电动机额定电压的5%，否则应就近设置户外预装式变电站供电，如环境条件允许亦可采用杆上变电站供电。

9.2.6 本条规定是指配电箱配电回路的布置应尽可能结合工艺要求，按热泵机组分配，以减少电气线路和设备由于故障或检修对生产带来的影响。

9.2.7 供热站房内压力管道较多，一旦出现管道水体泄漏，可能影响到控制柜的运行，导致供热站不能正常使用，因此要求控制柜的防护等级不应低于IP55。根据国家现行标准控制室不允许有管道穿越，当控制柜设置在控制室时，其防护等级可适当降低。

9.2.9 本条主要考虑到大型或特大型热泵机组，因其电动机额定输入功率较大，故运行电流较大，导致电缆或母排因截面较大不利于其接头安装。采用高压电机，可以减小运行电流以及电缆和母排的铜损、铁损及低压变压器的装机容量，因此也减少了低压变压器的损耗和投资。

9.3 供暖通风

9.3.1 本条规定了供热站主机房（含热泵机房、热交换间、水泵房等）及辅助房间和值班室、控制室、办公室冬季供暖的设计计算温度，是为了满足生产和劳动安全要求。

9.3.2 在有设备放热的房间，由于设备的放热特性、工艺布置和建筑形式不同，即使设备大量放热，且放热量大于建筑供暖热负荷，但由于空气流动上升，建筑围护结构下部又有从门窗等处渗入的冷空气，以致设备放散到工作区的热量尚不能保证工作区所需的供暖热负荷时，将会使工作区的温度偏低。因此规定要根据具体情况，对工作区的温度进行热平衡计算，必要时在部分区域设置供暖设备。

9.3.3 供热站房应优先采用有组织的自然通风。当自然通风不能满足要求时，应设置机械通风。为保证供热站的通风效果，本条规定了相应的换气次数要求；变配电室的通风量应按热平衡计算确定，以保证排风温度不高于40℃，否则可采取增加空调降温的措施。

9.3.4 由于氟类工质的热泵机组其制冷剂泄漏时容易在机房下层堆积，为有效排除泄漏的制冷剂，因此应在机房下部设置事故排风口，事故排风风机应采用防爆风机。

9.4 给排水和消防

9.4.4 为满足检修和清洗的要求，地热供热站地面应设有坡度和排水明沟；地下或半地下式供热站主机房和设备间排水明沟的末端应设置集水坑，并应设置自动潜水排污泵。

9.4.5 独立设置的供热站，由于本身可燃物较少，同时远离主体建筑，当建筑满足现行GB 50016《建筑设计防火规范》第8.2.2条的规定时，可不设置消火栓系统，宜采用灭火器、消防软管卷盘等灭火器材进行灭火；当供热站附设在其他建筑内时，应根据主体建筑的类型和火灾危险等级一并考虑消防灭火系统。

10 环境保护

10.1 大气污染物防治

10.1.1 地热流携带的气体组分可能有：CO_2、N_2、CO、H_2S、O_2、NH_3、CH_4、He、Ar等。同时地热站采用燃气吸收式热泵或锅炉时，会产生燃料燃烧产生的烟尘、二氧化硫和氮氧化物等有害气体。因此，应根据各个地热供热站的具体情况及执行的环保标准，选择合理的措施治理，达标排放。

10.1.2 压缩式热泵机组多采用氟利昂类工质，该类工质分子中含有氯或溴原子，可能对大气臭氧层有潜在的消耗能力，因此当采用压缩式热泵机组时，其工质须符合中华人民共和国国务院令第573号《消耗臭氧层物质管理条例》等现行环保法规的规定。

10.2 噪声与振动防治

10.2.1　根据现行国家标准 GB 12348《工业企业厂界环境噪声排放标准》的规定，工业企业界外 1m 处，高度 1.2m 以上，距任一反射面距离不小于 1m 的位置，噪声排放限值如表 1 所示。

表 1　工业企业厂界环境噪声排放限值　单位：[dB(A)]

厂界外声环境功能区类别	昼间	夜间
1	55	45
2	60	50
3	65	55
4	70	55

注：厂界外声环境功能区类别划分按国家现行标准 GB 3096《声环境质量标准》的规定执行。1 类标准适用于居住、文教机关为主的区域；2 类标准适用于居住、商业、工业混杂区及商业中心区；3 类标准适用于工业区；4 类标准适用于交通干线道路两侧区域。

10.2.2　根据现行国家标准 GB 50087《工业企业噪声控制设计规范》的规定，对于生产过程和设备产生的噪声，应首先从声源上进行控制，以低噪声的工艺和设备替代高噪声的工艺和设备。

10.2.3　根据现行国家标准 GB 50087《工业企业噪声控制设计规范》的规定，对于声源上进行控制仍达不到要求的噪声，则应采用隔声、消声、吸声、隔振以及综合控制等噪声控制措施。

a）水泵、压缩机等设备与基础之间设置隔振器或隔振材料，使设备和基础之间的刚性连接变成弹性支撑，可有效地控制振动，减少固体噪声的传递。隔振器或隔振材料具体应根据隔振要求、安装位置和允许空间等进行选择；

b）为降低燃烧器的噪声，可采用专门制作的设备隔声罩降噪。隔声罩可向生产厂家订购或自行制作，隔声罩应便于设备的操作维修和通风散热；

c）采用柔性接头可实现动设备和管道之间的隔振，降低管道振动产生噪声及其他危害。

10.3　废水及固体废弃物治理

10.3.1　地热供热站的生产和生活排污水系统分别设置，防止水体污染。

10.3.2　地热供热站的废水在排出厂区时，应达到国家现行有关标准规定，为便于监督管理，地热供热站的废水排放口设置采样点。

10.3.3　回灌水水质尽量避免受到污染，除温度外应保持或接近采出地热水的水质，从而减少水质原因对热储层的影响。

10.3.4　为防止造成热污染，规定地热废水排放温度不高于 40℃。

10.3.5　地热供热站设备排出的泥沙收集后，可用于制作建筑材料或铺筑道路；有些废弃滤芯可由厂家集中回收处理后再利用。

11　化验和检修

11.1　化验

11.1.1　本条规定是考虑对地热水来水、回灌尾水、供热回水、补水进行取样分析化验的需要，地热水来水取样口设在除气和除砂之前，回灌尾水取样口设在回灌处理设施之后，供热回水取样口设在供热回水进除污器之前，补水取样口设在补水泵出口管线上。

11.1.2　地热供热站按无人值守站设计，水质化验可委托专业机构化验并出具化验报告。

11.2 检修

11.2.1 本条规定是考虑换热器、水泵、热泵机组、管道、阀门的维护和检修的需要。维护和检修的场地可与通道结合考虑。

11.2.2 为便于检修工具和备品的管理和存放，对供热范围较大的地热供热站宜设置检修工具间。

11.2.3 热泵机组、循环水泵、回灌过滤设备需要考虑检修时的吊装条件。吊装方式及起吊荷载应根据设备大小、起吊件质量、起吊的频繁程度，由设计人员确定。如果场地条件允许，也可采取架设临时吊装措施。

ICS 01.040.27
F 10

NB

中华人民共和国能源行业标准

NB/T 10274—2019

浅层地热能开发地质环境影响监测评价规范

Monitoring and evaluation specification for shallow geothermal energy development impact on the geological environment

2019-11-04 发布　　　　2020-05-01 实施

国家能源局　发布

目　次

前言……370
1　范围……371
2　规范性引用文件……371
3　术语和定义……371
4　总则……372
5　地质环境影响监测……372
6　监测数据采集、传输及存储……374
7　地质环境影响评价……375
8　评价报告编写……379
附录 A（资料性附录）　水质评价模糊综合评判法……380
附录 B（规范性附录）　评价报告编写要求……382

前　言

本标准按照GB/T 1.1—2009《标准化工作导则 第1部分：标准的结构和编写》给出的规定起草。

本标准由能源行业地热能专业标准化技术委员会提出并归口。

本标准起草单位：北京市地质矿产勘查开发局、北京市地热研究院、北京市华清地热开发集团有限公司、中国地质调查局浅层地温能研究与推广中心、中石化新星（北京）新能源研究院有限公司。

本标准主要起草人：李宁波、杨俊伟、刘少敏、张进平、郑佳、于湲、李翔、郭艳春、李娟、王哲、朱昕鑫、刘冰、项悦鑫、王立志、卫万顺、张文秀、李海东、刑罡、林海亮、李敏、赵丰年、向烨。

本标准于2019年首次发布。

浅层地热能开发地质环境影响监测评价规范

1 范围

本标准规定了浅层地热能开发利用地质环境监测系统建设、监测数据采集、传输及存储以及地质环境影响评价的内容、方法和要求。

本标准适用于浅层地热能开发利用系统（包括地埋管地源热泵系统、地下水地源热泵系统，不包括地表水、再生水热泵系统）地质环境影响监测系统建设及地质环境影响评价。

2 规范性引用文件

下列文件对于本文件的应用是必不可少的。凡是注日期的引用文件，仅所注日期的版本适用于本文件。凡是不注日期的引用文件，其最新版本（包括所有的修改单）适用于本文件。

GB 50366 地源热泵系统工程技术规范

GB/T 14848 地下水质量标准

DZ/T 0225 浅层地热能勘查评价规范

NB/T 10097 地热能术语

HJ/T 164 地下水环境监测技术规范

DB11/T 1253 地埋管地源热泵系统工程技术规范

3 术语和定义

下列术语和定义适用于本标准。

3.1

浅层地热能 shallow geothermal energy

从地表至地下200m深度范围内，储存于水体、土体、岩石中的温度低于25℃，采用热泵技术可提取用于建筑物供热或制冷等的地热能。

[NB/T 10097—2018，定义2.1.6]

3.2

地源热泵系统 ground-source heat pump system

以岩土体、地下水和地表水为低温热源，由水源热泵机组、浅层地热能换热系统、建筑物内系统组成的供暖制冷系统。根据地热能交换方式，可分为地埋管地源热泵系统、地下水地源热泵系统和地表水地源热泵系统。

[GB 50366—2005，定义2.0.1]

3.3

地埋管地源热泵系统 pipe ground-source heat pump system

传热介质通过竖直或水平地埋管换热器与岩土体和地下水进行热交换的地源热泵系统。

3.4

地下水地源热泵系统 groundwater-source heat pump system

通过地下水进行热交换的地源热泵系统。

3.5

换热孔　**heat exchange hole**

地埋管地源热泵系统中，埋设地埋管换热器参与热量交换的钻孔。

3.6

热源侧　**heat source side**

地源热泵系统中，通过热交换提供冷、热量的循环侧。

3.7

总管　**main pipe**

地源热泵系统中，各区域支管道汇总后的总管道。

3.8

换热监测孔　**heat exchange monitoring hole**

通过在换热孔内下入温度传感器，用于监测地埋管换热器换热过程中孔内温度变化的换热孔。

3.9

换热影响监测孔　**heat exchange effect monitoring hole**

通过在钻孔内下入温度传感器，用于监测换热孔、抽灌井温度变化影响范围的钻孔。

3.10

常温监测孔　**initial temperature monitoring hole**

通过在钻孔内下入温度传感器，用于监测地层原始温度的钻孔。

4　总则

4.1　浅层地热能开发地质环境影响监测与评价是通过建设监测系统对浅层地热能开发利用过程中地质环境因素的动态变化情况进行监测，评价浅层地热能资源开发利用过程中对地质环境的影响规律和程度。

4.2　浅层地热能开发地质环境影响监测系统建设应设置地质环境影响监测平台，进行监测数据的显示、存储和预警，监测方式为长期、连续监测。

5　地质环境影响监测

5.1　监测内容

5.1.1　应监测地源热泵系统热源侧进、出水总管温度、流量，供暖/制冷面积 $10000m^2$ 以上的地源热泵工程，并根据工程的规模设置地质环境影响监测孔。

5.1.2　供暖/制冷面积 $10000m^2$ 以上的地下水地源热泵系统监测内容：

a）系统热源侧进、出水总管温度；

b）水井抽水、回灌量；

c）原始地温、水位、水质；

d）水井及周边地温、水位、水质变化。

5.1.3　供暖/制冷面积 $10000m^2$ 以上的地埋管地源热泵系统监测内容：

a）系统热源侧进、出水总管温度、流量；

b）原始地温；

c）换热区及周边地温场变化。

5.2 系统热源侧总管温度、流量监测

5.2.1 监测点应选择管道满液的位置。

5.2.2 总管温度监测宜采用插入式温度传感器，当传感器为后期安装且管道不可开孔时，可采用贴片式温度传感器。

5.2.3 循环流量监测宜采用通过式流量计，当流量计为后期安装且不能破坏原管道时，可采用超声波流量计。

5.2.4 温度传感器精度不应低于 0.2℃，流量计精度不应低于 0.5 级。

5.3 地下温度及水位监测

5.3.1 地下水地源热泵系统监测要求：

a）应监测所有水井的水温、水位变化；

b）宜在水井影响半径内布设不少于 1 个监测孔，监测场区地温场、水位变化，监测孔的布置应考虑地下水流动方向；

c）在竖直方向上，监测孔的深度应不小于水井的深度。

5.3.2 竖直埋管地源热泵系统监测要求：

a）地温场监测孔数量应不少于换热孔数量的 1%；

b）地温场监测孔的类型包括换热监测孔、换热影响监测孔及常温监测孔，换热监测孔应在布孔区中心和边缘均有布设，换热影响监测孔应在布孔区内部和外围均有布设，常温监测孔应布设于布孔区温度影响范围以外，一般不小于 10m，监测孔的布置应考虑地下水流动方向；

c）监测孔的深度应不小于换热孔的深度。

5.3.3 水平埋管地源热泵系统监测要求：

a）地温场监测的类型包括换热监测、换热影响监测及常温监测，换热监测应在地埋管埋设区中心和边缘均布设测温探头，换热影响监测应在地埋管埋设区内部和外围均布设测温探头，常温监测测温探头应布设在地埋管埋设区温度影响范围以外，距地埋管埋设区不小于 10m；

b）所有地埋管埋设层均应监测。

5.3.4 监测设备要求：

a）地埋温度传感器应加装钢制护套，护套内应充实导热介质，护套直径应与线径匹配，接口处应做防水处理；

b）温度传感器精度不应低于 0.2℃，液位传感器精度不应低于 0.5 级。

5.3.5 水井温度、液位传感器安装方法：

a）水井温度传感器安装方式分为井外埋设和井内埋设。井外埋设是将温度传感器安装于井管外壁，井内埋设是将温度传感器下入井管内部；

b）水井温度应分层监测，温度传感器可按照地层岩性排布，也可均匀排布，间距不宜大于 10m，变温带温度传感器宜加密至间距 2m，不同监测孔内的温度传感器排布深度应相同；

c）水井液位传感器应采用井内埋设，必须位于水井年最低水位以下，且量程必须大于水位年变化幅度。

5.3.6 竖直地埋温度传感器安装方法：

a）竖直地埋温度传感器安装方式包括地埋管外埋设、地埋管内埋设和单独埋设。地埋管外埋设是将温度传感器预先固定在地埋管外部，随地埋管一同下入监测孔后回填；地埋管内埋设是先将地埋管下入监测孔后回填，再将温度传感器下入地埋管内部；单独埋设是将温度传感器单独下入监测孔后回填；

b） 地埋管地源热泵项目中，竖直地埋温度传感器测温探头可按照地层岩性排布，也可均匀排布，间距不宜大于 10m，变温带温度传感器宜加密至间距 2m，不同监测孔内的温度传感器排布深度应相同；

c） 地下水地源热泵项目中，竖直地埋温度传感器排布应与水井相同。

5.3.7 水平地埋温度传感器安装方法：

a） 水平地埋温度传感器安装方式包括地埋管外埋设和单独埋设，地埋管外埋设是将温度传感器固定在地埋管外壁，单独埋设是将温度传感器单独埋入监测沟；

b） 换热监测及换热影响监测温度传感器测温探头的间距不宜大于 20m。

5.3.8 传感器连接方法：

a） 传感器附带电缆线长度宜直接到达数据采集器，当必须进行电缆线延长对接时，延长线应与附带线使用相同型号；

b） 电缆线延长对接后，接线处应具有不低于电缆线的机械强度及绝缘、防水性能；

c） 传感器电缆线宜沿水平管沟到达数据采集器，也可另行开沟埋设，埋设深度不应小于冻土层厚度；

d） 数据采集器宜安装于地面以上或机房内。

5.3.9 监测间隔及方式：

a） 地下温度及水位监测时间间隔不宜大于 1h；

b） 监测方式应为长期、连续监测。

5.4 地下水水质监测

5.4.1 地下水地源热泵系统，应对所有抽、灌井进行水质监测。

5.4.2 地埋管地源热泵系统，宜对换热区附近水井进行水质监测。

5.4.3 地下水水质监测可采用现场在线监测、采样现场检测或采样送实验室检测等方式。

5.4.4 地下水水质监测指标宜参照 GB/T 14848 的规定，现场采样、样品管理、水质检测方法宜符合 HJ-T 164 的规定。

5.4.5 现场在线监测时间间隔不宜大于 1d，现场采样检测时间间隔不宜大于 3 个月，监测应为长期、连续监测。

6 监测数据采集、传输及存储

6.1 数据采集

6.1.1 宜在监测孔附近或机房内设置监控机柜，在监控机柜内安装带通信功能的数据采集仪表或模块。

6.1.2 为避免产生信号干扰，不同类型的信号应分开采集，即采用多个仪表或模块分别采集电阻、电流、脉冲等信号。

6.1.3 监测数据采集间隔不宜大于 1h。

6.2 数据传输

6.2.1 宜在系统维护单位住所建设监测项目的远程监测平台，用于接收远程传输的监测数据。

6.2.2 传输网络可采用互联网或无线通信网络，互联网宜采用专线。

6.3 数据存储

6.3.1 数据采集后，宜做现场存储。

6.3.2 远程监测平台应具备数据显示、存储、导出功能。

6.3.3 监测数据应定期导出，并做备份存储。

6.4 数据校验

6.4.1 应对监测数据进行校验；

6.4.2 监测数据校验每年不宜少于2次。

7 地质环境影响评价

7.1 评价内容

7.1.1 评价内容包括地温场影响评价、地下水水位影响评价及地下水水质影响评价。

7.1.2 对各评价内容进行评价时，应同时考虑监测项目运行以外的影响因素。

7.2 地温场影响评价

7.2.1 评价阶段及指标：

a） 运行季影响评价，评价指标包括影响速率（a_1）、影响幅度（a_2）及影响范围（a_3）；

b） 过渡季恢复评价，评价指标包括恢复速率（a_4）及恢复程度（a_5）；

c） 年度影响评价，评价指标包括影响幅度（a_6）及恢复程度（a_7）；

d） 多年累计影响评价，评价指标包括影响速率（a_8）及影响幅度（a_9）。

7.2.2 运行季影响评价：

a） 以总管实时温度最大日变化值，评价运行季地温场的影响速率；

b） 以总管实时温度与运行初期总管温度的最大差值，评价运行季地温场的影响幅度；

c） 以换热监测孔实时温度及换热影响监测孔实时温度与常温监测孔实时温度差值的最大日变化值，评价运行季地温场的影响速率；

d） 以换热监测孔实时平均温度及换热影响监测孔实时平均温度与常温监测孔实时平均温度的最大差值，评价运行季地温场的影响幅度；

e） 以不同位置换热影响监测孔实时平均温度与常温监测孔实时平均温度的差值，评价运行季地温场影响的广度范围；

f） 以换热孔深度以深的地层温度值，评价运行季地温场影响的深度范围。

7.2.3 过渡季恢复评价：

a） 以相邻运行季运行初期总管温度的差值，评价过渡季地温场的恢复程度；

b） 以换热监测孔实时平均温度及换热影响监测孔实时平均温度与常温监测孔实时平均温度差值的最大日变化值，评价过渡季地温场的恢复速率；

c） 以过渡季末换热监测孔平均温度及换热影响监测孔平均温度与常温监测孔平均温度的差值，评价过渡季地温场的恢复程度。

7.2.4 年度影响评价：

a） 以相邻年度相同运行季运行初期总管温度的变化值，评价年度地温场的恢复程度；

b） 以相邻年度相同过渡季末换热监测孔及换热影响监测孔平均温度的变化值，评价年度地温场恢复程度。

7.2.5 多年影响评价：

a） 以多年首末年度相同运行季运行初期总管温度的差值，评价多年地温场的影响幅度；

b） 以多年首末年度相同过渡季末换热监测孔平均温度及换热影响监测孔平均温度的变化值，评价多年地温场的影响幅度；

c） 以多年地温场的影响幅度与年度数的比值，评价多年地温场的影响速率。

7.2.6 评价指标定性结论：

a） 影响速率定性结论按表1确定：

表1 地温场影响速率定性评价表

评价指标		评价指标定性结论		
		1级	2级	3级
运行季影响速率（℃/d）	总管	$a_1<0.5$	$0.5\leqslant a_1<4$	$4\leqslant a_1$
	换热监测孔	$a_1<0.5$	$0.5\leqslant a_1<4$	$4\leqslant a_1$
	换热影响监测孔	$a_1<0.2$	$0.2\leqslant a_1<1$	$1\leqslant a_1$
多年影响速率（℃/a）	总管	$a_8<0.2$	$0.2\leqslant a_8<1$	$1\leqslant a_8$
	换热监测孔	$a_8<0.2$	$0.2\leqslant a_8<1$	$1\leqslant a_8$
	换热影响监测孔	$a_8<0.2$	$0.2\leqslant a_8<1$	$1\leqslant a_8$

b） 恢复速率定性结论按表2确定：

表2 地温场恢复速率定性评价表

评价指标		评价指标定性结论		
		1级	2级	3级
过渡季恢复速率（℃/d）	换热监测孔	$4\leqslant a_4$	$0.5\leqslant a_4<4$	$a_4<0.5$
	换热影响监测孔	$1\leqslant a_4$	$0.2\leqslant a_4<1$	$a_4<0.2$

c） 影响幅度定性结论按表3确定：

表3 地温场影响幅度定性评价表

评价指标		评价指标定性结论		
		1级	2级	3级
运行季影响幅度（℃）	总管	$a_2<5$	$5\leqslant a_2<25$	$25\leqslant a_2$
	换热监测孔	$a_2<5$	$5\leqslant a_2<25$	$25\leqslant a_2$
	换热影响监测孔	$a_2<0.5$	$0.5\leqslant a_2<4$	$4\leqslant a_2$
年度影响幅度（℃）	总管	$a_6<0.5$	$0.5\leqslant a_6<4$	$4\leqslant a_2$
	换热监测孔	$a_6<0.5$	$0.5\leqslant a_6<4$	$4\leqslant a_2$
	换热影响监测孔	$a_6<0.2$	$0.2\leqslant a_6<1$	$1\leqslant a_2$
多年影响幅度（℃）	总管	$a_9<0.5$	$0.5\leqslant a_9<4$	$4\leqslant a_2$
	换热监测孔	$a_9<0.5$	$0.5\leqslant a_9<4$	$4\leqslant a_2$
	换热影响监测孔	$a_9<0.2$	$0.2\leqslant a_9<1$	$1\leqslant a_2$

d） 影响范围定性结论按表4确定：

表4　地温场影响范围定性评价表

评价指标		评价指标定性结论		
		1级	2级	3级
水平方向（m）	地下水上游方向	$a_3<1$	$1\leqslant a_3<4$	$4\leqslant a_3$
	地下水下游方向	$a_3<2$	$2\leqslant a_3<5$	$5\leqslant a_3$
竖直方向（m）	布孔区中心	$a_3<1$	$1\leqslant a_3<2$	$2\leqslant a_3$
	布孔区外围	$a_3<0.5$	$0.5\leqslant a_3<1.5$	$1.5\leqslant a_3$

e）恢复程度定性结论按表5确定：

表5　地温场恢复程度定性评价表

评价指标		评价指标定性结论		
		1级	2级	3级
过渡季恢复程度（℃）	总管	$a_5<0.5$	$0.5\leqslant a_5<4$	$4\leqslant a_5$
	换热监测孔	$a_5<0.5$	$0.5\leqslant a_5<4$	$4\leqslant a_5$
	换热影响监测孔	$a_5<0.2$	$0.2\leqslant a_5<1$	$1\leqslant a_5$
年度恢复程度（℃）	总管	$a_7<0.5$	$0.5\leqslant a_7<4$	$4\leqslant a_7$
	换热监测孔	$a_7<0.5$	$0.5\leqslant a_7<4$	$4\leqslant a_7$
	换热影响监测孔	$a_7<0.2$	$0.2\leqslant a_7<1$	$1\leqslant a_7$

7.3　地下水水位影响评价

7.3.1　评价阶段及指标：

a）运行季影响评价，评价指标包括影响速率（b_1）、影响幅度（b_2）；

b）过渡季恢复评价，评价指标包括恢复速率（b_3）及恢复程度（b_4）；

c）年度影响评价，评价指标包括影响幅度（b_5）及恢复程度（b_6）；

d）多年累计影响评价，评价指标包括影响速率（b_7）及影响幅度（b_8）。

7.3.2　运行季影响评价方法：

a）以运行季内抽水井水位的最大小时变化值，评价运行季地下水水位的影响速率；

b）以运行季内抽水井水位的最大变化值，评价运行季地下水水位的影响幅度。

7.3.3　过渡季恢复评价：

a）以过渡季内抽水井、回灌井各自水位的最大小时变化值，评价过渡季地下水水位的恢复速率；

b）以过渡季末抽水井、回灌井各自水位与地下水水位背景值的差值，评价过渡季地下水水位的恢复程度。

7.3.4　年度影响评价：

a）以相邻相同过渡季末抽水井水位的差值，评价年度地下水水位的恢复程度；

b）以相邻相同过渡季末回灌井水位的差值，评价年度地下水水位的恢复程度。

7.3.5　多年影响评价：

a）以多年首尾过渡季末抽灌井水位的差值，评价多年地下水水位的影响幅度；

b）以多年首尾过渡季末抽灌井水位的差值与年度数的比值，评价多年地下水水位的影响速率。

7.3.6　评价指标定性结论：

a）影响速率定性结论按表6确定：

表6　地下水水位影响速率定性评价表

评价指标		评价指标定性结论		
		1级	2级	3级
运行季影响速率（m/h）	抽水井	$b_1<0.5$	$0.5\leqslant b_1<4$	$4\leqslant b_1$
多年影响速率（m/a）	抽水井	$b_7<0.1$	$0.1\leqslant b_7<1$	$1\leqslant b_7$
	回灌井	$b_7<0.1$	$0.1\leqslant b_7<1$	$1\leqslant b_7$

b）恢复速率定性结论按表7确定：

表7　地下水水位恢复速率定性评价表

评价指标		评价指标定性结论		
		1级	2级	3级
过渡季恢复速率（m/h）	抽水井	$4\leqslant b_3$	$0.5\leqslant b_3<4$	$b_3<0.5$
	回灌井	$4\leqslant b_3$	$0.5\leqslant b_3<4$	$b_3<0.5$

c）影响幅度定性结论按表8确定：

表8　地下水水位影响幅度定性评价表

评价指标		评价指标定性结论		
		1级	2级	3级
运行季影响幅度（m）	抽水井	$b_2<5$	$5\leqslant b_2<10$	$20\leqslant b_2$
	回灌井	$b_2<5$	$5\leqslant b_2<10$	$20\leqslant b_2$
多年影响幅度（m）	抽水井	$b_8<0.5$	$0.5\leqslant b_8<2$	$4\leqslant b_8$
	回灌井	$b_8<0.5$	$0.5\leqslant b_8<2$	$4\leqslant b_8$

d）恢复程度定性结论按表9确定：

表9　地下水水位恢复程度定性评价表

评价指标		评价指标定性结论		
		1级	2级	3级
过渡季恢复程度（m）	抽水井	$b_4<0.5$	$0.5\leqslant b_4<2$	$4\leqslant b_4$
	回灌井	$b_4<0.5$	$0.5\leqslant b_4<2$	$4\leqslant b_4$
年度恢复程度（m）	抽水井	$b_6<0.5$	$0.5\leqslant b_6<2$	$4\leqslant b_6$
	回灌井	$b_6<0.5$	$0.5\leqslant b_6<2$	$4\leqslant b_6$

7.4　地下水水质影响评价

7.4.1　评价阶段：

a）运行季影响评价；

b）过渡季恢复评价；

c）年度影响评价；

d）多年累计影响评价。

7.4.2 评价方法：

a） 单因子评价法，分析各水质监测指标的变化情况，水质监测指标至少包含pH、色度、嗅和味、浑浊度、肉眼可见物、总硬度、高锰酸钾指数、溶解性总固体、氨氮、亚硝酸盐氮、硝酸盐氮、Mn、Fe、氯化物、氟化物、硫酸盐、细菌总数、硫化物、钠；

b） 模糊综合评判法，具体评价方法见附录A，评价因子根据项目评价需求选取。

7.4.3 评价指标定性结论：

a） 单因子评价法定性结论按表10确定：

表10 地下水水质单因子影响定性评价表

评价指标	评价指标定性结论		
	1级	2级	3级
相应指标变化幅度（c）	c＜1%	1%≤c＜10%	c≥10%

b） 模糊综合评判法定性结论按表11确定：

表11 地下水水质模糊综合影响定性评价表

评价指标	评价指标定性结论		
	1级	2级	3级
水质类别变化幅度	无	1～2个类别	3～5个类别

7.5 项目综合影响评价

7.5.1 以项目所有定性评价结论级别的平均值（A），对项目进行综合评价，评价结论按表12确定。

表12 项目综合影响定性评价表

评价指标	评价指标定性结论		
	风险较小	风险一般	风险较大
所有定性评价结论级别的平均值范围	1≤A＜1.6	1.6≤A≤2.3	2.3＜A≤3

7.5.2 如个别指标出现不可接受的影响，则综合评价结论即为“风险较大”。

8 评价报告编写

8.1 评价报告内容

评价报告内容包括监测过程及成果、评价内容及方法、项目评价计算。

8.2 评价报告编写提纲及要求

评价报告编写提纲及要求应按附录B执行。

附 录 A
（资料性附录）
水质评价模糊综合评判法

A.1 复合运算

A.1.1 建立水质因子集合

选择具有代表性的污染物作为评价因子，建立评价因子集$U=\{A_1, A_2 \cdots\cdots A_n\}$。

A.1.2 建立水质评价集合

采用中华人民共和国地下水质量标准（GB/T 14848）中的Ⅰ～Ⅴ类水质标准进行评价，建立评价集V={Ⅰ，Ⅱ，Ⅲ，Ⅳ，Ⅴ}。

A.1.3 构建隶属函数

用隶属度划分水质分级界限。令y为隶属度，它表示属于某种标准值的百分数。根据水质的5个级别标准，建立评价因子相对应的5个隶属度函数，隶属度函数如下：

第1级评价隶属度函数：

$$y_1=\begin{cases}1 & x\leqslant x_1\\ \dfrac{x_2-x}{x_2-x_1} & x_1<x<x_2\\ 0 & x\geqslant x_2\end{cases} \qquad \text{(A.1)}$$

第2～4级评价隶属度函数：

$$y_i=\begin{cases}1 & x=x_i\\ \dfrac{x-x_{i-1}}{x_i-x_{i-1}} & x_{i-1}<x<x_i\\ \dfrac{x_{i+1}-x}{x_{i+1}-x_i} & x_i<x<x_{i+1}\\ 0 & x\leqslant x_{i-1}\ x\geqslant x_{i+1}\end{cases} \qquad \text{(A.2)}$$

第5级评价隶属度函数：

$$y_5=\begin{cases}1 & x\geqslant x_5\\ \dfrac{x-x_5}{x_5-x_4} & x_4<x<x_5\\ 0 & x\leqslant x_4\end{cases} \qquad \text{(A.3)}$$

式中：

x——实测值，x_1、x_2、x_3、x_4、x_5分别对应Ⅰ级、Ⅱ级、Ⅲ级、Ⅳ级、Ⅴ级的水质标准。

A.1.4 模糊矩阵 *R* 的建立

已知U为n个污染物指标的集合，V为水质分级的集合，A为污染物的各项指标。$U=\{A_1，A_2 \cdots\cdots A_n\}$，$V=\{\text{I}，\text{II}，\text{III}，\text{IV}，\text{V}\}$，通过计算隶属函数，求出$n$个单项指标对5级水的隶属程度，得出模糊矩阵$\boldsymbol{R}$，即：

$$\boldsymbol{R}=\begin{cases} y(A_1,\text{I}) & y(A_1,\text{II}) & y(A_1,\text{III}) & y(A_1,\text{IV}) & y(A_1,\text{V}) \\ y(A_2,\text{I}) & y(A_2,\text{II}) & y(A_2,\text{III}) & y(A_2,\text{IV}) & y(A_2,\text{V}) \\ & & \cdots\cdots & & \\ y(A_n,\text{I}) & y(A_n,\text{II}) & y(A_n,\text{III}) & y(A_n,\text{IV}) & y(A_n,\text{V}) \end{cases} \tag{A.4}$$

A.1.5 计算权重

根据各评价因子的污染指数计算出各水样各评价因子的权重值。污染指数为：

$$W_i=\frac{C_i}{S_i} \tag{A.5}$$

式中：

C_i——第i种污染物实测浓度；

S_i——第i种污染物各级水质标准的算术平均值。

为进行模糊计算，将各单项污染指数进行归一化，即：

$$Z_i=\frac{\dfrac{C_i}{S_i}}{\sum\limits_{i=1}^{n}\dfrac{C_i}{S_i}}=\frac{W_i}{\sum_{i=1}^{n}W_i} \tag{A.6}$$

计算得权重矩阵$\boldsymbol{B}=\{Z_1，Z_2 \cdots\cdots Z_n\}$。

A.1.6 模糊矩阵复合运算

将$\boldsymbol{B}$矩阵与$\boldsymbol{R}$矩阵进行复合运算，确定水体的综合隶属度。

A.2 确定水质级别

按照最大隶属度原则确定水质级别，即隶属度最大值所在的级别为该监测井的水质类别。当出现2个或2个以上隶属度最大值时，选择贴近次大值的隶属度所在的级别为该监测井的最终水质类别。

附 录 B
（规范性附录）
评价报告编写要求

B.1 报告提纲

第一章 前言
第二章 监测过程及成果
第三章 评价内容及方法
第四章 项目评价
第五章 结论及建议

B.2 报告编写要求

第一章，简述项目来源，对项目的地理位置、建筑类型、使用功能、建筑规模、地质及水文地质条件、工程场地井、孔布设情况等进行阐述。

第二章，详细阐述各监测内容的监测过程及取得的监测数据情况。

第三章，详细阐述评价的内容、评价指标及所采用的方法。

第四章，根据项目选取的评价内容及采取的评价方法，对监测项目进行评价计算。

第五章，对评价项目给出综合评价结论，对项目存在的风险部分提出规避风险的措施。

ICS 27.220
F 19

NB

中华人民共和国能源行业标准

NB/T 10275—2019

油田采出水余热利用工程技术规范

Technical code for waste heat use of oilfield produced water

2019-11-04 发布　　2020-05-01 实施

国家能源局　发布

目 次

前言……385
1 范围……386
2 规范性引用文件……386
3 术语和定义……386
4 基本规定……387
5 工程设计……387
6 施工及验收……392
7 安全、环保与职业卫生……394
附录 A（规范性附录） 规范条文说明……395

前　言

本标准按照GB/T 1.1—2009《标准化工作导则　第1部分：标准的结构和编写》给出的规定起草。

本标准由能源行业地热能专业标准化技术委员会提出并归口。

本标准起草单位：中国石化集团胜利石油管理局有限公司新能源开发中心、中石化石油工程设计有限公司、中国石化集团新星石油有限责任公司、中国石油辽河油田供水公司。

本标准主要起草人：刘树亮、郭子江、刘崇江、周航兵、刘子勇、宋鑫、赵书波、路智勇、赵丰年、刘建武、朱铁军、于凯、张磊、苗春华、徐英杰、李凤名、康厂、高中显、徐彬彬、范文彬、呙如地、马春红、宋昊、林媛、王东、刘庆娟、芦汉磊。

本标准于2019年首次发布。

油田采出水余热利用工程技术规范

1 范围

本标准规定了油田采出水余热利用工程中工程设计、施工验收、职业健康、安全与环境等要求。

本标准适用于陆上油田采出水余热利用新建、改建和扩建工程。

2 规范性引用文件

下列文件对于本文件的应用是必不可少的。凡是注日期的引用文件，仅所注日期的版本适用于本文件。凡是不注日期的引用文件，其最新版本（包括所有的修改单）适用于本文件。

GB 13271 锅炉大气污染物排放标准

GB 16297 大气污染物综合排放标准

GB/T 19409 水（地）源热泵机组

GB 20131 蒸气压缩循环冷水（热泵）机组安全要求

GB 50016 建筑设计防火规范

GB 50019 工业建筑供暖通风与空气调节设计规范

GB 50041 锅炉房设计规范

GB/T 50087 工业企业噪声控制设计规范

GB 50166 火灾自动报警系统施工及验收规范

GB 50183 石油天然气工程设计防火规范

GB 50231 机械设备安装工程施工及验收通用规范

GB 50235 工业金属管道工程施工规范

GB 50236 现场设备、工业管道焊接工程施工规范

GB 50493 石油化工可燃气体和有毒气体检测报警设计规范

GB 50736 民用建筑供暖通风与空气调节设计规范

GB/T 50823 油气田及管道工程计算机控制系统设计规范

GB/T 50892 油气田及管道工程仪表控制系统设计规范

SY/T 0043 油气田地面管线和设备涂色规范

3 术语和定义

下列术语和定义适用于本文件。

3.1

油田采出水 oilfield produced water

油田开采过程中产生的伴生水。

3.2

余热资源量 quantity of waste heat resources

经技术经济分析确定的可利用的油田采出水余热量。

3.3

中间传热介质　intermediate heat-transfer medium

用于采出水或原油与热泵工质热交换的中间热媒，一般为水或添加防冻剂的水溶液。

3.4

油田采出水热泵系统　heat pump system of oilfield produced water

利用油田采出水作为低温热源，并通过热泵机组提升热媒温度，最终为用户提供热量的系统。

3.5

直接式热泵系统　direct heat pump system

油田采出水直接进入热泵机组的蒸发器，换热后返回油田采出水处理系统的水源热泵系统。

3.6

间接式热泵系统　indirect heat pump system

油田采出水先与中间传热介质换热，中间传热介质再进入热泵机组的蒸发器进行换热的水源热泵系统。

3.7

辅助热源　supplementary heat source

基本热源的供热能力不能满足实际热负荷的要求或为提高系统运行经济性而设置的其他热源。

3.8

备用热源　stand-by heat source

在检维修或事故工况下投入运行的热源。

4　基本规定

4.1　油田采出水余热利用工程应遵循安全、可靠、稳定的原则，应符合所在油气站场的安全技术要求。

4.2　工程设计阶段应对油田采出水处理站、油田采出水管网的总体规划、余热资源量进行资料收集与分析，并对油田采出水的水温、流量以及水质等进行调研。

4.3　应根据供热规划、资源条件、能源价格、负荷特征、供热半径等因素进行工程技术经济分析。

4.4　油田采出水余热利用系统的工程设计、施工及验收、安全、环保与职业卫生除应符合本规范外，尚应符合国家现行有关标准的规定。

5　工程设计

5.1　一般规定

5.1.1　蓄热系统设计宜根据供热负荷的时间分布特点和当地的电价政策综合确定。

5.1.2　油田采出水供热量不能满足热负荷需求时，应设置辅助热源；全年热负荷波动幅度较大、经论证技术经济合理时，宜设置辅助热源。辅助热源容量应根据油田采出水温度及水量、全年供热负荷曲线、热泵机组效率等因素确定。

5.1.3　备用热源的设置应根据供热负荷可靠性要求确定；用于油气站场生产加热时，应设置备用热源。

5.1.4　油田采出水余热利用系统的取水方式应根据采出水输送方式、采出水管线与供热站的空间位置关系等因素综合考虑确定。

5.1.5　油田采出水取（回）水泵、供热循环水泵、中间介质循环水泵、补水泵宜设置备用泵。

5.1.6　原油换热器、油田采出水换热器周边应留有足够的空间，满足操作、清洗、维修的需要。

5.1.7　换热器材质的选择应根据采出水水质及被加热介质组分确定。

5.1.8　油田采出水换热器、原油换热器宜露天布置在油气站场内。

5.1.9　钢质储罐、容器、设备、管道应考虑所在站场环境条件下的腐蚀，并采取有效防腐蚀措施。

5.2　热负荷

5.2.1　热负荷应包括生产热负荷、生活热负荷、工业建筑及民用建筑的供暖、通风热负荷。最大、最小、平均生产热负荷应根据生产工艺系统的实际需求确定。

5.2.2　最大热负荷应按下式计算：

$$Q_{\max}=k(k_1Q_1+k_2Q_2+k_3Q_3+k_4Q_4) \quad (1)$$

式中：

$Q_{\max}$ —— 最大计算热负荷（kW）；

k —— 供热管网热损失系数，可取1.05～1.10；

k_1 —— 供暖热负荷同时使用系数，取1.0；

k_2 —— 通风热负荷同时使用系数，取0.5～1.0；

k_3 —— 生产热负荷同时使用系数，取0.5～1.0；

k_4 —— 生活热负荷同时使用系数，取0.5～0.7；

Q_1 —— 供暖设计热负荷（kW）；

Q_2 —— 通风设计热负荷（kW）；

Q_3 —— 生产设计热负荷（kW）；

Q_4 —— 生活设计热负荷（kW）。

5.3　取、回水系统

5.3.1　取水量、取水点位置、取水方式、回水点位置、回水方式等不应影响采出水处理站的安全、稳定运行。

5.3.2　油田采出水取用后宜回输至取水点下游的采出水处理系统中，或从同级的不同储罐取用和回输。

5.3.3　余热供热站应采取措施保证管道和设备排出的水回到采出水处理系统，油田采出水不应排至市政排水系统。

5.3.4　油田采出水取水量应根据最大热负荷需求、热泵制热性能系数及取回水系统的投资、电耗等因素综合分析确定。若采出水量不足时，取水量宜按照采出水最大供水量设计。

5.3.5　油田采出水取、回水管线的流速不应低于0.7m/s，且流速不宜高于3m/s。

5.4　油田采出水换热系统

5.4.1　油田采出水温度高于用热温度，经论证技术经济合理时，宜采用直接换热的方式利用采出水余热。

5.4.2　采出水换热器应符合下列规定：

a）宜根据采出水水质，选择板式、管壳式、螺旋板式等高效换热器；

b）采出水侧宜设置清洗流程；

c）采用管壳式换热器时，采出水应流经管程，被加热介质流经壳程；

d）传热系数计算时应考虑污垢修正系数；

e）换热器台数的选择和单台换热能力的确定，应满足换热负荷需求及供热可靠性的要求。

5.5　热泵系统

5.5.1　应根据采出水水质特性，选用直接式热泵系统或间接式热泵系统。

5.5.2　热泵机组台数和单机容量应满足供热负荷运行调节要求，当仅设一台时，应选调节性能优良的机型。

5.5.3　热泵机组选型应根据运行参数、驱动能源的供应条件经技术经济比选后确定。

5.5.4　直接式热泵机组应采用合理的污垢系数对制热量进行修正，宜设置清洗流程。

5.5.5　直接式热泵机组的蒸发器应根据采出水水质采用相应的防腐材质，且不宜采用奥氏体不锈钢。

5.5.6　热泵机组应符合现行国家标准 GB/T 19409 和 GB 20131 的要求。

5.5.7　被加热介质为原油时，热泵机组与原油系统之间宜设置中间换热器。

5.5.8　间接式热泵系统中间传热介质宜采用软化水。软化水系统的设计，应符合现行国家标准 GB 50041 中 9.2 的规定。

5.6　原油换热系统

5.6.1　原油-水换热器（以下简称原油换热器）的选型应满足热负荷和工艺要求，并应通过技术经济对比确定。换热器的形式可选用板式换热器、管壳式换热器或螺旋板式换热器。

5.6.2　在满足工艺过程要求的条件下，宜选用单台传热面积较大的换热器，总数量不应少于 2 台。按照生产工艺要求设置备用换热器。

5.6.3　原油换热器布置应符合以下要求：

a）应根据站场总平面以及与工艺装置、储油罐区、系统管廊、道路等相对关系确定位置，宜与油气密闭工艺装置集中布置，并应符合工艺流程要求；

b）防火间距应符合现行国家标准 GB 50183 中 5.2 的相关规定；

c）管道上的阀门、仪表和调节阀应靠近换热器的操作通道布置，操作通道的宽度不应小于 0.8m；

d）当多台原油换热器并联安装时，其进、出口管路应按照均匀分配介质流量的要求设计。

5.6.4　原油板式换热器的设计应符合下列规定：

a）波纹深度不应小于 4mm；

b）设计前应前往项目所在站场现场取样，对所取回的样品进行介质组合及流动特性分析；

c）应设计排污通道，并有针对站场油液特性而采取配套的防堵措施；

d）应根据站场需换热采出液的含气比例、流动压力不同而设计专用排气装置；

e）当设计及使用方缺乏垫片在某种介质中的使用经验时，应对垫片进行浸泡实验，测量垫片的膨胀、硬度及化学腐蚀的敏感性；浸泡时间不应小于 60d，待确认垫片材料性质不发生变化后，方可使用；

f）不应采用粘式垫片，且设备外不得有垫片部分露出。

5.6.5　管壳式换热器管程内液体介质流速不宜大于 3m/s；螺旋板式换热器通道内液体介质流速不宜小于 1m/s；板式换热器原油或采出水侧流速宜为 0.5m/s～1m/s，清水侧流速宜为 0.2m/s～1m/s。

5.6.6　管壳式换热器应采用逆流换热流程，冷流自下而上，热流自上而下地进入换热器。

5.6.7　原油换热器热、冷介质进、出口管道上应安装必要的温度、压力检测仪表（就地、远传），检测数据可以远传接入所在油田站场控制系统。

5.7　供热站布置

5.7.1　供热站站址应根据区域总体规划、油田采出水取回水位置、热用户位置、环境卫生和管理维护要求等因素经技术经济分析确定，供热站的位置宜靠近负荷中心。

5.7.2　位于油气站场外的供热站，平面布置应符合现行国家标准 GB 50016 的要求；位于油气站场内的供热站，尚应符合现行国家标准 GB 50183 的要求。

5.7.3 供热站内各建筑物、构筑物的平面布置和空间组合，应满足紧凑合理、功能分区明确、建筑简洁协调、工艺流程流畅、安全运行、方便运输、有利安装和检修的要求。

5.7.4 各建（构）筑物和场地布置，应充分利用地形，使挖方和填方量最小，排水良好，防止水流入地下室和管沟。

5.7.5 供热站工艺布置应确保设备安装、操作运行、维护检修的安全和方便，并应使各种管线流程短、结构简单，使供热站面积和空间使用合理、紧凑。

5.7.6 供热站厂房宜分为热泵机房、换热机房、变配电室、控制室等区域。

5.7.7 变配电室宜贴近压缩式热泵间布置。

5.8 公用工程

5.8.1 建筑、结构

5.8.1.1 供热站火灾危险性分类和耐火等级应符合 GB 50016 中 3.1、3.2 的有关规定，且应符合下列要求：

a）燃气热泵机房应属于丁类生产厂房，单台吸收式热泵机组额定热功率大于 4.5MW 时，燃气热泵间建筑不应低于二级耐火等级；单台吸收式热泵机组额定热功率小于 4.5MW 时，燃气热泵间建筑不应低于三级耐火等级；

b）设在其他建筑物内的燃气热泵机房，燃气热泵间的耐火等级，均不应低于二级耐火等级；

c）燃气调压间应属于甲类生产厂房，其建筑不应低于二级耐火等级，与燃气热泵机房贴临的调压间应设置防火墙与燃气热泵机房隔开，其门窗应向外开启并不应直接通向燃气热泵机房，地面应采用不产生火花地坪。

5.8.1.2 燃气热泵机房外墙、楼地面和屋面，应有相应的防爆措施，并应有相当于热泵机房占地面积 10%的泄压面积，泄压方向不得朝向人员聚集的场所、房间和人行通道，泄压处不得与这些地方相邻。当泄压面积不能满足上述要求时，可采用在燃气热泵机房的内墙和顶部（顶棚）敷设金属爆炸减压板作补充。

5.8.1.3 供热站设备间的门应向外开。当采用燃气吸收式热泵供热时，供热站出入口的设置，应符合下列规定：

a）出入口不应少于 2 个。但对独立供热站，当走道总长度小于 12m，且总建筑面积小于 200 ㎡时，其出入口可设 1 个；

b）非独立供热站，其人员出入口必须有 1 个直通室外。

5.8.1.4 燃气热泵机房与相邻的辅助间之间的隔墙应为防火墙，隔墙上开设的门应为甲级防火门；朝燃气热泵操作面方向开设玻璃观察窗时，应采用具有抗爆能力的固定窗。

5.8.2 供暖通风

5.8.2.1 严寒及寒冷地区冬季室内供暖计算温度宜符合表 1 的规定。

表 1 室内供暖计算温度表

序号	房间名称	室内供暖计算温度（℃）
1	热泵机房、泵房	5～8
2	办公室、值班室、控制室	18～20

5.8.2.2 燃气热泵机房、燃气调压间及电驱动热泵机房宜有良好的自然通风环境，且应设置机械通风与事故通风装置。房间换气次数宜按表 2 选取。油气挥发场所的通风装置应防爆，并应与可燃气体浓度

报警装置联动。

表2 房间通风换气次数表

序号	房间名称	正常通风换气次数（次/h)	事故通风换气次数（次/h）
1	燃气热泵机房	6	≥12
2	电驱动热泵机房	6	≥12
3	燃气调压间	3	≥12

5.8.2.3 燃气热泵机房、燃气调压间及可能挥发可燃气体的采出水进入的厂房，应设置可燃气体浓度报警装置，可燃气体浓度报警装置应与燃气管道及采出水管道总切断阀联动。

5.8.3 给排水及消防

5.8.3.1 供热站生活及生产用清水应取自可靠水源。

5.8.3.2 站场内生活排水及生产用清水系统的检修排水宜排入油气站场生活排水系统，当自流排入采出水系统时，应设置水封。

5.8.3.3 油气站场内设施消防按现行国家标准 GB 50183 执行。

5.8.4 电气

5.8.4.1 供电电压应根据供热站所在地区供电条件、用电设备电压及负荷等级、送电距离等因素，经技术经济对比后确定。

5.8.4.2 供热站应根据工程规模和重要性，合理确定用电负荷等级。用于油气站场生产加热时，应满足油气站场用电负荷等级要求；用于民用供热时，用电负荷等级宜为3级。

5.8.4.3 单台热泵机组或大型水泵的输入功率大于650kW时，应采用高压供电方式；输入功率大于350kW、小于或等于650kW时，宜采用高压供电方式；输入功率大于250kW、小于或等于350kW时，可采用高压供电方式。

5.8.4.4 厂房内电缆宜采用桥架、线槽或钢管敷设，在进入电机接线盒处应设置防水弯头或金属软管。

5.8.5 控制与监测

5.8.5.1 供热站应设置仪表及控制系统，仪表及控制系统的设计应符合现行国家标准 GB/T 50892 及 GB/T 50823 的规定。

5.8.5.2 可燃气体和有毒气体检测报警装置的设计应符合现行国家标准 GB 50493 的规定。

5.8.5.3 供热站仪表及控制系统设计应符合下列规定：

a）宜与所在油气田站场的仪表及控制系统相互兼顾、协调一致；

b）具有独立操作运行功能的成套工艺装置和设备，宜设置独立的仪表及控制系统，且应接受供热站控制系统的监控；

c）计算机控制系统供电应采用不间断电源（UPS）供电，后备时间应不小于0.5h。

5.8.5.4 仪表及控制系统设计应实现下列监测和控制功能：

a）污水换热器、原油换热器热、冷介质进、出口温度及压力监测；

b）热泵机组蒸发器进、出口温度及压力监测；

c）热泵机组冷凝器进、出口温度及压力监测；

d）油田采出水取水流量监测；

e）辅助热源设备的启停控制及运行参数监测；

f）热泵机组启停台数的控制；

g）热泵机组运行状态监测及故障报警；

h）循环水泵进、出口水压、负荷电流监测；

i）软化水箱液位监测及高、低液位报警；

j）软化水处理装置进、出口水压监测；

k）供热站出口供热量的瞬时值和累计值计量；

l）机组自动保护；

m）换热器及热泵机组污水侧、原油侧进出口压差监测及报警；

n）应有人工或自动的供热工况间的转换措施；

o）除污器前后压差监测；

p）供热站补水量、原水用量计量；

q）供热站总耗电量计量；

r）电压缩式热泵机组用电量单独计量；

s）燃气吸收式热泵机组耗气量计量。

6 施工及验收

6.1 一般规定

6.1.1 施工前应具备正式的设计文件和图册。

6.1.2 施工企业应在施工前编制施工组织方案，根据设计文件和施工现场条件制定施工组织措施，并进行施工技术和安全技术交底。

6.1.3 主要设备应有出厂文件和图册，设备、主要材料应有产品合格证明文件。特种设备应有符合要求的设计文件、政府有关部门验收准许使用的证明等质量保证文件。

6.1.4 施工前应根据施工文件的要求和现行国家标准的规定，编制工程检验试验和检查验收计划，并应对原材料、成品、半成品和设备进行进场检查验收，并保存相关的设计文件、合格证、质量证明文件等记录。

6.2 设备及管道施工

6.2.1 设备、管道及其附件型号、规格和技术参数应符合设计要求，均应做专项验收。

6.2.2 设备安装应按设计图纸施工，并应符合现行国家标准 GB 50236 的有关规定。

6.2.3 管道、附属设备及管道附件的安装、试验均应按照现行国家标准 GB 50235 的有关规定执行。

6.2.4 地面管线、设备以及钢结构的表面涂色和标志宜按照现行行业标准 SY/T 0043 的有关规定执行。

6.3 系统调试及试运行

6.3.1 工程安装完毕后应进行初步验收，验收合格后方可进行调试。在调试前应制定完整的调试方案。调试应按单机调试、分系统调试和整套系统联合调试的次序进行，未完成上一步调试内容时，不得进行下一步调试工作。

6.3.2 单机调试应由设备厂商负责实施；分系统和整套系统调试应由建设单位负责组织实施，设备厂家、监理单位、设计单位参与配合。

6.3.3 调试前，应对主设备安装、各系统管路连接、电气接线以及通风系统、消防系统、控制系统等安装工程检查验收合格，土建工程应完工，地面应清扫完成。

6.3.4 可燃气体探测报警系统应按现行国家标准 GB 50166 的规定进行测试。

6.3.5 设备单机调试前应具备下列条件：

a）应制定单机调试方案或操作规程；

b）调试需要的能源、介质、材料、机具、检测仪器、安全防护设施（用具）、环境条件等，应符合调试要求；

c）参加调试的人员应全部到位，并切实掌握调试设备的技术文件、操作要求；

d）现场消防器材应齐备，消防水系统水源和压力应达到要求，并应处于备用状态。

6.3.6 设备单机调试应包括下列内容：

a）电气动力和操作控制系统调试；

b）设备的联锁保护校验；

c）单机的首次试运转；

d）单机试运转记录整理及验收。

6.3.7 系统整体运行及调试应符合下列规定：

a）系统调试过程中，应进行水力平衡调试，系统循环流量、压力应符合设计要求；

b）水力平衡调试完成后，应进行无负荷系统试运转，试运转的各种性能参数应调整到设计要求，整个系统应试运行 72h；

c）负荷系统试运转应按设备随机技术文件的负荷试运转工作规范和操作程序进行，运转时间及各种性能参数应达到设计要求；

d）负荷试运转时，应每隔 30min 检查系统温度、压力、流量、电流、电压等是否正常，应调试达到设计要求，并做记录；

e）系统调试结果应达到设计要求。调试完成后应编写调试报告及运行操作规程，并提交甲方确认后存档。

6.3.8 对系统试运行中发现的系统性缺陷应在试运行后及时整改。对于运行中属于影响试运行安全且必须立刻解决的问题，应停机处理。

6.4 竣工验收

6.4.1 工程总体竣工验收应在工程试运行合格后进行。

6.4.2 工程竣工验收应以现行国家有关标准、批准的设计文件、施工承包合同、工程施工许可文件和本规范为依据。

6.4.3 竣工验收应提供下列资料：

a）开工报告；

b）图纸会审记录、设计变更和工程洽商记录；

c）施工组织设计（或施工方案）、技术交底文件；

d）主要材料、成品、半成品、配件、容器和设备的质量证明文件、进场检查验收单和检验试验记录，主要设备的出厂设计文件和图册；

e）现场设备、管道安装施工检查、检验和调试记录；

f）焊接工程工艺评定、作业指导书、无损检测以及验收记录；

g）隐蔽工程验收及中间调试记录；

h）设备及管道防腐、绝热检查验收记录；

i）设备试运转、调试以及功能性试验和检测记录；

j）单机、分系统及整套系统试运行记录；

k）检验批、分项、分部及单位工程验收记录；

l）消防部门、质量技术监督部门及其他相关部门的验收材料；

m）主要设备操作和保养手册、零备件手册；

n）竣工图；

o）工程竣工报告；

p）其他需要提供的资料。

6.4.4 验收材料的内容应完整、准确、有效，符合设计和规范要求。

6.4.5 竣工验收应按设计、竣工图纸对工程进行现场检查，竣工图纸应真实、准确，工程量应符合合同的规定。

6.4.6 设施和设备的安装应符合设计的要求，无明显的外观质量缺陷，且保养应完善。

7 安全、环保与职业卫生

7.1 一般规定

7.1.1 劳动安全和职业卫生设施必须与主体工程同时设计、同时施工、同时投入生产和使用。

7.1.2 劳动安全、环境保护和职业卫生的工程设计必须执行国家有关法律、法规和有关技术标准。

7.2 劳动安全

7.2.1 应对危险因素进行分析、对危险区域进行划分，并采取相应的防护措施。

7.2.2 有爆炸危险的设施（含有关电气设施、工艺系统、建构筑物），必须按照不同类型的爆炸源和危险因素采取相应的防爆防护措施。

7.2.3 电气设备的布置应满足带电设备的安全防护距离要求，并应有必要的隔离防护措施和防止误操作措施；应设置防雷击和安全接地等措施。

7.2.4 在厂区及作业场所对人员有危险、危害的地点、设备和设施之处，均应设置醒目的安全标志或安全色。

7.3 环境保护

7.3.1 直燃吸收式热泵机组排放的大气污染物，应符合现行国家标准 GB 13271、GB 16297 和所在地有关大气污染物排放标准的规定。

7.3.2 供热站各类废水的排放，应符合国家及当地环保部门的要求。

7.3.3 供热站的噪声应首先从声源上进行控制，选择符合国家噪声控制标准的设备。对于声源上无法控制的生产噪声应采取有效的噪声控制措施，并考虑设置噪声防护距离。

7.4 职业卫生

7.4.1 职业卫生设计应以职业病危害预评价报告为依据，落实各项防护措施。

7.4.2 应根据国家职业病防治的法律、法规和国家标准对危害因素进行分析，并采取相应的防护措施。

7.4.3 噪声控制的设计应符合现行国家标准 GB/T 50087 及其他有关标准、规范的规定。

7.4.4 有职业病危害的场所应设置醒目的警示标识，应注明产生职业病危害种类、后果、预防及应急救治措施等内容。警示标识的设置应符合国家现行有关工作场所职业病危害警示标识的有关规定。

附　录　A
（规范性附录）
规范条文说明

A.1　余热利用工程方案论证

工程设计前期应进行工程方案论证。对油田采出水处理站、油田采出水管网的总体规划、余热资源量进行资料收集与分析，确保油田采出水余热利用系统水源的长期稳定。

余热资源量主要是根据调研的采出水水温、水量进行评价。采出水余热利用后的水温需由油田开发主管部门确定，余热利用后的水温不得影响油田开发。采出水水量需根据近几年采出水量统计结果及未来油田开发预测结果综合确定。

A.2　工程技术经济分析

进行工程技术经济分析时，应考虑如下经济性指标：

a）初投资：供热制冷系统各部分投资之和包括：土建费、设备购置费、安装费及其他费用（包括设计费、监理和不可预见费）；

b）年总成本：指系统各部分的运行费，如水费、电费、燃料费；排污费；管理人员工资、管理费；设备折旧和设备维修、大修费等；

c）净现值：净现值是指按一定的标准收益率，将各年的净现金流量折现到同一时点的现值累加值，是反映投资方案在计算期内获利能力的动态评价指标；

d）费用年值：将初投资按资金的时间价值折算为每年的折算费用，并与每年的运行费用相加来计算。其中费用年值最小的方案为最优。

A.3　蓄热系统设计

对于峰谷电价差较大的工程，可以考虑设置蓄热系统以提高系统运行的经济性。

A.4　辅助热源系统设计

合理设计辅助热源系统，可以减小热泵装机容量，降低热泵系统投资，提高系统总效率，并确保冬季在油田采出水温度较低、热负荷较大时，热源系统仍能正常运行。

当余热资源量不足、热泵机组供热温度不满足用热需求时，经技术经济比较，可设置辅助热源系统，技术经济分析可以投资回收期作为目标。

A.5　备用热源系统设计

根据供热负荷可靠性要求，设置热源备用系统，防止热泵机组损坏时影响整个油气站场工艺生产。

A.6　供暖热负荷

供暖热负荷计算方法应符合现行国家标准GB 50736和GB 50019的有关规定。

A.7 采出水换热系统

目前油田采出水换热系统采用板式、螺旋板式、管壳式等换热器。板式换热器材质可根据污水水质特点选用钛板、316L不锈钢等。管壳式换热器优点为方便拆开清洗，材质为20钢，可通过加大换热管壁厚的方式增强换热器耐腐蚀性。螺旋板式换热器由于壁厚较薄、不方便维修等特点，目前在各油田污水换热系统应用较少。

A.8 换热设备清洗流程

由于油田采出水及被加热原油极易在换热器表面产生污垢，污垢将直接导致传热热阻增加，恶化换热性能。为了保证生产效率，只能定期对换热设备进行清洗，因此宜设置合理的清洗流程。目前各油田采出水余热利用工程中采用的换热设备清洗技术措施有：胶球在线清洗、高压水清洗、化学清洗、采出水反冲洗等。

胶球在线清洗不产生废液、操作安全，且可实现在线清洗，适用于管壳式换热器；高压水清洗速度快、效率高、应用范围广、安全性高，对黏度较大的污垢清洗效果差；化学清洗比较彻底，但清洗成本高、操作要求高、清洗废液需回收；采出水反冲洗流程简单，但清洗效果较差，可以作为辅助清洗措施。

A.9 热泵系统

热泵系统可根据热泵机组换热器是否直接与油田采出水接触分为直接式热泵系统与间接式热泵系统。

直接式热泵系统中油田采出水直接进入蒸发器，由于不需要间接热交换器，没有中间换热温差，因此系统效率较高，适用于油田采出水温度较低、水质较好的应用场合，但必须采取必要的措施以保证机组的安全运行；间接式热泵系统中油田采出水通过中间换热器将热量释放给中间介质，中间介质再进入热泵蒸发器。

根据调研情况，目前各油田油气站场加热原油均采用设置中间换热器的加热方式，有专家提出应考虑原油直接进入热泵机组工况，该工况下需考虑供热站防爆措施设计或将热泵机组冷凝器外置，且应满足防火间距要求。

A.10 原油换热器选型

螺旋板换热器具有传热效率高、结构紧凑、制造简便、价格便宜、不易结垢等优点。由于两种传热介质可进行全逆流流动，传热效率高，适用于小温差传热，有利于回收低温热源并可准确地控制出口温度。又由于长径比较管壳式换热器小，使层流区的传热系数变大，适用于高黏度流体的加热或冷却。但存在容易堵塞、检修及机械清洗困难、操作压力受限制的缺点。

可拆板式换热器清洗最为方便，胜利油田多个工程选用了改型板式换热器，但可拆板式换热器受限于其结构特点和密封垫片的耐温上限，有时承压和耐温不能满足要求，需要选用承压和耐温能力更高的管壳式换热器。板式换热器供货方缺乏垫片在油田采出液中的使用经验时，应对垫片进行浸泡试验，将垫片浸没在采出液中，测量垫片的膨胀、硬度及对化学腐蚀的敏感性。

管壳式换热器常用的有浮头式和固定管板式两种。两者相比，浮头式的优点是壳体与管束的温差不受限制，管束便于更换，同时壳程可以采用机械方法进行清扫。

原油集输系统站场全年生产，无计划检修期，且工况不稳定，故提出换热器至少应选2台。选2台时，备用率可取50%，当1台检修时，另一台可承担75%负荷。当多台换热器并联安装时，其进、出口管路设计应考虑防偏流。

A.11　供热站布置

供热站宜与其他建筑物分开，独立设置；当布置在建筑物内时，不应设置在临近人员密集的场所。

供热站厂房除设置热泵机房、换热机房、变配电室、控制室等区域外，还可以设置维修间、化验室等生产辅助间。

A.12　通风系统设计

燃气热泵机房及燃气调压间日常运行时，可能存在天然气泄漏的风险，另外部分油田采出水也含有天然气；为了防止可能泄漏的天然气浓度过高，必须保证通风良好，且考虑天然气浓度报警。另外，在夏季，良好的通风可以排除热泵及其他电气设备散发的热量，以降低燃气热泵机房内温度，改善操作人员的工作环境。事故通风是保障安全生产和保障操作人员生命安全的必要措施。

ICS 27.010
F 15

NB

中华人民共和国能源行业标准

NB/T 10276—2019

浅层地热能地下换热工程验收规范

Acceptance specification for shallow geothermal underground heat exchange project

2019-11-04 发布 2020-05-01 实施

国家能源局 发布

目　次

前言……………………………………………………………………………………………… 400
1　范围…………………………………………………………………………………………401
2　规范性引用文件……………………………………………………………………………401
3　术语和定义…………………………………………………………………………………401
4　验收准备……………………………………………………………………………………401
5　验收内容……………………………………………………………………………………402
6　验收合格条件………………………………………………………………………………403
7　验收文件要求………………………………………………………………………………404
附录A（资料性附录）　浅层地热能地下换热工程隐蔽工程验收表……………………… 405
附录B（规范性附录）　竖直地埋管地源热泵系统地下换热工程验收内容……………… 406
附录C（规范性附录）　地下水地源热泵系统地下换热工程验收内容…………………… 407
附录D（资料性附录）　浅层地热能地下换热工程整体验收申请书……………………… 408
附录E（资料性附录）　浅层地热能地下换热工程验收小组成员确认单………………… 409
附录F（资料性附录）　浅层地热能地下换热工程验收表………………………………… 410

前 言

本标准按照GB/T 1.1—2009《标准化工作导则 第1部分：标准的结构和编写》给出的规定起草。

本标准由能源行业地热能专业标准化技术委员会提出并归口。

本标准起草单位：河南省地质矿产勘查开发局第二地质环境调查院、河南工程学院资源与环境学院、河南省深部探矿工程技术研究中心、河南省地热能开发利用有限公司、中石化新星（北京）新能源研究院有限公司、中国地质大学（武汉）。

本标准主要起草人：卢予北、陈莹、吴烨、卢玮、赵丰年、向烨、申云飞、王憬、邓晓颖、赵建粮、张新春、金萍、窦斌、刘帅霞、齐玉峰。

本标准于2019年首次发布。

浅层地热能地下换热工程验收规范

1 范围

本标准规定了浅层地热能地下换热工程的验收准备、验收内容、验收合格条件、验收文件要求。

本标准适用于竖直地埋管地源热泵系统和地下水地源热泵系统的地下换热工程。

2 规范性引用文件

下列文件对于本文件的应用是必不可少的。凡是注日期的引用文件，仅注日期的版本适用于本文件。凡是不注日期的引用文件，其最新版本（包括所有的修改单）适用于本文件。

GB 50366　地源热泵系统工程技术规范

DZ/T 0148　水文水井地质钻探规程

DZ/T 0225　浅层地热能勘查评价规范

3 术语和定义

下列术语和定义适用于本文件。

3.1

浅层地热能地下换热工程　underground heat exchange project for shallow geothermal

浅层地热能开发利用过程中，与地下岩土体或地下水进行换热的各类地下工程的总称。

3.2

竖直地埋管换热器　vertical ground heat exchanger

换热管路埋置在竖直钻孔内的地埋管换热器，又称竖直土壤热交换器。

[GB 50366—2005，定义2.0.9]

3.3

热源井　heat source well

用于从地下含水层中取水或向含水层灌注回水的井，是抽水井和回灌井的统称。

[GB 50366—2005，定义2.0.21]

3.4

隐蔽工程　concealed project

在工程施工过程中，能被后续工序施工所隐蔽，或者工程完工后在正常情况下无法完成复验的项目。

4 验收准备

4.1　整体验收前，所需资料如下：

a）与验收项目相关的合同、技术要求等文件（如有约定）；

b）浅层地热能地下换热工程图纸；

c）浅层地热能地下换热工程施工方案或施工组织设计；

d）现场施工日志或监理报告；

e）完成竖直地埋管换热器或热源井的验收，验收合格后签署浅层地热能地下换热工程隐蔽工程验收表，样式参见附录A。

4.2 整体验收应在地下换热工程完工，且施工单位自检合格后进行，应符合以下要求：

a）应在施工单位提出申请后10个工作日内进行；

b）可由施工单位与建设单位（或合同甲方）共同协商成立验收小组，必要时可委托独立第三方机构进行验收。

5 验收内容

5.1 竖直地埋管地源热泵系统

5.1.1 竖直地埋管换热器的验收

竖直地埋管换热器的验收按工程进度随时进行，验收内容、验收方法、验收标准见附录B，包括以下内容：

a）根据浅层地热能地下换热工程图纸进行钻孔孔位检查；

b）提供各类管材、管件、材料的采购合同、合格证、进场检验证明；

c）能够证明工程施工过程和质量的其他材料（如有时）；

d）根据地埋管钻孔的设计或施工组织设计进行钻孔孔深、孔径的检查；

e）检查水压试验（U形管下入前）记录；

f）根据地埋管钻孔的设计或施工组织设计检查U形管下入深度是否满足设计要求；

g）检查水压试验（U形管下入后）记录；

h）回填是否满足设计要求；

i）由施工单位配合监理单位完成，验收合格后签署浅层地热能地下换热工程隐蔽工程验收表。

5.1.2 整体验收

竖直地埋管地源热泵系统地下换热工程整体验收的验收内容、验收方法、验收标准见附录B，包括以下内容：

a）验收条件完备性审查。根据4.1中所需资料，审查各项内容的完整性、有效性和一致性；

b）检查水平管沟开挖、水平管下入及回填质量，使用聚乙烯管时应有沿管道走向的金属示踪线；

c）检查管道冲洗情况；

d）检查系统水压试验（竖直或水平埋管与环路集管装配完成后）记录；

e）钻孔质量的抽检，按照不低于5%的比例进行，抽检钻孔应呈均匀分布，孔深和U形管下入深度是否满足抽检比例的设计值，孔径满足设计要求；

f）施工完毕场地恢复检查；

g）孔口保护检查；

h）孔口标志检查。

5.2 地下水地源热泵系统

5.2.1 热源井的验收

单个热源井的验收应在单井完工后立即进行，验收内容、验收方法、验收标准见附录C，应包括以下内容：

a）施工单位根据热源井施工进度提前3d～5d向监理单位提出申请，提前做好验收人员、设备的准备；
b）根据各类管材、管件、材料的采购合同、合格证、进场检验证明，检查热源井所用材料是否符合质量要求；
c）根据浅层地热能地下换热工程图纸检查井位；
d）根据热源井的设计或施工组织设计，通过测井记录检查井深、井径、井斜等是否满足设计要求；
e）成井质量检查，包括下管深度、过滤管位置是否在有效含水层、填砾质量等；
f）洗井质量检查；
g）抽水试验和回灌试验检查；
h）热源井的出水量或回灌量检查；
i）热源井的验收由施工单位配合监理单位完成，验收合格后签署浅层地热能地下换热工程隐蔽工程验收表。

5.2.2 整体验收

地下水地源热泵系统地下换热工程整体验收的验收内容、验收方法、验收标准见附录C，应包括以下内容：

a）验收条件完备性审查，根据4.1中所需资料，审查各项内容的完整性、有效性和一致性；
b）热源井总水量；
c）热源井的泵室（如有时）建设质量；
d）井口装置检查；
e）施工完毕现场清理情况。

6 验收合格条件

6.1 竖直地埋管换热器的验收合格条件

竖直地埋管换热器的验收合格条件应满足以下要求：

a）验收条件审查合格，4.1所要求的文件和报告齐全、有效；
b）地埋管地源热泵系统竖直地埋管钻孔深度、总地埋管长度、管材管件规格符合设计要求，管道试压过程中无渗漏。

6.2 热源井验收合格条件

热源井的验收合格条件应满足以下要求：

a）验收条件审查合格，4.1所要求的文件和报告齐全、有效；
b）地下水地源热泵系统热源井深度、井径、井斜、水量、抽水试验和回灌试验符合设计要求。

6.3 整体验收合格条件

整体验收合格条件应满足以下要求：

a）地埋管地源热泵系统的总埋管深度和规格符合设计要求或地下水地源热泵系统热源井总水量、总回灌量符合设计要求；
b）验收过程中未发现不符合设计要求的其他缺陷和隐患。

7 验收文件要求

浅层地热能地下换热工程验收文件应包括：

a）隐蔽工程验收证明（格式参见附录A）；

b）整体验收申请书（格式参见附录D）；

c）验收小组成员确认单（格式参见附录E）；

d）施工单位、监理单位与建设单位（或合同甲方）签署的验收表（格式参见附录F）。

附　录　A
（资料性附录）
浅层地热能地下换热工程隐蔽工程验收表

浅层地热能地下换热工程隐蔽工程验收表见表A.1。

表 A.1　浅层地热能地下换热工程隐蔽工程验收表

<table>
<tr><td colspan="2">工程名称</td><td colspan="2"></td><td>编号</td><td></td></tr>
<tr><td colspan="2">隐蔽项目</td><td colspan="2"></td><td>验收日期</td><td>年　月　日</td></tr>
<tr><td colspan="2">隐检部位</td><td colspan="4"></td></tr>
<tr><td colspan="6">隐检依据：

主要材料名称及规格/型号：</td></tr>
<tr><td colspan="6">隐检内容：</td></tr>
<tr><td colspan="6">检查结论：

□同意隐蔽
□不同意隐蔽，修改后复查</td></tr>
<tr><td colspan="6">复查结论：

复查人：　　　　复查日期：　年　月　日</td></tr>
<tr><td rowspan="3">签字栏</td><td rowspan="2">施工单位</td><td rowspan="2"></td><td>项目负责人</td><td>专业质检员</td><td>专业工长</td></tr>
<tr><td></td><td></td><td></td></tr>
<tr><td>监理单位</td><td colspan="2"></td><td>监理工程师</td><td></td></tr>
</table>

附　录　B
（规范性附录）
竖直地埋管地源热泵系统地下换热工程验收内容

竖直地埋管地源热泵系统地下换热工程验收检验项目、验收方法、验收标准见表B.1。

表 B.1　竖直地埋管地源热泵系统地下换热工程验收内容

序号	类别	检验项目	验收方法	验收标准
1	竖直地埋管换热器的验收	竖直地埋管钻孔孔位	核对图纸位置，尺量或 GPS 定位	符合放线位置或图纸位置
2		管材、管件进场检验	检查合格证、采购合同、进场检验记录	符合设计要求
3		竖直地埋管钻孔孔深、孔径	查阅现场施工日志、旁站记录或监理日志	不小于设计要求
4		水压试验（U 形管下入前）	按 GB 50366 执行，检查水压试验记录	无渗漏
5		U 形管下入	查阅影像资料、旁站记录或监理日志	下入长度符合设计要求
6		水压试验（U 形管下入后）	按 GB 50366 执行，检查水压试验记录	无渗漏
7		回填	查阅现场施工日志、旁站记录或监理日志	回填材料配比符合设计要求，回填量不小于计算值
8	整体验收	水平管沟	查阅现场施工日志、旁站记录或监理日志	符合设计或图纸要求
9		水平管下入及回填	查阅现场施工日志、旁站记录或监理日志	符合设计或施工组织设计要求
10		管道冲洗	检查现场施工日志、现场施工日志或冲洗记录	有，符合设计要求
11		水压试验（竖直或水平埋管与环路集管装配完成后）	按 GB 50366 执行，检查水压试验记录	无渗漏
12		地埋管钻孔的抽检	按抽检比例，检查抽检地埋管钻孔的深度、孔径、U 形管下入深度，逐一查阅旁站记录、监理日志或隐蔽工程验收单	满足抽检比例的设计要求
13		现场清理与恢复	现场检查	现场整洁无杂物
14		孔口保护	现场检查	有
15		孔口标志	现场检查	有，且包含井号信息

附　录　C
（规范性附录）
地下水地源热泵系统地下换热工程验收内容

地下水地源热泵系统地下换热工程验收检验项目、验收方法、验收标准见表C.1。

表 C.1　地下水地源热泵系统地下换热工程验收内容

序号	类别	检验项目	验收方法	验收标准
1	热源井的验收	热源井井管质量	检查合格证、采购合同、进场检验记录	达到设计要求
2		热源井井位	核对图纸位置，尺量或 GPS 定位	符合设计或图纸位置
3		热源井深度、井径、井斜	查阅测井记录、旁站记录或监理日志	井深和井径应不小于设计要求，井斜按 DZ/T 0148 执行
4		热源井下管	查阅影像资料、旁站记录或监理日志	成井深度满足设计要求，含水层地层中过滤管长度符合设计要求
5		热源井填砾	查阅影像资料、旁站记录或监理日志	砾料质量和数量符合 DZ/T 0148 的规定
6		洗井	查阅洗井记录、旁站记录或监理日志	洗井方法、操作规程、水质等按 DZ/T 0148 执行
7		抽水试验	查阅抽水试验记录表，按 DZ/T 0225 执行	达到设计要求
8		回灌试验	查阅回灌试验记录表，按 DZ/T 0225 执行	达到设计要求
9		热源井出水量或回灌量	现场测试，按 DZ/T 0225 执行	达到设计要求
10	整体验收	热源井总水量	现场测试，按 DZ/T 0225 执行	达到设计要求
11		泵室建设（如有时）	现场检查	若有时，应达到设计或合同要求
12		现场清理情况	现场检查	现场整洁无杂物
13		井口装置	现场检查	有，且包含井号、用途信息

附 录 D
（资料性附录）
浅层地热能地下换热工程整体验收申请书

浅层地热能地下换热工程整体验收申请书样式见表D.1。

表D.1 浅层地热能地下换热工程整体验收申请书

工程名称：　　　　　　　　　　　　　　　　编号：

<table>
<tr><td colspan="2">致____________（建设单位）____________：

____________地源热泵项目地下换热工程于____年____月____日至____年____月____日期间完成了地下换热工程的施工，并通过了施工单位和监理单位组织的隐蔽工程验收，目前具备验收条件，现申请地下换热工程验收，请予审查。</td></tr>
<tr><td>施工单位
意见</td><td>（盖章）
年　月　日</td></tr>
<tr><td>监理单位
意见</td><td>（盖章）
年　月　日</td></tr>
<tr><td>建设单位
意见</td><td>（盖章）
年　月　日</td></tr>
</table>

附 录 E
（资料性附录）
浅层地热能地下换热工程验收小组成员确认单

浅层地热能地下换热工程验收小组成员确认单样式见表E.1。

表E.1 浅层地热能地下换热工程验收小组成员确认单

工程名称： 编号：

致＿＿＿＿＿＿（施工单位）＿＿＿＿＿＿：

现委托下列人员代表我方参加＿＿＿＿＿＿项目浅层地热能地下换热工程验收工作，并在验收文件上签字。

附验收小组成员名单：

序号	姓名	工作单位	职称	从事专业

（建设单位盖章）

年 月 日

注：验收小组成员名单根据实际人数增加行或删除行。

附　录　F
（资料性附录）
浅层地热能地下换热工程验收表

浅层地热能（竖直地埋管地源热泵系统和地下水地源热泵系统）地下换热工程验收表见表F.1。

表 F.1　浅层地热能地下换热工程验收表

<table>
<tr><td colspan="2">工程名称</td><td></td><td>供暖/制冷面积/m^2</td><td colspan="2"></td></tr>
<tr><td colspan="2">建设单位</td><td></td><td>验收日期</td><td colspan="2">年　月　日</td></tr>
<tr><td colspan="2">地源热泵形式</td><td colspan="4">□竖直地埋管地源热泵系统　□地下水地源热泵系统　□其他________</td></tr>
<tr><td rowspan="5">竖直地埋管钻孔</td><td>地埋管形式</td><td>□单U</td><td>□双U</td><td colspan="2">□其他________</td></tr>
<tr><td>地埋管钻孔数量/个</td><td colspan="4"></td></tr>
<tr><td>地埋管钻孔总深度/m</td><td></td><td>地埋管最小埋深深度/m</td><td colspan="2"></td></tr>
<tr><td>钻孔抽检数量/个</td><td></td><td>抽检合格率/%</td><td colspan="2"></td></tr>
<tr><td>地埋管系统试压结论</td><td colspan="4"></td></tr>
<tr><td rowspan="3">热源井</td><td>抽水井数量/口</td><td></td><td>回灌井数量/口</td><td colspan="2"></td></tr>
<tr><td>抽水井深度/m</td><td></td><td>回灌井深度/m</td><td colspan="2"></td></tr>
<tr><td>抽水井最小取水量/（m^3/h）</td><td></td><td>回灌井最小回灌量/（m^3/h）</td><td colspan="2"></td></tr>
<tr><td colspan="6">施工管材、回填或填砾材料、现场恢复情况验收意见：</td></tr>
<tr><td colspan="6">验收意见：
本项目的地下换热工程的施工符合/不符合设计要求，同意/不同意通过验收。
验收小组成员签字：
年　月　日</td></tr>
<tr><td rowspan="2">签字盖章栏</td><td colspan="2">施工单位</td><td>监理单位</td><td colspan="2">建设单位</td></tr>
<tr><td colspan="2">（代表签字）　（盖章）
年　月　日</td><td>（代表签字）　（盖章）
年　月　日</td><td colspan="2">（代表签字）　（盖章）
年　月　日</td></tr>
</table>

ICS 73.020
D 10

NB

中华人民共和国能源行业标准

NB/T 10277—2019

浅层地热能钻探工程技术规范

Technical specification for shallow geothermal drilling

2019-11-04 发布　　　　2020-05-01 实施

国家能源局　发布

目次

前言……413
1　范围……414
2　规范性引用文件……414
3　术语和定义……414
4　竖直地埋管地源热泵系统的钻探工程……415
5　地下水地源热泵系统的钻探工程……417
附录 A（资料性附录）　常用地埋管换热器管材规格……422
附录 B（资料性附录）　常见地埋管回填材料热导率……424
参考文献……425

前 言

本标准按照GB/T 1.1—2009《标准化工作导则　第1部分：标准的结构和编写》给出的规定起草。

本标准由能源行业地热能专业标准化技术委员会提出并归口。

本标准起草单位：河南省地质矿产勘查开发局第二地质环境调查院、河南工程学院资源与环境学院、河南省深部探矿工程技术研究中心、河南省地热能开发利用有限公司、中石化新星（北京）新能源研究院有限公司、河南省煤炭地质勘察研究总院。

本标准主要起草人：卢予北、陈莹、吴烨、卢玮、申云飞、赵丰年、王攀科、张晗、张建良、景兆凯、杨卫、刘国谋、张秋冬、黄烜、朱玉娟。

本标准于2019年首次发布。

浅层地热能钻探工程技术规范

1 范围

本标准规定了竖直地埋管地源热泵系统和地下水地源热泵系统的钻探工作技术要求，可作为浅层地热能钻探设计、施工、管理等各项工作的依据。

本标准适用于竖直地埋管地源热泵系统和地下水地源热泵系统的钻探工作。

2 规范性引用文件

下列文件对于本文件的应用是必不可少的。凡是注日期的引用文件，仅注日期的版本适用于本文件。凡是不注日期的引用文件，其最新版本（包括所有的修改单）适用于本文件。

GB 50296 管井技术规范

GB 50366 地源热泵系统工程技术规范

DZ/T 0225 浅层地热能勘查评价规范

3 术语和定义

下列术语和定义适用于本文件。

3.1

浅层地热能 shallow geothermal energy

从地表至地下200m深度范围内，储存于水体、土体、岩石中的温度低于25℃，采用热泵技术可提取用于建筑物供热或制冷等的地热能。

[NB/T 10097—2018，定义2.1.6]

3.2

地源热泵系统 ground-source heat pump system

以岩土体、地下水或地表水为低温热源，由水源热泵机组、地热能交换系统、建筑物内系统组成的供热空调系统。根据地热能交换系统形式的不同，地源热泵系统分为地埋管地源热泵系统、地下水地源热泵系统和地表水地源热泵系统。

[GB 50366—2005，定义2.0.1]

3.3

地埋管换热器 ground heat exchanger

供传热介质与岩土体换热用的，由埋于地下的密闭循环管组构成的换热器，又称土壤热交换器。根据管路埋置方式不同，分为水平地埋管换热器和竖直地埋管换热器。

[GB 50366—2005，定义2.0.7]

3.4

竖直地埋管换热器 vertical ground heat exchanger

换热管路埋置在竖直钻孔内的地埋管换热器，又称竖直土壤热交换器。

[GB 50366—2005，定义2.0.9]

3.5

回填材料　backfill material

在地埋管换热器下入钻孔后，回填的起固定、换热作用的物料。

3.6

热源井　heat source well

用于从地下含水层中取水或向含水层灌注回水的井，是抽水井和回灌井的统称。

[GB 50366—2005，定义2.0.21]

3.7

沉淀管　sediment tube

井管底部用以沉积井内砂粒和沉淀物的无孔管。

[GB 50296—2014，定义2.1.18]

4　竖直地埋管地源热泵系统的钻探工程

4.1　设计

4.1.1　现场踏勘

竖直地埋管钻孔施工前，应对施工现场和环境进行实地踏勘，具体包括：

a）勘测现场施工条件，地下管线及构筑物等情况，钻机、管材等设备器材的进场条件和堆放位置等；

b）对钻孔场地的位置、大小、障碍物等进行核实；

c）勘测施工中的噪声、污水、废浆、废土对周围环境的影响，并编写安全环保、职业健康措施。

4.1.2　基础资料准备

竖直地埋管钻孔设计前，宜结合前期收集的资料、现场踏勘和系统设计要求完成以下工作：

a）收集施工地区以往钻孔地层岩性资料；

b）根据系统设计要求确定钻孔的数量、深度和平面位置图；

c）根据系统设计要求确定竖直地埋管换热器的规格和技术要求；

d）收集系统设计中对回填材料的要求；

e）根据现场踏勘、基础资料、系统设计和进度要求，编写钻探工程的施工组织设计。

4.1.3　钻孔结构

竖直地埋管钻孔的孔身结构设计要求如下：

a）垂直地埋管钻孔结构应满足顺利下入地埋管换热器及充分换热的要求；

b）孔径应大于U形管与灌浆管的组件尺寸，不宜小于110mm；

c）孔身结构宜为一径到底。

4.1.4　竖直地埋管换热器

竖直地埋管换热器应以系统设计为准，并满足以下条件：

a）U形管材质要求应满足GB 50366和设计的规定，常用地埋管换热器管材规格参见附录A；

b）地埋管换热器内传热介质的流态应为紊流，单U形管流速不宜小于0.6m/s，双U形管流速不宜小于0.4m/s，管径的计算可参照GB 50366执行。

4.1.5 回填材料

回填材料应以设计为准，其他情况下可根据以下内容进行选择：

a）回填材料的热导率不应低于钻孔周围土壤的热导率；

b）回填材料宜采用膨润土和细砂（或水泥）的混合浆或专业灌浆材料；

c）密实或坚硬岩土体中，宜选用水泥基料回填材料；

d）常用地埋管回填材料热导率参见附录B。

4.2 施工

4.2.1 设备选择与安装

钻机及配套设备的选择与安装应满足以下条件：

a）钻机和配套设备应根据竖直地埋管钻孔深度、孔径，结合实际设备状况进行选择和配套使用；

b）钻机的类型应满足方便移动或快速拆卸组装的要求；

c）应根据钻机和主要设备的用电量来确定供电方式；

d）钻机的安装应以确定的孔位中心为基准，开钻前需确认钻机安装水平、周正、稳固。

4.2.2 材料运输与存放

现场使用的管材、管件运输和储存应符合以下规定：

a）在运输时应避免尖硬物件划伤刻痕，沾染污物，不应用钢丝绳成捆吊装，不应重压；

b）在运输过程中不应剧烈撞击、滚、拖、抛、摔；

c）运输、存放中不应损坏外包装；

d）存放时不应暴晒，不应与油、酸、碱及易燃等危险品存放在一个库房内，且远离火源；

e）存放在通风良好、温度不超过40℃的库房内，工地临时堆放时应有防晒遮盖措施。

4.2.3 钻进工艺选择

钻进工艺应根据场区的地质条件等因素选择，宜参照以下进行选择：

a）以黏土、砂土为主的松散覆盖地层，宜采用正循环回转钻进工艺或泵吸反循环钻进工艺；

b）基岩地层宜采用空气潜孔锤钻进工艺。

4.2.4 冲洗介质

钻孔冲洗介质应使用对地下水无污染的材料，应根据地质条件、钻进方法、设备条件合理选择冲洗介质类型。不同地区钻井液选择宜参考以下规定：

a）在缺水地区宜采用节水冲洗介质（空气、泡沫、水雾、泡沫泥浆、雾化泥浆等）；

b）致密稳定地层宜选用清水、空气、无固相或气-液混合冲洗介质。

4.2.5 钻进

钻进过程中应满足以下要求：

a）钻进过程中，时刻注意地质条件和地层变化，应做好记录；

b）钻孔孔壁不稳定时，应设护壁套管或者调整冲洗介质性能指标；

c）钻进至设计孔深后，应对钻孔进行换浆、通孔。

4.2.6 地埋管换热器下入

地埋管换热器的下入应符合以下规定：

a）地埋管换热器下入前应进行检查，外观质量应完整无变形、无缺陷、合模缝交口平整、无开裂；

b）下入前应对地埋管换热器进行试压，确认不渗、不漏、无破裂；

c）地埋管换热器端部设防护装置，以防止在下入过程中受损伤；

d）钻孔完钻后应及时下入地埋管换热器，且地埋管换热器内应充满水，带压下入；

e）下入速度应均匀，防止下入过程中损坏地埋管换热器，如果遇到有障碍和不顺畅现象，应及时查明原因，待做好处理后再继续下入；

f）地埋管换热器应均匀平稳下入，下入过程中与地面垂直的地上管段不宜小于 1 m；

g）管件的连接按 GB 50366 执行。

4.2.7 回填

竖直地埋管钻孔的回填应满足以下要求：

a）垂直地埋管换热器安装完毕后，应立即向孔内进行回填；

b）回填方法包括人工回填、机械灌浆回填等；

c）回填方法应根据钻孔情况、回填材料确定，回填材料自下而上注入封孔，确保钻孔回灌密实，无空腔；

d）采用机械灌浆回填方法时，应确保灌浆的连续性；

e）应对钻孔回填情况进行检查，对未回填密实的钻孔应进行二次回填，确保回填质量。

4.3 验收

垂直地埋管钻孔验收应包括以下内容：

a）钻孔达到设计深度、能够保证地埋管换热器顺利下入；

b）钻孔、水平埋管的位置和深度、地埋管的直径、壁厚及长度均应符合设计要求；

c）使用的管材、管件等材料应符合设计要求；

d）水压试验应符合 GB 50366 的规定；

e）施工单位应提交竣工报告，报告应包括地埋管钻孔结构示意图、钻孔位置平面图、地埋管换热器下入情况、回填材料、水压试验等资料。

5 地下水地源热泵系统的钻探工程

5.1 设计

5.1.1 现场踏勘

热源井设计前，应对施工现场和环境进行实地踏勘，具体包括：

a）勘测现场施工条件，地下管线及构筑物等情况，钻机、管材等设备器材的进场条件和堆放位置等；

b）应对钻井场地的位置、大小、障碍物等进行核实；

c）勘测施工中的噪声、污水、废浆、废土对周围环境的影响，并编写安全环保、职业健康措施；

d）根据热源井数量和进度要求，配备合理的施工设备和人员；

e）根据现场踏勘、基础资料、设计和进度要求，编写钻井工程的施工组织设计。

5.1.2 基础资料准备

热源井设计时，宜结合前期收集的资料、现场踏勘和系统设计要求收集以下资料：

a）施工地区地质、气候、水文地质参数、地下水开采情况等；

b）施工区域类似抽水井或回灌井的地层、水量资料；

c）设计中给定的抽水井和回灌井的数量、深度和平面位置图；

d）成井管材要求。

5.1.3 井身结构

5.1.3.1 设计原则

井身结构应根据地层情况、地下水埋深及钻井工艺进行设计，不同地层条件下应遵循的原则如下：

a）松散地层井身结构设计：

1） 按技术要求合理确定开采段和安置泵室段井径；

2） 按地层、钻井方法确定井段的变径和相应长度；

3） 按地层复杂程度和终孔口径确定井的开孔口径。

b）基岩地层井身结构设计：

1） 当上部有覆盖层或不稳定岩层时，应设置井壁管，下部开采段岩层破碎时，应设置过滤管；

2） 当同时在覆盖层取水时，覆盖层段的管井设计应按松散层管井的要求进行；

3） 泵室段部位应设置井管；

4） 根据岩层情况、成井工艺和钻进方法等确定井段长度及其变径位置。

5.1.3.2 井深

井深设计应综合考虑水文地质条件、水质要求、水温、出水能力或回灌能力等因素。

5.1.3.3 井径

井径的设计应遵循以下原则：

a）开采段或回灌段井径，应根据地下水源井设计出水量或回灌量、允许井壁进水流速、过滤器类型及钻进工艺等因素综合确定；

b）松散地层非填砾过滤器管井的开采段井径，宜比设计过滤器外径大 50mm；

c）基岩地层不下过滤管的热源井开采段井径，应根据含水层的富水性和设计出水量确定，井径宜大于 200mm；

d）使用 PVC-U 井管时，井壁与井管之间环状间隙应不小于 80mm；

e）泵室段井管内径，应根据抽水设备型号及测量动水位仪器的需要确定。

5.1.4 井管选择

5.1.4.1 井壁管

井壁管应根据热源井建设地区地层条件、水文地质条件、用户需求综合确定，常见井管类型和特点见表1。

表1 常见井管类型和特点

井管类型	井管特性
铸铁管	抗压强度较高、抗拉强度较低，与钢管相比腐蚀结垢速度较慢，质量大，价格适中，使用寿命较长
钢管	材料综合力学性能指标较好、强度高，腐蚀与结垢速度较快，管材质量较铸铁管低，价格适中

表1（续）

井管类型	井管特性
PVC-U管	抗腐蚀和结垢性能好，质量轻，价格适中，成井方便，使用寿命长（≥50年）
水泥管	耐腐蚀，管材质量大，价格低，强度低

5.1.4.2 过滤器

过滤器长度设计应根据GB 50296中有关规定确定。过滤器应与井壁管同种材质，常用过滤器类型和适用条件见表2。

表 2 常用过滤器类型及适用条件

过滤器类型	骨架材料	过滤器特性	适用条件
缠丝过滤器（圆形或梯形丝）	钢	适用较大孔深，可根据水质选择缠丝的材料和断面形状，具有较好的挡砂透水性能；加工成本较高，孔隙率低	与管外填砾配合，适用于第四系和基岩含水层，可按水质选择骨架管和缠丝材料
	铸铁		
	PVC-U		
桥式过滤管	钢	适用于中深孔或浅孔，滤缝为桥式结构，不易堵塞，透水性好，加工方便，孔隙率较高	与管外填砾配合，适用于第四系和基岩含水层
	不锈钢		
条缝过滤管	钢	孔隙率大、透水性能好，加工方便	只适用于粗颗粒含水层和基岩裂隙含水层
	PVC-U	直接在管体垂向或横向铣缝（0.7mm～5mm），有良好的防腐蚀性能，成本较低	与管外填砾配合，适用于第四系地层，尤其适用于水质腐蚀性较大的热源井
包网过滤管	水泥	用竹帘、棕皮或尼龙网包裹在带孔的混凝土管外，起到挡砂作用，有良好的防腐蚀性能	
贴砾过滤器	钢衬	滤料和过滤管粘为一体，具有良好的挡砂、透水性能，应根据含水层颗粒大小，选择相应的滤料规格的过滤管	根据水质选择骨架管，可适用于各种水质的水井，尤其适用于填砾困难的粉细砂含水层水井
	塑衬		

5.1.4.3 沉淀管

沉淀管宜与井壁管同种材质。沉淀管长度应根据含水层岩性和井深确定，宜大于5m。

5.1.5 砾料

砾料的规格按照GB 50296执行，砾料的数量按公式（1）计算。

$$V = 0.785(D_k^2 - D_g^2)L \cdot \alpha \qquad (1)$$

式中：

V——滤料数量，单位为立方米（m^3）；

D_k——填砾段井径，单位为米（m）；

D_g——过滤器外径，单位为米（m）；

L——填砾段长度，单位为米（m）；

α——超径系数，一般为1.2～1.5。

5.1.6 封闭

5.1.6.1 松散地层地下水源井封闭位置的设计，应符合下列规定：

a）井口外围应封闭；

b）水质不良含水层或非开采含水层井管外围应封闭。

5.1.6.2 基岩地层地下水源井封闭位置的设计，应符合下列规定：

a）覆盖层不取水时，井管外围应封闭；

b）覆盖层取水时，根据地层情况对接近地面位置进行封闭；

c）覆盖层井管底部与稳定岩层间应封闭；

d）非开采含水层井管变径间的重叠部位应封闭；

e）水质不良含水层（或上部已污染含水层）与开采含水层间应封闭。

5.2 施工

5.2.1 设备选择与安装

热源井施工的设备选择与安装应符合以下规定：

a）根据地层条件、钻进工艺方法、设计井深、井身结构等条件，结合实际设备状况进行选择和配套使用；

b）根据钻机的类型、钻进工艺、井身结构，选择泥浆泵，泵压、泵量应满足冲洗介质循环要求；

c）根据钻机和主要设备的用电量来确定供电方式；

d）钻机的安装应以确定的井位中心为基准，开钻前需确认钻机安装水平、周正、稳固。

5.2.2 材料运输与存放

现场使用的管材、冲洗介质材的运输与存放应满足以下要求：

a）现场使用的管材应摆放有序、便于成井时取用；

b）使用PVC-U管材时，运输过程中不能有与尖锐且坚硬物品长期接触的情况，存放时不应暴晒；

c）冲洗介质材料的存放应放置在库房或有防雨措施的临时场地内。

5.2.3 钻进工艺

根据地层岩性、水文地质条件和设计要求等选择合理的钻探设备和工艺，见表3。

表3 常见地层钻探技术方法

钻探方法	适宜地层	特点	深度
正循环回转钻进	松散地层、卵砾石地层、基岩地层	效率较低、污染和堵塞地层	不限
空气潜孔锤钻进	稳定土层、基岩地层	效率高、不污染地层	＜300m
泵吸反循环钻进	松散地层、卵砾石地层	效率高、不污染地层	＜110m
气举反循环钻进	松散地层、卵砾石地层、易漏失地层	效率较高	＞30m
钢丝绳冲击钻进	卵石、漂石等地层	成本低、不污染地层	≤100m

5.2.4 冲洗介质与护壁堵漏

5.2.4.1 冲洗介质的选择主要依据地层特征，应遵守以下原则：

a）满足正常的钻进和护壁；

b）条件允许情况下宜选择清水或空气钻进，减少对地层的污染；

c）冲洗介质材料应具有经济性和无毒、无腐蚀性。

5.2.4.2　护壁堵漏方法应根据地层特征、钻进方法及施工用水情况等确定，常用的护壁堵漏方法主要包括：

a）钻井液护壁与堵漏；

b）水泥护壁与堵漏；

c）化学浆液护壁与堵漏；

d）套管护壁与堵漏；

e）惰性材料充填堵漏。

5.2.5　成井

热源井成井施工时，按以下要求进行：

a）井管安装前应进行井深校正、测井、配管、通孔、冲孔换浆；

b）填砾应从井管四周均匀填入，滤料填至预定位置后，在进行止水或管外封闭前，应再次测定填砾面位置，若有下沉，应补填至预定位置；

c）宜采用动水填砾；

d）止水材料宜选用黏土、水泥、橡胶等；

e）成井后应及时进行洗井至水清砂净。

5.2.6　抽水试验

抽水试验按GB 50296执行。

5.2.7　回灌试验

回灌试验按DZ/T 0225执行。

5.3　验收

热源井验收时，应符合以下要求：

a）热源井应单独进行验收，应符合 GB 50296 及设计要求；

b）热源井持续出水量和回灌量应稳定，抽水出水量不应小于设计出水量，回灌量应大于等于设计回灌量；

c）抽水试验结束前应采集水样，进行水质测定和含砂量测定，含砂量体积比宜小于 1/50000，经处理后的水质应满足系统设备的使用要求；

d）施工单位应提交热源井竣工报告，报告应包括管井综合柱状图，洗井、抽水和回灌试验，热源井水质及验收资料。

附 录 A
（资料性附录）
常用地埋管换热器管材规格

常用地埋管换热器管材的外径及公称壁厚应符合表A.1、表A.2的规定。

表 A.1 聚乙烯（PE）管外径及公称壁厚

单位为毫米

公称外径 *DN*	平均外径		公称壁厚/材料等级		
			公 称 压 力		
	最小	最大	1.0MPa	1.25MPa	1.6MPa
20	20.0	20.3	—	—	—
25	25.0	25.3	—	$2.3^{+0.5}$/PE80	—
32	32.0	32.3	—	$3.0^{+0.5}$/PE80	$3.0^{+0.5}$/PE100
40	40.0	40.4	—	$3.7^{+0.6}$/PE80	$3.7^{+0.6}$/PE100
50	50.0	50.5	—	$4.6^{+0.7}$/PE80	$4.6^{+0.7}$/PE100
63	63.0	63.6	$4.7^{+0.8}$/PE80	$4.7^{+0.8}$/PE100	$5.8^{+0.9}$/PE100
75	75.0	75.7	$4.5^{+0.7}$/PE100	$5.6^{+0.9}$/PE100	$6.8^{+1.1}$/PE100
90	90.0	90.9	$5.4^{+0.9}$/PE100	$6.7^{+1.1}$/PE100	$8.2^{+1.3}$/PE100
110	110.0	111.0	$6.6^{+1.1}$/PE100	$8.1^{+1.3}$/PE100	$10.0^{+1.5}$/PE100
125	125.0	126.2	$7.4^{+1.2}$/PE100	$9.2^{+1.4}$/PE100	$11.4^{+1.8}$/PE100
140	140.0	141.3	$8.3^{+1.3}$/PE100	$10.3^{+1.6}$/PE100	$12.7^{+2.0}$/PE100
160	160.0	161.5	$9.5^{+1.5}$/PE100	$11.8^{+1.8}$/PE100	$14.6^{+2.2}$/PE100
180	180.0	181.7	$10.7^{+1.7}$/PE100	$13.3^{+2.0}$/PE100	$16.4^{+3.2}$/PE100
200	200.0	201.8	$11.9^{+1.8}$/PE100	$14.7^{+2.3}$/PE100	$18.2^{+3.6}$/PE100
225	225.0	227.1	$13.4^{+2.1}$/PE100	$16.6^{+3.3}$/PE100	$20.5^{+4.0}$/PE100
250	250.0	252.3	$14.8^{+2.3}$/PE100	$18.4^{+3.6}$/PE100	$22.7^{+4.5}$/PE100
280	280.0	282.6	$16.6^{+3.3}$/PE100	$20.6^{+4.1}$/PE100	$25.4^{+5.0}$/PE100
315	315.0	317.9	$18.7^{+3.7}$/PE100	$23.2^{+4.6}$/PE100	$28.6^{+5.7}$/PE100
355	355.0	358.2	$21.1^{+4.2}$/PE100	$26.1^{+5.2}$/PE100	$32.2^{+6.4}$/PE100
400	400.0	403.6	$23.7^{+4.7}$/PE100	$29.4^{+5.8}$/PE100	$36.3^{+7.2}$/PE100
注：引自《地源热泵系统工程技术规范》（GB 50366—2005）。					

表 A.2 聚丁烯（PB）管外径及公称壁厚

单位为毫米

公称外径 DN	平均外径		公称壁厚
	最小	最大	
20	20.0	20.3	$1.9^{+0.3}$
25	25.0	25.3	$2.3^{+0.4}$
32	32.0	32.3	$2.9^{+0.4}$
40	40.0	40.4	$3.7^{+0.5}$
50	49.9	50.5	$4.6^{+0.6}$
63	63.0	63.6	$5.8^{+0.7}$
75	75.0	75.7	$6.8^{+0.8}$
90	90.0	90.9	$8.2^{+1.0}$
110	110.0	111.0	$10.0^{+1.1}$
125	125.0	126.2	$11.4^{+1.3}$
140	140.0	141.3	$12.7^{+1.4}$
160	160.0	161.5	$14.6^{+1.6}$
注：引自《地源热泵系统工程技术规范》（GB 50366—2005）。			

附 录 B
（资料性附录）
常见地埋管回填材料热导率

常见地埋管回填材料热导率见表B.1。

表 B.1 常见地埋管回填材料热导率

类型	热导率 W/（m·℃）
回填膨润土（含有 20%～30%的固体）	0.73～0.75
回填混合物（含有 30%膨润土、70%石英砂）	2.08～2.42
回填混合物（含有 20%膨润土、80%石英砂）	1.47～1.64
回填混合物（含有 15%膨润土、85%石英砂）	1.00～1.10
回填混合物（含有 10%膨润土、90%石英砂）	2.08～2.42
注：引自《浅层地热能勘查评价规范》（DZ/T 0225—2009）。	

参 考 文 献

[1] NB/T 10097—2018 地热能术语
[2] DB41/T 597—2018 PVC-U 供水管井技术规范

ICS 91.140.99
F 15

NB

中华人民共和国能源行业标准

NB/T 10278—2019

浅层地热能监测系统技术规范

Technical code of shallow geothermal energy monitoring system

2019-11-04 发布 2020-05-01 实施

国家能源局 发布

目　次

前言……428
1　范围……429
2　规范性引用文件……429
3　术语与定义……429
4　基本规定……430
5　监测系统设计……431
6　监测系统施工……436
7　监测系统调试与验收……438
8　监测系统维护及运行……439
附录 A（资料性附录）　监测孔结构……441
附录 B（资料性附录）　监测井结构……442
附录 C（资料性附录）　监测系统验收表……443
附录 D（资料性附录）　监测评估报告……445

前　言

本规范按照GB/T 1.1—2009《标准化工作导则　第1部分：标准的结构和编写》给出的规定起草。

本规范由能源行业地热能专业标准化技术委员会提出并归口。

本规范起草单位：中信建筑设计研究总院有限公司、湖北省地质局武汉水文地质工程地质大队、浙江陆特能源科技股份有限公司、湖北风神净化空调设备工程有限公司、郑州春泉节能股份有限公司、山东格瑞德集团有限公司、湖北洁能工程技术开发公司、湖北卓立集控智能技术有限公司、中国地质大学（武汉）、华中科技大学、青岛理工大学、中石化新星（北京）新能源研究院有限公司、武汉制冷学会。

本规范主要起草人：陈焰华、刘红卫、於仲义、夏惊涛、胡志高、陈传伟、刘国涛、刘朝阳、黄真银、段新胜、胡平放、胡松涛、雷建平、陈继文、马宏权、张望喜、柯立、周敏锐、赵丰年、杨东、朱娜、马春红。

本规范于2019年首次发布。

浅层地热能监测系统技术规范

1 范围

本规范规定了浅层地热能开发利用过程中监测系统的设计、施工、验收及运行维护的技术要求。

本规范适用于新建、改建及扩建地埋管地源热泵系统、地下水地源热泵系统和地表水地源热泵系统等浅层地热能利用项目监测系统的设计、施工、验收及运行维护。

2 规范性引用文件

下列文件对于本文件的应用是必不可少的。凡是注日期的引用文件，仅所注日期的版本适用于本文件。凡是不注日期的引用文件，其最新版本（包括所有的修改单）适用于本文件。

GB 50026 工程测量规范
GB 50027 供水水文地质勘察规范
GB 50093 自动化仪表工程施工及质量验收规范
GB 50174 数据中心设计规范
GB 50296 管井技术规范
GB 50311 综合布线系统工程设计规范
GB 50366 地源热泵系统工程技术规范
GB 50462 数据中心基础设施施工及验收规范
GB/T 778 封闭满管道中水流量的测量 饮用冷水水表和热水水表
GB/T 14914 海滨观测规范
GB/T 50063 电力装置电测量仪表装置设计规范
GB/T 50785 民用建筑室内热湿环境评价标准
GB/T 51040 地下水监测工程技术规范
DZ/T 0133 地下水动态监测规程
DZ/T 0154 地面沉降水准测量规范
HJ/T 91 地表水和污水监测技术规范
NB/T 10097 地热能术语
SJ/T 11449 集中空调电子计费信息系统工程技术规范
SL 531 大坝安全监测仪器安装标准

3 术语与定义

下列术语和定义适用于本文件。

3.1

浅层地热能 shallow geothermal energy

从地表至地下200m深度范围内，储存于水体、土体、岩石中的温度低于25℃，采用热泵技术可提取用于建筑物供热或制冷等的地热能。

[NB/T 10097—2018，定义2.1.6]

3.2

地源热泵系统　ground-source heat pump system

以岩土体、地下水和地表水为低温热源，由水源热泵机组、浅层地热能换热系统、建筑物内系统组成的供暖制冷系统。根据地热能交换方式，可分为地埋管地源热泵系统、地下水地源热泵系统和地表水地源热泵系统。

[NB/T 10097—2018，定义2.5.6]

3.3

地埋管换热系统　pipe heat exchanger system

也称土壤热交换系统，传热介质（通常为水或者是加入防冻剂的水溶液）通过竖直或水平地埋管换热器与岩土体进行热交换的地热能交换系统。

[NB/T 10097—2018，定义2.5.8]

3.4

地下水换热系统　groundwater heat exchange system

与地下水进行热交换的地热能交换系统，分为直接地下水换热系统和间接地下水换热系统。

[NB/T 10097—2018，定义2.5.9]

3.5

地表水换热系统　surface water heat exchange system

与地表水进行热交换的地热能交换系统，分为开式地表水换热系统和闭式地表水换热系统。

[GB 50366—2005，定义2.0.13]

3.6

地温背景值监测孔　undisturbed soil temperature monitoring borehole

用于监测不受地下换热系统影响的岩土体温度值的钻孔。

3.7

地温变化监测孔　variational soil temperature monitoring borehole

用于监测受地下换热系统影响的岩土体温度值的钻孔。

3.8

监测井　monitoring well

按照一定的时间间隔和技术要求对地下水含水层或含水段进行监测的水井。

3.9

监测软件　monitoring software

为采集、监测、存储、分析、输出数据而设计开发的计算机程序集合。

3.10

监测硬件　monitoring hardware

为配合监测软件运行的各种物理装置的总称，主要包括采集设备、传输设备、存储设备等。

4　基本规定

4.1　浅层地热能监测系统宜作为地源热泵系统的组成部分，列入建设计划，同步设计、施工和验收。

4.2　监测系统建设不应影响地源热泵系统既有功能，不降低系统技术指标，并应保证作业和环境安全。

4.3　监测系统应由数据采集系统、数据传输系统和数据中心软硬件设备及系统组成，软件应具备综合分析功能。

4.4 监测系统应采用成熟、可靠的技术与设备，监测设备和系统安装完成后应进行综合测试和调试，测量精度在允许偏差范围内。

4.5 监测井（孔）位的布置，应便于监测系统的建设、数据传输和设施维护。

4.6 监测系统数据宜采用自动实时采集方式，当无法采用自动方式采集时，可采用人工采集方式。

4.7 监测系统除应符合本规范外，尚应符合国家及行业现行有关标准、规范的规定。

5 监测系统设计

5.1 监测内容

5.1.1 浅层地热能监测系统应包括地质环境、地源热泵系统运行状态、室内外环境和末端系统的监测。

5.1.2 地质环境监测内容包括：

a）地埋管地源热泵系统应对岩土体地温背景值、地温变化情况进行监测；

b）地下水地源热泵系统宜对水位、水质、水温、热源井抽灌量、含砂量、岩土体地温背景值、地温变化情况以及周边地面、管网、建构筑物变形、热源井及附属设备运行情况（热源井淤塞、井管腐蚀等）等进行监测；

c）地表水地源热泵系统宜对地表水水位、水质、水温、流速、流向、取排水口淤积情况等进行监测。海水源热泵系统还宜对潮位、海水透明度、盐度、渗流系数等进行监测。

5.1.3 地源热泵系统运行状态监测内容应包括：

a）地源侧供/回水温度、流量、压力；

b）用户侧供/回水温度、流量、压力；

c）热泵机组、水泵及辅助设备耗电量；

d）热泵机组、阀门、水泵、辅助设备等运行状态。

5.1.4 室内外环境监测内容宜包括空气干球温度、相对湿度等。

5.1.5 末端系统监测宜对用户空调的使用时间、用能情况等进行监测。

5.1.6 监测项目应按表1、表2、表3进行设置。

表1 地埋管地源热泵系统监测项目设置

项目规模	热泵系统运行状态					地质环境				室内外环境		末端系统	
	埋管侧供/回水温度、流量、压力	用户侧供/回水温度、流量、压力	热泵机组及水泵耗电量	分集水器温度、压力	机组/阀门/水泵运行状态	换热孔内岩土地温	换热孔间岩土地温	岩土体地温背景值	地下水	室内温湿度	室外温湿度	用能时间	用能量
小型项目	●	●	●	☆						☆			
中型项目	●	●	●	●	●	●	●	☆	☆	☆	☆	☆	☆
大型项目	●	●	●	●	●	●	●	●	☆	●	●	●	●
重要及特殊项目	●	●	●	●	●	●	●	●	●	●	●	●	●

注1：● 为应监测项，☆ 为宜监测项。

注2：小型项目是指浅层地热能应用面积小于20000m²的居住建筑和小于5000m²的公共建筑；中型项目是指浅层地热能应用面积在20000m²～50000m²的居住建筑和5000m²～20000m²的公共建筑；大型项目是指浅层地热能应用面积超过50000m²的居住建筑和超过20000m²的公共建筑；重要及特殊项目是指有科研示范等特殊要求。其他建筑利用浅层地热能时根据单位面积负荷大小参照以上分类执行。

表 2　地下水地源热泵系统监测项目设置

项目规模	热泵系统运行状态						地质环境						室内外环境		末端系统	
	地下水侧供/回水温度、流量、压力	用户侧供/回水温度、流量、压力	热泵机组及水泵耗电量	分集水器温度、压力	机组/阀门/水泵运行状态	热源井运行状态	地下水水位	热源井抽水回灌量	水温水质	含砂量	岩土体地温	建构筑物变形	室内温湿度	室外温湿度	用能时间	用能量
小型项目	●	●	●	●			●	●	●	●		☆				
中型项目	●	●	●	●	●	☆	●	●	●	●	☆	●	☆		☆	☆
大型项目	●	●	●	●	●	☆	●	●	●	●	☆	●	●	●	●	●
重要及特殊项目	●	●	●	●	●	☆	●	●	●	●	●	●	●	●	●	●

注 1：● 为应监测项，☆ 为宜监测项。

注 2：小型项目是指浅层地热能应用面积小于 20000m² 的居住建筑和小于 5000m² 的公共建筑；中型项目是指浅层地热能应用面积在 20000m²～50000m² 的居住建筑和 5000m²～20000m² 的公共建筑；大型项目是指浅层地热能应用面积超过 50000m² 的居住建筑和超过 20000m² 的公共建筑；重要及特殊项目是指有科研示范等特殊要求，以及位于软土区的地下水地源热泵系统应用项目等。其他建筑利用浅层地热能时根据单位面积负荷大小参照以上分类执行。

表 3　地表水地源热泵系统监测项目设置

项目规模	热泵系统运行状态					地质环境				室内外环境		末端系统	
	地表水侧供/回水温度、流量、压力	用户侧供/回水温度、流量、压力	分集水器温度、压力	热泵机组及水泵耗电量	机组/阀门/水泵运行状态	水温水质	流速流向	水位潮位	取排水口淤积	室内温湿度	室外温湿度	用能时间	用能量
小型项目	●	●	●	●		●		☆		☆			
中型项目	●	●	●	●	●	●		☆		☆	☆	☆	☆
大型项目	●	●	●	●	●	●	☆	●	☆	●	●	●	●
重要及特殊项目	●	●	●	●	●	●	☆	●	●	●	●	●	●

注1：● 为应监测项，☆ 为宜监测项。

注2：小型项目是指浅层地热能应用面积小于20000m²的居住建筑和小于5000m²的公共建筑；中型项目是指浅层地热能应用面积在20000m²～50000m²的居住建筑和5000m²～20000m²的公共建筑；大型项目是指浅层地热能应用面积超过50000m²的居住建筑和超过20000m²的公共建筑；重要及特殊项目是指有科研示范等特殊要求。其他建筑利用浅层地热能时根据单位面积负荷大小参照以上分类执行。

注 3：潮位监测为海水源热泵系统特有。

5.2 地质环境监测

5.2.1 地埋管地源热泵系统地质环境监测设计，应满足以下要求：

a）应按表1要求设置岩土地温背景值监测孔、换热孔间岩土地温变化监测孔和换热孔内岩土地温变化监测孔，形成监测网；

b）设置换热孔间岩土地温变化监测孔和换热孔内岩土地温变化监测孔时，单个埋管区域应设置不少于2组监测孔，当埋管区域较大时，应适当增加监测孔数量；有多个埋管区域时，每个区域应设置不少于1组监测孔。当埋管区域跨越不同地质结构单元时，应在不同地质单元分别至少设置1组监测孔；

c）应根据地埋管管群形状，选择代表性换热孔布设为换热孔内岩土地温变化监测孔。换热孔间岩土地温变化监测孔应布置在换热孔内岩土地温变化监测孔与相邻换热孔的中间位置；

d）每个项目应至少设置1个岩土地温背景值监测孔，孔位离地埋管管群最外围的距离不宜小于10m；

e）沿地温监测孔垂直方向应根据地层变化分层设置地温监测点，地温监测点不宜少于5个；

f）地温监测孔深度应大于埋管深度2m，孔径不宜小于130mm，孔斜不应超过1°；

g）温度传感器及线缆的埋设应满足长期监测的要求，宜采用埋设测管方式。测管宜采用PE管，管底应密封，管壁不渗漏；

h）线缆出监测孔后可沿水平换热管路布置。当现场不具备布置水平测线条件时，宜采用无线发射的方式；

i）当地埋管埋设区域有地下水径流时，地温变化监测孔应沿地下水径流方向设置，岩土地温背景值监测孔应设在地下水径流上游部位；

j）自动方式采集岩土地温监测数据时，在热泵系统运行期间，换热孔内的数据采集、传输频率宜每30min 1次，其他监测孔宜每60min 1次；热泵系统停止运行期间，采集、传输频率宜每60min 1次。采用人工方式时，热泵系统运行期间宜每天1次，停止运行期间宜每周1次；

k）监测孔应设置明显可见的标识；

l）典型地温监测孔结构参见附录A。

5.2.2 地下水地源热泵系统地质环境监测设计，应满足以下要求：

a）监测井设计应符合以下规定：

1）应优先利用场地周边已有水井作为监测井，抽水井和回灌井可兼作监测井，一井多用，应设置井台（井室）和显著标识；

2）监测井的布置及设计应符合GB/T 51040《地下水监测工程技术规范》的相关要求；

3）基岩监测井在稳定基岩段可采用裸孔结构，松散砂层监测井和基岩监测井不稳定井壁段应设置钢管或滤管护壁；

4）线缆出监测井后宜沿水平输水管路布置。当现场不具备布置水平测线条件时，宜采用无线发射的方式；

5）已报废或完成使用功能的监测井应进行回填处理；

6）典型监测井结构参见附录B。

b）水位监测应符合以下规定：

1）自动监测系统的静压类水位传感器或人工监测时的测管管头应安装在监测井动水位以下。浮子类水位传感器其线缆应有防止浮子变动时拉断的措施；

2）自动监测时的监测频率，热泵系统运行期间宜每30min 1次，热泵系统停止运行期间宜每60min 1次。人工监测时，热泵系统制冷、供热季宜在抽水前、停泵前各监测1次，过渡季运行宜每周1次。

c）抽水、回灌量监测应符合以下规定：

1） 宜在抽（回）水总管、热源井进出口处及溢流管上安装计量装置，监测地下水抽水量、回灌量、溢流回扬量；

2） 自动监测时，监测频率宜每 30min 1 次；人工监测时，宜每天 1 次；

3） 计量装置的选用及安装应符合 GB/T 778《封闭满管道中水流量的测量 饮用冷水水表和热水水表》的有关规定。

d）水温监测应符合以下规定：

1） 监测井内应设置温度传感器；

2） 自动监测时，宜每 30min 1 次；人工监测时，宜每天 1 次。

e）水质监测应符合以下规定：

1） 水质全分析采样要求及水质全分析项目应符合 DZ/T 0133《地下水动态监测规程》的相关要求；

2） 中小型项目每年、大型和重要及特殊项目每季度应取样进行水质全分析；

3） 发现地下水水质出现较大变化时，应加密取样监测频率；

4） 每个制冷季、供热季应对抽水井取水样分析含砂量、矿化度等，发生换热器堵塞或回扬发现地下水长时间浑浊时，应加密取样频率。

f）变形监测宜符合以下规定：

1） 宜对抽水影响范围内的地面沉降、周边建构筑物沉降、开裂与倾斜、地下管网沉降及位移变形等进行监测；

2） 变形监测范围应以控制周边主要建构筑物、管网和地面沉降变形敏感区为准，宜在井群影响半径范围内；

3） 沉降测量的基准点宜设置在最深热源井的井口管上，或外围不受抽水影响的稳定物体上；

4） 监测等级、监测网点布置、监测方法等应符合 GB 50026《工程测量规范》、DZ/T 0154《地面沉降水准测量规范》的相关要求；

5） 新建项目宜与主体建筑沉降监测结合进行，应在热泵系统运行前取得基准值，运行期内宜连续进行监测，运行前两年内每季度应监测 1 次，变形稳定后每年应监测 1 次；出现异常情况应加密监测点位布置和监测频次。

g）应布置一个监测井，观测抽水、回灌影响范围内含水层的温度变化，温度传感器宜按含水层变化分层设置。

5.2.3 地表水地源热泵系统地质环境监测设计，应满足以下要求：

a）应按表 3 设置水位、水温、流速监测点；

b）水库、湖水等流动缓慢水体，应在退水口周边 30m 范围内监测水温；江河等流动水体，应在退水口下游 50m 范围内监测水温；

c）闭式地表水地源热泵系统抛管换热器布设区域应设置不少于 1 个水温监测断面，监测断面应垂直于换热器延伸方向，每个断面监测点数量不少于 3 个；水温监测点位置宜根据水文条件、换热器形状和尺寸确定；

d）开式系统宜在取水口、退水口附近进行水质监测；闭式系统宜在每个抛管换热器区域中心及边缘进行水质监测。具体采样分析方法参照 HJ/T 91《地表水和污水监测技术规范》执行；

e）在海水内埋设前端换热器时，应对水下泥沙或砂砾的渗流系数、密度、比热容、换热系数进行测定；

f）监测频率参照第 5.2.2 条地下水监测频率执行。

g）热泵系统运行状态监测

5.2.4 热泵系统运行状态参数监测点的布置应具有代表性，监测数据和结果应能反映系统运行状态。

5.2.5 地源侧、用户侧供水及回水总管、支管上均应设置温度、压力监测点，供水总管上应设置流量监测点。

5.2.6 热泵系统设置有中间换热器时，应在换热器的一、二次侧供水及回水总管上设置温度、压力监测点，供水总管上设置流量监测点。

5.2.7 热泵机组与循环水泵电耗应分别监测，监测点应设置在动力配电柜（箱）处；不同类别水泵应单独安装电量计量装置。

5.2.8 应对水过滤器及水处理设备的进出口压差进行监测，当压差超限时应报警。

5.2.9 应对热泵机组、水泵的工况转换及联锁阀门的启停状态进行监测。

5.2.10 应监测并记录热源井淤塞、洗井、腐蚀破损与修复、输配水管网维修更换、热源井封井情况，以及深井泵及附属设施（线缆、井室、阀门、井管）运行及使用情况。

5.2.11 应监测并记录地埋管换热管群、管路、分集水器、井室等的清洗、维护、修复情况。

5.2.12 自动监测时，宜每 30min 1 次；人工监测时，宜每天 1 次。

5.3 室内外环境监测

5.3.1 空调房间温湿度监测点应选择有代表性的楼层和功能空间布置，监测点位、数量及方法应符合 GB/T 50785《民用建筑室内热湿环境评价标准》的相关要求。

5.3.2 监测点应避开电磁干扰，有稳定可靠的电力供应并易于安装检修。

5.3.3 室外温湿度监测应将传感器置于室外空气中（设有防辐射罩），应采取措施防晒、防雨、防风、防死角。

5.3.4 自动监测时，宜每 30min 1 次；人工监测时，宜每天 1 次。

5.4 末端系统监测

5.4.1 末端系统监测应对用户的用能量和使用时间进行检测、采集、存储和统计。应按楼层和楼栋分别设置监测仪表，宜按一户一表配置监测（计量计费）设备。

5.4.2 末端系统监测数据采集宜使用计量计费系统自动采集，人工采集为辅。监测选用的当量空调表、热量表等仪表，应符合 SJ/T 11449《集中空调电子计费信息系统工程技术规范》的相关要求。

5.4.3 监测仪表应能准确识别末端系统运行状态，具备防盗、计量失效报警功能。

5.4.4 人工监测宜每天 1 次，自动监测宜按设定时间间隔采集数据。

5.5 数据采集与传输

5.5.1 监测数据可通过有线或无线方式传输并存储到计算机或监测数据中心，监测数据应及时备份。

5.5.2 应设置监测数据采集传输装置，包括必要的中继器、网关等传输设备，监测设备宜安装在弱电井。

5.5.3 数据采集装置通道数应满足监测的要求，不应低于 2 个数据采集通道，无线方式采集可使用单通道。

5.5.4 数据采集传输装置和监测传感器之间的传输宜采用主-从结构的半双工通信方式，监测仪表应执行数据中心的操作指令并应答。

5.5.5 数据采集装置和数据中心的传输宜采用基于 TCP/IP 协议的通信方式。

5.5.6 数据采集装置应具有以下功能：

a）支持标准输出的传感器；

b）数据采集分辨率不低于 11bit；

c）具备工业环境的现场应用能力和过压保护功能；

d）数据输出应以标准协议上传，应至少支持通用协议 M_Bus、Modbus、BACnet、Lonmark 等中的一种；

e）宜选用 RS-485 接口。

5.5.7 数据传输线路应采用标准的传输线缆和相关硬件连接，其配置应符合 GB 50311《综合布线系统工程设计规范》的相关要求。

5.5.8 大型和重要项目应设置监测数据中心。监测数据中心可与项目监控中心联合建设，设置在热泵机房控制室或项目中心控制机房内。

5.5.9 数据中心功能设计应满足以下要求：

a）数据中心监测软件宜具有管理、数据采集、查询维护、数据分析、数据共享以及数据安全防护等功能；

b）应具备监测数据或监测仪表异常报警功能，自动生成日志文件留存；

c）数据中心应具备扩展功能，可向第三方平台系统传输数据；

d）应通过技术防护措施和非技术防护措施建立信息安全技术体系，保障系统数据安全；

e）数据中心应具有数据备份策略，自动备份数据资料，保存时间不应低于 2 年。

5.5.10 数据中心电源应设置双路市电，配置不间断工作电源系统（UPS），如不能设置双路市电，应配置后备柴油发电机组。

5.5.11 数据中心建设和硬件配置应符合 GB 50174《数据中心设计规范》的要求，达到 B 级标准，机房应具有良好的电磁兼容工作环境，关键设备应有冗余后备系统。

5.6 监测设备

5.6.1 监测设备应具有良好的稳定性和可靠性，按国家相关标准定期进行校准和标定。

5.6.2 监测设备精度应满足以下要求：

a）温度监测仪器测量误差不超过±0.2℃；

b）环境温湿度传感器测量误差不超过±0.5℃、±3%RH；

c）压力传感器测量误差不大于±0.01MPa；

d）流量监测仪器测量误差不大于±1.0%；

e）电量传感器的输入功率精度应不低于 3.0 级；

f）水位传感器测量误差不大于±20mm；

g）超声波物位变送器测量误差不超过±0.5%F·S；

h）末端计量仪表的计时误差不大于 0.1%。

5.6.3 地下传感器根据其使用要求，应具有防水、抗压及防腐蚀、防冻、稳定可靠等性能。

6 监测系统施工

6.1 监测孔施工

6.1.1 监测孔施工过程应按现行国家标准 GB 50366《地源热泵系统工程技术规范》的有关规定执行。

6.1.2 施工准备及开孔应符合下列规定：

a）施工前应编制施工方案，准备施工材料、设备、场地等，准确测放监测孔孔位；

b）钻孔前，钻机立轴中心与井管中心偏差不应大于 10mm；

c）应校正钻杆垂直度，钻机塔架头部滑轮组、立轴与孔位中心应始终保持在同一铅垂线上；

d）泥浆循环钻进时，钻场应设简易泥浆循环系统，配置沉淀池和循环池，沉淀池体积应不小于成孔体积的 1.5 倍，并及时清除沉淀池中的沉砂。

6.1.3 监测孔钻进应符合下列规定：

a）应根据设计和地层特征，选择适当的钻速、钻压、泵（气）量等进行钻进；

b）如地层复杂，可下置套管、变径钻进，终孔孔径不应小于设计值；

c）终孔时应测量孔斜，终孔孔斜不应大于设计值。孔斜超出标准时，应采取措施纠正；

d）终孔深度应大于设计孔深，终孔后应进行清孔换浆。

6.1.4 下置温度传感器或测管应符合下列规定：

a）直接埋设温度传感器时，应预先检查、标记温度传感器，绑扎固定好温度传感器和线缆，在监测孔清孔、验收完成后立即将其下入孔内指定位置。当线缆（管）承受浮力较大时，应在最下端部位适当增加配重；

b）在监测孔清孔、验收完成后，应将带有温度传感器、信号线的测管管底封闭，测管入孔后应立即回填钻孔。

6.1.5 监测孔回填应采用与换热孔相同的材料和工艺。

6.1.6 监测孔完成后应做好孔口保护，设置标识。

6.1.7 监测孔施工过程中，应同时进行钻孔编录，获取地层资料，绘制岩性柱状图及监测设备安装示意图。

6.2 监测井施工

6.2.1 监测井施工过程应按现行国家标准 GB 50296《管井技术规范》和 GB 50027《供水水文地质勘察规范》的有关规定执行。

6.2.2 施工前应编制施工方案，准备材料、设备、场地等，准确测放监测井井位。

6.2.3 共用热源井时，可在热源井井口盖板上预留监测管孔，并下置测管。测管应下置至深井泵泵头下 5m。测管宜采用 *DN*40 镀锌管，测管下端 2m 应钻凿一定数量的小孔。

6.2.4 水位、水温传感器和测线下入测管后应预留一定长度的测线，下置过程中应通过数据采集设备对传感器、测线进行检测；测线、数据采集和传输设备应安装牢固并有保护措施。

6.2.5 当利用监测井监测岩土体温度时，宜在填砾前将温度传感器设置在井管与孔壁间。

6.2.6 井口端测线布置完成后，宜将线缆穿入到 *DN*25 的 PE 管内，做好密封，随水平集管接入到数据中心。

6.2.7 无线发射（接收）装置安装应稳妥可靠，符合通信传输装置安装要求。

6.2.8 监测井完成后应做好井口保护，设置标识。

6.2.9 监测井施工过程中，应同时进行钻孔地质编录，绘制岩性柱状图及井孔结构图等。

6.3 监测设备安装

6.3.1 监测设备安装前应对型号、规格、尺寸、数量、性能参数进行检验，并应符合设计要求。

6.3.2 管路上温度传感器、流量传感器、压力传感器等监测仪表安装应符合 GB 50093《自动化仪表工程施工及验收规范》的相关要求。

6.3.3 水量监测仪表安装应符合 GB/T 778《封闭满管道中水流量的测量　饮用冷水水表和热水水表》的相关要求。

6.3.4 电量监测仪表安装应符合 GB/T 50063《电力装置电测量仪表装置设计规范》的相关要求。

6.3.5 冷热量监测仪表安装应符合 SJ/T 11449《集中空调电子计费信息系统工程技术规范》的相关要求。

6.3.6 渗流传感器安装应符合 SL 531《大坝安全监测仪器安装规范》的相关要求。

6.3.7 潮汐监测设备在短期验潮站可只设立水尺和水准点，在长期验潮站应设置验潮井。具体安装应符合 GB/T 14914《海滨观测规范》的相关要求。

6.3.8 监测设备安装后应对设备运行状况进行全面检查，宜包括模拟传感器参数变化、遥测终端机的各项参数设置、数据发送和固态存储器数据的写入、读取及监测数据的一致性检查等。

6.4 数据中心施工

6.4.1 数据中心施工应符合 GB 50174《数据中心设计规范》和 GB 50462《数据中心基础设施施工及验收规范》的相关要求。

6.4.2 数据中心的施工应包括部署和配置检测硬件和监测软件，设置运行环境和参数。

6.4.3 数据中心设备应检验合格后进行安装，设置主机房（机柜）区、辅助支持区和管理区。

6.4.4 数据中心安装完成后，应根据设计要求进行系统调试和性能测试。

7 监测系统调试与验收

7.1 系统调试

7.1.1 监测系统施工完毕后，应根据设计要求进行设备、系统、软件的联合调试、性能测试和试运行。

7.1.2 监测系统调试应由施工单位负责，监理单位、设计单位与建设单位共同配合完成。

7.1.3 监测系统调试前的准备，应符合以下规定：

a）应编制系统调试方案，并报送专业监理工程师审核批准。

b）系统调试应由专业施工和技术人员实施；

c）对施工完毕的监测系统外观和安装状态应进行检查，确认符合设计和产品说明书要求；

d）应在地源热泵系统运转正常 24h 后，进行监测系统调试。

7.1.4 监测系统调试过程应进行记录，并应符合以下规定：

a）应测试监测设备采集数据、传输数据和存储数据的正确性、一致性；

b）监测系统应用软件的数据采集和处理功能应正常，并验证数据处理的正确性，各项性能应满足设计要求；

c）监测设备、服务器、交换机、存储设备等设备之间的网络连接应正确，并符合设计和产品说明书要求；

d）应对通信过程中发送和接收数据的正确性、及时性和可靠性进行验证，并符合设计要求。

7.1.5 监测系统调试应分夏、冬两季进行，调试结果应达到设计要求。调试结束后，应提交完成的调试报告及操作维护手册。

7.2 系统验收

7.2.1 监测系统的竣工验收，应符合 GB 50093《自动化仪表工程施工及质量验收规范》和 GB 50462《数据中心基础设施施工及验收规范》的有关规定。

7.2.2 监测系统的竣工验收，应在完成设备和管线安装、系统联合调试及性能测试、系统试运行后进行。

7.2.3 监测系统调试完成后，在实际工作条件下联合试运行不应少于一个月。

7.2.4 系统验收应由建设单位组织施工、设计、监理等单位共同进行，形成验收意见，并填写验收表。浅层地热能监测系统验收表参见附录 C。

7.2.5 监测系统的质量控制资料应完整，并应包括以下内容：

a）施工现场质量管理检验记录；

b）设备材料进场检验记录；

c）监测井（孔）检验记录；

d）监测仪表、设备检验记录；

e）隐蔽工程验收记录；

f）工程安装质量及观感质量验收记录。

7.2.6 监测系统的竣工验收资料应完整，并应包括以下内容：

a） 工程施工合同；

b） 图纸会审记录、设计变更通知单；

c） 竣工图纸；

d） 系统设备产品说明书；

e） 设备及系统测试记录；

f） 系统技术、操作和维护手册；

g） 系统调试和试运行报告。

7.2.7 验收合格的系统应全部符合设计和相关要求；验收不合格时，建设单位应责成责任单位限期整改，直至验收合格，否则不得通过验收。

8 监测系统维护及运行

8.1 系统维护

8.1.1 应编制监测工作实施方案，定期排查、定期保养，及时维修维护和排除监测系统故障，保障监测系统安全、正常使用。

8.1.2 应定期对监测仪器稳定性和精度进行校准校验，精度不符合要求的，应及时校正或更换。

8.1.3 每个供冷或供热季运行前应进行现场调试，宜进行数据比测，消除监测误差。

8.1.4 应每月检查一次监测数据采集情况，保证监测数据的连续性、完整性和可靠性。

8.1.5 每年宜对热源井进行一次井深测量，当井深小于滤水管顶部5m或井内水深小于2m时，应进行洗井。

8.1.6 增加监测点、监测内容时，应按本标准要求进行设计、施工、验收和运行；删减监测点和监测内容时，应说明原因并留存记录。

8.1.7 数据中心应配备专业人员进行日常运行管理和维护。

8.2 监测数据处理

8.2.1 自动监测及数据处理应符合下列要求：

a）定时进行监测系统运行状态的监控，出现故障的监测设备应及时进行维护；

b）应比照前后监测信息，分析异常。如有异常，应检查监测仪器设备，必要时进行复测；

c）对监测的原始信息数据进行存储和备份，编制系统运行日志，记录出现的问题及处理结果。

8.2.2 人工监测及数据处理应符合下列要求：

a）监测应及时，信息应准确，记录应工整、清晰；

b）应比照前后监测信息，分析异常。如有异常，应检查监测仪器设备，必要时进行复测；

c）原始记录不得毁坏和丢失，应按要求及时上报。

8.2.3 应定期对监测数据进行分类整理，剔除异常数据，绘制相关参数随时间变化曲线图，提出监测结论和运行建议，宜包括以下内容：

a）根据地温变化监测数据，掌握系统长期运行条件下地温场变化的幅度、范围、趋势，分析岩土体温度动态变化规律，并结合岩土体热平衡情况，提出地下换热系统优化运行方案、建议；

b）根据监测数据，分析地源热泵系统运行时地下水水位、水质、水温、抽灌量变化特征，提出地下水开采和抽灌井运行优化建议；

c）根据变形监测数据，分析、评价地下水开采对周边建构筑物、管网的影响；

d）根据地表水监测数据，分析、评价取退水和抛管换热器的可靠性及对环境的影响；

e）根据地源热泵系统运行状态监测数据，分析机组能效、系统能效及换热设施、辅助设备运行状态，评价运行策略，提出优化运行方案和建议；

f）根据室内外环境监测数据，评价地源热泵系统运行效果，优化系统运行控制；

g）根据空调末端系统监测数据，分析用户实际用能习惯和需求，优化供能服务方案。

8.3 监测预警

8.3.1 地埋管地源热泵系统出现下列状况，应予以预警：

a）岩土体年平均温度的增幅或降幅超过 1.5℃；

b）换热区范围地下水水质发生明显变化；

c）管道压力发生明显变化，地埋管路发生渗漏或局部堵塞；

d）地埋管出水温度偏离设计值 3℃以上。

8.3.2 地下水地源热泵系统出现下列状况，应予以预警：

a）回灌量小于抽水量；

b）地下水水位下降至设计最低动水位；

c）水质明显变化或浑浊；

d）专用监测井地下水水温年变幅超过 2℃；

e）地面沉降或周边建构筑物、管网等变形超限；

f）热源井抽水量低于设计值 20%以上；

g）热源井淤塞、井管破损。

8.3.3 地表水地源热泵系统出现下列状况，应予以预警：

a）地表水水质发生明显变化；

b）对流动水体，下游 50m 处水温超过取水口温度 1℃；

c）水库、湖水等静缓水体抛管换热区域水温周平均最大温升≥1℃，周平均最大温降≥2℃；

d）开式系统地表水水深小于 4m，闭式系统地表水水深小于 3m；

e）管道压力发生明显变化，换热管路发生渗漏；

f）取水口水底淤积影响取水。

8.3.4 热泵系统出现下列情况时，应予以预警：

a）机房内流量、温度、压力或压差超过限值；

b）运行阶段用户室内温度高于或低于设计值 3℃以上；

c）系统输配管网压力下降、管道渗漏；

d）能源供应与用户用能情况（计量情况）相差 15%以上。

8.4 监测评估报告

8.4.1 监测系统运行过程中的各种监测数据、检查记录、维修维护情况、运行状态分析等，应定期形成监测评估报告。

8.4.2 监测评估报告应按月报（运行期）、季报（供冷季、供热季）、年报编报，包括前言、总体运行情况、监测数据整理与分析评价、结论及建议。主要内容参见附录 D。

附 录 A
（资料性附录）
监测孔结构

监测孔结构示意见图A.1和图A.2。

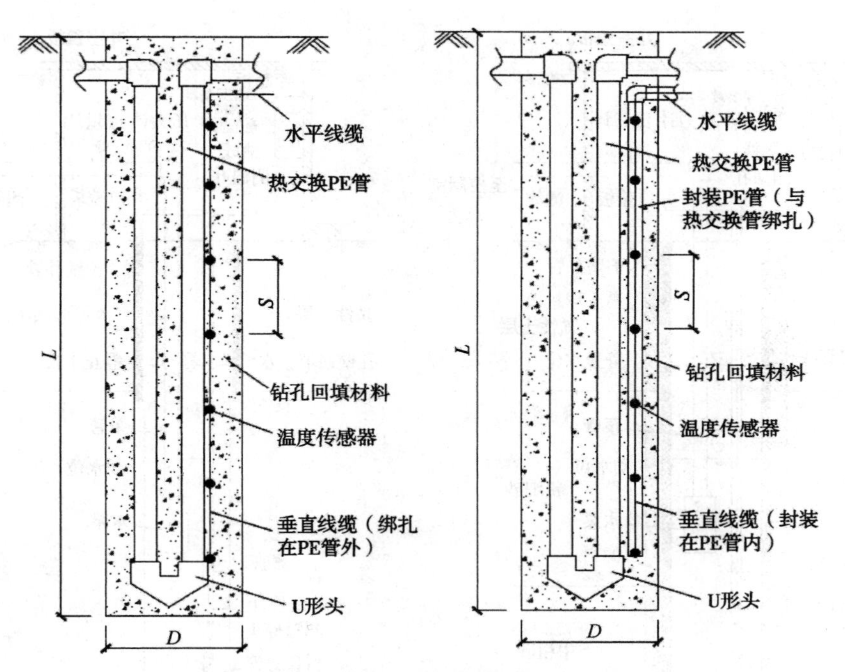

图 A.1　换热孔内地温监测孔结构图

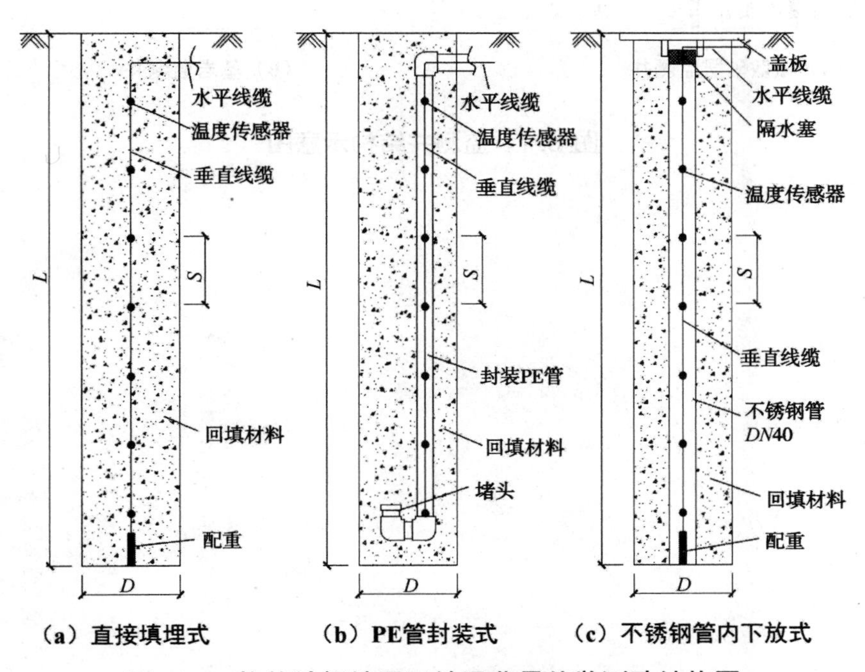

（a）直接填埋式　（b）PE管封装式　（c）不锈钢管内下放式

图 A.2　换热孔间地温及地温背景值监测孔结构图

附 录 B
（资料性附录）
监测井结构

监测井结构示意见图B.1。

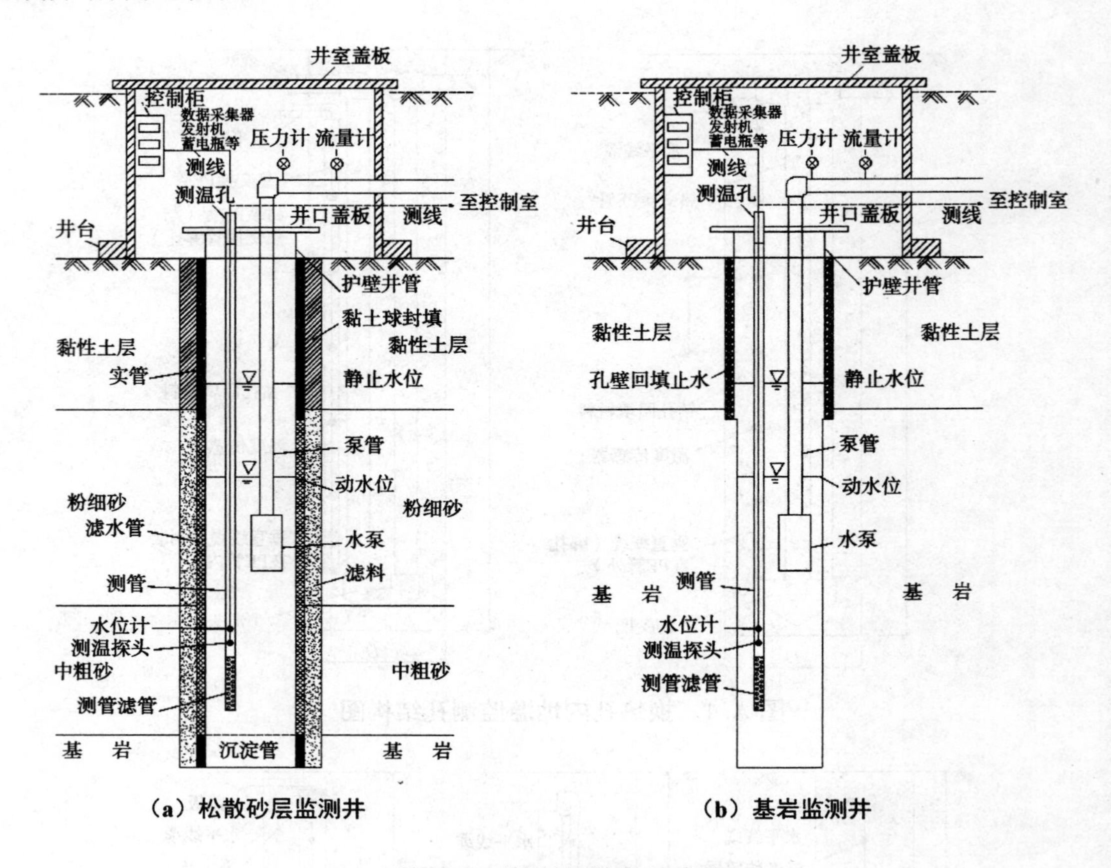

图 B.1 监测井结构示意图

附　录　C
（资料性附录）
监测系统验收表

浅层地热能利用监测系统验收表见表C.1。

表 C.1　浅层地热能利用监测系统验收表

<table>
<tr><td colspan="6">一、项目概况</td></tr>
<tr><td>项目名称</td><td></td><td>应用面积（m²）</td><td></td><td>系统负荷（kW）</td><td>热负荷：________
冷负荷：________</td></tr>
<tr><td>地源热泵形式</td><td>地埋管地源热泵□</td><td>地下水地源热泵□</td><td>地表水地源热泵□</td><td colspan="2">辅助系统□（注明）：</td></tr>
<tr><td>系统配置</td><td colspan="5">主机台数：____台；地源侧循环水泵：____台；用户侧循环水泵：____台；板式换热器：____台；
末端用户数量：________栋________户；计费系统形式：__________________（　　栋　　户）；
热源井数量：____口（抽水井___口，回灌井___口，监测井___口）；地埋管数量/深度：_______孔/　m；
地表水换热取水体性质：__________ 地表水换热抛管长度（范围）：__________m（____m×____m）。</td></tr>
<tr><td>项目类型</td><td colspan="5">公共建筑□　民用建筑 □　/　小型项目□　中型项目 □　大型项目□　特殊（重要项目）□</td></tr>
<tr><td colspan="6">二、监测系统设置</td></tr>
<tr><td colspan="6">（一）监测项目设置</td></tr>
<tr><td>地质环境监测</td><td colspan="5">设计__________项/完成__________项</td></tr>
<tr><td>运行状态监测</td><td colspan="5">设计__________项/完成__________项</td></tr>
<tr><td>室内外环境监测</td><td colspan="5">设计__________项/完成__________项</td></tr>
<tr><td>用能情况监测</td><td colspan="5">设计__________项/完成__________项</td></tr>
<tr><td colspan="6">（二）监测点设置</td></tr>
<tr><td>温　度</td><td colspan="5">设计（____个），/完成（___个_）；位置是否符合要求：□是　□否</td></tr>
<tr><td>湿　度</td><td colspan="5">设计（____个），/完成（___个_）；位置是否符合要求：□是　□否</td></tr>
<tr><td>压　力</td><td colspan="5">设计（____个），/完成（___个_）；位置是否符合要求：□是　□否</td></tr>
<tr><td>流　量</td><td colspan="5">设计（____个），/完成（___个_）；位置是否符合要求：□是　□否</td></tr>
<tr><td>电　量</td><td colspan="5">设计（____个），/完成（___个_）；位置是否符合要求：□是　□否</td></tr>
<tr><td>冷（热）量</td><td colspan="5">设计（____个），/完成（___个_）；位置是否符合要求：□是　□否</td></tr>
<tr><td>水　位</td><td colspan="5">设计（____个），/完成（___个_）；位置是否符合要求：□是　□否</td></tr>
<tr><td>水　质</td><td colspan="5">设计（____个），/完成（___个_）；位置是否符合要求：□是　□否</td></tr>
<tr><td>流　速</td><td colspan="5">设计（____个），/完成（___个_）；位置是否符合要求：□是　□否</td></tr>
<tr><td>变　形</td><td colspan="5">设计（____个），/完成（___个_）；位置是否符合要求：□是　□否</td></tr>
<tr><td>含 砂 量</td><td colspan="5">设计（____个），/完成（___个_）；位置是否符合要求：□是　□否</td></tr>
<tr><td>附属设施</td><td colspan="5">设计（____个），/完成（___个_）；位置是否符合要求：□是　□否</td></tr>
<tr><td colspan="6">三、监测系统施工</td></tr>
<tr><td>项目分项</td><td colspan="5">验收内容（符合要求√，不符合要求×）</td></tr>
<tr><td>监测井</td><td colspan="5">井类型□　井数□　井位□　井径□　井深□　井斜□　井管材料□　成井工艺□
探头（测管）埋设□　成井试验□　附属设施 □　监测标识□</td></tr>
</table>

表 C.1（续）

监测孔	孔类型（背景监测孔、孔内监测孔、孔间监测孔）□　孔数量□　孔位□　孔径□　孔深□ 孔斜□　回填下管□　试压记录□　探头埋设□　附属设施□　监测标识□			
监测设备及安装	类型□　数量□　合格证□　说明书□　设备标定□　安装位置□　检验校测□ 设备环境□　安装记录□　设备编号□　监测标识□			
数据采集、传输	传输方式□　数据采集□　传输线路□　数据存储□　检修井□　线路及标识□			
监测软件	监测分析功能 □　接口□　互联互通□			
数据中心	硬件配置□　温湿度环境□　电源□　电磁环境□　线缆安装质量□　冗余备份□			
其他	变形监测（范围、对象、点位、基准、标识）□　取样□			
四、系统调试及试运行				
调试记录	符合要求□　不符合要求□			
监测频率	符合要求□　不符合要求□			
试运行记录	符合要求□　不符合要求□			
试运行调试报告	符合要求□　不符合要求□			
五、验收资料				
资料内容	设计资料	齐全□　合格□　缺失□　不合格□		
	施工方案	齐全□　合格□　缺失□　不合格□		
	施工记录	齐全□　合格□　缺失□　不合格□		
	采购资料（合格证）	齐全□　合格□　缺失□　不合格□		
	检验及标定资料	齐全□　合格□　缺失□　不合格□		
	地质资料	齐全□　合格□　缺失□　不合格□		
	化验分析报告	齐全□　合格□　缺失□　不合格□		
	调试运行记录	齐全□　合格□　缺失□　不合格□		
	隐蔽工程验收记录	齐全□　合格□　缺失□　不合格□		
	分部分项工程验收记录	齐全□　合格□　缺失□　不合格□		
	竣工图纸	齐全□　合格□　缺失□　不合格□		
	竣工报告（小结）	齐全□　合格□　缺失□　不合格□		
	其他	齐全□　合格□　缺失□　不合格□		
六、验收意见				
验收等次	合格□　不合格□			
验收意见				
七、验收单位				
建设单位（盖章）		技术负责人（签字）		日期
施工单位（盖章）		技术负责人（签字）		日期
设计单位（盖章）		技术负责人（签字）		日期
监理单位（盖章）		技术负责人（签字）		日期

附 录 D
（资料性附录）
监测评估报告

监测评估报告，应包括以下主要内容：

a）前言：说明建设单位、项目位置、建筑规模和使用功能、浅层地热能资源条件、地源热泵系统形式、供冷供热量、热泵系统组成、运行管理方式、监测系统组成、监测要求、监测及运行维护单位等。

b）运行情况：说明热泵系统和监测系统运行情况，监测工作开展情况，完成的监测工作量及存在的问题。

c）监测数据整理与分析评价：对地质环境动态变化、热泵系统运行状况、运行能效及级别判定、空调末端设备使用情况及室内舒适性、节能环保效益等进行分析评价，预测系统运行变化趋势。

d）结论及建议：评估浅层地热能监测系统运行的可靠性，根据监测系统分析评价结果总结地源热泵系统运行状况，提出地源热泵系统优化运行、地质环境保护和强化系统运行维护的意见建议。

e）附件：报告应附必要的监测、检查、维修记录，运行分析曲线、图标等及小结和报告单。

f）监测评估报告应按月报（运行期）、季报（供冷季、供热季）、年报编报。